尾矿堆积坝岩土工程技术理论与实践

WEIKUANG DUIJIBA YANTU GONGCHENG JISHU
LILUN YU SHIJIAN

董忠级　张吉宏　等编著

中国计划出版社
北　京

图书在版编目（CIP）数据

尾矿堆积坝岩土工程技术理论与实践 / 董忠级等编著. -- 北京 : 中国计划出版社, 2022.11
ISBN 978-7-5182-1490-7

Ⅰ. ①尾… Ⅱ. ①董… Ⅲ. ①尾矿坝—岩土工程 Ⅳ. ①TD926.4

中国版本图书馆CIP数据核字(2022)第178188号

责任编辑：刘　涛　李晴文　　封面设计：韩可斌
责任校对：杨奇志　谭佳艺　　责任印制：李　晨　王亚军

中国计划出版社出版发行
网址：www.jhpress.com
地址：北京市西城区木樨地北里甲 11 号国宏大厦 C 座 3 层
邮政编码：100038　电话：（010）63906433（发行部）
北京市科星印刷有限责任公司印刷

787mm × 1092mm　1/16　23.25 印张　582 千字
2022 年 11 月第 1 版　2022 年 11 月第 1 次印刷

定价：96.00 元

前　言

尾矿库是选矿厂的重要组成部分。选矿厂利用物理方法、化学方法、电磁方法或上述综合方法对矿石进行选别后残留的工业废渣，大部分经管道、皮带或车辆输送到尾矿库进行堆存，根据储存场地地形位置的不同，尾矿库一般分为山谷型尾矿库、傍山型尾矿库、河谷型尾矿库和平地型尾矿库。尾矿库一旦发生溃坝或泄漏事故，会对下游人民生命财产造成巨大的损失并严重污染自然环境。近年来，国内外尾矿溃坝事故时有发生，如2019年1月，巴西淡水河谷公司米纳斯吉拉斯州尾矿库发生溃坝，致使1 170万 m^3 废料泄漏，超过250人死亡；2008年山西省临汾市新塔矿业公司980平硐尾矿库发生溃坝事故，造成277人死亡、4人失踪，直接经济损失9 619.2万元，产生了极其不良的社会影响。因此，对尾矿库进行安全评估，保证尾矿库的正常运行，是选矿厂非常重要的一项工作，而尾矿堆积坝是尾矿库最主要的构筑物，加强对尾矿堆积坝岩土工程性能的研究，评价尾矿堆积坝稳定性就显得尤为重要。

本书深入系统地论述了尾矿堆积坝的勘察、评价、监测和治理，并重点介绍了尾矿堆积坝岩土工程勘察方法、适用范围、勘探点布置原则、岩土工程分析理论和方法，拓展了对尾矿库基本概念的介绍，对尾矿库事故抢险、尾矿库闭库复垦、在线监测等有关问题进行了论述，并讨论了尾矿堆积坝岩土工程勘察和环境修复设计的新技术、新方法。本书注重理论联系实际，以工程实例贯穿全书，深入讨论了尾矿堆积坝岩土工程实践中存在的有关岩土工程问题，包括尾矿堆积坝勘察技术、尾矿沉积规律和物理力学性质、尾矿堆积坝渗透理论及计算、尾矿堆积坝坝坡稳定性、尾矿库不良地质作用和隐患治理、尾矿库复垦技术、尾矿库对环境污染的影响、尾矿库在线监测系统等，是对近年来我国尾矿堆积坝岩土工程勘察、评价、监测和治理实践经验和成果的总结。另外，本书结合新修订的国家标准《尾矿堆积坝岩土工程技术标准》GB/T 50547—2022，编写章节上力求与之相一致，使岩土工程师在使用标准时能正确理解和执行条文规定，同时也可作为勘察、设计、施工、科研、高校等单位有关技术人员及管理人员的参考资料。

本书分为14章。第1章为尾矿库概论，系统介绍了尾矿库的基本概念，尾矿堆积坝的构成、筑坝方式及特点，尾矿库的排水系统、其他系统以及尾矿堆积坝中新技术的应用情况；第2章为尾矿堆积坝勘察，重点介绍了尾矿堆积坝岩土工程勘察方法，岩土工程勘察等级划分、勘探线和勘探点的布置原则，各勘察阶段的勘察目的和需要解决的主要岩土工程问题，并对尾矿的分类与描述、尾矿物理力学性质、尾矿的成层规律、尾矿的渗流与固结及浸润线的量测与规律进行了系统阐述；第3章为工程地质测绘与调查，主要介绍了工程地质测绘与调查工作的主要内容以及新技术在工程地质测绘中的应用，列出了尾矿库常见的不良地质作用；第4章为原位测试技术，主要阐述了各类原位测试手段在尾矿堆积坝岩土工程技术工作中的适用性，并对实际工程中可能遇到的问题进行了分析讨论，特别对静力触探试验布置原则、数据统计与分析、资料的整理与应用进行了详细的阐述；第5章为钻探与取样，对钻探设备、工作流程、钻孔护壁与回填、野外记录要求进行了阐述，并对特殊钻孔的要求，土、水试样的采取以及光纤光栅传感器在浸润线观测与监测中的应用进行了详细介绍；第6章为工程物探，重点介绍了地震勘探技术与电法勘探技术在尾矿堆积坝岩土工程技术工作中的适用性，并对近年来快速发展的微动勘探技术在尾矿堆积坝勘察中的应用条件、注意事项和数据采集与处理进行了详细介绍；第7章为水文地质试验，主要介绍了注水试验布置原则，注水试验、压水试验、抽水试验及流向流速试验的方法及要点；第8章为土工试验，除介绍尾矿的一般物理力学性质试验外，重点阐述了尾矿土工试验中的有关问题；第9章为岩土工程分析，介绍了坝坡稳定性分析、渗流分析、应力变形分析的计算原理和计算方法；第10章为尾矿库隐患与治理，阐述了尾矿库常见隐患的分类、识别及治理措施，并介绍了尾矿库安全检查的主要内容与常见问题；第11章为尾矿库抢险，对尾矿库的险情进行了分类，并详细介绍了不同原因造成的尾矿库险情及抢险工程实例；第12章为尾矿库闭库工程，介绍了尾矿库闭库工作的主要程序与工作内容；第13章为尾矿库安全监测与水环境监测，详细阐述了尾矿库安全监测与水环境监测的监测项目、监测点布置原则及监测方法，介绍了某尾矿库的在线监测实例，并对陕西有色尾矿库安全环境监测信息系统平台设计原则、特点及功能进行了详细介绍；第14章为工程实例，选取了尾矿堆积坝运行期勘察、专项勘察和闭库勘察的工程案例。

本书第1章由赵军营、董忠级编写，第2章由董忠级、颉铎铃编写，第3章由田根宏、郭渭明编写，第4章由张军、张吉宏编写，第5章由董忠级、罗云海编写，第6章由董忠级、侯伟编写，第7章由李莹、董忠级、张博编写，第8章由牛军贤编写，第9章由李宏儒编写，第10章由董忠级、王蕾编写，第11章由任媛、董忠级编写，第12章由昝海洋编写，第13章由张吉宏编写，第14章由董忠级、张吉宏、牛军贤、罗云海编写。全书由董忠级、张吉宏、王蕾统稿，书中图片由董忠级审定。

本书在编写过程中，得到了中国有色金属工业西安勘察设计研究院有限公司党委书记、董事长许蓁蓁女士、总经理常礼安先生的大力支持和指导，在此表示由衷感谢！同时也感谢《尾矿堆积坝岩土工程技术标准》GB/T 50547—2022的各位编委对我们工作的支持，特别感谢《尾矿堆积坝岩土工程技术标准》GB/T 50547—2022的审查专家在标准审查中提出的宝贵意见及对本书编写提出的建设性指导建议；感谢王川、王晓燕、苟江高级工程师为本书提供宝贵的工程实例资料。

尾矿堆积坝作为一种特殊的构筑物，其稳定性不仅关系着人民生命财产安全，而且溃坝造成的污染和渗漏对周边环境都是不可接受的。因此，构建绿色矿山，落实新发展理念，都必须建立在对尾矿堆积坝岩土工程问题正确认知的基础之上。本书紧紧围绕上述岩土工程技术问题进行了初步探讨和研究，但目前对尾矿库环境污染预警、防治与修复、治理，生态型尾矿库内涵及外延等研究还处于初级阶段，有待于广大工程技术人员进行深入的研究和实践。

由于编者水平有限，书中难免存在疏漏与错谬之处，敬请广大读者批评指正。

董忠级

2022年10月

目　录

第 1 章　尾矿库概论

1.1　尾矿设施

在金属矿山开采过程中，对矿石进行破碎和选别，选出大部分有价值的精矿以后，剩余泥砂状、可以用土的性质来进行描述的固体物质，称为尾矿。由于选矿工艺的局限性，在尾矿中含有暂时未能回收的有用成分，或包含有毒、有害物质，若随意排放，不仅会造成资源流失，更可能大面积覆盖淹没林田或农田、淤塞河道，造成严重的环境污染，破坏生态环境。因此，尾矿应妥善堆存并加以综合利用。常用的尾矿堆存方法包括筑建尾矿库或充填于矿山采空区，尾矿常见的综合利用方法包括回采再选提取有用物质，如钼尾矿通常可再次回收钨、铁等，金尾矿通常可再次回收金、银、铜、硫等，铁尾矿通常可再次回收铜、磷灰石、云母等；或用于制作水泥、硅酸盐尾砂砖、加气混凝土、铸石、耐火材料、玻璃、陶粒和泡沫材料等；当尾矿中不含有毒有害或放射性元素时，不会对环境造成污染，也可以作为修筑公路的材料等。

为进行尾矿处理所建造的全部设施系统，统称为尾矿设施。尾矿设施一般由尾矿输送系统、尾矿堆存系统、尾矿库排水系统、尾矿库水处理系统、尾矿库监测系统等组成。

（1）尾矿输送系统一般包括尾矿浓缩池、尾矿输送泵站、尾矿输送管道、尾矿自流沟、事故泵站及相应辅助设施等。

（2）尾矿堆存系统一般包括初期坝、尾矿堆积坝、放矿管道、排渗设施等。

（3）尾矿库排水系统一般包括截排洪沟、溢洪塔、溢洪道、排水井、排水管、排水隧洞、排水斜槽、拦洪坝等构筑物。

（4）尾矿库水处理系统一般包括下游回水泵站、高位水池等回水设施，尾矿水净化设施等。

（5）尾矿库监测系统一般包括浸润线监测、位移监测、渗流监测、库水位监测、干滩长度监测、降水量监测、排洪设施监测、库区不良地质作用监测、尾矿水环境监测等。

1.2　尾矿库

尾矿库是指筑坝拦截谷口或围地构成的用以贮存尾矿的场所。一般情况下，尾矿库库址通常选择在选矿厂附近便于尾矿输送且库容量较大的山谷，而赤泥堆场一般在平地选址堆存。尾矿库是矿山的三大控制性工程之一，也是一个具有高势能的人造泥石流危险源。尾矿库的运行期一般长达十多年甚至数十年，受到各种自然灾害和人为因素的不利影响，在运行期内尾矿库事故时有发生，直接影响着下游人民生命财产的安全，近年来发生的尾矿库特大安全事故如 2008 年山西省襄汾县新塔矿业有限公司尾矿库发生溃坝事故造成 277 人死亡、4 人失踪；2019 年巴西东南部米纳斯吉拉斯州布鲁马迪纽市尾矿库发生溃坝事故，摧毁大量沿途建筑物并造成超过 250 人死亡。因此，加强对尾矿库的研究具有重要的现实意义。图 1.2–1 为某尾矿库全貌图。

图 1.2–1 尾矿库全貌图

1.2.1 尾矿库类型

根据尾矿库建设场地的地形地貌，尾矿库一般分为：山谷型尾矿库、傍山型尾矿库、河谷型尾矿库和平地型尾矿库。

1. *山谷型尾矿库*

山谷型尾矿库是最常见的尾矿库类型，一般是在山谷谷口处选择地质条件相对较好、谷口较窄且形成的库容相对较大的地段堆筑初期坝，筑坝形成的尾矿库见图 1.2–2。山谷型尾矿库的特点是初期坝相对较短，坝体工程量较小，堆积坝的高度与周边山体的最低高度有关，库容与山谷的形状有关，汇水面积较大；当谷底有泉、溪及季节性河流等地表水时，应采取措施将其导出库区。

2. *傍山型尾矿库*

傍山型尾矿库一般是在山坡脚下一面依傍山坡，其余三面筑坝围成的尾矿库，见图 1.2–3。傍山型尾矿库的特点是初期坝相对较长，堆积坝高度一般不大，库容相对较小，汇水面积较小，排洪问题比较容易解决。

3. *河谷型尾矿库*

河谷型尾矿库一般是在河谷上、下游分别筑坝截成的尾矿库，见图 1.2–4。河谷型尾矿库一般选择在河流较小的位置，通过截断河谷水流，改变水流路径形成尾矿库，尾矿库库内的汇水面积一般不大，但库外上游的汇水面积较大，库内和库上游都要设排洪设施，排洪设施规模较大，配置较为复杂，其安全环保隐患相对较多，这种类型的尾矿库在我国为数不多。

4. 平地型尾矿库

平地型尾矿库一般是指在平地上四面筑坝围成的尾矿库，见图 1.2–5。平地型尾矿库的特点是筑坝方式及坝高受尾矿性质影响较大，一般筑坝高度较低，汇水面积较小，排洪系统简单；相对于其他类型的尾矿库，平地型尾矿库堆积坝长度较长。我国的赤泥堆场一般采用平地型尾矿库堆筑。

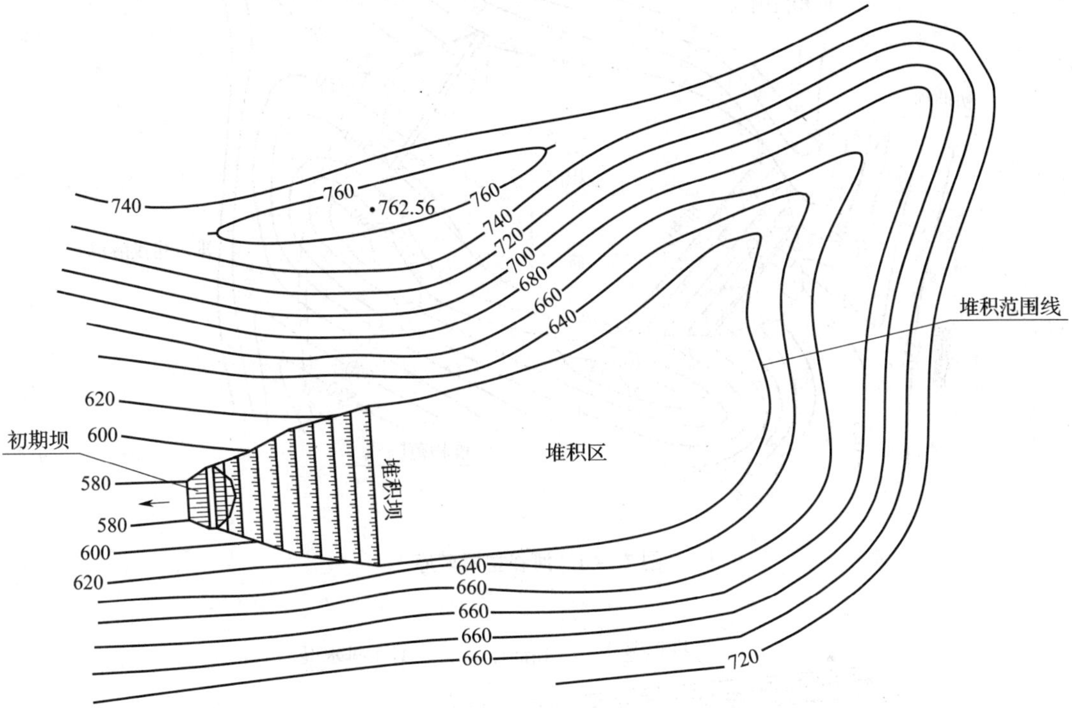

图 1.2–2　山谷型尾矿库

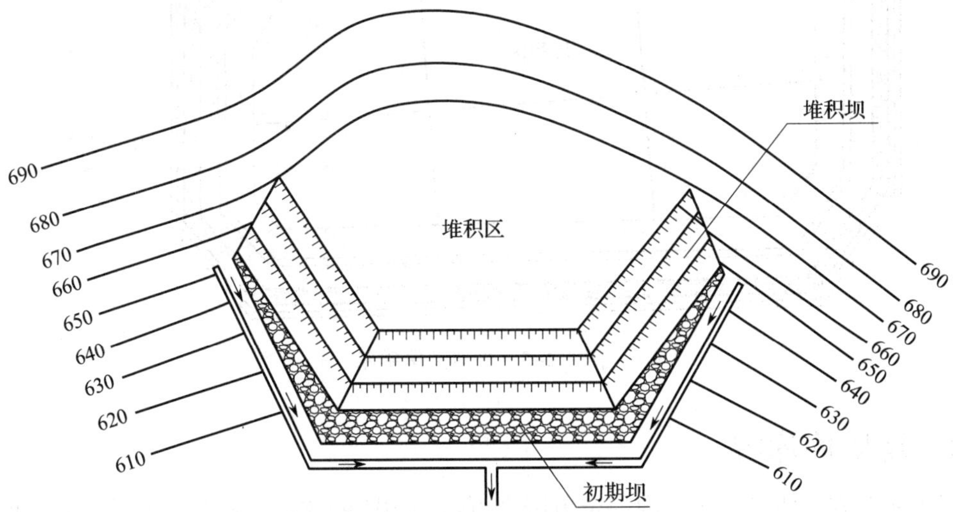

图 1.2–3　傍山型尾矿库

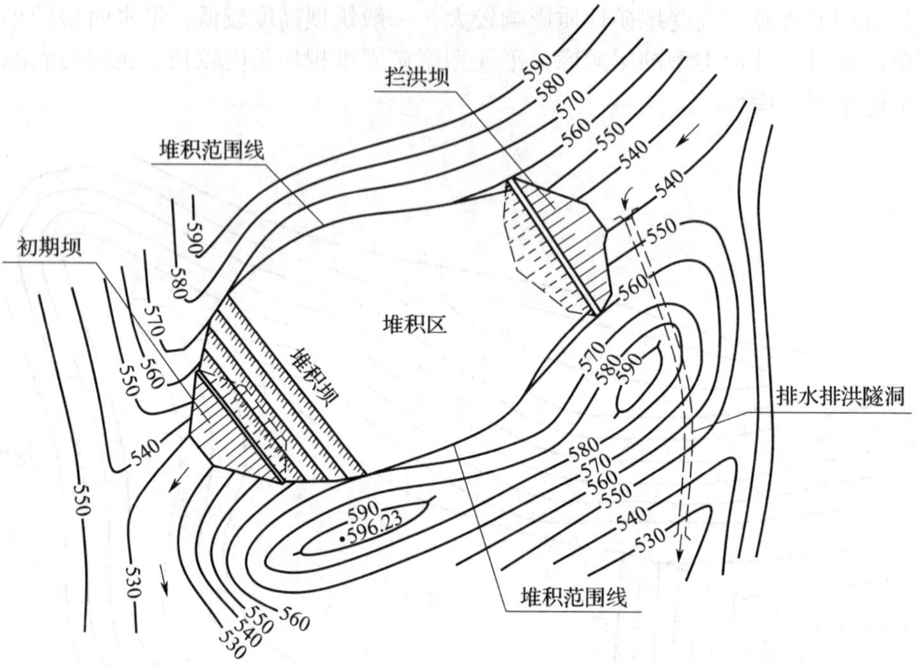

图 1.2-4 河谷型尾矿库

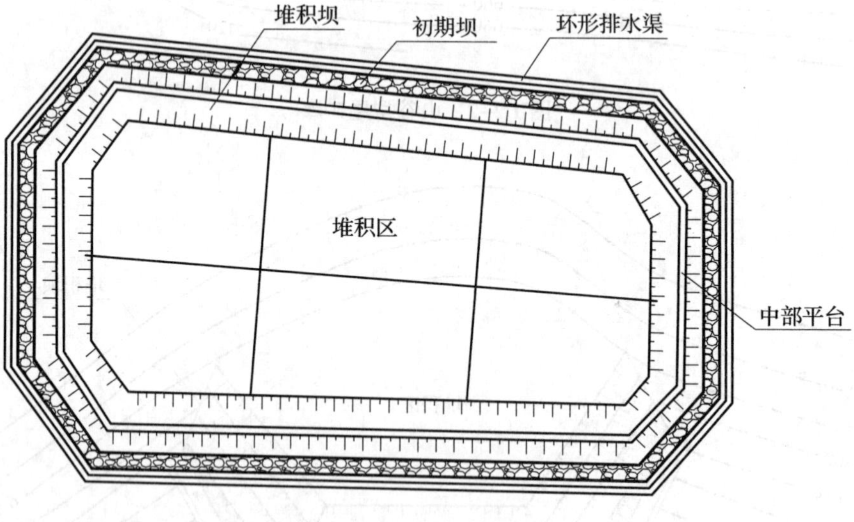

图 1.2-5 平地型尾矿库

1.2.2 尾矿库库容

尾矿库库容一般指尾矿库内一定范围内可容纳物质的体积，根据含义的不同，可分为全库容、总库容、有效库容和调洪库容。尾矿库库容示意图见图 1.2-6。

全库容是指坝顶标高平面与尾矿堆积体外坡面以下、库底面以上所围成空间的容积（不含非尾矿构筑的坝体体积），它是用来确定尾矿库等别的一个重要指标，设计最终坝顶标高时的全库容即总库容。如图 1.2–6 中的坝顶水平面 *FE* 以下，尾矿堆积坝外坡面 *FG*、初期坝坝内坡面 *GA* 以内和库底地面 *ABE* 以上区间所形成的空间（*ABCDEFGA* 部分）称为全库容。

有效库容是指沉积滩面以下、库底面以上用于贮存尾矿（含悬浮状尾矿浆体）的空间的容积。如图 1.2–6 中尾矿沉积滩面 *FB* 以下、尾矿堆积坝外坡面 *FG*、初期坝内坡面 *GA* 以内和库底地面 *AB* 以上区间所形成的空间（*ABFGA* 部分）称为有效库容，它是尾矿库实际可容纳尾矿的库容。

调洪库容是指正常水位以上、设计洪水位以下可蓄积洪水的容积。如图 1.2–6 中正常水位 *HC*、尾矿沉积滩面 *IH* 和地面 *DC* 以上，最高洪水位 *ID* 以下区间所形成的空间（*IHCDI* 部分）称为调洪库容，用来调节洪水的库容，这部分库容在正常生产情况下严禁被尾矿或水侵占。

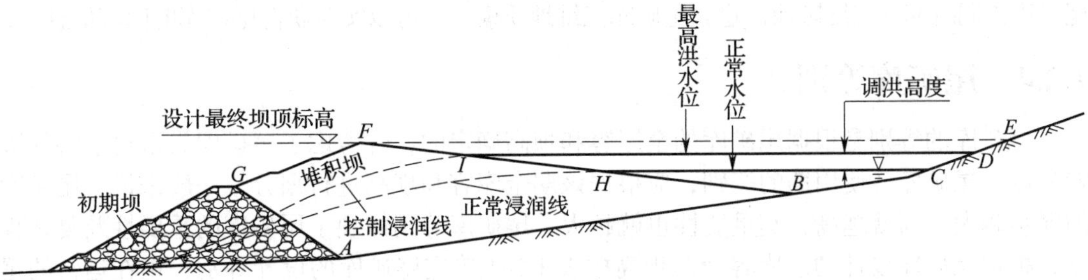

全库容—*ABCDEFGA*；有效库容—*ABFGA*；调洪库容—*IHCDI*。

图 1.2–6 尾矿库库容示意图

为了提高尾矿库运行的安全性，尾矿库在设计时通常要预留一定的安全超高，在非地震运行条件下，安全超高是指尾矿堆积坝的滩顶标高与设计洪水位的高差；挡水坝和一次性筑坝尾矿坝为设计洪水位加最大波浪爬高和最大风壅水面高度之和与坝顶标高的高差。在地震运行条件下，安全超高是指尾矿堆积坝的滩顶标高与正常生产水位加地震沉降和地震壅浪高度之和的高差；挡水坝和一次性筑坝尾矿坝为正常生产水位加最大波浪爬高、最大风壅水面高度、地震沉降和地震壅浪高度之和与坝顶标高的高差。

1.2.3 尾矿库的面积 – 库容曲线

尾矿库的全库容是随着堆积高度的增大而不断增加的，根据尾矿库库址地形条件和尾矿堆积坝内外坡比的不同，其变化关系通常不是简单的线性关系。在实际生产中，工程技术人员一般通过绘制尾矿库“面积 – 库容曲线”快速获得尾矿库的库容信息，其包括“高度 – 库面面积（*H–F*）曲线”和“高度 – 库容（*H–V*）曲线”，一般绘制在一张图上，见图 1.2–7。图中纵坐标代表堆积高度（*H*），横坐标代表库面面积（*F*）或库容（*V*）。一般来说，尾矿库的堆积高度是较容易测得的，当测得堆积高度时，可在纵坐标轴上从该高度作水平线，交 *H–V* 及 *H–F* 曲线于 *A* 及 *B* 点，再从 *A* 及 *B* 点向下作垂线，交横坐标于 *C* 及 *D* 点，即可由横坐标轴上查出此堆积高度时的库容或库面面积。

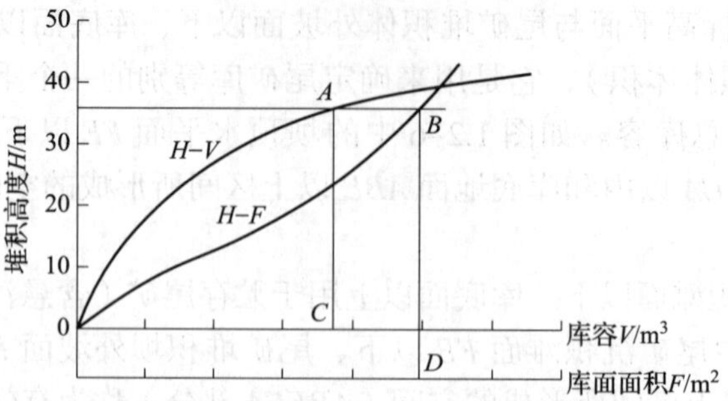

图 1.2–7　堆积高度与库容、库面面积关系曲线图

在实际应用中，工程技术人员会绘出两条“高度 – 库容曲线”：一条是前文述及的 H–V 曲线，即“高度 – 全库容曲线”；另一条为 H–V_y 曲线，即“高度 – 有效库容曲线”，从该曲线上可直接查出某堆积高度时尾矿库的有效库容，从而在实际工作中帮助工程技术人员快速了解尾矿库堆积现状。随着地质三维建模技术和航空摄影技术的不断发展，通过无人机获得尾矿库不同时期的三维影像，建立尾矿库三维地质模型，可以实时获得尾矿库的库容信息。

1.2.4　尾矿库等别

尾矿库的等别是根据尾矿库的全库容和坝高确定的，并考虑了尾矿库失事对下游的影响程度。尾矿库各使用期的等别，应根据该期全库容和坝高进行划分，一般来说，尾矿库的库容越大，坝就越高，其重要性也就越大。尾矿库等别体现了尾矿库的重要性及复杂程度，根据尾矿库设计的总库容及总坝高按表 1.2–1 确定尾矿库的设计等别；正在运营的尾矿库，其各使用期的等别可根据使用期的全库容和坝高按表 1.2–1 确定。尾矿堆积坝级别应根据尾矿库等别按表 1.2–2 确定。

表 1.2–1　尾矿库等别

等别	全库容 $V/\times10^6\text{m}^3$	坝高 H/m
一	$V \geqslant 500$	$H \geqslant 200$
二	$100 \leqslant V<500$	$100 \leqslant H<200$
三	$10 \leqslant V<100$	$60 \leqslant H<100$
四	$1 \leqslant V<10$	$30 \leqslant H<60$
五	$V<1$	$H<30$

注：1. 总库容与总坝高指标分属不同等别时，应按高的等别确定；等别相差大于一等时，应按高等别降低一等确定。

2. 干式堆存尾矿库的总坝高为尾矿坝顶面最高点与坝脚最低点的高差，当尾矿坝坝脚有初期坝或拦砂坝作为支撑体时，总坝高为尾矿坝顶面最高点至初期坝坝顶轴线处或拦砂坝坝顶轴线处原地面的高差；采用上游式筑坝的湿式堆存尾矿库，总坝高为尾矿堆积坝坝顶与初期坝轴线处原地面的高差；采用中线式和下游式筑坝的湿式堆存尾矿库，总坝高为尾矿堆积坝坝顶与坝顶轴线处原地面的高差。

3. 除一等库外，当尾矿库下游有城镇、工矿企业、铁路等级为Ⅰ级的铁路或高速公路等时，经论证后，等别应提高一等。

表 1.2-2　尾矿堆积坝级别

尾矿库等别	尾矿堆积坝级别	尾矿库等别	尾矿堆积坝级别
一	Ⅰ	四	Ⅳ
二	Ⅱ	五	Ⅴ
三	Ⅲ		

由于尾矿库是在使用过程中不断堆筑成坝的，尾矿库的库容和坝高也逐渐增大、增高，因此，尾矿库各使用期的等别是有变化的。在尾矿库选址勘察、初步勘察和详细勘察时，采用总库容和总坝高来确定尾矿库等别；在尾矿堆积坝运行期勘察时，应采用勘察时期全库容和坝高来确定尾矿库等别；在尾矿库闭库勘察时，应采用实际闭库时的全库容和坝高来确定尾矿库等别。

1.3　尾矿坝

尾矿坝是尾矿库中用来拦挡尾矿和水的构筑物，尾矿坝是尾矿库最主要的构筑物之一，尾矿坝包括初期坝和堆积坝两部分。

1.3.1　初期坝

初期坝是在建库初期修筑的尾矿坝支撑棱体，一般采用当地的土和石料堆筑而成。根据是否透水，初期坝可分为透水坝和不透水坝两类。

1. 透水坝

透水坝具有较好的透水性，有利于加快尾矿堆积体固结排水速度，增加坝体稳定性。透水坝按其堆筑材料和工艺的不同可分为透水堆石坝、透水砂石坝和透水土坝等三种类型。

（1）透水堆石坝：采用堆石筑成的初期坝，在坝的上游坡面铺设反滤层及保护层。透水堆石坝的特点是能有效地降低堆积坝体的浸润线，有利于提高坝体的稳定性，透水堆石坝示意图见图 1.3-1。若筑坝用石料为采矿场剥离的废石，则称为透水废石坝。

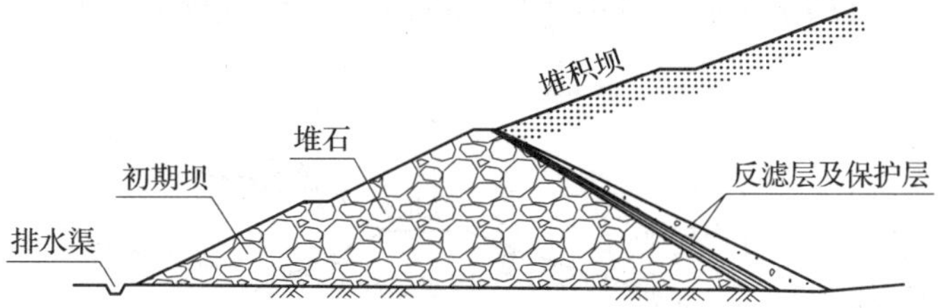

图 1.3-1　透水堆石坝示意图

（2）透水砂石坝：当筑坝所需的石料数量不充足时，也可采用部分砂石混合料来筑坝，一般将石料铺筑在坝体的主要部位，混合料铺筑在初期坝外坡，并要求两者的透水性基本一致。透水砂石坝示意图见图 1.3-2。

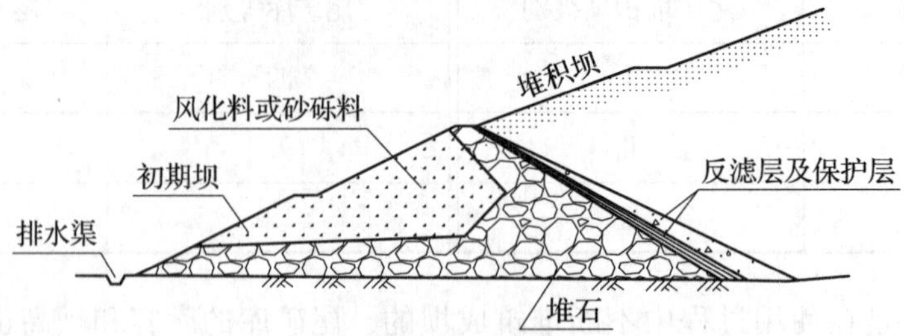

图 1.3–2　透水砂石坝示意图

（3）透水土坝：采用黏性土或强风化土料筑坝，在坝的上游坡面铺设反滤层及保护层，坝底设置渗流引出管，坝外坡脚设置毛石堆成的排水棱体和集水池。透水土坝示意图见图 1.3–3。

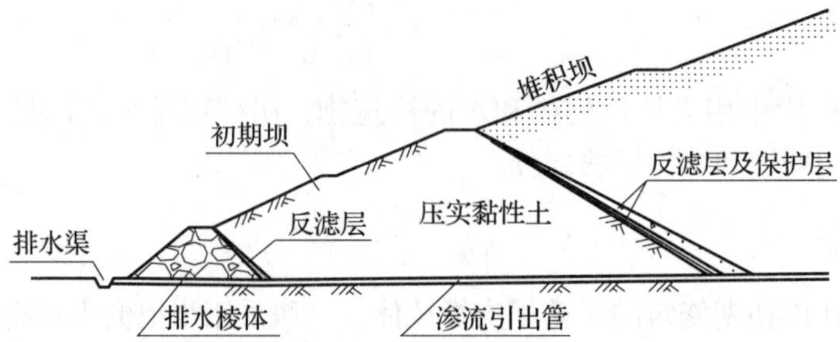

图 1.3–3　透水土坝示意图

2. 不透水坝

当尾矿水可能对周边环境产生污染或有特殊要求时，初期坝也可以采用不透水坝。不透水坝按其堆筑材料和工艺的不同可分为不透水均质土坝、不透水堆石坝、不透水浆砌石坝和混凝土坝等四种类型。

（1）不透水均质土坝：基本上采用一种黏性土料填筑的初期坝。若坝基透水层不深，常用黏土截水槽作为坝基防渗设施；若坝基透水层较深，则采用黏土铺盖或混凝土防渗墙等设施。均质土坝一般用于干式堆存的尾矿库或者等别较低的尾矿库。不透水均质土坝示意图见图 1.3–4。

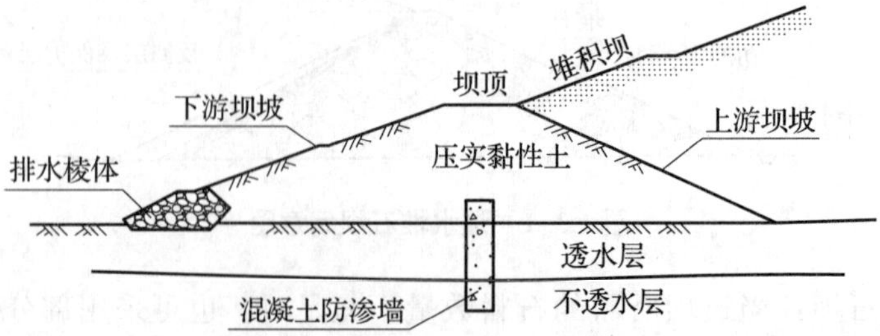

图 1.3–4　不透水均质土坝示意图

（2）不透水堆石坝：采用堆石筑成的初期坝，在坝坡面铺设由黏土、钢筋混凝土、土工布或沥青等材料制作的防渗体。

（3）不透水浆砌石坝：采用黏性土或者混合料筑坝，在坝坡面铺设浆砌石形成的初期坝。浆砌石主要起到护面与防渗的作用，但与钢筋混凝土等防渗体相比，效果较差。

（4）混凝土坝：采用混凝土浇筑而成的初期坝。当尾矿库对安全和环境要求较高，需要严格防渗时，一般采用混凝土坝。混凝土坝对坝基的承载力和变形要求较高，在非岩基场地需要对坝基进行地基处理。

3. 初期坝构造

初期坝设计时，一般需要考虑坝顶宽度、坝坡、马道、排水棱体、反滤层和排水沟等构造措施。

（1）初期坝坝顶应具有一定的宽度，坝顶宽度在设计时除考虑保证尾矿坝的稳定性以外，尚应满足敷设尾矿放矿管道和向库内排放尾矿的操作要求，当坝顶需行车时，还应满足行车要求。一般坝顶宽度不宜小于表 1.3–1 中数值。

表 1.3–1　初期坝坝高与坝顶最小宽度关系

初期坝坝高 /m	坝顶最小宽度 /m	初期坝坝高 /m	坝顶最小宽度 /m
<10	2.5	20 ~ 30	3.5
10 ~ 20	3.0	>30	4.0

（2）初期坝的内、外坡坡比应按计算的坝坡稳定性确定；土坝的下游坡面上应种植草皮护坡，堆石坝的下游坡面应采用干砌石护面。

（3）当初期坝达到一定高度时，为保证坝体稳定性并便于管理与操作，在坝的下游坡面每隔 10 ~ 20m 高差设一道宽度为 1.5 ~ 3.0m 马道。

（4）为排除土坝坝体内的水和保护土坝外坡脚，在土坝外坡脚处设置由毛石堆筑的排水棱体，排水棱体的高度为初期坝坝高的 1/5 ~ 1/3，顶宽为 1.5 ~ 2.0m，边坡坡比一般为 1∶1 ~ 1∶1.5。

（5）为防止渗透水流将尾矿等细颗粒通过初期坝带出坝体外，形成管涌、流土等影响坝体的稳定性，通常在土坝坝体与排水棱体接触处、堆石坝的上游坡面处、非岩基的接触部位设反滤层。

反滤层通常采用砂、砾料铺筑，根据需要可设置多层。随着材料技术的进步，目前新建尾矿库普遍在反滤层中设置土工布以进一步提升反滤效果，一般在土工布上、下两面采用级配碎石作过渡层，其上用毛石护面。土工布反滤层施工相对简单，质量易于控制，反滤效果好。

（6）为防止初期坝坝坡外坡面或山坡坡面汇水冲刷坝体，通常在初期坝的马道内侧及坝坡外坡面上、坝坡与山坡的接触处修建排水沟及时排出汇水。

1.3.2　堆积坝

尾矿堆积坝是指尾矿堆积高度超过初期坝后，尾矿堆筑而成的尾矿坝。根据尾矿堆积坝的筑坝方法可分为湿式堆存和干式堆存，其中湿式堆存采用水力冲积筑坝方式，分为上游式尾矿堆积坝、中线式尾矿堆积坝和下游式尾矿堆积坝。我国大多数尾矿库采用上游式筑坝。

1. 水力冲积筑坝

（1）上游式尾矿堆积坝。指在初期坝上游方向冲填堆积尾矿而形成的尾矿堆积坝。上游式尾矿堆积坝的筑坝方法：当库内的尾矿充满至初期坝顶时，采用尾矿沉积滩上颗粒较粗的尾矿沿坝轴线方向堆筑子坝，将放矿管移至子坝坝顶向库内继续放矿，当库内尾矿堆积至子坝坝顶时，再进行下一级子坝的堆筑，如此按设计的坡比逐渐向库内方向推进，直至最终堆积高程。上游式尾矿堆积坝筑坝方法示意图见图 1.3–5，上游式尾矿堆积坝典型地层剖面示意图见图 1.3–6，对于细粒尾矿，上游式尾矿堆积坝典型地层剖面示意图见图 1.3–7。

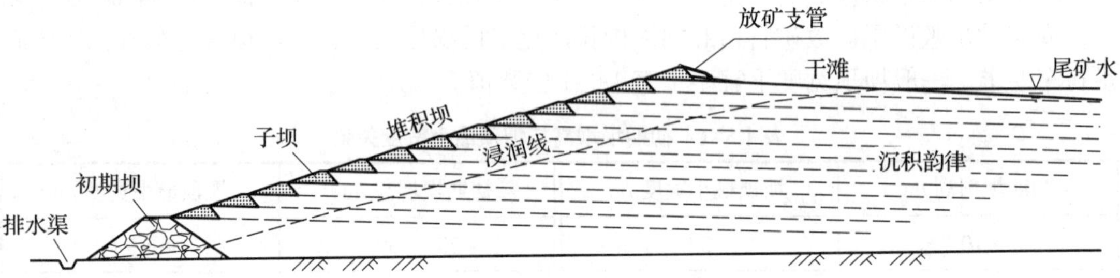

图 1.3–5 上游式尾矿堆积坝筑坝方法示意图

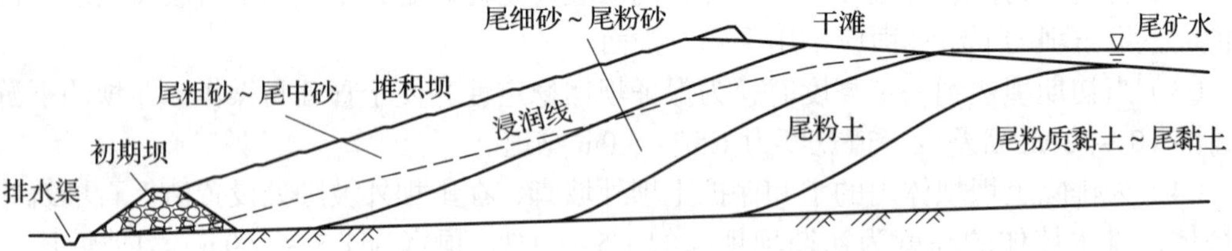

图 1.3–6 上游式尾矿堆积坝典型地层剖面示意图

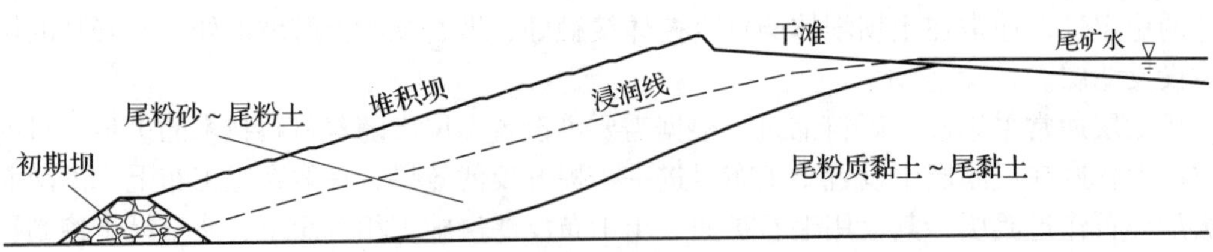

图 1.3–7 上游式细粒尾矿堆积坝典型地层剖面示意图

上游式尾矿堆积坝的主要特点是：①筑坝工艺简单，管理方便，总体成本较低；②坝轴线位置不断向上游推移；③坝体与沉积滩连为一体，无明显界限；④尾矿沉积规律表现为子坝附近沉积的尾矿颗粒较粗，靠近库内沉积的尾矿颗粒较细；对于有副坝的上游式尾矿堆积坝，在副坝附近尾矿的沉积规律更为复杂，常表现为夹层与互层共存；⑤沉积体内存在多层尾矿泥夹层；⑥上游式尾矿堆积坝的稳定性较中线式尾矿堆积坝和下游式尾矿堆积坝差，抗地震液化能力也差，一般不适合在地震烈度 9 度以上地区筑坝。

（2）中线式尾矿堆积坝。指始终在初期坝轴线位置上用旋流器将尾矿分选后，将粗颗粒尾矿沿坝轴线方向均匀向初期坝上、下游方向排放，细颗粒尾矿输送至库内而成的尾矿堆积坝。中线式尾矿堆积坝的筑坝方法：在初期坝坝顶用水力旋流器将尾矿分级，底流尾矿浆（粗颗粒）沿坝轴线方向均匀向初期坝上、下游方向排放，进行自然沉积并辅以机械修整和压实，形成新的坝体，溢流的尾矿浆（细颗粒）排至尾矿库内。当坝体达到一定高度后，再将分级设备和放矿管移到新坝顶上，继续分级放矿、筑坝。新坝顶逐渐升高，直至最终堆积高程。中线式尾矿堆积坝筑坝方法示意图见图 1.3–8，中线式尾矿堆积坝典型地层剖面示意图见图 1.3–9。

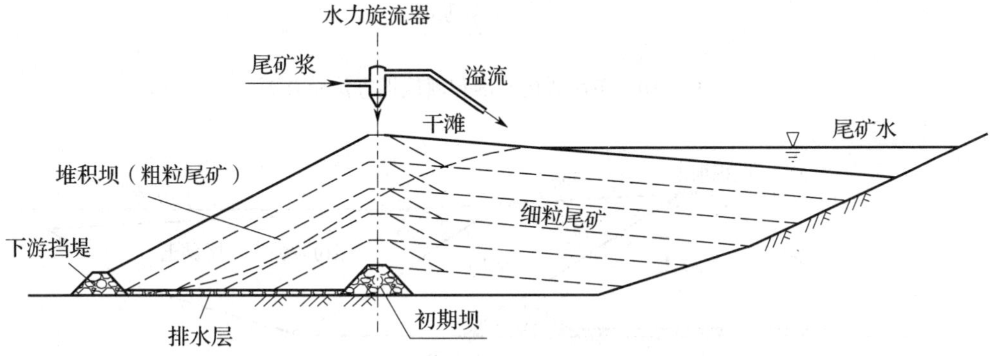

图 1.3–8　中线式尾矿堆积坝筑坝方法示意图

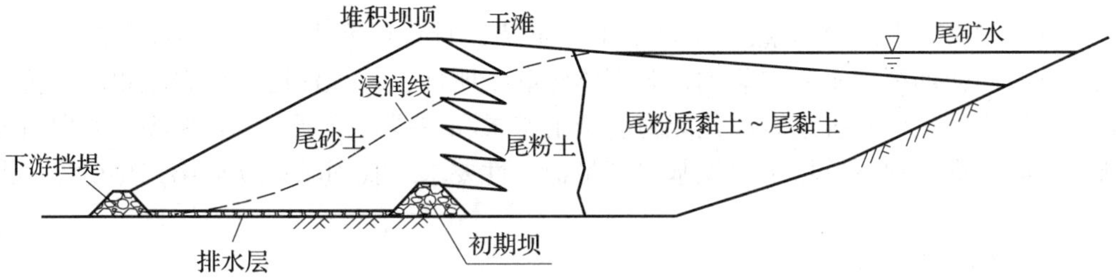

图 1.3–9　中线式尾矿堆积坝典型地层剖面示意图

中线式尾矿堆积坝的特点：①筑坝工艺较复杂，对管理要求较高，总体成本较高；②坝轴线的位置总是与初期坝轴线一致，不向上、下游方向移动；③坝体轮廓线较明确；④下游侧坝体尾矿颗粒较粗，上游侧坝体尾矿粗颗粒与细颗粒呈锯齿形接触；⑤坝体稳定性较好，抗地震液化能力优于上游式筑坝。

（3）下游式尾矿堆积坝。指用旋流器将尾矿分选后，将粗颗粒尾矿排放至初期坝下游方向沉积，细颗粒尾矿排放至初期坝上游方向沉积而成的尾矿堆积坝。下游式尾矿堆积坝筑坝方法：在初期坝轴线处用水力旋流器将尾矿分级，底流尾矿浆（粗颗粒）向初期坝下游方向排放，进行自然沉积并辅以机械修整和压实，形成新的坝体，溢流尾矿浆（细颗粒）向初期坝上游方向排放。当坝体达到一定高度后，再将分级设备和放矿管移至下游方向形成的新坝顶上，保持堆积坝上游坡面坡比不变，继续分级放矿、筑坝，直至最终堆积高程。下游式尾矿堆积坝筑坝方法示意图见图 1.3–10，下游式尾矿堆积坝典型地层剖面示意图见图 1.3–11。

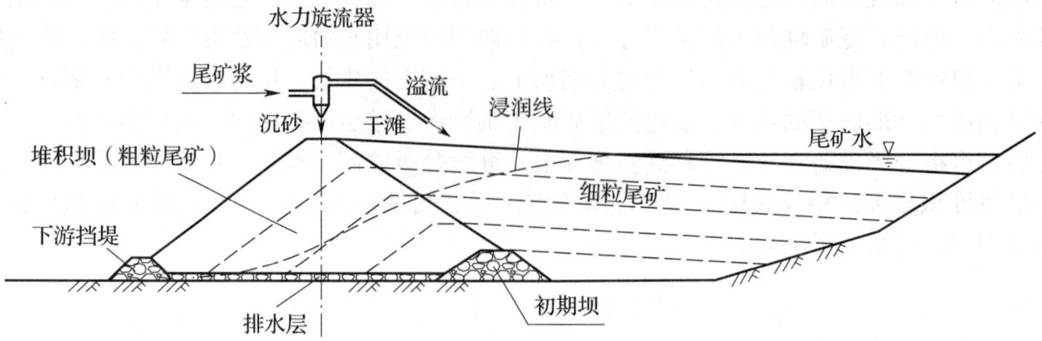

图 1.3–10 下游式尾矿堆积坝筑坝方法示意图

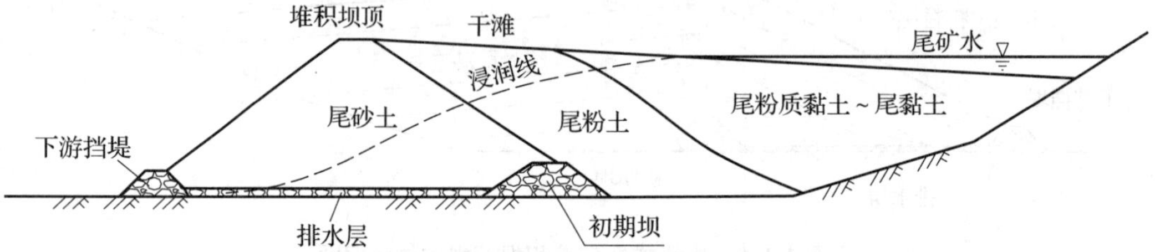

图 1.3–11 下游式尾矿堆积坝典型地层剖面示意图

下游式尾矿堆积坝的特点：①筑坝工艺复杂，对管理要求高，总体成本高；②坝轴线位置不断向初期坝下游方向移动；③坝体轮廓线明确；④坝体尾矿颗粒较粗，抗剪强度较高；⑤坝体稳定性及抗地震液化能力优于上游式和中线式筑坝；⑥初期坝下游要有较长的狭窄空间，堆积坝下游坝肩及坝基要满足稳定性要求。我国峨口铁矿第二尾矿库属此种坝型。

2. 干式堆存筑坝

采用汽车或皮带机械运输，将固态尾矿输送至尾矿库，并进行碾压堆存。干式堆存尾矿堆积坝的主要特点：①筑坝工艺简单、管理方便；②无明显的坝轴线；③堆积体的均匀性与堆存尾矿的分选有关，压实程度与碾压方式、碾压设备有关；④无稳定潜水面，堆积体内有上层滞水存在，堆积体底面有薄层渗水存在；⑤尾矿堆积坝的稳定性与压实程度关系较大，一般较水力冲积筑坝的稳定性高。

3. 堆积坝构造

尾矿堆积坝设计时，一般需要考虑坝顶宽度、坝坡、马道、截水沟与排水沟、护坡等构造措施。

（1）坝顶宽度：坝顶宽度应根据施工方法（人工或机械筑坝）、管道铺设工艺等确定，一般不小于 2.00m，坝顶应设置简易巡查路面并铺设碎石防止雨水冲刷。

（2）坝坡：坝坡的坡比应严格按设计要求实施，防止出现下陡上缓的凸面，对高坝的坝坡可自上而下分段变缓。上一级子坝的外坡脚应自下一级子坝的坝顶内缘开始，坡面上应铺设黏性土或碎石护坡，防止雨水冲刷坝坡面和尾矿污染环境。

（3）马道：在下游坝坡上每隔 10 ~ 20m 高差设一级马道，其最小宽度为 2 ~ 3m，并满足施工机械作业要求。

（4）截水沟与排水沟：在马道的内侧设置纵向截水沟，沿截水沟每隔 20 ~ 50m 设置横向排水沟，并在坝坡与山坡的交界线设置排水沟，将水引到坝坡脚以外。截水沟与排水沟一般采用浆砌石砌筑或混凝土浇筑，设置截水沟与排水沟主要是为了防止山坡和坝坡面降水形成的水流冲刷坝肩及坝坡面。需要注意的是，在设置坝坡与山坡交界线排水沟时，要因势利导，防止排水沟的水流过大溢出冲刷坝面，在雨季坝面产生拉沟形成坝体安全隐患。

（5）护坡：在坝坡面上覆盖黏性土或碎石护坡，或种植适应当地气候条件的草、灌木等植被，防止雨水冲刷掏蚀坝面和尾矿污染环境。

1.3.3　堆积坝筑坝方法

根据尾矿浆液脱水程度，尾矿堆积坝可采用湿式堆存（水力冲积筑坝）与干式堆存两种筑坝方式。

1. 湿式堆存

湿式堆存（水力冲积筑坝）是指采用水力输送的方式将尾矿浆输送至尾矿库堆存的筑坝方式，一般包括冲积法、池填法、渠槽法、旋流器分级法、模袋法等筑坝方法。

（1）冲积法：采用斜管分散放矿，用人工或机械将粗颗粒尾矿堆筑成子坝，细颗粒尾矿向库内冲填。

（2）池填法：采用人工堆筑形成若干个封闭围堰，交替在各围堰内排放尾矿，粗颗粒尾矿沉积在围堰内，并通过溢流管将细颗粒尾矿排至尾矿库内。

（3）渠槽法：平行坝轴线用尾矿堆筑两道子堤形成渠槽，由一端分散放矿，粗颗粒尾矿沉积于渠槽内，细颗粒尾矿由渠槽另一端排至尾矿库内。

（4）旋流器分级法：采用旋流器对尾矿进行分级，粗颗粒尾矿用于筑坝，细颗粒尾矿排放至尾矿库内。

（5）模袋法：将尾矿浆泵送至用土工布制成的模袋内，使其固结排水，形成子坝。

2. 干式堆存

选矿厂排出的尾矿浆经脱水处理后，形成固态尾矿，采用汽车运输或皮带机械输送至尾矿库进行堆存。干式堆存按尾矿堆存总体的推进方向分为：库前堆存、库尾堆存、库中堆存和周边堆存四种形式。

1.4　尾矿库排水系统

尾矿库排水系统在保证尾矿库安全和环境保护方面起到了至关重要的作用，尾矿库排水系统包括尾矿澄清水排放系统及截洪排放系统。尾矿库的排水系统一般有井（塔）–管（洞）式、斜槽–管（洞）式、截洪坝–管（洞）式、截洪沟式等形式，尾矿库排水系统形式的选择，应根据排水量大小、尾矿库地形地貌、地质条件、环境保护要求以及施工条件等因素，经经济技术综合比较后确定。

1.4.1 井（塔）–管（洞）式排水系统

井（塔）–管（洞）式排水系统兼起排水与排洪作用，并通过回水系统将水回送至水处理系统。当洪水超出设计标准，威胁到尾矿库安全时，可以直接进行排洪。

排水隧洞和排水管的进水口采用排水井（溢流塔）时称为井（塔）–管（洞）式排水系统，见图 1.4–1。一般小流量排水多采用排水管，中等流量排水采用排水管或排水隧洞，大流量排水采用排水隧洞或溢洪道。当尾矿库等别较高时，一般首选排水隧洞，安全性更高。某尾矿库的排水井（溢流塔）见图 1.4–2。

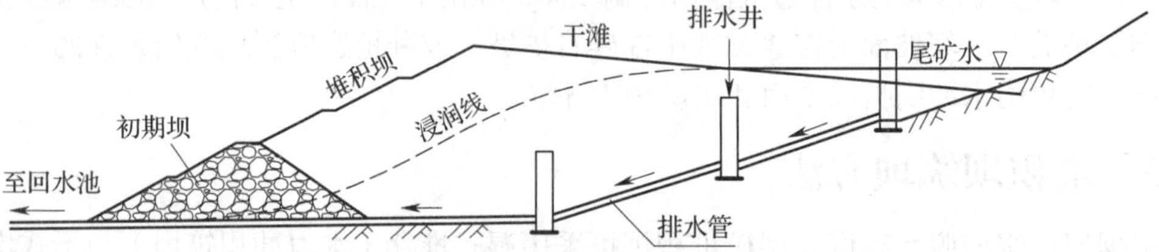

图 1.4–1 井（塔）–管（洞）式排水系统示意图

图 1.4–2 尾矿库排水井（溢流塔）

1.4.2 斜槽–管（洞）式排水系统

斜槽–管（洞）式排水系统兼起排水与排洪作用，并通过回水系统将水回送至水处理系统。当洪水超出设计标准，威胁到尾矿库安全时，可以直接进行排洪。

排水隧洞和排水管的进水口采用排水斜槽时称为斜槽–管（洞）式排水系统，见

图 1.4–3。与井（塔）– 管（洞）式排水系统一样，一般小流量排水多采用排水管，中等流量排水采用排水管或排水隧洞，大流量排水采用排水隧洞或溢洪道。当尾矿库等别较高时，宜采用排水隧洞，安全性更高。

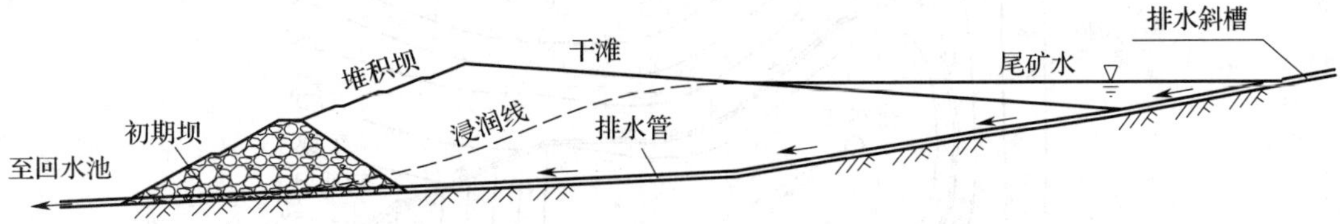

图 1.4–3　斜槽 – 管（洞）式排水系统示意图

1.4.3　截洪坝 – 管（洞）式排水系统

当尾矿库上游有较大的汇水面积时，一般设置截洪坝将洪水拦截在尾矿库上游，洪水通过排水管或排洪隧洞排出，截洪坝 – 管（洞）式排水系统示意图见图 1.4–4，尾矿库澄清水要设置单独的排水及回水系统，将澄清水回送至水处理系统。

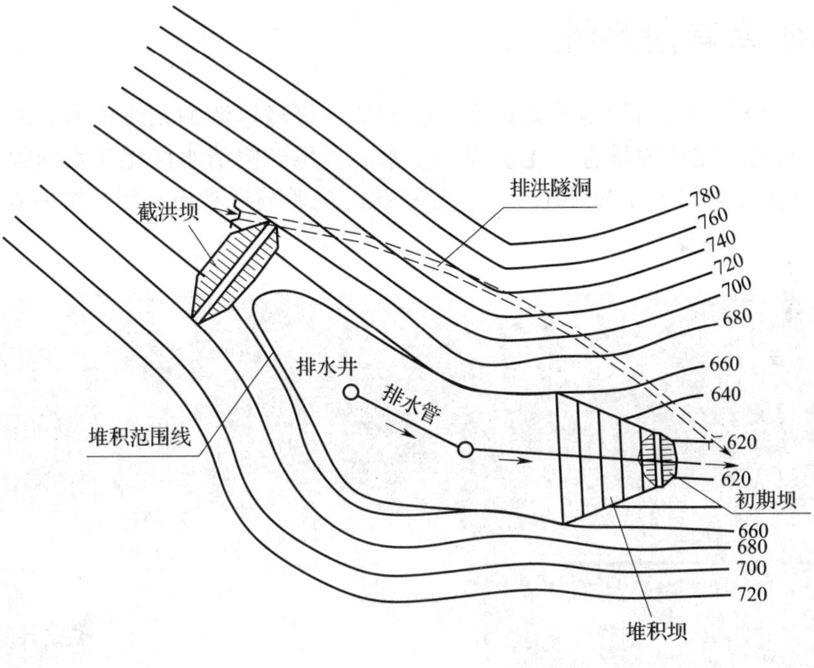

图 1.4–4　截洪坝 – 管（洞）式排水系统示意图

1.4.4　截洪沟式排水系统

当尾矿库周边有较大的汇水面积时，也可以设置截洪沟将洪水拦截在尾矿库之外，并通过排水系统将洪水排出，截洪沟式排水系统示意图见图 1.4–5。截洪沟式排水系统在大暴雨情况下容易被冲毁，因此应加强雨季截洪沟的检查与维护，并制订暴雨季截洪沟损坏的应急措施。

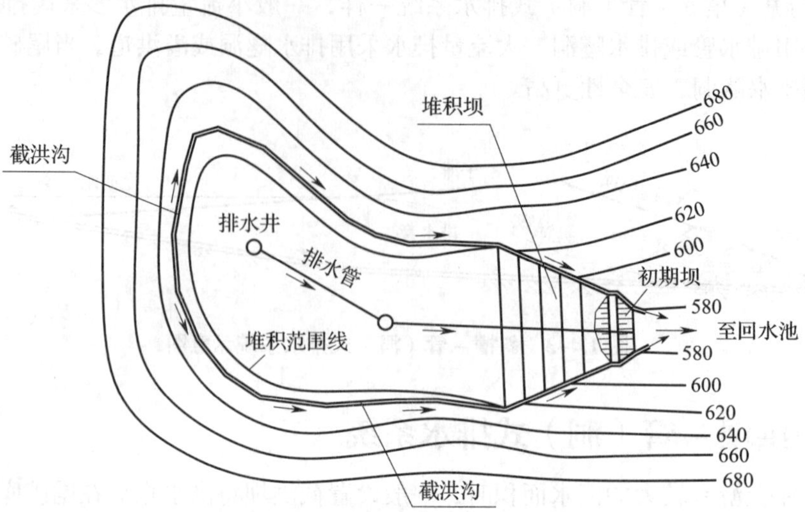

图 1.4–5　截洪沟式排水系统示意图

1.5　尾矿库其他系统

选矿厂生产车间排出的尾矿浆浓度一般较低，将经过浓缩系统浓缩后的尾矿通过尾矿输送系统输送至尾矿库堆存，尾矿固结排水后，尾矿澄清水经尾矿水回收系统回收至选矿厂循环使用，图 1.5–1 为某尾矿库输送系统的尾矿输送管道和尾矿水回收系统的回水管道。

图 1.5–1　尾矿输送管道和回水管道

1.6 新技术应用

1.6.1 尾矿堆积坝勘察新技术

岩土工程勘察是指根据建设工程的要求，查明、分析、评价建设场地的地质、环境特征和岩土工程条件，编制勘察文件的活动。在岩土工程勘察的过程中，勘察手段的选用在一定程度上决定了岩土工程勘察工作的精度和质量。因此，研究并应用新的勘察手段对于提高岩土工程勘察的质量和推进岩土工程勘察工作的技术进步至关重要。目前，遥感技术、BIM 技术、光纤传感技术及新型工程物探技术等发展较快，在岩土工程勘察中应用广泛，但在尾矿堆积坝勘察中的应用还不普及。因此，应加大以上勘察新技术在尾矿堆积坝岩土工程勘察中的应用研究。

1. 遥感技术

遥感技术是 20 世纪 60 年代以来发展起来的一门非接触式、远距离的综合性探测技术，与现代物理学、空间技术、计算机技术、数学和地理学密切相关，作为采集地球数据及其变化信息的重要技术手段，已广泛应用于各个领域，也成为工程地质测绘与调查作业的一种重要手段。遥感技术主要使用对电磁波敏感的仪器，在远离目标和不接触目标物体的条件下，根据目标地物对电磁波的辐射和反射特性进行探测，然后通过信息处理，判断出目标地物的属性。在尾矿库区、高风险地质灾害隐患点等区域进行工程地质测绘时，仅依靠传统的调查测绘手段，实施起来非常困难，不仅工作量很大，而且也可能带来不可接受的安全风险。而遥感测绘不受地形阻隔等限制，与传统地面调查测绘手段相比，遥感技术可以较大程度地排除外部环境干扰，节省成本和时间，降低安全风险，具有很高的经济效益和社会效益。目前，在尾矿堆积坝勘察中，一般采用无人机作为遥感平台，无人机携带探测仪器或者摄影摄像器材等，获取对象立体遥感影像，从而判析尾矿库周边的不良地质作用和灾害，为尾矿堆积坝的勘察评价和工程抢险提供资料。

2. BIM 技术

BIM 是 Building Information Modeling 的简称，即建筑信息模型。目前 BIM 技术在我国工程建设领域发展迅速，其中建筑、水电设备和结构专业的应用相对成熟。岩土工程界借用 BIM 技术，提出了“岩土 BIM”或“GBIM”的概念，通过与倾斜摄影测量、三维激光扫描技术的有效融合，建立了三维地质信息模型，实现岩土工程勘察成果数字化交付，并实现了以下功能：①地质模型的三维展示与剖面的任意剖切；②工程场地相关环境模型及信息查询；③场地地层岩土工程性质查询及获取性质信息途径；④模块化岩土工程计算及分析。在尾矿堆积坝勘察工作中，应用“岩土 BIM”技术可以更直观地展示尾矿库各构筑物之间的关系、尾矿库与场地地形地貌及构造的关系、尾矿的沉积规律与浸润线的关系，岩土工程师借助“岩土 BIM”技术可以更全面地分析评价尾矿堆积坝的稳定性，提出合理的治理措施建议。

3. 光纤传感技术

光纤传感器具有抗电磁干扰、耐腐蚀、传输损耗小、体积小、重量轻，便于铺设安装，对监测对象影响较小等优点，已成为工程监测系统中的研究热点，在土木工程、水利工程和航空航天等领域开展了广泛的应用研究。在岩土工程中，光纤传感技术在测试与监测工作中也取得了一定进展。尾矿库是矿山三大控制性工程之一，也是具有高势能的人造泥石流危险源，因此，相关法规及技术标准对尾矿堆积坝的监测要求越来越高。在尾矿堆积坝的位移监测、浸润线监测中采用光纤传感技术能显著提高监测工作的可靠度，因此，岩土工程师在这一领域开展了大量研究工作并进行了一系列应用。

4. 工程物探技术

工程物探即工程地球物理勘探的简称，它是以地质体的物性差异为基础，通过仪器观测自然或人工物理场的变化，确定地质体的空间展布范围，测定岩土体物性参数的一种物理勘探方法。通过工程物探技术可以查明地质构造及地层组成、不良地质作用、基岩及地下水位埋藏深度，测定岩土体物理力学性质等。目前，岩土工程勘察中常用的工程物探技术包括电磁法、地震法、电法等，针对不同的勘测对象，选择不同的工程物探技术，如在尾矿堆积坝勘察中，已有研究案例表明地震法中的天然源面波法可以查明尾矿的沉积规律及密实程度、基岩埋藏深度及风化程度等，但更多的应用尚处于初步研究阶段。

1.6.2 尾矿堆积坝设计新技术

尾矿堆积坝设计是尾矿库设计的重要组成部分，尾矿堆积坝的设计主要包括初期坝设计和堆积坝设计、排水排渗设计、放矿工艺设计、监测设计等内容。目前，模袋法技术、土工格栅技术及联合排渗技术等新技术在尾矿堆积坝的筑坝及排渗设计中得到了初步应用与推广，保证了尾矿库的安全。

1. 模袋法堆存技术

模袋法堆存技术是指在高强度土工织物袋内泵灌尾矿浆液，固结后形成的充填体筑坝技术。模袋法堆存技术在我国最早应用于水利堤防工程，取得了较好的效果。其主要优点是利用模袋布的透水不透浆特性，排水固结速度快，有利于快速筑坝，且筑坝强度高，使尾矿与土工织物形成一个整体。采用模袋堆筑子坝能较好地解决细粒尾矿筑坝取砂难、透水性差、不易固结的难题。模袋法堆存技术在细粒尾矿堆积坝中能较好地解决筑坝上升速度慢和稳定性差的问题，具有较好的发展前景，是细粒尾矿筑坝技术的发展方向，近年来在细粒尾矿堆积坝中已经得到了应用。

2. 圆锥法堆存技术

圆锥法堆存技术是国外兴起的一种浓缩尾矿的堆积方法，适用于较大面积的平地或丘陵地区。圆锥法堆存技术是将尾矿浆浓缩到50%以上的浓度，由砂泵输送到尾矿库的某一部位排放。由于高浓度尾矿呈浆状或膏状，分级作用比较差，在排放口一般形成圆锥形堆积体，堆积体的坡度由矿浆的性质所决定。圆锥法堆存技术在我国尚处于初级应用阶段，在技术经济上尚需做进一步研究。

3. 土工格栅技术

土工格栅技术是指在筑坝过程中分层铺设土工格栅，与尾矿形成加筋复合体的一种技术。其主要优点体现在以下几个方面：①尾矿与土工格栅形成的加筋复合体增加了尾矿的抗剪强度，提高了坝体稳定性；②尾矿与土工格栅形成的加筋复合体形成一个整体，可减小坝体不均匀沉降；③土工格栅可以有效改善尾矿堆积坝的排渗条件，降低尾矿堆积坝的浸润线。

4. 联合排渗技术

联合排渗技术是指在尾矿堆积坝中单独或联合设置预埋排渗管、新型盲沟、辐射井等排渗系统，从而达到降低坝体浸润线，提高尾矿堆积坝稳定性的技术。

预埋排渗管技术的主要优点是施工方便、工程造价低、排渗效果显著；新型盲沟排渗技术是预埋排渗管技术的改进，该技术采用新型塑料盲沟材料，由立体网状结构的塑料芯体外包裹土工布组成，该技术的主要优点是充分考虑了尾矿坝体水平与垂直渗透的差异性，采用垂直 + 水平盲沟排渗，形成三维排渗系统，有利于尾矿快速固结。

辐射井排渗技术的主要优点是定向性强、集水范围广、排渗量大、走向不受限制，可大面积降低坝体浸润线。

5. 尾矿充填技术

充填采矿技术经历了从干式充填到水力充填，实现了材料的管道输送；从低浓度水力充填到高浓度料浆充填，解决了料浆离析的难题，保证了充填体质量和强度；从高浓度料浆充填到膏体充填，解决了采场内再脱水难题。

尾矿充填技术是利用选矿厂排出的尾矿经分选后的尾砂、矿山开采形成的废石作为骨料，加入水泥、粉煤灰等凝胶剂充分拌和后充填到采空区的一种新技术。尾矿充填技术属于充填采矿及矿山充填技术范畴。近年来，地下采矿导致的地面沉降和塌陷、矿井岩爆和冒顶等地质灾害事故频发，直接威胁着人民生命财产安全，而尾矿堆存又占据大量的山林和耕地，尾矿库的安全也威胁着下游人民生命财产安全并可能对环境产生污染。因此，用尾矿作充填材料越来越受到人们的重视，并开始应用于充填采矿中，成为建设绿色矿山的重要组成部分。

第2章 尾矿堆积坝勘察

2.1 勘察目的与任务

尾矿堆积坝属于尾矿库重要构筑物之一，堆积坝的稳定性直接影响着尾矿库的安全，为防止尾矿库安全事故的发生，确保尾矿堆积坝的安全正常运行，《尾矿库安全监督管理规定》(2011年5月4日国家安全生产监督管理总局令第38号，根据2015年5月26日国家安全生产监督管理总局令第78号修正）第十九条规定：尾矿库应当每三年至少进行一次安全现状评价。安全现状评价应当符合国家标准或者行业标准的要求。尾矿库安全现状评价工作应当有能够进行尾矿坝稳定性验算、尾矿库水文计算、构筑物计算的专业技术人员参加。上游式尾矿坝堆积至1/2 ~ 2/3最终设计坝高时，应当对坝体进行一次全面勘察，并进行稳定性专项评价。

根据《尾矿库安全监督管理规定》的要求，关于安全现状评价工作，国家标准《尾矿库安全规程》GB 39496—2020第6.1.9条规定：采用尾矿堆坝的尾矿库，应在运行期对尾矿坝做全面的安全性复核，以验证最终坝体的稳定性和确定后期的处理措施；尾矿坝安全性复核前应对尾矿坝进行全面的岩土工程勘察，安全性复核工作应由设计单位根据勘察结果完成。安全性复核应满足下列原则：三等及三等以下的尾矿库在尾矿坝堆至1/2 ~ 2/3最终设计总坝高，一等及二等尾矿库在尾矿坝堆至1/3 ~ 1/2和1/2 ~ 2/3最终设计总坝高时，应分别对坝体做全面的安全性复核；尾矿库达到一等库后，坝高每增高20m应对坝体进行全面的安全性复核；尾矿性质、放矿方式与设计相差较大时，应对尾矿坝体进行全面的安全性复核。

对于尾矿堆积坝岩土勘察工作，国家标准《尾矿堆积坝岩土工程技术标准》GB 50547—2022第3.0.3条规定：尾矿堆积坝勘察类别应分为运行期勘察、扩建和改建勘察、闭库勘察和专项勘察。这是基于尾矿库安全评价的需要和尾矿管理运行过程进行划分的。

尾矿堆积坝运行期勘察应在堆积尾矿排放至一定高度后进行，是为了获得堆积尾矿的堆积规律和物理力学性质指标，具体的勘察时段，是在尾矿坝安全性复核前，根据尾矿库现状等别，三等及三等以下的尾矿库堆至1/2 ~ 2/3总坝高时、二等尾矿库堆至1/3 ~ 1/2和1/2 ~ 2/3总坝高时、一等尾矿库堆至1/3 ~ 1/2和1/2 ~ 2/3总坝高时、尾矿库运行达到一等等别时及一等等别之后坝高每增高20m时，应进行运行期勘察，为同时期的尾矿库安全评价提供基础资料。

尾矿堆积坝运行期勘察应在收集尾矿库设计资料、前期勘察资料、尾矿堆积坝运行期间浸润线的变化情况、存在的隐患及治理情况的基础上完成以下工作：

（1）查明尾矿堆积坝的组成、堆积厚度、密实程度、堆积规律及分布特征；

（2）查明尾矿堆积体的物理力学性质、化学性质，总坝高应力状态下的强度指标及变形特性，并分析尾矿的固结规律；

（3）查明堆积体内浸润线位置；分析运行期间浸润线的变化规律，浸润线与降雨量的关系、浸润线与排放量的关系、其他影响浸润线变化的因素等；

（4）通过试验确定尾矿堆积坝水平及垂直方向的渗透规律及渗透系数；

（5）需进行动力稳定性分析时，提供动力稳定性分析所需的参数；

（6）对处于设计烈度 7 度及以上场地的所有尾矿堆积坝和处于设计烈度 6 度及以上场地的Ⅰ～Ⅲ级尾矿堆积坝均要评价尾矿堆积坝在地震作用下的液化可能性；

（7）评价坝体在不同工况下的稳定性及堆积至总坝高时的适宜性。

尾矿库运行过程中，由于加高扩容的需要或当尾矿性质、放矿方式与初步设计相差较大时，就要进行尾矿库的扩建和改建勘察。扩建和改建勘察应在收集尾矿库扩建和改建的背景资料、尾矿库建库和运行期间的地质及水文资料、运行期隐患及治理资料等的基础上布置相应的勘察工作，勘察工作量应满足扩建和改建工程分析评价的要求，并根据扩建和改建工程的特点提出工程措施建议。

达到设计最终堆积高度的尾矿库或未达到设计最终堆积高度而提前停止使用的尾矿库，仍然存在安全或环保方面的隐患和风险，为了维持尾矿库长期安全稳定、消除隐患和风险、为闭库设计提供参数，需要进行尾矿库的闭库勘察。闭库勘察应在收集尾矿库建库和运行期间的地质及水文资料，运行期隐患及治理资料的基础上布置相应的勘察工作，勘察工作量应满足闭库工程分析评价的要求，并根据尾矿库的特点和环保要求提出工程措施建议，工程措施建议中要包括尾矿库“一库一策”环境恢复治理内容。当尾矿库存在扩建和改建工程时，还应收集扩建和改建工程的背景资料。

尾矿资源综合利用是行业发展的必然趋势，国家在不断加大对尾矿回采的政策引导和支持力度，积极推广尾矿回采提取有价组分、利用尾矿生产建筑材料、充填采空区等尾矿综合利用先进技术，鼓励尾矿库企业通过尾矿综合利用减少尾矿堆存乃至消除尾矿库，从源头上消除尾矿库安全风险。对需要进行尾矿回采的尾矿堆积坝应进行回采专项勘察，通过勘察为回采工艺设计提供必需的参数，进行回采边坡的稳定性分析，保证回采工作的安全。

尾矿库是一个具有高势能的人造泥石流危险源，一旦溃坝，可能造成重大人员伤亡、财产损失和环境污染。因此，按照《尾矿库安全监督管理规定》的要求必须对尾矿库进行监测工作。在线监测是保证尾矿库安全运行的必要手段，对未设置在线监测系统的已建尾矿库，勘察工作应查明浸润线的分布，进行深部位移监测时还应查明尾矿的沉积规律及软弱夹层的分布等；对需要进行在线监测系统升级改造的尾矿库，勘察工作应以收集资料为主，重点查明浸润线的变化情况以及运行期隐患及治理情况；对已闭库但未设置在线监测系统的尾矿库，应重点查明尾矿库排水设施现状、浸润线的变化情况以及是否存在安全隐患等。因此，对没有在线监测系统的尾矿堆积坝或需对已有在线监测系统进行升级改造时，应进行在线监测专项勘察。

当尾矿库出现干滩长度不足、坡面有裂缝、渗流溢出、浸润线过高等异常情况，存在安全隐患时，应查明隐患的范围，分析产生的原因，根据隐患具体情况布置勘察工作量，为隐患治理提供依据。因此，当尾矿堆积坝在运行过程中有异常情况且危及尾矿库安全时，应进行隐患治理专项勘察。

2.2 勘察等级

岩土工程勘察等级，顾名思义就是某工程项目岩土工程勘察的重要程度。查阅原国家标准《岩土工程勘察规范》GB 50021—94 的修订说明中首次提出了岩土工程勘察等级的概念，以便在工程实践中按照工程的复杂性和难易程度区别对待，有利于确保工程勘察质量和勘察生产技术管理的合理性，目的是突出重点，区别对待。确定岩土工程勘察等级的条件包括工程安全等级、场地等级和地基等级，《岩土工程勘察规范》GB 50021—94 规范给出的岩土工程勘察等级划分见表 2.2–1。

表 2.2–1 岩土工程勘察等级划分

勘察等级	确定勘察等级的条件		
	工程安全等级	场地等级	地基等级
一级	一级	任意	任意
	二级	一级	任意
		任意	一级
二级	二级	二级	二级或三级
		三级	二级
	三级	一级	任意
		任意	一级
		二级	二级
三级	二级	三级	三级
	三级	二级	三级
		三级	二级或三级

根据岩土工程勘察等级，在初勘阶段，确定勘探线、勘探点间距和勘探孔深度，见表 2.2–2、表 2.2–3；在详勘阶段，根据建筑物的平面布置确定勘探点的位置，勘探点间距宜满足表 2.2–4 的要求。

表 2.2–2 初勘阶段勘探线、勘探点间距

岩土工程勘察等级	勘探线间距 /m	勘探点间距 /m
一级	50 ~ 100	30 ~ 50
二级	75 ~ 150	40 ~ 100
三级	150 ~ 300	75 ~ 200

表 2.2-3　初勘阶段勘探孔深度

岩土工程勘察等级	勘探孔类别	
	一般性勘探孔 /m	控制性勘探孔 /m
一级	≥ 15	≥ 30
二级	8 ~ 15	15 ~ 30
三级	≤ 8	≤ 15

表 2.2-4　详勘阶段勘探点间距

岩土工程勘察等级	勘探点间距 /m
一级	15 ~ 35
二级	25 ~ 45
三级	40 ~ 65

在进行岩土工程分析评价时，应根据岩土工程勘察等级区别进行。岩土工程勘察等级为三级的项目，应根据邻近工程经验进行分析评价，必要时可结合少量的勘探、测试资料进行分析评价；岩土工程勘察等级为二级的项目，应在勘探、测试与试验的基础上，结合邻近工程经验进行分析评价；岩土工程勘察等级为一级的项目，除按二级要求进行分析评价外，尚宜对其中的复杂问题进行专门研究，并结合监测工作对评价结果进行复核。

2002 年，原建设部发布了国家标准《岩土工程勘察规范》GB 50021—2001 规范（含 2009 年版），沿用了原规范中岩土工程勘察等级的概念，强调了岩土工程勘察等级是在工程重要性等级、场地复杂程度等级和地基复杂程度等级的基础上划分，并采用甲级、乙级、丙级表述，重新强调了岩土工程分级的重要性，目的是突出重点，区别对待，以利管理。一般情况下，勘察等级是在编制岩土工程勘察纲要时确定，但随着勘察工作的进展以及对场地工程地质条件的认识，勘察等级也需要进行相应的调整。在初勘阶段确定勘探线、勘探点间距和在详勘阶段根据建筑物平面布置确定勘探点位置和勘探点间距上更加注重地基复杂程度等级，并对详勘阶段勘探点间距进行了加密调整，体现了地基复杂程度对勘探点间距的重要影响。而在初勘阶段确定勘探孔深度上，更加注重工程重要性等级。实际上，勘探点的疏密程度主要受地基的复杂程度控制，勘探孔深度受基础类型、埋深、荷载大小等因素控制，在初勘时，这些因素还不清楚，因此初勘勘探孔深度按工程的重要程度确定。《岩土工程勘察规范》GB 50021—2001 规定的勘探线、勘探点间距及勘探孔深度见表 2.2-5 ~ 表 2.2-7。

表 2.2-5　初勘阶段勘探线、勘探点间距

地基复杂程度等级	勘探线间距 /m	勘探点间距 /m
一级	50 ~ 100	30 ~ 50
二级	75 ~ 150	40 ~ 100
三级	150 ~ 300	75 ~ 200

表 2.2-6 初勘阶段勘探孔深度

工程重要性等级	一般性勘探孔	控制性勘探孔
一级	≥ 15	≥ 30
二级	10 ~ 15	15 ~ 30
三级	6 ~ 10	10 ~ 20

表 2.2-7 详勘阶段勘探点间距

地基复杂程度等级	勘探点间距 /m
一级	10 ~ 15
二级	15 ~ 30
三级	30 ~ 50

在进行岩土工程分析评价时，应根据岩土工程勘察等级区别进行。对丙级岩土工程勘察，可根据邻近工程经验结合触探和钻探取样试验资料进行；对乙级岩土工程勘察，应在勘探、测试与试验的基础上，结合邻近工程经验进行，并提供岩土的强度和变形指标；对甲级岩土工程勘察，除按乙级要求进行外，尚宜提供载荷试验资料，必要时应对其中的复杂问题进行专门研究，并结合监测工作对评价结论进行复核。

在国家标准《岩土工程勘察规范》GB 50021—94 引进岩土工程勘察等级概念后，各行业的勘察标准均以其作为勘察的母标准，引进了勘察等级的概念，如《尾矿堆积坝岩土工程技术规范》GB 50547—2010、《有色金属工业岩土工程勘察规范》GB 51099—2015、《建筑边坡工程技术规范》GB 50330—2002、《城市轨道交通岩土工程勘察规范》GB 50307—2012、《油气田及管道岩土工程勘察规范》GB 50568—2010、《高层建筑岩土工程勘察规程》JGJ 72—2004 等标准。

国家标准《尾矿堆积坝岩土工程技术规范》GB 50547—2010 第 3.0.2 条规定，堆积坝勘察可根据尾矿库等别确定其勘察等级。一 ~ 三等尾矿库的堆积坝勘察等级宜定为甲级，其余可定为乙级。全面修订后的《尾矿堆积坝岩土工程技术标准》GB/T 50547—2022 第 3.0.2 条对尾矿堆积坝的勘察等级进行了更详细的规定：Ⅰ ~ Ⅲ级尾矿堆积坝勘察等级应定为甲级；Ⅳ级和Ⅴ级尾矿堆积坝，场地为复杂场地且下游 1km 范围内有居民区、工矿企业、集贸市场、休闲健身娱乐广场、铁路、公路等重要设施时，勘察等级应定为甲级，其余Ⅳ级和Ⅴ级尾矿堆积坝勘察等级应定为乙级；专项勘察应根据实际情况确定勘察等级。并规定了勘察等级为甲级的尾矿堆积坝，应进行原位直剪试验的要求。这些都充分体现了以人为本、人民生命财产安全高于一切和绿色发展的理念。

勘察等级的确定主要考虑了尾矿堆积坝的规模及溃坝后对下游可能造成的安全风险和环境影响程度。对于Ⅳ级和Ⅴ级尾矿堆积坝，若溃坝后的影响范围内有居民区、工矿企业、集贸市场、休闲健身娱乐广场、铁路、公路等重要设施，将对人民群众生命财产造成严重危害，勘察等级应当提高一级。如山西省襄汾县新塔矿业有限公司新塔矿区 980 平硐尾矿库为五等尾矿库，2008 年 9 月发生特别重大溃坝事故，波及下游 500m 范围的矿区办公楼、集贸市场和部分民宅，造成 277 人死亡，直接经济损失达 9 619.2 万元。

在线监测专项勘察通常以收集资料为主，勘察等级一般较低；隐患治理专项勘察，因涉及的情况复杂，不便做统一规定。因此专项勘察要根据实际情况确定勘察等级，布置勘察工作量。

通过梳理勘察等级的来龙去脉，不难发现，勘察等级从概念提出，到其在工程勘察中的广泛应用，反映了 20 多年来岩土工程勘察技术进步以及对岩土工程更深层次的理解。在编制工程勘察纲要时确定岩土工程勘察等级并在勘察实际工程中进行调整，反映了工程负责人对勘察项目重要性的认识程度，对勘察过程中要解决重点工程地质问题的理解程度。只有做到重点突出，有的放矢，根据勘察目的、任务及重点，解决工程地质问题，确定勘察方法和布置工作量，才能保证工程勘察质量。

2.3　勘察方法

在进行尾矿堆积坝岩土工程勘察前，应进行现场踏勘工作和资料收集工作。踏勘工作由项目负责人带队，组织相关专业工程技术人员到尾矿库现场进行踏勘工作。由于尾矿库大多处于人烟稀少的山沟，因此踏勘工作首先要了解场地住宿和生活方面的情况，道路、水、电和场地的“三通一平”问题，为勘察工作的顺利实施提供后勤保障。

在尾矿堆积坝运行期勘察阶段，现场踏勘工作重点应放在尾矿库现状调查和收集资料的核对上；在尾矿库扩建和改建勘察阶段，现场踏勘工作重点应放在尾矿库现状调查和扩建和改建目的及影响扩建和改建的现场条件的调查；在尾矿库闭库勘察阶段，现场踏勘工作重点应放在尾矿库的隐患上，并调查尾矿库现状和区域复垦植被情况。尾矿库专项勘察现场踏勘工作重点应根据专项勘察要解决的问题来确定，对于回采勘察，重点了解回采工艺以及尾矿堆积情况；对于在线监测勘察，重点了解监测项目与监测点的布置，收集原有的勘察资料，特别是浸润线的变化情况；对于隐患治理勘察，针对不同的隐患，初步分析隐患形成的原因、规模、发展情况和危害程度。

在踏勘工作基础上，根据勘察目的与任务，由项目负责人确定项目的勘察等级，编制岩土工程勘察纲要，选用适宜的勘察方法和布置勘察工作量。

尾矿堆积坝常用的勘察方法包括工程地质测绘与调查、工程地质勘探（包括工程物探、钻探、井探、槽探等）、原位测试、水文地质试验、室内土工试验和岩石试验、巡查与监测等。

（1）工程地质测绘与调查：在尾矿库库区及周边一定范围内通过实地调查和现场工作，按照一定比例尺测量和绘制工程地质综合图的一种方法，特别是对尾矿堆积坝及周边的地质点、不良地质作用、渗漏涌砂等与尾矿库稳定性有关的露头进行测量。

（2）工程物探：采用地球物理勘探的方法，通过测定各类岩、土体或地质体的密度、导电性、弹性等物理性质的差别，分析解释判断尾矿沉积规律、尾矿密实程度、浸润线、尾矿库原始地形界面、基岩埋深及风化程度等，探测坝体塌陷、渗漏等尾矿库隐患。工程物探包括天然源面波法、人工源面波法、折射波法、反射波法、地震映像、电剖面法及电测深法等。

（3）钻探、井探、槽探：采用钻探机械钻进或人工挖掘，查明尾矿的沉积规律、浸润线、尾矿库原始地形界面、基岩埋深及风化程度等最直接的勘探方法。

（4）原位测试：通过在尾矿库现场直接测试，获取尾矿物理力学性质的方法。原位测试包括静力触探试验、圆锥动力触探试验、标准贯入试验、十字板剪切试验、原位直剪试验、扁铲侧胀试验及波速测试等。

（5）水文地质试验：在尾矿库现场测量浸润线分布、尾矿堆积体内水流速、流向以及尾矿的渗透规律而进行的试验。水文地质试验包括流向流速试验、示踪试验、注水试验、抽水试验及压水试验等。

（6）室内土工试验和岩石试验：在现场采取尾矿试样及岩土试样，在室内用仪器测量和试验获得尾矿、岩土体物理力学性质指标的一种方法。在进行尾矿堆积坝勘察时，宜在尾矿库现场设置临时试验室。室内土工试验和岩石试验包括含水率试验、比重试验、密度试验、抗剪及抗压强度试验等。

（7）巡查与监测：为保证尾矿库的安全运行，人工在尾矿库现场进行巡视检查及时发现隐患或采用专门的观测仪器对尾矿库内的构筑物进行监测的方法。尾矿堆积坝监测一般采用自动化监测系统，监测项目包括浸润线、坝面位移及深层位移、流量及雨量监测等。

2.3.1 运行期勘察

尾矿堆积坝运行期勘察前应收集下列资料：

（1）尾矿的原矿类别、选矿方法与工艺、尾矿的矿物成分和化学成分、尾矿的颗粒组成等；

（2）初期坝、尾矿堆积坝的结构形式，反滤和排渗设施的设置及运行情况；

（3）尾矿库的设计参数及使用后尾矿排放堆积方式、逐年堆积高度和运行情况、沉积滩的分布及变化情况；

（4）尾矿库排洪设施及尾矿堆积坝排水设施情况；

（5）尾矿库所在区域的地质条件、水文地质条件、地震资料和水文气象资料等；

（6）尾矿堆积坝的变形、浸润线、排渗及排洪的监测设施设置情况及观测数据；

（7）尾矿堆积坝前期勘察资料、曾经发现的隐患治理及险情抢险情况；

（8）尾矿库所在流域的生态环境资料，包括土地利用现状及规划、植被发育情况、矿山开采情况、水土保持及水土污染情况等；

（9）类似尾矿堆积坝的工程经验资料，包括尾矿库所在区域内所有尾矿堆积坝的工程经验，其他区域内堆存工艺相同或尾矿类型相同的尾矿堆积坝的工程经验等。

在进行尾矿堆积坝勘察时，勘探线的布置工作应在工程地质测绘和调查的基础上，布置在对坝体稳定性评价有代表性的地段，勘探线方向宜垂直坝轴线。尾矿堆积坝运行期勘察垂直主坝轴线的勘探线数量不应少于3条，其中1条应沿沟谷谷底且垂直主坝轴线布置或沿预估稳定性最不利的地段布置。勘察时把沿预估稳定性最不利的地段布置的勘探线作为主要勘探线，主要勘探线下游端达到坝趾下游不宜小于30m，上游端宜达到自坝顶起向库内方向拟评价坝高2～3倍的距离，一般勘探线的长度可按实际条件控制。湿式堆存的Ⅱ级及Ⅱ级以上尾矿堆积坝主要勘探线宜进入库区水位线内。

这里需要强调的是，在《尾矿堆积坝岩土工程技术标准》GB/T 50547—2022第4.2.5条中规定尾矿堆积坝运行期勘察垂直主坝轴线的勘探线数量不应少于3条，是应该严格执行的。这是因为勘探线数量是尾矿堆积坝稳定性评价准确性和可靠性的保证条件。理论上，在正常排放堆积条件下，垂直于坝轴线沿沟谷谷底的剖面是稳定性最差的剖面，但据已有工程实例，有些坝计算的抗滑稳定系数最小的剖面并不是沿谷底的剖面。这是由于尾矿排放的复杂性和管理等方面的原因，实际排放中可能会出现大量细颗粒尾矿堆积在坝某一侧或无序排放的情况，存在细颗粒筑坝或在坝体形成软弱夹层，使尾矿堆积坝在该地段安全系数最小。这种情况在前期工程地质测绘与调查或收集分析资料中是难以发现的，如果布置的勘探线数量较少，就有可能发现不了最不安全的剖面，使计算的抗滑稳定系数值偏大，造成一种假稳定的现象，导致尾矿库存在安全风险。在实际勘察工作中，有的单位为了降低费用而减少工作量，只沿沟谷谷底垂直坝轴线布置 1 条勘探线或沿预估稳定性最不利的地段布置 1 条勘探线，就会使一些不安全因素被漏查，无法查清最危险的剖面，若按照此剖面进行尾矿库安全评价，会导致尾矿库安全评价中计算的坝坡抗滑稳定系数比实际值大，掩盖了尾矿库滑移的潜在风险，将造成尾矿库安全事故。因此，为了保证尾矿坝下游人民生命财产安全，保护生态环境，垂直主坝轴线的勘探线数量不应少于 3 条。

《尾矿堆积坝岩土工程技术标准》GB/T 50547—2022 对尾矿堆积坝勘探线、勘探点间距及数量做了如下规定，见表 2.3–1。其中控制性勘探孔不应少于勘探孔总数的 1/2，且每条勘探线上不应少于 3 个勘探点。

表 2.3–1　勘探线、勘探点间距及数量

尾矿堆积坝级别	勘探线间距 /m		勘探点间距 /m	每条勘探线上勘探点数量 / 个
	粉性、黏性尾矿	砂性尾矿		
Ⅰ ~ Ⅲ	≤ 200	≤ 250	30 ~ 60	≥ 6
Ⅳ ~ Ⅴ	≤ 100	≤ 150	20 ~ 50	≥ 5

注：1. 拦截沟谷建库的尾矿堆积坝，在堆积过程中沿支沟方向形成的副坝应布置勘探线；围地筑坝建库的尾矿堆积坝，每个坝坡应布置勘探线。
2. 勘探点间距在主要勘探线上宜取小值，在一般勘探线上的坝体地段宜取小值。
3. 存在软弱夹层、可能产生滑动的夹层时，应增加勘探点。

表 2.3–1 中，Ⅳ级和Ⅴ级尾矿堆积坝的勘探线间距和勘探点间距小于Ⅰ ~ Ⅲ级尾矿堆积坝的勘探线间距和勘探点间距，是考虑到Ⅳ级和Ⅴ级坝的坝断面较窄，若勘探线间距过大，就会导致布置的勘探线数量偏少，往往少于 3 条，不满足《尾矿堆积坝岩土工程技术标准》GB/T 50547—2022 第 4.2.5 条的要求，导致尾矿库存在安全风险。同样的原因，若勘探点数量相对较少，就会难以查清尾矿堆积坝的尾矿沉积规律、软弱夹层分布、尾矿颗粒组成等情况，也会导致尾矿库安全风险增大。

《尾矿堆积坝岩土工程技术标准》GB/T 50547—2022 对尾矿堆积坝勘探孔的深度做了如下规定：

（1）勘探孔深度进入天然地面以下不应小于 3.0m，控制孔深度应符合表 2.3–2 的规定。

（2）当坝体和库区内设有防渗层时，勘探孔深度不应穿透防渗层，宜采用工程物探方法或收集已有资料查明防渗层以下地层分布特征。

（3）当需进行动力稳定性分析时，勘探孔深度除应符合表 2.3–2 的规定外，每条主要勘探线上不应少于 3 个孔的深度进入基岩或剪切波速大于 500m/s 的稳定土层且不应小于 3.0m。当场地内已有满足要求的资料时，可选择利用。

上述规定中，对于勘探孔不应穿透防渗层的要求，主要是考虑到当采用钻探设备穿透防渗层后，会产生尾矿水渗漏，可能污染尾矿库周边环境。因此，在勘探时应采用无损勘探技术，如采用工程物探方法中的天然源面波勘探法查明尾矿堆积体下原始地形界面等，也可以通过收集尾矿库勘察资料，复核尾矿堆积体下原始地形界面等。

表 2.3–2　控制性勘探孔进入天然地面以下深度　单位：m

尾矿堆积坝级别	下游坝坡	沉积滩
Ⅰ ~ Ⅲ	15.0 ~ 20.0	5.0 ~ 8.0
Ⅳ ~ Ⅴ	10.0 ~ 15.0	3.0 ~ 5.0

注：1. 表中所列勘探孔深度以下存在软弱地层时，勘探孔深度应穿过软弱地层。

2. 在勘探深度内遇见稳定基岩或剪切波速大于 500m/s 的稳定土层时，进入中风化基岩或剪切波速大于 500m/s 的稳定土层深度不应小于 3.0m。

3. 场地内存在岩溶等不良地质作用时，勘探点深度应满足场地稳定性评价要求。

《尾矿堆积坝岩土工程技术标准》GB/T 50547—2022 等对岩土试样取样做了如下规定：

（1）钻孔不扰动试样取样间距宜为 1.0 ~ 3.0m，探井不扰动试样取样间距宜为 1.0m；

（2）每个主要尾矿层和土层的不扰动试样数量应根据试验项目和统计分析要求确定，并不应少于 6 个；

（3）对可能产生滑动的夹层及软弱夹层，应进行不扰动试样取样或进行原位测试；

（4）当尾矿层和岩土层不均匀时，应增加取样数量；

（5）每次标准贯入试验应在贯入器中进行扰动试样取样；

（6）尾矿堆积坝场地应进行水、土试样取样，并应进行水、土对建筑材料腐蚀性试验，水、土试样数量分别不宜少于 3 件。

在贯入器中采取扰动试样是考虑到尾矿的黏粒含量往往是影响尾矿堆积坝稳定性的重要因素之一，但在尾矿堆积坝勘察时为保证成孔质量，钻孔通常采用泥浆护壁工艺，因此在钻孔中直接采取尾矿试样进行颗粒分析会增加尾矿黏粒含量，导致评价结果失真。

由于放矿等因素的影响，尾矿在沉积过程中往往会形成薄的夹层或透镜体，往往会影响尾矿堆积坝的稳定性，因此应增加对薄的夹层或透镜体的取样数量。

在进行注水试验的钻孔、探井中，应在试验位置取样并进行土的颗粒分析试验。

2.3.2　扩建和改建勘察

尾矿库在运行过程中，选矿工艺的变化会引起尾矿颗粒级配及性质发生改变，湿式堆存水力冲积筑坝放矿方式的变化也会引起尾矿堆积规律发生改变，同时浸润线也会随之变化。尾矿堆存方式由湿式堆存变为干式堆存或干式堆存变为湿式堆存，都将直接影响尾矿堆积坝的稳定性。因此，在尾矿库改建工程中，勘察工作量的布置除满足常规要求外，还要根据变化情况，有针对性地选择勘察方法和布置勘察工作量。在改建勘察前，首先要了解改建的目的，收集尾矿库建库时的岩土工程勘察资料、尾矿库不同运营期间勘察和评价资料、隐患及隐患治理资料、尾矿库监测资料等，并对尾矿库现状进行安全评估。

当尾矿库原设计总坝高和设计总库容不能满足生产需要而进行加高扩容扩建时，按照《尾矿库安全监督管理规定》第十三条“严禁未经设计并审查批准擅自加高尾矿库坝体”的规定，尾矿堆积坝在加高扩容前要进行设计工作，而勘察工作是为设计工作提供相应基础资料的，因此尾矿堆积坝在加高扩容前应进行勘察工作。勘察工作资料收集的内容同改建勘察，勘察工作量的布置要能满足尾矿库现状安全评估的要求，还要能满足尾矿堆积坝加高扩容的要求，除查明尾矿堆积坝一般物理力学性质外，还要根据加高扩容的具体要求重新确定尾矿堆积坝的等别，进行勘察工作量布置。

这里要特别强调的是，要对勘察前收集到的资料进行分析，充分利用已有的勘察资料及分析成果，在此基础上进行勘察工作量布置，达到事半功倍的效果。

2.3.3　闭库勘察

尾矿库为人工堆积的高势能危险源，闭库不代表危险源消除，为保证闭库尾矿库的安全，《尾矿库安全监督管理规定》第二十九条规定：尾矿库运行到设计最终标高的前 12 个月内，生产经营单位应当进行闭库前的安全现状评价和闭库设计，闭库设计应当包括安全设施设计。尾矿库闭库将不再接受排废、堆废任务，这对维持其稳定性非常有利。然而，闭库后的尾矿库要在自然环境下经受暴雨冲刷、地震或人为因素的破坏，对其稳定性构成较大威胁，因此，闭库前要进行勘察工作。勘察工作应系统、全面地查明尾矿库的现状，分析评价尾矿库的稳定性，提出闭库治理措施建议和监测建议，为闭库设计提供岩土工程资料。

闭库勘察应进行下列工作：

（1）查明影响尾矿库长期稳定安全的不良地质作用，主要包括崩塌、滑坡、泥石流、岩溶，坝面裂缝、塌陷、沼泽化等，评价这些不良地质作用的危害程度，并提出防治措施建议。

（2）查明尾矿堆积坝的地层构成、成层规律及其物理力学性质指标、尾矿的固结规律，对尾矿堆积坝进行稳定性分析评价。

（3）查明尾矿库水文地质条件，坝体浸润线位置及渗透规律等。

（4）对闭库设计所涉及的治理项目、新增排洪系统及其他设施场地进行勘察，并提供设计所需的岩土参数。

闭库勘察工作量布置：

（1）应在工程地质测绘与调查的基础上进行，通过对尾矿库的现状调查，形成尾矿库隐患清单，包括环境因素、技术因素、人为因素和管理因素，对尾矿库整体现状稳定性进行初步评价。

（2）对发现的不稳定因素和隐患，提出治理和整改方案。

（3）在初步评价的基础上，根据闭库工作的要求，按尾矿堆积坝运行期勘察要求布置勘探线和勘探点。

随着我国新发展理念的不断贯彻与落实，矿山环境修复治理在矿山全生命周期中占据了越来越重要的地位，尾矿库的闭库复垦工作是矿山环境修复治理的重要组成部分，要将矿山环境规划设计与修复治理有机的融合、统筹考虑。尾矿库闭库复垦工作，涉及农林、环境、水文气象和地质工程诸多专业，因此，闭库勘察阶段还应收集本地区尾矿复垦工程经验，与相关农林专业技术人员进行沟通，选择适合尾矿复垦的树木或农作物。

2.3.4 尾矿回采专项勘察

近年来，尾矿的再利用在工程上得到了较广泛的应用，主要包括：①利用材料的技术进步或选矿工艺的改进提高，在尾矿中进行其他伴生金属或进行低品位矿的再次冶选；②将尾矿作为工业建材或其他应用。由于尾矿为新近堆积物，工程性能较差，尾矿的回采引起的工程地质问题和环境工程问题屡见不鲜，所以尾矿回采勘察就显得非常重要。一般来讲，回采工艺包括干采工艺和水采工艺，由于回采工艺不同，稳定性评价方法的侧重点不同，对勘察的要求也不同。因此，在尾矿回采专项勘察时，要根据回采工艺，在充分收集相关设计、尾矿库勘察、尾矿堆积坝勘察和稳定性安全评估、库内水文地质资料的基础上，选用钻探、工程物探、原位测试等勘察手段，查明尾矿成层规律及物理力学性质，特别是尾矿的密实程度。采用水采工艺时，还应查明尾矿颗粒组成及胶结程度、固结程度，库内水的深度及分布特征、尾矿的渗透特性等；采用干采工艺时，回采作业通常会形成临时性边坡，因此应进行各层尾矿的抗剪强度试验工作，而暴雨等不良天气对临时边坡稳定性有较大影响，在进行回采勘察时，要重视收集近年来尾矿库区域的气象资料，提出雨季开采预案建议。

尾矿回采专项勘察资料收集应包括下列内容：

（1）尾矿库各时期的勘察资料及专项勘察资料；

（2）尾矿库原设计资料及拟采用的回采工艺；

（3）运行期尾矿堆积坝监测资料和闭库后尾矿库管理及监测资料；

（4）尾矿库治理资料；

（5）库区内水文地质条件；

（6）区域气象、水文资料。

2.3.5 在线监测专项勘察

在进行在线监测专项勘察时，勘探点的位置应结合在线监测剖面与监测点布置，主要是为了取得监测剖面与监测点位置处的尾矿堆积坝地层结构、地层岩性、软弱层分布、坝体稳定地层及浸润线埋深等，分析确定潜在滑动面及地质条件变化对坝体稳定性的影响，这样才能做到有的放矢，把监测点布置在需要监测的位置上。对于无尾矿堆积坝勘察资料或没有进行在线监测工作的尾矿库，就需要进行尾矿库在线监测专项勘察。在线监测专项勘察应以资料收集、环境调查、工程地质测绘为主，当以上资料不能满足工作深度要求时，还应补充适量的钻探及工程物探工作。

在线监测专项勘察资料收集应包括下列内容：

（1）尾矿库各时期的勘察资料及专项勘察资料；

（2）尾矿堆积坝坝面冲沟、沉陷、沼泽化等不良地质作用；

（3）尾矿堆积坝地层分布及堆积规律；

（4）尾矿堆积坝水平位移、沉降、浸润线等监测数据；

（5）地下水类型、水位及水文地质参数；

（6）区域气象、水文资料；

（7）尾矿库内地下水的补给及排泄条件。

2.3.6 隐患治理专项勘察

尾矿库在运行过程中，由于环境因素、技术因素、人为因素和管理因素等，会导致尾矿堆积坝出现各种各样的隐患，如渗漏涌砂，坝面冲沟、塌坑、裂缝，浸润线过高、渗透水高位出逸等，由于隐患的存在，直接威胁着尾矿库的安全。因此，需要对隐患进行治理或进行应急抢险工作，提出隐患治理措施建议。在对隐患进行治理或进行应急抢险时，应分析隐患产生的原因、发展趋势及危害程度，进行隐患治理专项勘察。

隐患治理专项勘察应通过现场踏勘和访问，调查隐患形成过程，绘制隐患简图，初步分析隐患类型、形成过程、产生原因、发展趋势及造成后果等，编制隐患治理勘察纲要。勘察工作应采用收集资料、现场调查、钻探、物探等方法查明隐患范围，分析隐患原因，评价潜在的影响，并提出相关治理措施建议。

工程物探方法是根据尾矿堆积坝地球物理条件间接解释尾矿的沉积规律和不良地质作用，工程物探具有设备携带方便、现场直接获取勘探结果等优点，对快速查明隐患形成的原因和应急抢险工作具有重要意义。如坝面出现塌坑，可以采用微动勘探法、地震反射法、地震映像法等来圈定塌陷的范围、深度、形状。

2.4 尾矿的分类与描述

2.4.1 尾矿的分类

选矿产生的尾矿具有土的性质，为了更好地研究尾矿的物理力学性质，按照土的分类标准，对其进行分类，并在定名前加“尾”字进行定名，该分类方法已沿用 30 余年，实践证明可以满足尾矿堆积坝的勘察设计及评价要求，分类标准见表 2.4–1。

表 2.4–1　尾矿的分类

类别	名称	分类标准
砂性尾矿土	尾砾砂	粒径大于 2mm 的颗粒质量占总质量的 25% ~ 50%
	尾粗砂	粒径大于 0.50mm 的颗粒质量超过总质量的 50%
	尾中砂	粒径大于 0.25mm 的颗粒质量超过总质量的 50%
	尾细砂	粒径大于 0.075mm 的颗粒质量超过总质量的 85%
	尾粉砂	粒径大于 0.075mm 的颗粒质量超过总质量的 50%
粉性尾矿土	尾粉土	粒径大于 0.075mm 的颗粒质量不超过总质量的 50%， 且塑性指数不大于 10
黏性尾矿土	尾粉质黏土	塑性指数大于 10，且小于或等于 17
	尾黏土	塑性指数大于 17

注：1. 定名时应根据颗粒级配由大到小以最先符合者确定。

2. 塑性指数应由相应于 76g 圆锥仪沉于土中深度为 10mm 时测定的液限计算而得。

2.4.2 尾矿的描述

（1）砂性尾矿土的野外描述内容包括名称、颜色、湿度、密实度、结构、构造、包含物、胶结程度、触变性等。

砂性尾矿土结构的现场鉴别内容包括颗粒级配、均匀性及均质程度等，见表 2.4–2。

砂性尾矿土胶结程度的现场鉴别见表 2.4–3。

砂性尾矿土密实度的现场鉴别或采用标准贯入试验判别时，鉴别（判别）标准见表 2.4–4。

砂性尾矿土湿度的现场鉴别见表 2.4–5。

表 2.4–2 砂性尾矿土结构的现场鉴别

鉴别内容	结构特征	
颗粒级配	良好、一般、不良	
均匀性	均粒、混粒	
均质程度	质纯	不含泥或很少含泥，其含泥量 <3%
	较纯	含少量泥，其含泥量为 3% ~ 10%
	不纯	含多量泥质或含多量土类团块，其含泥量在 10% ~ 20%

表 2.4–3 砂性尾矿土胶结程度的现场鉴别

胶结程度	现场鉴别
轻微胶结	呈块状，用手可捏碎，干后可捏成粉状
中等胶结	呈块状，用手难以捏碎，干后锤击可碎成带棱角的碎块、碎屑
强胶结	一般只能用锤击砸碎，碎块呈棱角状

表 2.4–4 砂性尾矿土密实度的现场鉴别

密实度	现场鉴别	标准贯入试验
	钻探难易程度	锤击数 N
密实	孔壁稳定，不塌孔	$N>30$
中密	孔壁基本稳定	$15<N \leqslant 30$
稍密	孔壁易坍塌，需泥浆护壁	$10<N \leqslant 15$
松散	孔壁坍塌严重，需要采用套管护壁	$N \leqslant 10$

表 2.4–5　砂性尾矿土湿度的现场鉴别

湿度	鉴 别 特 征
干	肉眼观察不显潮湿，用手挤压或按压即散
稍湿	用手握时感到湿、凉，加水时吸收很快
湿	放在手中有湿感，加水时吸收慢
很湿	能握成团，放在手有湿感、水印，加水时吸收很慢
饱和	放在手上水自然渗出

（2）粉性尾矿土的描述内容包括名称、颜色、湿度、密实度、结构、构造、包含物、触变性、光泽度、干强度和韧性等。

粉性尾矿土湿度的现场鉴别见表 2.4–6。

表 2.4–6　粉性尾矿土湿度的现场鉴别

湿度	鉴 别 特 征
稍湿	不易握成团，一摇即散
湿	能握成团，摇动时土表面稍出水，手中有湿印
很湿	用手摇动时，有水析出，土体流塌或呈扁圆形

（3）黏性尾矿土的描述内容包括名称、颜色、状态、结构、构造、包含物、土的光泽反应、干强度和韧性等。

黏性尾矿土稠度状态的现场鉴别见表 2.4–7。

表 2.4–7　黏性尾矿土稠度状态的现场鉴别

分类	坚硬	硬塑	可塑	软塑	流塑
尾黏土	很硬，难掰成块	硬，不易变形，用力捏先裂成块，后显柔性	手捏有橡皮感，有柔性，手按有指印	手捏很软，易变形，手按易成坑	土柱不能直立，自行变形
尾粉质黏土	硬，能掰开，断面有棱角	硬，不易变形，土块用力捏散成碎块	手摁土易变形，有柔性，手摁有指印	手捏很软，易变形，手摁易成坑	土柱不能直立，自行变形

（4）尾黏土、尾粉质黏土与尾粉土的现场鉴别方法可参照表 2.4–8 的内容。

表 2.4–8　尾黏土、尾粉质黏土和尾粉土的现场鉴别

鉴别方法	分类		
	尾黏土	尾粉质黏土	尾粉土
湿润时用刀切	切面非常光滑，刀刃有黏腻的阻力	稍有光滑面，切面规则	无光滑面，切面比较粗糙
用手捻摸时的感觉	捻摸湿土有滑腻感，无颗粒感，水分较大时极易黏手	捻摸感觉到少量细颗粒，稍有滑腻感，有黏滞感	感觉有细颗粒存在或感觉粗糙，无黏滞感
黏着程度	湿土极易黏着物体（包括金属与玻璃），干燥后不易剥去，用水反复洗才能去掉	能黏着物体，干燥后较易剥掉	一般不黏着物体，干后一碰就掉
湿土搓条	能搓成直径小于 0.5mm、长度不小于 50mm 的土条，手持一端不易断裂	能搓成直径 0.5 ~ 2mm 的土条	能搓成直径 2 ~ 3mm 的土条
摇振反应	无	无或慢	快
光泽反应	有光泽	稍有光泽	无
干强度	高	中等	低
韧性	高	中等	低

2.4.3　尾矿描述应注意的问题

（1）对具有化学胶结特性，且影响尾矿工程特性的尾矿，其稠度状态无法用室内试验结果判别时，观察描述其野外特征就显得非常重要，可参照赤泥的固化程度进行描述。

（2）对同一土层中相间呈韵律沉积，当薄层与厚层的厚度比大于 1/3 时，宜定为“互层”，当厚度比介于 1/10 ~ 1/3 时，宜定为“夹层”，厚度比小于 1/10 土层，且呈多层出现时，宜定为“夹薄层”；对于厚层中夹厚度大于 0.5m 的薄层或透镜体，应单独分层描述。

（3）描述尾矿颜色时应在新鲜、未氧化状态下进行描述并记录描述时间和天气状况；对受氧化影响敏感的尾矿，尚应观察岩芯在自然环境中颜色、性状的变化，并形成完整的描述记录或影像记录。

（4）尾矿岩芯应逐米摆放于岩芯箱内，便于项目负责人检查核对描述的一致性，重点是检查软弱夹层及尾矿沉积规律。

（5）应对尾矿岩芯进行拍照留存。

2.5　尾矿物理力学性质指标的统计与选用

尾矿是可以用土的性质进行描述的固体物质，因而尾矿的物理力学性质指标的统计原则要遵循土的统计原则。在进行尾矿的物理力学性质指标统计时，要以工程地质单元

层为单位进行统计，统计前要对指标的可靠度进行评价与取舍，对异常值的分析，要考虑是否由取土质量、运输或试验操作等一种或多种人为因素造成的。若是人为因素引起，则异常值不参与统计，若排除人为因素影响，则认为异常值是由尾矿的不均匀性引起的，应参与统计。

尾矿物理力学性质指标统计应符合下列要求：

（1）平均值、标准差和变异系数应按下列公式计算：

$$\phi_m = \frac{\sum_{i=1}^{n} \phi_i}{n} \tag{2.5-1}$$

$$\sigma_f = \sqrt{\frac{1}{n}\left[\sum_{i=1}^{n}\phi_i^2 - \frac{\sum_{i=1}^{n}\phi_i^2}{n}\right]} \tag{2.5-2}$$

$$\delta = \frac{\sigma_f}{\phi_m} \tag{2.5-3}$$

式中　ϕ_m——岩土参数的平均值；

σ_f——岩土参数的标准差；

δ——岩土参数的变异系数。

（2）尾矿抗剪强度标准值 ϕ_k 应按下列公式确定：

$$\phi_k=\gamma_s\phi_m \tag{2.5-4}$$

$$\gamma_s = 1 \pm \left\{\frac{1.704}{\sqrt{n}} + \frac{4.678}{n^2}\right\}\delta \tag{2.5-5}$$

式中　γ_s——统计修正系数。

注：式中正负号按不利组合考虑，如抗剪强度指标的修正系数应取负值。

（3）当重度、压缩模量指标变异系数大于 0.3 时，应分析原因，重点分析工程地质单元层划分或单元层中薄夹层指标参与统计的影响。若是工程地质单元层划分的原因则应重新划分工程地质单元层，若是薄夹层指标参与统计的原因则应剔除异常值，重新进行统计。

尾矿堆积坝的岩土工程分析，应按所采用的分析方法选取岩土工程参数，尾矿和坝基土的抗剪强度指标应根据计算方法和土的类别按表 2.5–1 选取。

表 2.5–1　尾矿和坝基土的抗剪强度指标

计算方法	土的类别	试验方法	强度指标
总应力法	砂性尾矿、砂类土	固结不排水剪	C_{cu}、φ_{cu}
	粉性尾矿、粉土	固结快剪	C_{cq}、φ_{cq}
		固结不排水剪	C_{cu}、φ_{cu}
	黏性尾矿、黏性土	固结快剪	C_{cq}、φ_{cq}
		固结不排水剪	C_{cu}、φ_{cu}

续表 2.5–1

计算方法	土的类别	试验方法	强度指标
有效应力法	砂性尾矿、砂类土	慢剪	C_s、φ_s
		固结排水剪	C_{cd}、φ_{cd}
	粉性尾矿、粉土	慢剪	C_{cd}、φ_{cd}
		固结排水剪	C_{cd}、φ_{cd}
	黏性尾矿、黏性土	慢剪	C_{cd}、φ_{cd}
		固结不排水剪测孔压	C_{cu}、φ_{cu}，C'、φ'

软弱尾黏土采用固结快剪指标时，应根据固结程度确定；采用十字板抗剪强度指标时，应分析土体固结后强度的增长对抗剪强度参数的影响。

《尾矿设施设计规范》GB 50863—2013 中针对尾矿一般物理力学性质指标，给出了从尾矿堆积坝取样获得的平均值，见表 2.5–2，表中的抗剪强度指标为固结快剪强度指标。

表 2.5–2　坝体尾矿平均物理力学性质指标

项目	尾中砂	尾细砂	尾粉砂	尾粉土	尾粉质黏土	尾黏土
平均粒径 d_{50}/mm	0.35	0.2	0.074	0.05	0.035	<0.02
有效粒径 d_{10}/mm	0.10	0.07	0.02	0.01	0.003	0.002
不均匀系数 d_{60}/d_{10}	3	3	4	6	10	5
天然密度 ρ/（g/cm^3）	1.8	1.85	1.9	2.0	1.95	1.8
孔隙比 e	0.8	0.9	0.9	0.95	1.0	1.4
内摩擦角 φ/（°）	34	33	30	28	16	8
凝聚力 C/kPa	7.84	7.84	9.8	9.8	10.78	13.72
压缩系数 a_{1-2}/kPa^{-1}	1.7×10^{-4}	1.7×10^{-4}	1.6×10^{-4}	2.1×10^{-4}	4.1×10^{-4}	9.2×10^{-4}
渗透系数 k/（cm/s）	1.5×10^{-3}	1.3×10^{-3}	3.75×10^{-4}	1.25×10^{-4}	3.0×10^{-6}	2.0×10^{-7}

表 2.5–3 ~ 表 2.5–9 给出了中国有色金属工业西安勘察设计研究院有限公司在几个典型尾矿堆积坝或赤泥堆场岩土工程勘察工作中获得的尾矿的物理力学性质指标统计值。其中：

（1）表 2.5–3、表 2.5–4 为五洲矿业股份有限公司大石板沟尾矿的物理力学性质指标统计值，该尾矿为选取金属钒的矿渣，尾矿库为沟谷型尾矿库，现状坝高约 113.5m，初期坝为透水堆石碾压坝，坝高 53.0m；堆积坝采用上游式筑坝，坝高 60.5m。

表 2.5–3 大石板沟尾矿的物理力学性质指标

统计指标		地层											
		②–1 尾粉质黏土			③尾粉细砂			③–1 尾粉土			④尾粉质黏土		
		n	范围值	ϕ_m	n	范围值	ϕ_m	n	范围值	ϕ_m	n	范围值	ϕ_m
天然含水率 w/%		6	35.6~56.4	48.1	19	25.6~55.7	37.9	23	25.2~65.0	44.3	71	29.5~74.0	52.8
天然重度 γ/（kN/m^3）		6	15.1~18.3	16.6	17	15.3~18.2	16.6	23	15.3~18.9	16.8	70	15.3~18.5	16.5
干燥重度 γ_d/（kN/m^3）		6	9.8~13.4	11.3	17	10.1~14.4	12.0	23	9.7~15.1	11.7	70	8.9~14.1	10.9
比重 G_s		6	2.63~2.67	2.65	17	2.64~2.67	2.65	23	2.63~2.67	2.66	71	2.63~2.68	2.66
孔隙比 e		6	0.932~1.657	1.329	17	0.813~1.599	1.193	23	0.732~1.686	1.271	71	0.830~1.897	1.433
饱和度 S_r/%		6	87.0~100.0	95.2	17	74.6~97.4	85.1	23	79.2~100.0	91.9	71	79.4~100.0	95.6
液限 w_L/%		6	37.5~67.2	54.4	—	—	—	22	34.2~59.4	45.2	70	39.2~64.3	55.2
塑限 w_P/%		6	27.4~56.4	44.7	—	—	—	22	29.5~49.3	38.6	70	33.4~54.1	46.0
塑性指数 I_P		6	6.6~10.8	9.7	—	—	—	22	4.7~10.1	6.4	70	5.0~10.6	9.3
液性指数 I_L		6	<0~3.17	0.77	—	—	—	22	<0~4.15	1.52	70	<0~3.06	1.09
压缩系数 a_{1-2}/MPa^{-1}		6	0.26~0.95	0.53	17	0.25~0.72	0.45	23	0.22~0.80	0.48	70	0.25~0.91	0.56
压缩模量 /MPa	E_{s1-2}	6	2.8~7.4	5.1	17	2.9~6.9	5.2	23	3.6~7.9	5.1	70	3.1~7.3	4.6
	E_{s2-3}	6	4.5~10.7	6.9	17	4.9~11.2	8.1	23	5.2~12.2	7.7	70	5.0~11.1	6.9
	E_{s3-4}	6	5.5~12.9	8.2	17	6.5~13.9	10.1	23	6.3~15.5	9.5	70	5.6~13.6	8.4
	E_{s4-5}	6	6.8~17.6	10.4	17	7.5~15.4	11.7	23	7.7~19.0	11.4	70	6.7~16.4	10.0
	E_{s5-6}	6	7.8~19.3	11.3	17	8.8~18.6	13.2	23	8.6~21.4	12.9	70	7.3~20.0	11.4
	E_{s6-7}	6	8.3~21.5	12.5	17	10.3~20.9	15.3	23	10.4~24.4	14.9	70	9.1~22.5	13.2
	E_{s7-8}	6	9.2~21.5	13.4	17	12.4~24.2	17.9	23	11.5~27.8	17.0	70	9.9~25.1	15.3

（2）表 2.5–5 ~ 表 2.5–7 为大西沟矿业有限公司茨沟尾矿的物理力学性质指标统计值，该尾矿为选取金属铁的矿渣，尾矿库为山谷型尾矿库，现状坝高约 121.9m，尾矿坝采用碎石透水碾压堆石坝，现滩面最高处低于坝顶约 3.3m。

（3）表 2.5–8、表 2.5–9 为某铝业股份有限公司赤泥堆场中赤泥的物理力学性质指标统计值，该赤泥是烧结法生产氧化铝形成的烧结法赤泥，赤泥堆场是利用原采石坑周边筑坝形成，采用水力充填法筑坝，现状坝高 28.0 ~ 37.0m。

表 2.5–4　大石板沟尾矿的抗剪强度指标

地层	饱和快剪		饱和固结快剪		三轴固结不排水剪			
	C/kPa	φ/（°）	C/kPa	φ/（°）	C_{cu}/kPa	φ_{cu}/（°）	C'/kPa	φ'/（°）
②尾中粗砂	—	—	3.3	28.0	—	—	—	—
② –1 尾粉质黏土	16	13.7	23	23.7	—	—	—	—
③尾粉细砂	6.2	22.3	2.8	29.5	—	—	—	—
③ –1 尾粉土	13.0	18.9	22.1	23.1	15.5	23.8	13.4	25.9
④尾粉质黏土	17.3	17.7	21.0	21.0	32.8	21.1	28.4	23.4

表 2.5–5　茨沟尾矿颗粒分析

颗粒组成 /mm	地　　层					
	①尾中砂		②尾中砂		③尾中砂	
	范围值 /%	平均值 /%	范围值 /%	平均值 /%	范围值 /%	平均值 /%
20.0 ~ 2.0	4.8 ~ 9.0	6.7	4.4 ~ 9.5	7.4	3.8 ~ 9.8	7.4
2.0 ~ 0.5	22.2 ~ 27.0	25.2	19.6 ~ 31.6	24.4	16.6 ~ 33.3	24.8
0.5 ~ 0.25	21.6 ~ 26.4	23.9	19.1 ~ 26.8	23.7	18.9 ~ 29.4	23.2
0.25 ~ 0.075	28.1 ~ 33.9	30.4	27.1 ~ 36.5	32.1	26.1 ~ 38.4	31.1
0.075 ~ 0.05	3.0 ~ 6.8	4.7	3.0 ~ 10.2	5.1	2.2 ~ 21.1	5.4
0.05 ~ 0.01	3.6 ~ 7.2	5.4	1.0 ~ 6.9	4.3	2.0 ~ 7.8	4.8
0.01 ~ 0.005	0.8 ~ 2.0	1.7	0.6 ~ 2.3	1.5	0.6 ~ 2.7	1.6
<0.005	0.7 ~ 4.0	2.0	0.9 ~ 2.6	1.5	0.7 ~ 2.7	1.7

表 2.5-6　茨沟尾矿的物理力学性质指标

统计指标		地层														
		①尾中砂			②尾中砂			②-1 尾粉细砂			③尾中砂			③-1 尾粉细砂		
		n	范围值	ϕ_m	n	范围值	ϕ_m	n	范围值	ϕ_m	n	范围值	ϕ_m	n	范围值	ϕ_m
天然含水率 w/%		20	2.6~9.6	4.8	49	27~10.4	4.5	15	3.5~23.4	8.4	67	2.4~6.8	3.5	13	3.8~10.2	5.8
天然重度 γ/（kN/m^3）		20	17.2~20.0	18.3	49	17.1~19.7	18.1	15	17.0~21.4	18.5	67	16.8~19.1	18.0	13	16.7~21.2	18.5
干燥重度 γ_d/（kN/m^3）		20	16.3~18.3	17.5	49	16.3~18.7	17.4	15	15.7~18.4	17.1	67	16.4~18.3	17.3	13	16.0~19.5	17.5
孔隙比 e		20	0.680~0.883	0.759	49	0.645~0.886	0.774	15	0.640~0.945	0.794	67	0.675~0.878	0.774	13	0.582~0.915	0.761
饱和度 S_r/%		20	11.5~43.9	20.1	49	10.9~48.9	18.4	15	15.1~80.0	32.6	67	9.3~28.2	14.4	13	13.7~54.3	24.8
液限 w_L/%		—	—	—	—	—	—	4	22.7~23.3	23.0	—	—	—	—	—	—
塑限 w_P/%		—	—	—	—	—	—	4	14.1~14.4	14.2	—	—	—	—	—	—
塑性指数 I_P		—	—	—	—	—	—	4	8.6~8.9	8.8	—	—	—	—	—	—
液性指数 I_L		—	—	—	—	—	—	4	0.25~1.15	0.71	—	—	—	—	—	—
压缩系数 a_{1-2}/MPa^{-1}		20	0.13~0.31	0.18	49	0.07~0.31	0.18	15	0.11~0.28	0.17	67	0.06~0.49	0.25	13	0.14~0.25	0.19
压缩模量 /MPa	E_{s1-2}	20	5.7~13.0	10.2	49	5.8~24.3	10.8	15	6.5~16.7	11.2	67	3.5~28.1	9.4	13	7.4~12.5	9.5
	E_{s2-3}	3	8.4~11.1	9.8	33	7.6~16.8	12.2	11	5.7~18.9	13.0	67	6.1~25.1	11.3	13	10.0~15.5	12.2
	E_{s3-4}	—	—	—	9	7.5~2.12	12.1	3	10.0~21.3	16.5	67	8.0~21.3	12.9	13	12.4~16.9	14.3
	E_{s4-5}	—	—	—	3	9.2~24.1	14.6	—	—	—	50	9.5~20.2	13.6	9	13.9~19.9	16.3
	E_{s5-6}	—	—	—	3	10.7~28.6	17.0	—	—	—	50	11.1~23.0	15.6	9	15.6~24.0	18.8
	E_{s6-7}	—	—	—	2	13.0~13.2	13.1	—	—	—	25	11.7~19.3	15.9	—	—	—
	E_{s7-8}	—	—	—	2	14.4~14.6	14.5	—	—	—	25	12.7~21.3	17.2	—	—	—
	E_{s8-9}	—	—	—	2	16.3~16.5	16.4	—	—	—	25	13.9~22.9	18.7	—	—	—
	E_{s9-10}	—	—	—	2	18.7~19.0	18.9	—	—	—	25	15.5~24.4	20.6	—	—	—

表 2.5–7 茨沟尾矿的抗剪强度指标

地层	饱和快剪		饱和固结快剪		三轴固结不排水剪			
	C/kPa	φ/（°）	C/kPa	φ/（°）	C_{cu}/kPa	φ_{cu}/（°）	C'/kPa	φ'/（°）
第一组（1.83g/cm^3）	3.0	29.2	4.4	28.5	6.3	37.6	3.6	38.5
第二组（1.88g/cm^3）	5.0	28.7	3.6	28.7	10.0	38.2	6.5	39.8
第三组（1.92g/cm^3）	4.3	28.6	2.8	29.0	11.1	39.2	6.6	40.0

表 2.5–8 赤泥的物理力学性质指标

统计指标		地层											
		②–1 砂状赤泥			②–2 泥状赤泥			②–3 砂状赤泥			②–4 泥状赤泥		
		n	范围值	ϕ_m	n	范围值	ϕ_m	n	范围值	ϕ_m	n	范围值	ϕ_m
天然含水率 w/%		45	66.1~110.0	85.7	80	68.1~117.0	90.8	94	65.4~119.0	88.5	151	71.3~123.0	96.5
天然重度 γ/（kN/m^3）		44	12.8~15.9	14.7	81	12.8~16.2	14.5	92	13.4~16.2	14.7	151	13.5~15.7	14.7
干燥重度 γ_d/（kN/m^3）		44	6.3~9.4	7.9	81	6.4~8.9	7.7	94	6.3~9.6	7.8	152	6.1~8.7	7.5
孔隙比 e		44	1.939~3.380	2.529	81	2.121~3.384	2.641	93	1.889~3.233	2.554	150	2.189~3.444	2.724
饱和度 S_r/%		42	84.0~100.0	96.2	78	86.0~100.0	96.8	88	90.0~100.0	97.7	129	98.0~100.0	99.7
液限 w_L/%		43	59.5~98.9	79.1	81	70.3~118.0	90.2	78	67.3~102.0	80.6	152	67.1~109.0	88.9
塑限 w_P/%		43	52.5~82.6	67.4	81	60.7~97.3	76.0	78	58.4~85.6	68.6	152	58.3~91.0	75.0
液性指数 I_L		42	0.00~3.77	1.52	81	0.00~3.25	1.12	79	0.00~3.39	1.64	153	0.00~3.56	1.62
压缩系数 a_{1-2}/MPa^{-1}		42	0.10~1.12	0.41	80	0.07~1.07	0.38	94	0.09~1.37	0.57	150	0.09~1.71	0.64
压缩模量 /MPa	E_{s1-2}	44	1.5~3.13	13.0	77	2.9~31.9	12.7	87	2.7~16.8	7.3	146	2.2~21.6	7.8
	E_{s2-3}	41	2.1~44.8	16.6	69	3.2~38.6	15.5	88	1.4~20.8	8.1	133	1.9~18.4	7.0
	E_{s3-4}	5	2.7~15.9	7.3	10	3.5~23.0	10.2	81	1.1~15.8	7.3	125	2.0~13.0	5.8
	E_{s4-5}	4	2.8~12.8	8.3	3	4.7~8.4	6.1	52	2.4~14.3	6.8	106	2.5~10.5	5.5
	E_{s5-6}	4	2.8~12.8	8.3	3	4.7~8.2	6.0	52	2.4~14.3	6.8	106	2.5~10.4	5.5

表 2.5–9 赤泥的抗剪强度指标

地层	快剪		固结快剪		饱和快剪（不扰动样）		饱和快剪（重塑样）		三轴不固结不排水剪	
	C/kPa	φ/(°)	C/kPa	φ/(°)	C/kPa	φ/(°)	C/kPa	φ/(°)	C_{uu}/kPa	φ_{uu}/(°)
②–1 砂状赤泥	38.57	22.07	29.00	23.30	—	—	22.6	16.56	168.2	13.64
②–2 泥状赤泥	31.00	21.84	—	—	38.5	18.6	19.00	15.27	49.25	13.05
②–3 砂状赤泥	27.25	22.80	36.00	21.3	24.83	15.6	19.00	13.90	59.50	6.80
②–4 泥状赤泥	33.67	22.05	40.00	23.10	18.6	18.1	21.67	17.80	39.82	5.70

2.6 尾矿的成层规律

尾矿堆积有干式堆存和湿式堆存之分，其成层规律是不一样的，对于干式堆存，尾矿堆积无规律性；对于湿式堆存，尾矿沉积基本上符合水流沙沉积规律，其尾矿堆积一般呈现以下特点（图 2.6–1 ~ 图 2.6–3）：

1. 上游式尾矿成层规律

（1）尾矿堆积体沉积规律整体呈非线性关系，放矿致使尾矿重复交错沉积，使尾矿沉积出现交错沉积韵律；

（2）尾矿堆积体沿垂直方向，随深度增大堆积体粒径越小，总体上粗下细；

（3）尾矿堆积体沿水平方向，距离排放口越远堆积体粒径越小，总体前粗后细；

（4）尾矿沉积过程中堆积体内局部易形成隔水的矿泥状软弱夹层或透镜体。

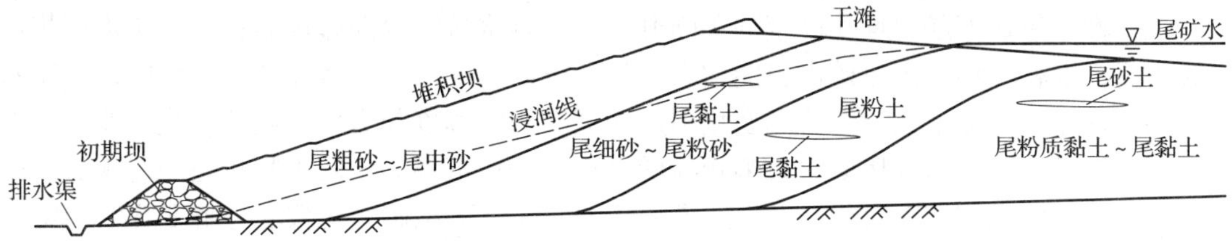

图 2.6–1 上游式尾矿成层规律

2. 中线式尾矿成层规律

（1）初期坝轴线两侧尾矿颗粒较粗，向库内方向颗粒逐渐变细；

（2）库内尾矿沉积规律符合上游式尾矿堆积坝尾矿成层规律。

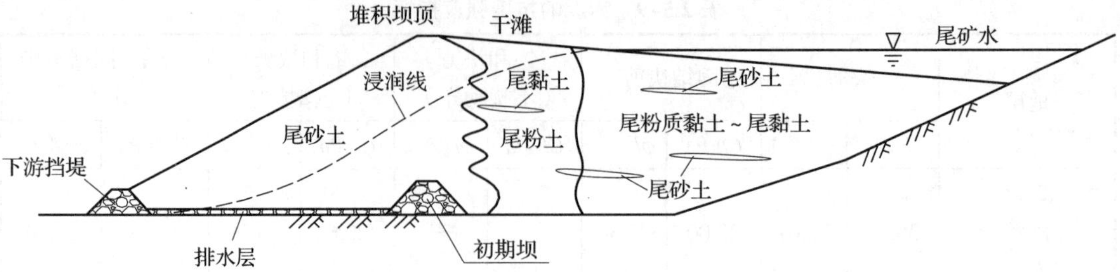

图 2.6–2　中游式尾矿成层规律

3. 下游式尾矿成层规律

（1）初期坝下游方向尾矿颗粒较粗，向库内方向颗粒逐渐变细；

（2）初期坝轴线下游，尾矿堆积体沿垂直方向，随深度增大堆积体粒径越大，总体上细下粗；

（3）初期坝轴线上游至库内，尾矿沉积规律符合上游式尾矿堆积坝尾矿成层规律。

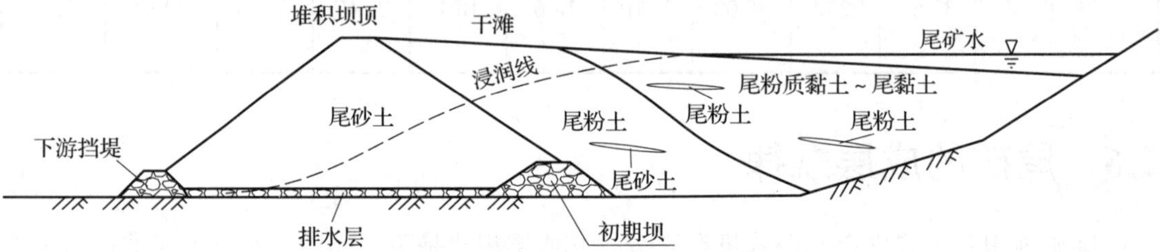

图 2.6–3　下游式尾矿成层规律

2.7　尾矿的渗流与固结

尾矿库的填筑过程是尾矿堆积坝不断增高的过程，在这一过程中，随着堆积坝高度的不断增高，尾矿堆积坝的应力场和渗流场均会随着填筑高度的变化而变化，从而导致尾矿的固结程度与力学性质发生变化。

1. 堆积过程引起的渗透介质的变化

湿式堆存尾矿库随着堆积高度的不断升高，库内水位边界向库尾后移，尾矿堆积坝浸润线抬高，堆积坝坝体内尾矿水势能增大，随着尾矿水的下渗，势能转变为动能，尾矿水的渗流速率也会逐渐增大。渗流场变化引起的尾矿固结程度与力学性质的变化主要表现在高水头条件下大流速引起尾矿中较细颗粒的潜移，即松散尾矿中较细颗粒在一定水头和较大流速条件下向坝前和库底移动，导致堆积坝浸润线以下尾矿的孔隙度与密度发生变化。

传统的饱和土稳定流与非稳定流均假定渗透路径和渗透介质不变，也就是渗透系数是常数；虽然非饱和渗流理论中渗透系数随饱和度而变化，但渗透介质仍然是不变的。这些渗流理论均不能准确描述尾矿坝堆积增高与较细颗粒潜移过程中，渗透路径不断增长，渗透介质不断变化情况下的变渗透路径及变孔隙比渗流问题。因此，尾矿坝的渗流计算需要同时考虑堆积过程渗透路径的增长和较细颗粒潜移过程孔隙比的变化这两个因素。

2. 应力场及渗透性变化引起的尾矿固结程度与力学性质的变化

随着尾矿堆积坝高度的不断增高，就某一部位的尾矿而言，因自重压力的不断增大而发生随时间的压密效应，导致该部位的尾矿密度不断增大。砂性尾矿土、粉性尾矿土由松散逐渐变为密实，尾粉质黏土及尾黏土在不断增大的自重压力下因排水固结由软塑逐渐变为可塑或硬塑，其抗剪强度得到提高。

传统上，描述尾矿的固结一般采用太沙基（Terzaghi）固结理论、比奥（Biot）固结理论及大变形固结理论，以上理论均以土的体积压缩量等于排水量建立渗流连续方程，但却将渗透系数当成常数，假定固结压密过程中土体的渗透系数是不变的。对正常固结的饱和软黏土而言，该假设计算的固结时间与实测值相差不大；但对于自然沉积的严重欠固结尾矿而言，这一假定造成的误差就非常大。事实上，尾矿固结前后的渗透系数可以相差几十倍。因此，研究尾矿的固结状态时，应考虑尾矿的固结引起的渗透系数的变化。

因此，在进行不同时期、不同坝高条件下的尾矿堆积坝勘察及稳定性评价时，应用已有资料时应考虑上述两个因素的影响。

2.8 浸润线的量测与规律

湿式堆存是我国目前使用最多的尾矿库筑坝方式，放矿产生的尾矿水及大气降水形成的地表径流汇集到尾矿库中，在尾矿库中入渗形成堆积坝及库区地下渗流场，这一渗流场的顶面高程形成一个完整的曲面，称其为浸润面，浸润面与堆积坝任一截面的交线称为浸润线。浸润线是尾矿坝的生命线，是直接影响坝体安全的最主要的因素之一，影响浸润线高低的因素包括：尾矿的颗粒级配、尾矿的沉积规律、排渗系统的运行状态以及库内水位相对于坝顶的位置。

浸润线的量测，在勘察时一般是在钻孔中量测水位并沿勘探剖面线连线，形成勘察时期的浸润线；在尾矿库日常运行中，一般是采用浸润线观测孔量测水位并沿垂直于坝轴线方向连线，形成运行时期的浸润线。对不同时期的浸润线进行比较会得到浸润线的变化数据。

一般情况下，正常运行的尾矿库浸润线在横断面表现为中间稍低，两端稍高的曲线形态，如图 2.8-1 所示；在纵断面表现为从库内水位线到初期坝内坡面逐渐下降的上凸曲线，在初期坝上表现为急剧下降的曲线，如图 2.8-2 所示。

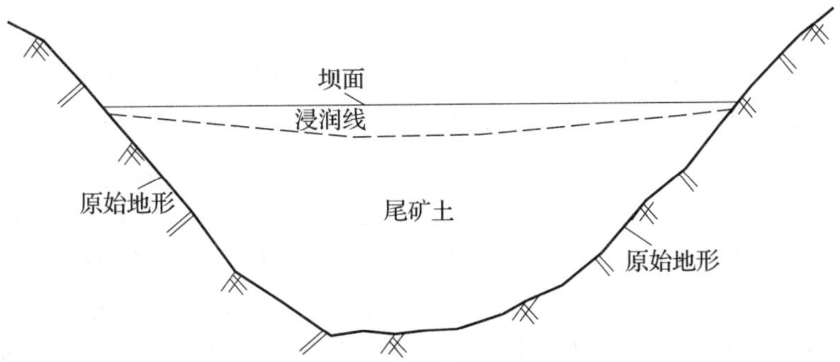

图 2.8-1　尾矿堆积坝横断面浸润线示意图

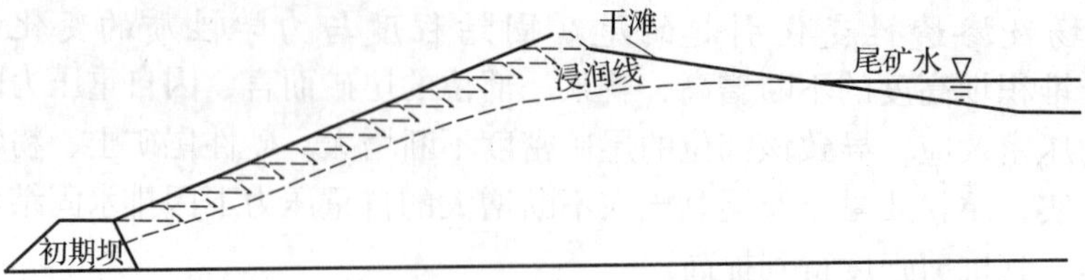

图 2.8–2　尾矿堆积坝纵断面浸润线示意图

当尾矿坝坝体发生流砂、管涌等异常现象时，尾矿库浸润线在横断面和纵断面上异常点位置将发生较大的突变，变化幅度及影响范围取决于隐患的作用程度。当流砂、管涌等隐患影响较大时，突变范围和浸润线突变幅度较大，反之突变范围和浸润线突变幅度较小，但整体上表现为浸润线在横断面和纵断面上的陡降，如图 2.8–3、图 2.8–4 所示。

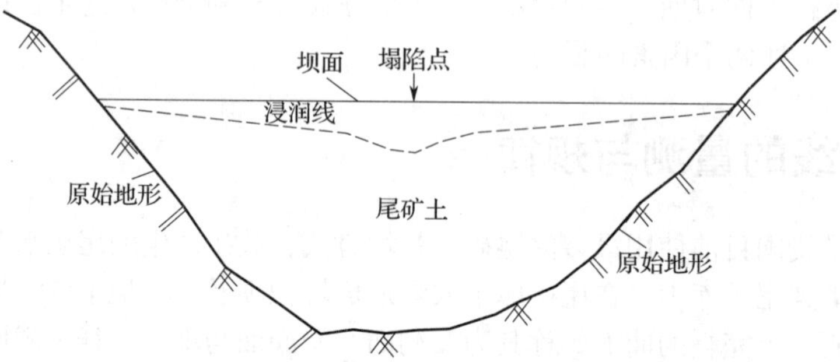

图 2.8–3　尾矿库坝前发生渗漏涌砂时横断面浸润线示意图

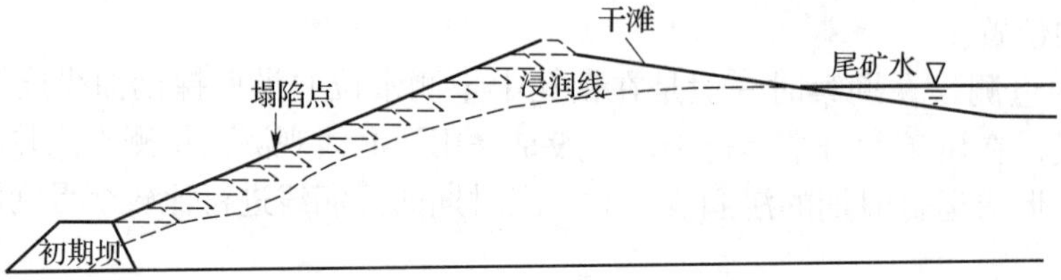

图 2.8–4　尾矿库坝前发生渗漏涌砂时纵断面浸润线示意图

2.9　赤泥

用铝土矿提取氧化铝时排出的废渣称为赤泥。氧化铝的提取工艺一般可分为烧结法和拜耳法两种，其所产生的赤泥分别称为烧结法赤泥、拜耳法赤泥。目前，各氧化铝厂一般采用拜耳法工艺，但也有部分氧化铝厂采用烧结法与拜耳法的联合法工艺。赤泥的工程性质与一般尾矿有明显不同，因此在尾矿概念中一般不包括赤泥，我国的标准体系中，有部分专门适用于赤泥的标准规范，如《干法赤泥堆场设计规范》GB 50986—2014，但目前赤泥堆场的岩土工程勘察工作一般沿用《尾矿堆积坝岩土工程技术规范》GB 50547—2010，而在修订后的《尾矿堆积坝岩土工程技术标准》GB/T 50547—2022 中，赤泥未被包含在内。因此，中国有色金属工业西安勘察设计研究院有限公司正在编制行业标准《赤泥堆场岩土工程勘察标准》，为了保持内容的完整性，本书对赤泥的分类和工程特性仅做以下简要介绍。

烧结法赤泥，一般采用湿式堆存，其成层及固结规律与一般尾矿大致相同，在沉积过程中，赤泥的固化程度从堆积坝向库内方向呈带状分布，一般可划分为三个带，即固化带、半固化带、未固化带。固化带的赤泥一般胶结成块状呈坚硬状态，半固化带的赤泥一般呈可塑状态，但固化和半固化赤泥采取试样在室内试验用液性指数进行判别时，往往判别为软塑 ~ 流塑状态，未固化带的赤泥其野外状态与室内试验液性指数判别的状态基本一致，因此对烧结法赤泥应采用野外描述和室内试验指标两种方式分别描述。

烧结法赤泥在尾矿分类描述的基础上，应根据其固化程度划分为固化、半固化和未固化，固化程度的划分见表 2.9–1。

表 2.9–1　赤泥固化程度的划分

固化程度	稠度状态
固化（胶结）	坚硬 ~ 硬塑状态，整体呈胶结块状
半固化（半胶结）	硬塑 ~ 可塑状态，局部有胶结硬块
未固化（未胶结）	软塑 ~ 流塑状态

拜耳法赤泥，颗粒细，黏粒含量高，排水固结过程缓慢。据中国有色金属工业西安勘察设计研究院有限公司的工程资料显示，未进行压滤处理的拜耳法赤泥，在近二十年的堆存后，仍处于流塑状。因此，拜耳法赤泥一般采用预脱水后的干式堆存。其做法一般是在压滤车间将拜耳法赤泥脱水至 30% ~ 40% 含水率，直接运输至赤泥堆场进行碾压干堆；或将拜耳法赤泥脱水至 40% ~ 50% 的含水率，再掺入粉煤灰、石灰、土等固结材料，然后运输至赤泥堆场进行碾压干堆；也可采用直接将流塑状态的赤泥排至沉淀池，待水分蒸发后将固态赤泥运输至赤泥堆场进行碾压干堆。

不掺料的拜耳法赤泥，可以采用工程钻机静压法采取不扰动试样，对浅层赤泥也可以采用井探人工刻取不扰动试样；掺料的拜耳法赤泥，采用工程钻机静压法采取不扰动试样较困难，探井开挖也较为困难。

联合法工艺是将烧结法和拜耳法有机结合起来形成新的生产工艺，根据联合方式的不同分为串联法、并联法和混联法三种，其产生的赤泥也可称为联合法赤泥，联合法赤泥的工程性质基本介于烧结法赤泥与拜耳法赤泥之间，若联合法赤泥中加入脱硫装置产生的酸性废水，则联合法赤泥化学固化作用显著变弱，工程性质更接近于拜耳法赤泥；若联合法赤泥中不加入脱硫装置产生的酸性废水，则联合法赤泥仍具有较明显的化学固化作用，工程性质更接近于烧结法赤泥。

赤泥一般是强碱性的，长期的大气降水下渗会将赤泥中的碱性物质带入地下水或土体中，对地下水或土体造成环境污染，不符合绿色发展的要求。因此，在赤泥堆场的底部均设置有防渗层，这样大气降水及赤泥中的部分自由水沿赤泥下渗，在赤泥堆场底部形成滞水，这一点在勘察时要特别注意。

第3章　工程地质测绘与调查

工程地质测绘与调查是尾矿堆积坝勘察中的重要勘察手段，在工程地质测绘与调查实施前，应认真分析研究尾矿堆积坝勘察任务书，明确尾矿堆积坝勘察的目的和技术要求，在此基础上，应进行现场踏勘并收集与尾矿堆积坝有关的已有勘察、设计和施工资料。一般情况下，一个尾矿库的工程档案资料往往是大量而繁杂的，包括尾矿库工程建设档案、生产运行档案和闭库及闭库后再利用档案等。尾矿库工程建设档案包括地形测量、工程地质及水文地质勘察、设计、施工及竣工验收、监理、安全预评价及安全验收评价、审批文件、图纸等资料；尾矿库生产运行档案包括年度计划、生产记录、入库尾矿量、堆坝高程、库内水位、坝体位移及浸润线观测记录、安全隐患检查记录及处理、事故处理及记录、安全现状评价等；尾矿库闭库及闭库后再利用档案包括安全评价、闭库设计、施工及验收、闭库后再利用、审批文件等。收集、整理和分析已有尾矿库资料是一项非常繁重而又十分必要的工作，其中重点是已有的勘察资料，通过收集研究已有资料，可很快掌握尾矿库所处地质环境条件，了解尾矿库的建设和运行情况，熟悉前人对尾矿库的研究程度和已有成果，对下一步工程地质调查、测绘的重点、范围及编制尾矿堆积坝工程地质测绘与调查纲要具有十分重要的指导性作用。

3.1　资料收集

一般情况下，在进入尾矿堆积坝勘察工作阶段，尾矿库前期的工程档案资料较丰富，在众多资料中，勘察人员应主要收集和分析与尾矿堆积坝勘察关系密切的以下资料：

（1）收集尾矿库、尾矿堆积坝各勘察阶段已有的工程地质勘察资料，研究了解尾矿库场地地质环境条件及尾矿库建设、生产运行期间尾矿库区地形、地层、水文地质条件等的变化情况及不良地质作用的演化、发展及治理情况；

（2）收集初期坝及堆积坝的设计施工资料，调查了解初期坝和堆积坝的几何外形参数、筑坝材料、设计最终坝高、库容、尾矿库等别及堆积坝级别；

（3）通过收集资料、业主介绍等方式，调查了解尾矿来源、原矿石种类、选矿工艺、全尾矿成分、粒度、放矿方式及放矿位置、堆积坝逐年上升高度、尾矿沉积特点及粒度变化情况、干滩设计长度及生产运行中的控制情况；

（4）收集为改善坝体稳定性曾进行的坝体修复、治理、降水排水工程措施的设计及施工资料，了解修复治理后的效果；

（5）收集坝体及库区现状地形图，检查地形图的比例精度及测量范围是否满足下一步尾矿堆积坝勘察及稳定性评价要求，如不能满足要求，应及时要求业主进行地形测绘工作；

（6）收集有关坝体变形、浸润线观测等监测资料，为初步分析判断坝体的稳定性提供依据；

（7）收集尾矿库安全设施设计、施工资料及尾矿库运行管理中尾矿坝事故及其抢险和治理情况的资料；

（8）收集尾矿库日常巡检记录，了解巡检中发现的尾矿库主要安全隐患问题；

（9）收集尾矿库所在区域水文气象资料。

3.2　尾矿库地形测量

尾矿库的现状地形资料是尾矿堆积坝勘察和尾矿库安全评估的基础资料，在尾矿库运行后，随着坝体的升高，坝体及库区的地形处于不断变化过程中。尾矿库区的地形地貌信息，可利用矿区已有的测量资料，如果收集不到或所收集到的测量资料不能反映尾矿库的现有地形地貌现状，则应采用工程测量技术实施地形地貌的测绘，其内容主要包括控制测量和地形测量。

在进行尾矿库地形图测量之前，应收集测区附近已有的控制测量和地形测量资料，实地查寻测量控制点，当测区已有的控制点损坏或者不能满足需要时，可利用旧有地形图或卫星影像资料，按照《工程测量标准》GB 50026—2020 中控制网的精度要求，设计新的平面和高程控制网，并进行控制测量。控制测量的坐标和高程系统尽可能与矿区已有的测量系统保持一致，目前平面控制测量常用的施测方法主要为全球卫星定位 GNSS 测量和导线测量，高程控制测量常用的施测方法主要为水准测量和电磁波测距三角高程测量，对于较大区域且该区域具有水准面精化成果的，也可采用 GNSS 大地高进行高程测量。

库区地形图的比例尺一般采用 1∶1 000 成图，坝区或局部重要区域可采用 1∶500 比例尺成图。施测的内容主要包括：库区水位线及水位线以上的地形和初期坝、堆积坝、放矿管道等堆存构筑物，对排水隧洞、泵房、高位水池、截洪沟、溢洪道、排水井、排水管等构筑物要进行详测。调查测量并标注库区的历史最高水位线，测量并计算库区的汇水面积。

地形图的测量方法有全站仪极坐标法、GNSS-RTK 散点法、激光雷达扫描法、无人机低空摄影测量法等。对于局部小面积或 1∶500 比例尺地形测量宜采用传统的全站仪和 GNSS-RTK 等常用设备进行测量；对于库区大面积 1∶1 000 地形测量宜采用无人机低空摄影测量法实施；对于人工不易到达或精度要求较高的小面积地形测量可采用地面激光雷达扫描仪实施，较大面积的也可使用机载雷达扫描、多镜头倾斜摄影测量或各种方法的联合作业模式实施。在制订地形图测量方案前，先利用收集到的测区小比例地形图或者在卫星高清电子地图上查看并了解库区及周围的地形地貌概况，包括面积、高差、建筑、植被，以及附近的村庄、道路等信息，再通过实地踏勘，进一步了解落实测区内的地形地貌信息，之后与矿方、设计、地质和测绘等相关技术人员沟通，在图上划定具体的测量范围并提出测量技术要求，并根据具体情况选用可行的地形图测绘方案。

常用的地形图测量方法：

（1）全站仪测图法：全站仪是最常用的测量设备之一，全站仪测图法是使用普通全站仪按极坐标测量原理，采集、记录地形地貌的数据信息，通过数据传输、处理、编辑，在计算机上制作数字地形图的过程，该法主要是靠人工实地立镜采集数据。全站仪操作简便，测量精度高，对于一些人员难以到达或危险的区域也可采用全站仪免棱镜技术采集现场数据，但绘制草图、测点编号、地物取舍等工作，对野外现场技术人员的综合素质要求较高。

（2）GNSS-RTK 测图法：GNSS-RTK 测图法是全球卫星定位实时动态测量技术测图法的简称，该方法可采用网络 RTK 模式，也可采用单基站 RTK 模式。正式测图前，需先利用测区控制测量信息求取转换参数，并对转换参数的精度、可靠性进行分析和实测检查。检查点应分布在测区的中部和边缘。碎部测量的基本作业过程是采用绘制草图、测点编号、GNSS 手薄通用编码的内外业一体化实时成图法完成，对于仪器无法直接测量的点位，可采用支距法、线交会法等几何作图方法进行测量，记录相关数据，后编辑修图。由于 GNSS-RTK 测量受卫星信号被遮挡的影响较大，所以此法不太适合植被茂密的隐蔽地区和建筑密集区的地形地貌测量工作。

（3）地面三维激光雷达扫描仪测图法：该法自 20 世纪 90 年代中期开始出现，是继 GPS 空间定位系统之后又一项测绘技术新突破。它通过高速激光扫描测量的方法，大面积、高分辨率、快速地获取被测对象表面的空间点位坐标数据和其他信息，为快捷建立物体的三维影像模型提供了一种全新的技术手段。由于其具有速度快、不接触、实时动态、高密度、高精度、数字化、自动化等特性，使其很快应用于地形测量的工作之中。该技术获取的数据和信息由点云和影像组成，不仅记录了扫描对象的坐标和尺寸数据，更能自动记录其拓扑与纹理信息，使传统的“点测量”向“形测量”转化。与全站仪测图、RTK 测图和摄影测图等方法相比，具有非单点式测量、360° 全方位全要素获取数据、无透视投影变形、无须绘制草图，不采集影像数据时可夜间作业、对环境适应性强的优点。但该法在实施时仍需与全站仪或 RTK 配合进行控制测量和标靶测量。为了达到较高的测量精度，在扫描时还应保证两测站间有足够的重叠度，而扫描重叠度主要由测站间的拼接方式确定，当采用标靶作为拼接点，拼接精度较高，重叠度可以低些；当采用地物点作为拼接点，拼接精度相对较低，需要采用自动配准算法进行精度调整。由于重叠度及其对拼接精度的影响无法严格计算，可采用《工程摄影测量规范》GB 50167—2014 推荐的 20% 的重叠度。地面三维激光扫描测图适宜于小面积、传统测图方法难以实施、且测区相对开阔、测量精度要求高、地理要素较全的地形测绘项目。

机载激光雷达（LiDAR）是一种集激光扫描与定位定姿系统（GNSS 加 INS）于一身的测量装备，可以高度准确地定位激光束打在物体上的光斑。LiDAR 系统包括激光器和一个接收系统。激光器产生并发射一束光脉冲，打在物体上并反射回来，最终被接收器所接收。接收器准确地测量光脉冲从发射到被反射回的传播时间。鉴于光速是已知的，传播时间即可被转换为对距离的测量。结合激光器的高度，激光扫描角度，就可以准确地计算出每一个地面光斑的三维坐标 X、Y、Z。激光雷达有机载、车载、地面固定站和手持等适合不同应用场景的设备类型，近来也有空、地一体化微型激光雷达扫描新技术产品的应用。中大型机载激光雷达系统通常会集成一个垂直视角的光学相机，用于同步获取地面影像或者给激光点云着色以达到更好的视觉效果，激光雷达技术已经在国内外大面积地形图测量方面得到了广泛使用，但目前机载激光雷达仍存在设备比较昂贵的问题，在我国尾矿库应用不普及。

（4）无人机低空摄影测量法：随着科学技术的迅猛发展，计算机电子信息技术和无人机技术在测绘领域的广泛应用，无人机低空摄影测量已成为目前地形测量的主要方法之一。与全站仪测图和 GNSS-RTK 测图以及传统的摄影测量技术相比，无人机低空摄影测量系统具有高分辨率、高精度、高效率、高机动性、低成本、操作简单等显著优势，已广泛应用于地理国情监测、数字城市建模、勘察测绘等领域。其主要流程如下：

像控测量：在无人机航测实施前，需要在飞行平台软件上划定测区范围，根据测图比例尺自动生成飞行航线，参照《工程摄影测量标准》GB 50167—2014 中的技术要求布设像控点，并进行野外实际测量和数据采集工作。像控测量是无人机航测中的关键环节，直接影响到后续空中三角测量及航测成图的精度。当然针对项目的具体情况，目前像控测量可以在航飞前布设，也可以事后补测。

无人机航测：选择合适的天气进行航飞，减少天气条件对摄影成像质量的影响。若地物影像之间的光线差较低，则无法获取应有的影像反差，难以高效准确地辨识地形客观条件。部分情况下，太阳光线较强，阳光与阴影之间的色彩较大，也会导致最终影像质量欠佳。对飞行航线的重叠度实施有效控制，确保飞行的航向重叠度和旁向重叠度均满足规范要求，可依据预先设计好的摄影航线进行航飞。

空中三角测量：航飞完成后进行内业空中三角测量，需要先将照片导入解算软件，再将 POS 数据导入，对无人机低空摄影测量系统所默认的空三设置可根据飞行数据更改具体参数，总体提升空中三角的测量解算效率。通过加密像控点，也可实现对系统误差的自动纠偏，减小设备自身因素导致的数据误差。

DLG 采编：在内业空中三角测量完成后，在专业采集系统软件平台下采集地形地貌数据信息，采集完成后，在南方 CASS 成图软件平台进行数据编辑，所用图式符合最新的图式规范要求。内业采编完成后需进行必要的检查、校核与补充，使数字高程模型（DEM）和数字地表模型（DSM）相关数据信息更完整，使所构建的数据模型更立体直观，使补充绘制的影像质量更清晰。在此过程中，需要严格掌握地图绘制比例尺，合理控制垂直误差与距离误差。对地形数据分析中发现的偏差较大或趋于失真等问题，要进行再次补充航测，针对数据失真区域进行专项测量，以充分校正数据的偏差。随着无人机低空摄影测量系统的日臻完善，使用该法进行地形图测绘，能够自动、快速、精确地处理海量影像、自动进行空中三角测量以及自动生成 DEM 和 DSM 成果。

近年来无人机倾斜摄影技术在低空摄影测量领域得到了快速发展，该技术通过在一个飞行平台上搭载多台传感器，同时从垂直、倾斜多个角度采集影像，具有全方位、全要素、高效、大范围感知复杂场景的优势，由此建立拓扑与纹理信息丰富的三维实景模型，可真实记录尾矿库区及周边的地形、地貌和地物情况，为三维可视化场景分析提供数据基础。

上述地形测量的成果成图方法均可生成二维的数字线划图（DLG）、三维数字高程模型（DEM）、三维数字地表模型（DSM），无人机低空摄影测量和地面激光雷达扫描仪测量，还可生成数字栅格图（DRG）、数字正射影像图（DOM）等，为尾矿堆积坝岩土工程分析的数字建模以及“岩土 BIM”技术的应用和尾矿库隐患防治提供三维地理信息数据。

3.3 工程地质测绘与调查

尾矿堆积坝勘察工作中工程地质测绘与调查的范围包括尾矿库库区、坝址范围、排洪排水设施及其他构筑物场地；工程地质测绘与调查的内容包括地形地貌、地层岩性、地质构造、水文地质条件及不良地质作用、尾矿库运行状况及存在的隐患等。

工程地质调查主要通过对尾矿库管理及其他相关人员的访问，了解尾矿库的运行情况、存在的隐患及治理情况等，访问的关键点是项目负责人事先根据勘察任务的要求列好访问提纲，带着问题去，这样才能达到更好的效果。在访问的基础上，应做好尾矿库现场的实际调查，包括尾矿库库区、坝址及其他尾矿构筑物场地，实际了解尾矿库的运行情况，场地的地形地貌、地层、构造及不良地质作用，尾矿库现场是否存在隐患以及原来隐患的治理情况。当存在环境问题时，还应调查尾矿水的渗漏以及对环境造成的污染情况等。

工程地质测绘工作是在工程地质调查的基础上进行的，项目负责人通过对工程地质调查成果的整理分析，编制工程地质测绘大纲，按测绘大纲中的技术路线、测绘方法和测绘内容进行尾矿库工程地质测绘工作。在进行工程地质测绘时，安全工作是最重要的，因此，要分别针对尾矿库、坝址及其他构筑物场地辨识危险源，并做好防护和应急措施。

工程地质测绘与调查方法主要包括调查访问、现场踏勘、地质测绘和遥感，在进行地质测绘时常采用路线法和追索法。路线法是按照工程地质测绘大纲设定的路线进行工程地质填图，记录沿线地层岩性、产状、不良地质作用和是否出露泉、层间水等。当发现断层时，应采用追索法查明断层的走向；当发现溶洞时，应采用物探技术方法追索溶洞的走向及发育情况、充填程度、与尾矿库外的连接情况等，也可采用示踪法追索尾矿库与库区外的连通情况，特别是与江河湖的连通情况；对尾矿库两岸的滑坡、崩塌等不良地质作用，人员到现场比较危险时，可以采用遥感技术来判定滑坡、崩塌的发育情况，在尾矿库测绘中，用得最多的是通过无人机低空摄影测量获取尾矿库正射影像图来判断滑坡、崩塌等不良地质作用的发育情况，预测不良地质作用危害程度；对局部细节，采用无人机摄影获取照片的方法来进行分析。

在进行尾矿库工程地质测绘时，比例尺一般选用1∶500 ~ 1∶2 000，库外有影响的区域比例尺一般选用1∶2 000 ~ 1∶5 000。当地质条件复杂或需要解决某一影响坝体稳定性问题时，要适当放大比例尺。如对尾矿堆积坝有影响的坝体变形、裂缝、渗漏、流土、管涌等隐患及滑坡、断层、软弱夹层、洞穴等地质单元体，宜放大比例尺。

地质界线和地质观测点测绘精度在相应比例尺图上的误差不应大于3mm。对需要重点分析的不良地质作用地段，一般情况下需要实测代表性的地质剖面。

3.3.1 坝体工程地质测绘与调查

坝体工程地质测绘与调查包括初期坝及尾矿堆积坝。测绘与调查的主要内容包括：

（1）坝肩地形地貌、地层岩性、地质构造及不良地质作用，特别要重点关注坝肩的滑坡、崩塌等不良地质作用。

（2）初期坝的类型、透水情况、透水量、透水位置及高程，有无管涌、流砂流土现象，若出现渗透破坏现象，应测量渗透破坏点的位置及高程。

（3）坝体有无变形破坏迹象，如坝面有无横向裂缝和纵向裂缝，坝面有无局部凹陷或隆起、塌坑、局部浅层滑塌、坝面冲沟等；如果坝体已存在裂缝，应查明裂缝的位置、延伸方向、发育深度、宽度、形成时间及其力学属性，分析裂缝形成原因；对坝面局部凹陷或隆起、塌坑、小型滑塌、坝面冲沟等应测绘其平面范围，对变形破坏特征进行详细描述、拍照，对重要的地质现象应采用测量仪器定位。

赤泥堆积坝是一类比较特殊的堆积坝，烧结法赤泥坝体其坝面设计坡度一般较其他堆积坝陡，坝面赤泥失水固结后类似于软质岩边坡，由于坝面长期裸露少有防护，坝面往往有较严重的风化剥落、风化裂隙，坝面冲沟发育，在长期风化作用下坝面凹凸不平，影响坝体稳定，故进行工程地质测绘与调查时应特别重视这些现象，见图 3.3–1。

图 3.3–1　某赤泥堆积坝坝面风化剥落与冲蚀现象

（4）坝体中浸润线的分布特征，堆积坝坝面有无浸润线出逸点及是否出现沼泽化现象，若有出逸点，应测量出逸点位置、高程以及沼泽化坝面的位置。

（5）堆积坝在运行过程中出现的隐患修复治理情况，如排渗井、排渗管、坡面局部修补、回填反压等措施的效果。

3.3.2　库区工程地质测绘与调查

库区工程地质测绘与调查范围包括尾矿库沉积滩、库区两岸、尾矿库上游至截洪沟或拦洪坝的范围。测绘与调查的主要内容应包括以下三个方面：

（1）库区沉积滩长度、干滩长度及宽度、干滩前后缘相对高差及纵向坡度，洪水期间库区洪水位上升情况、干滩长度和库区历史最高水位及有无洪水漫顶的情况。

（2）沉积滩有无裂缝，若有则应测量裂缝位置、长度、宽度、深度，描述记录其填充情况，分析裂缝形成的原因及对坝体稳定性的影响，见图 3.3–2。

图 3.3-2　某尾矿库发育的垂直裂缝

（3）库区两岸有无影响尾矿库运行的安全隐患，如滑坡、崩塌、岩溶、泥石流等不良地质作用，有无塌岸引起库容壅塞、库水漫顶的可能性，重点关注岩溶和构造引起的尾矿水向库外渗漏问题。

3.3.3 尾矿库外围工程地质测绘与调查

尾矿库外围工程地质测绘与调查范围包括尾矿库两岸以外、库区上游和初期坝下游一定长度范围。测绘与调查主要内容应包括：

（1）尾矿库两岸分水岭以外是否存在尾矿或尾矿水的渗漏；

（2）尾矿库上游的沟谷长度、汇水面积、最大洪水量及排洪设施的排洪能力，是否有泥石流灾害等；

（3）初期坝坝趾尾矿水截水、回水设施运行情况及洪水、泥石流对其影响情况，沉淀池中尾矿的沉淀情况等；

（4）初期坝下游地形地貌、地层岩性、地质构造及不良地质作用，河流的径流量、流速、含砂量、汛期、结冰期、水位等水文地质条件及水资源的利用；

（5）初期坝下游居民的居住情况、农田的耕作及灌溉情况，是否存在尾矿水的污染现象。

3.3.4 排洪、排水设施及其他构筑物场地的测绘与调查

尾矿库排洪、排水设施主要包括截排洪沟、溢洪塔、溢洪道、排水井、排水管、排水隧洞、排水斜槽、拦洪坝等，排洪、排水设施及其他构筑物场地的测绘与调查主要内容应包括：

（1）尾矿库的排洪、排水方式，排洪、排水设施的设置情况，排洪功能、排水能力及运行情况和存在的隐患，如尾矿库排洪设施有无堵塞、坍塌等现象，混凝土结构有无破损、裂缝、严重腐蚀等现象；

（2）排洪隧洞进、出口地段有无滑坡、崩塌、泥石流等不良地质作用，排洪隧洞围岩

是否稳定，见图 3.3–3；

（3）排水斜槽、截排洪沟、溢洪道底部，排水管底座是否存在空洞等地基稳定性问题，周围场地是否存在滑坡、崩塌、泥石流等不良地质作用，见图 3.3–4；

（4）溢洪塔、排水井备用挡水拱板结构有无破损、裂缝等现象，混凝土强度是否满足设计要求，邻近岸坡是否存在滑坡、崩塌等不良地质作用。

图 3.3–3　滑坡堵塞排洪隧洞口

图 3.3–4　泥石流冲毁输送管道及回水管

3.3.5　尾矿库常见不良地质作用的测绘与调查

尾矿库常见的不良地质作用主要有滑坡、崩塌、岩溶、坝面塌陷、坝面沼泽化、坝体裂缝、坝面冲沟等。泥石流、采空区、地面沉降发育的场地一般不选作尾矿库场址。因此，堆积坝勘察工作中应重点对滑坡、崩塌、岩溶、坝面塌陷、坝面沼泽化、坝体裂缝、坝面冲沟等不良地质进行测绘与调查。以上各类不良地质作用的调查、测绘内容可参见表 3.3–1 ~ 表 3.3–4 进行。

表 3.3–1 滑坡、崩塌测绘与调查主要内容

内容	滑坡	崩塌
地质环境	地形地貌、地层岩性及岩土体的时代成因、分布及产状，地质构造等	地形地貌、地层岩性及岩土体的时代成因、分布及产状，地质构造等
形态特征	包括滑坡的平面形态和剖面形态特征；平面形态特征应描述滑坡的平面形状、滑体的长度、宽度、厚度、体积、坡度、坡向等；剖面形态特征应描述滑面的形态、坡度、坡向及滑体厚度等	主要包括坡高、坡长、坡宽、坡度、坡向、坡面形态、已崩落体积及潜在崩塌体积等
结构特征	包括滑体、滑床、滑面（带）特征三个方面；滑体特征主要包括组成滑体地层岩性、结构、包含物等；滑床特征主要包括滑床地层岩性、时代成因、产状；滑面（带）特征包括滑面形态、埋深、倾向及倾角、滑带厚度、滑带土岩性、性状等	主要包括坡体结构类型、各类结构面（层面、节理裂隙、土岩接触面等）的类型、产状、延伸长度、宽度及深度、填充情况、结构面间距、土岩接触面与坡向的关系、危岩的块度（长 × 宽 × 高）等
地下水条件	地下水类型、地下水埋深、赋存条件、水位变化及补给、径流、排泄条件等	地下水类型、地下水埋深、赋存条件、水位变化及补给、径流、排泄条件等
变形破坏特征	描述变形破坏的部位、特征及时间，根据变形破坏特征定性分析滑坡稳定性及发展趋势	描述变形破坏的部位、特征及时间，根据变形破坏特征定性分析崩塌体稳定性及发展趋势
发育史	历史上是否发生过滑坡，目前是否还在滑动	历史上是否发生过崩塌
防治措施	调查滑坡现状防治措施，如削坡减载、抗滑桩等，调查滑坡现状监测措施，是否采用在线监测	调查崩塌现状防治措施及监测措施

表 3.3–2 泥石流、岩溶测绘与调查主要内容

内容	泥石流	岩溶
地质环境	地形地貌、松散体及下伏稳定地层的地层岩性及时代成因、地质构造等	地形地貌、地层岩性及时代成因、碳酸盐岩的岩性、厚度及分布，岩溶区地质构造等
形态特征	自然或人工堆积的松散体分布范围、厚度、储量、坡度、坡向、坡高等，重点调查尾矿库建设区间形成的人工堆积松散物，如沉淀池、回水设施、排洪设施出入口等周边的松散堆积体	洼地、槽谷、漏斗、落水洞、溶沟、溶槽、石芽、石柱、溶洞及溶隙等岩溶现象的形态特征、规模及组合特征

续表 3.3–2

内容	泥石流	岩溶
结构特征	松散体的主要物质组成、结构，松散体底部潜在滑移面的形态、坡度、坡向和起伏情况及可能形成泥石流的类型，如泥流、泥石流、水石流等	包括第四系覆盖层厚度及下部碳酸盐岩岩面起伏形态、岩溶发育层位、岩溶发育层与地形地貌、地质构造的关系、溶洞、溶隙填充情况
地下水条件	地下水类型、地下水埋深、赋存条件、水位变化及补给、径流、排泄条件等	调查岩溶地下水的类型、赋存层位、埋深、水位及水量的动态变化及其补给、径流、排泄条件，调查岩溶水与地表水、第四系潜水的水力联系，有无可能造成矿液渗漏的地下通道或暗河，调查岩溶地层顶板覆盖层岩性及其隔水或透水性能
变形破坏特征	变形破坏的部位、特征、时间，分析泥石流所处发展阶段，如形成期、发展期、衰退期、停歇或停止期，可能形成泥石流的规模、危害程度	调查土洞和地面塌陷的分布、形态、发育规律，根据地面变形破坏特征，分析岩溶的发育程度、发展趋势和可能造成的危害
发育史	历史上是否发生过泥石流以及发生泥石流的时间、规模、形成过程、暴发前的降水情况和暴发后的灾害情况等	坝址及库区历史上是否发生过地下岩溶引起的地面塌陷、渗漏等问题及处理情况
防治措施	调查泥石流现状防治措施，如拦挡坝、导流堤、排导沟等	调查岩溶现状防治措施，是否填堵，填堵材料和工艺等

表 3.3–3 坝面塌陷、坝面沼泽化测绘与调查主要内容

内容	坝面塌陷	坝面沼泽化
地质环境	堆积坝坝面塌陷区及邻近地段的坝面形态、坡比、尾矿类型、性状及堆存厚度等	堆积坝坝面沼泽化区及邻近地段的坝面形态、坡比、尾矿土类型、性状及堆存厚度等
范围及程度	包括坝面塌陷区的范围、面积、形状、塌陷程度等	包括坝面沼泽化的范围、面积、形状、凹陷或凸起程度等
结构特征	坝面塌陷区域尾矿类型、结构，塌陷区垂直范围内尾矿密实程度的变化以及是否存在空洞，塌陷区与坝体结构、坝体内浸润线的空间位置关系	坝面沼泽化区域尾矿类型、结构，沼泽化区与坝体结构、坝体内浸润线的空间位置关系
地下水条件	坝体内浸润线位置、赋存地层、水位变化幅度，坝体内地下水补给、径流及排泄条件，初期坝类型、坝前渗流量、含砂量、水质等	坝体内浸润线位置、赋存地层、水位变化幅度，坝体内地下水补给、径流及排泄条件，坝面沼泽区有无渗出水及渗出量、水质，是否形成浅层注水，地表湿生植物类型，初期坝类型、堆积坝排渗方式等

续表 3.3-3

内容	坝面塌陷	坝面沼泽化
变形破坏特征	坝面塌陷区的变形痕迹，调查坝前流土及管涌发生情况及固体物质的损失量，分析塌陷的危害及对坝体稳定性的影响	坝面沼泽化地段坝面有无变形痕迹，分析沼泽化的危害及对坝体稳定性的影响
发育史	调查历史上是否出现过坝面塌陷、流土及管涌现象及治理措施效果等情况	历史上是否出现过坝面沼泽化及治理措施效果等情况
防治措施	调查坝面塌陷现状防治措施，如回填、防渗墙等，调查针对坝面塌陷的监测措施	调查坝面沼泽化现状防治措施，如坝面排渗等，调查坝面沼泽化地段是否布置浸润线监测孔等

表 3.3-4 坝体裂缝、坝面冲沟测绘与调查主要内容

内容	坝体裂缝	坝面冲沟
地质环境	坝体裂缝区及邻近地段的坝面形态、坡比、尾矿类型、性状及堆存厚度等	堆积坝坝面形态、坡比、尾矿类型、性状及堆存厚度等
形态特征	包括裂缝的长度、宽度、深度、条数、间距、延伸方向及两侧差异沉降量等，重点调查横向裂缝的特征及形成原因	冲沟的长度、宽度、深度、断面形状等，是否存在子坝间跌水槽
结构特征	裂缝发育部位的尾矿类型、结构，裂缝切割地层的深度、倾向及填充情况，裂缝在堆积坝或干滩上的发育位置、分析成因，判定裂缝的性质	冲沟发育部位的尾矿类型、结构，冲沟切割地层的深度，冲沟与两侧山体排水沟的关系
地下水条件	裂缝区域浸润线的埋深、含水层，裂缝有无渗水情况等	冲沟内是否存在渗水情况
变形破坏特征	裂缝的发育位置、发生时间、变形特征及分布规律，收集裂缝的变形监测资料	每次洪水期间降水量及坝面冲沟的长度、宽度、深度、断面形状等
发育史	坝体历史上是否发生过裂缝及发生裂缝的部位、数量、处理措施效果等情况	坝面历史上是否发生过冲沟及发生冲沟的部位、数量、处理措施效果等情况
防治措施	调查现状防治措施及监测措施	调查现状防治措施，如坝面覆土、种植、截排水等

3.4 资料整理及成果编制

工程地质测绘与调查资料应在野外工作中和结束后及时进行整理，检查核实资料的完整程度和完成质量，完善野外工作手图、描述记录、实测剖面及影像资料等，编制各类综合图表，做到内容详尽全面，重点突出，文、图、表齐全，发现不足时及时补充。

工程地质测绘与调查资料是尾矿堆积坝岩土工程勘察中重要的第一手原始资料，应与钻探、测试、试验资料一并归档，工程地质测绘与调查成果是尾矿堆积坝岩土工程勘察报告的重要内容，勘察报告中应反映工程地质测绘与调查所取得的成果，绘制完整的综合工程地质平面图，并在报告中重点分析不良地质作用对堆积坝稳定性的影响，对可能影响坝体稳定性的不良地质作用提出合理的防治措施和监测措施建议。

第4章　原位测试技术

尾矿一般颗粒较细，饱和状态的尾矿极易产生触变，很难采取到质量等级为Ⅰ级的不扰动试样，因此，原位测试手段在尾矿堆积坝的勘察工作中就显得非常重要。尾矿堆积坝岩土工程勘察中常用的原位测试手段包括静力触探试验、标准贯入试验、十字板剪切试验和波速测试等。在尾矿堆积坝岩土工程勘察过程中，标准贯入试验和静力触探试验始终贯穿于整个勘察过程，对于勘察等级为甲级的尾矿堆积坝，还应进行原位直剪试验，当勘察过程中揭露到碎石类土时，要进行动力触探试验，当勘察过程中揭露到饱和软黏土时，宜进行十字板剪切试验和扁铲侧胀试验。

4.1　静力触探试验

静力触探试验在尾矿堆积坝岩土工程勘察中，可用于砂性尾矿土、粉性尾矿土和黏性尾矿土的测试，其成果主要用于尾矿土的力学分层。当有成熟经验时，也可利用经验公式估算土的重度和判别尾矿岩性。

静力触探试验的布置原则：在主要勘探线上应布置不少于1/2的勘探点进行静力触探试验；在其他勘探线上应布置不少于2个孔进行静力触探试验；同时为避免钻孔对静力触探试验孔的交叉影响，应先进行静力触探试验再进行钻孔或其他原位测试；静力触探试验孔深度宜与尾矿沉积厚度相同。

尾矿库一般位于山区，地形地貌复杂，交通不便，另外尾矿在沉积过程中，沉积滩表层尾矿一般较松散或处于软塑~流塑状态，故车载液压静力触探设备较少使用，在进行尾矿堆积坝岩土工程勘察时，静力触探试验多选用轻型或履带式静力触探设备。轻型触探设备具有搬运、操作方便的优点，但自重轻，需要地锚提供反力，而尾矿一般较松散或软弱，为达到试验深度，需要地锚与外加压重物联合使用，见图4.1–1；履带式触探设备自重大，但移动灵活，触探深度较大，沉积滩表层尾矿呈软塑~流塑状态，履带式触探设备易陷入尾砂中，使用中应采取工程措施。

目前工程中常用的探头有单桥探头、双桥探头及多功能探头。单桥探头仅提供比贯入阻力 p_s；双桥探头可同时获得锥尖阻力 q_c 及侧壁摩阻力 f_s，并可计算摩阻比 R_f；多功能探头除可获得双桥探头试验参数外，还可测量孔隙水压力 u、剪切波速 V_s、孔斜等。三种探头均可用来分层和判别尾矿岩性，且多参数划分比单参数划分精度更高。图4.1–2和图4.1–3是在某尾矿堆积坝进行单桥静力触探试验和双桥静力触探试验得到的实测曲线。常见的尾矿单桥静力触探试验比贯入阻力曲线特征见表4.1–1。

图 4.1–1 轻型静力触探试验现场

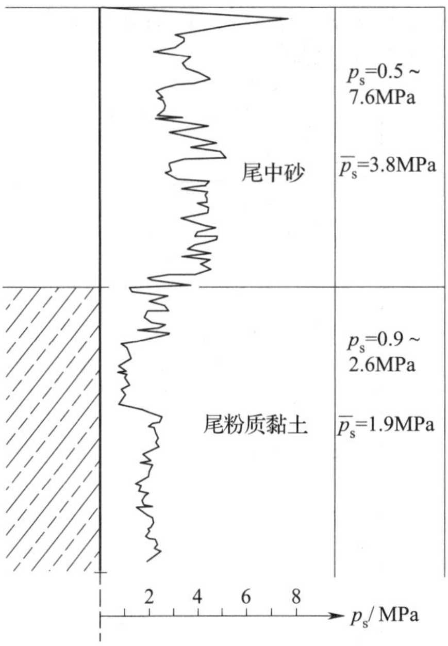

图 4.1–2 单桥静力触探试验曲线

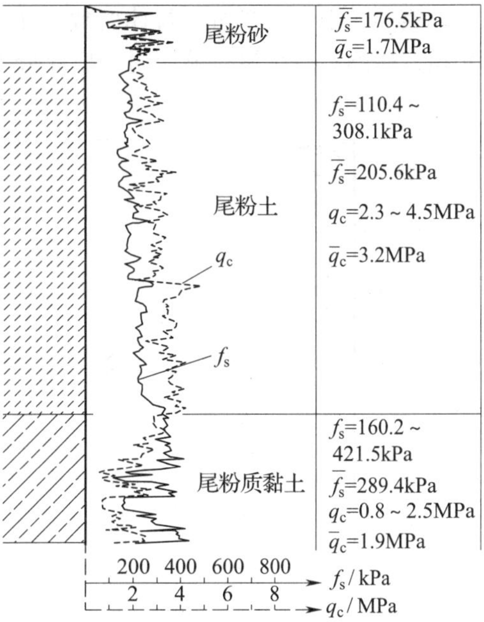

图 4.1–3 双桥静力触探试验曲线

表 4.1–1　尾矿静力触探比贯入阻力曲线特征

尾矿	p_s–h 线型特征	p_s–h 线型
软塑～流塑状态的尾黏土	p_s 值极低的平缓曲线，无突变现象	
可塑～硬塑状态的黏性尾矿土	p_s 值较高，曲线较平缓变化较小，黏性尾矿土往往夹砂性尾矿土薄层，曲线有时呈现突变现象	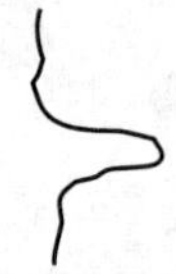
粉性尾矿土、砂性尾矿土	曲线起伏较大，呈锯齿状，变化频率大	

根据静力触探试验数据，绘制各种测试指标与深度的关系曲线，进行孔压消散试验时，还应绘制孔压消散曲线。根据贯入曲线的特征，结合相邻钻孔资料，判别和划分土层，计算相关测试数据的平均值，对数据进行统计分析，确定各土层的静力触探测试指标。图 4.1–4、图 4.1–5 是某尾矿堆积坝进行静力触探试验的实测曲线，从曲线可以看出，由岩性松散或软弱尾矿至较密实尾矿时，试验曲线会出现超前现象；由岩性较密实尾矿至松散或软弱尾矿时，受探头应变传感器灵敏度特性的影响，试验曲线会出现滞后现象。因此，在进行工程地质分层时，应考虑静力触探试验曲线的超前和滞后现象。从图 4.1–4、图 4.1–5 可以看出，按上述方法划分的尾矿分层与钻探分层相吻合。在尾矿堆积坝岩土工程勘察中，由于尾矿沉积规律所致，在某一层中薄层或透镜体相对较多，超前和滞后相互交错，用静力触探进行分层时，应充分考虑到这一点，见图 4.1–5。

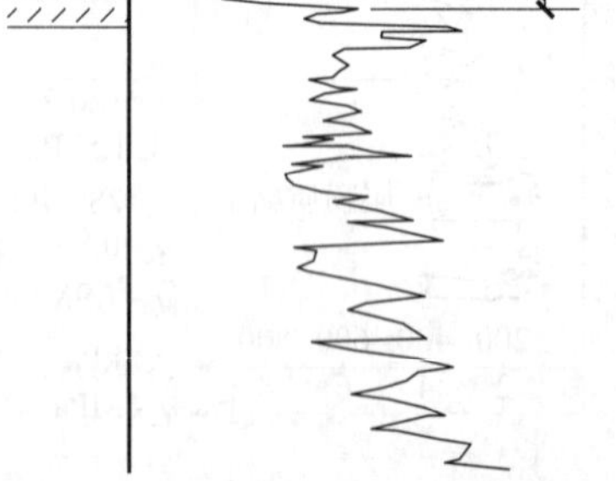

图 4.1–4　静力触探试验曲线超前现象

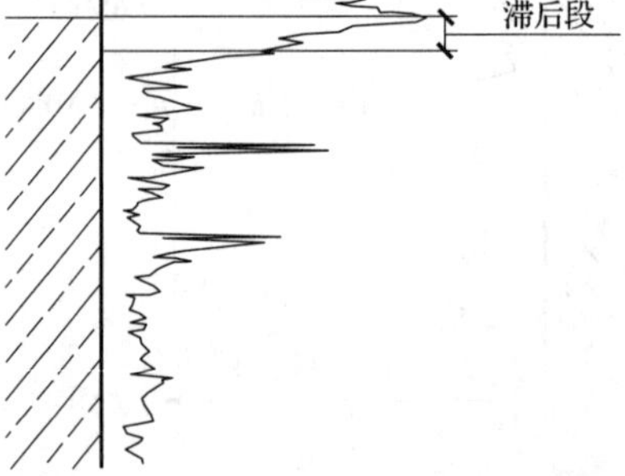

图 4.1–5　静力触探试验曲线滞后现象

对分层后的静力触探试验曲线数据进行统计时，要根据尾矿层的特点、静力触探试验曲线的特征，采用以下三种方法对静力触探试验获得的测试数据进行统计分析，提供各尾矿层的平均值、标准值及变异系数。

第一种方法：按第 2 章 2.5 节尾矿物理力学性质指标的统计与选用中公式（2.5–1）~ 公式（2.5–3）进行统计；

第二种方法：人工删除异常点后，再按第一种方法进行统计；

第三种方法：模糊数值量板法进行统计。

以静力触探比贯入阻力数据曲线为例，不同特征静力触探比贯入阻力曲线的数值统计方法见表 4.1–2。

表 4.1–2　不同特征静力触探比贯入阻力曲线的数值统计方法

曲线形态特征	p_s–h 曲线实例	数值统计方法
不同地层试验数据有较明显的差异，可清晰分层，且同一土层中试验曲线及数据变化不大	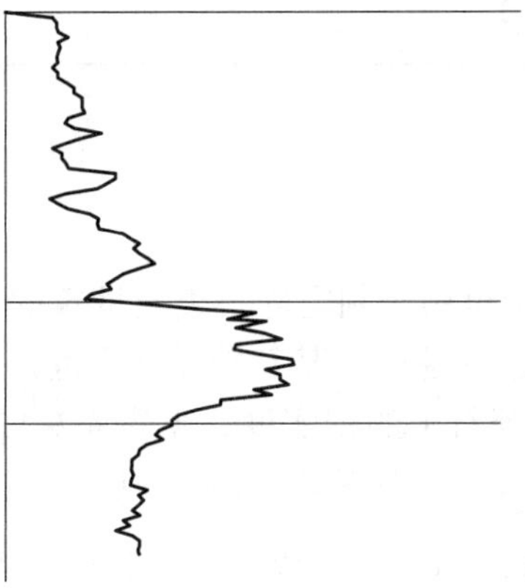	采用第一种方法； 对每一工程地质分层采集的数值分别按公式（2.5–1）~ 公式（2.5–3）进行统计
同一地层静力触探试验曲线上出现单个测点异常或突变现象	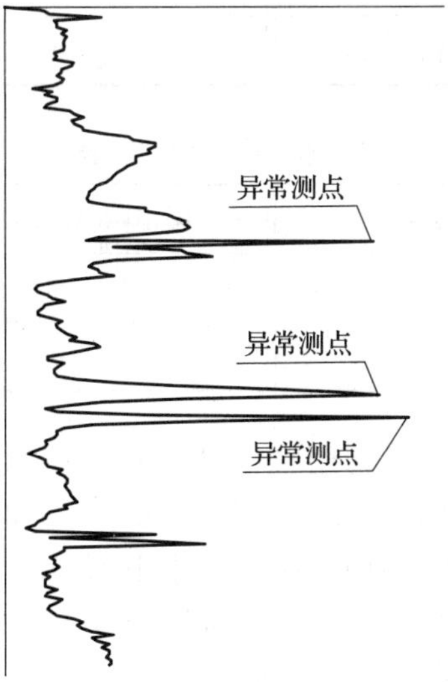	采用第二种方法； 在尾矿的沉积过程中，这种异常或突变现象，往往是由薄层尾砂或胶结体引起的，统计时应分析薄层或胶结体的影响，当影响较大时，应对异常点进行单独统计

续表 4.1–2

曲线形态特征	p_s–h 曲线实例	数值统计方法
同一地层中静力触探试验曲线多呈锯齿状	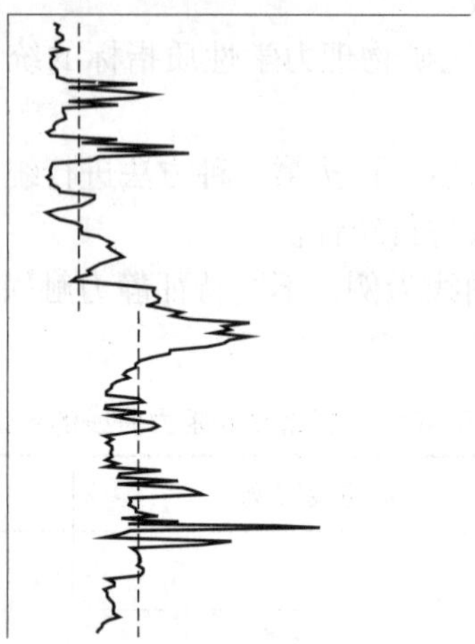	采用第三种方法； 这种锯齿状往往是由尾矿的沉积规律引起的，在湿式堆存和干式堆存中都有表现，但湿式堆存表现更为明显，尾矿的沉积韵律多呈薄层互层状，统计时工程技术人员应根据尾矿的沉积规律、主要沉积层和次要沉积层的关系以及对尾矿稳定性的影响，采用模糊数值量板法给出平均值

4.2 动力触探试验

动力触探试验在尾矿坝勘察中可用于判定碎石类土堆筑的初期坝、坝基和库底碎石类土、极软岩的力学性质和密实程度。《建筑地基基础设计规范》GB 50007—2011 给出了用重型圆锥动力触探锤击数 $N_{63.5}$ 判定碎石土的密实度，见表 4.2–1；《建筑地基检测技术规范》JGJ 340—2015 给出了用重型圆锥动力触探锤击数 $N_{63.5}$ 判定砂土的密实度，见表 4.2–2。

表 4.2–1 碎石土密实度判定表

锤击数 $N_{63.5}$/ 击	密实度	锤击数 $N_{63.5}$/ 击	密实度
$N_{63.5} \leqslant 5$	松散	$10<N_{63.5} \leqslant 20$	中密
$5<N_{63.5} \leqslant 10$	稍密	$N_{63.5}>20$	密实

表 4.2–2 砂土密实度判定表

锤击数 $N_{63.5}$/ 击	密实度	锤击数 $N_{63.5}$/ 击	密实度
$N_{63.5} \leqslant 4$	松散	$6<N_{63.5} \leqslant 9$	中密
$4<N_{63.5} \leqslant 6$	稍密	$N_{63.5}>9$	密实

干式堆存尾矿堆积坝勘察时也可利用轻型动力触探试验 N_{10} 判定堆填尾矿土的均匀性、密实程度。尾矿土的均匀性可以由轻型动力触探曲线直接判定，而尾矿土的密实程度应结合现场密度试验、标准贯入试验和重型动力触探试验综合确定。

尾矿堆积坝岩土工程勘察中动力触探试验应满足下列技术要求：

（1）轻型动力触探试验标准贯入量为 30cm，记录每贯入 10cm 的锤击数，并累计记录贯入 30cm 的锤击数 N_{10}；重型及超重型动力触探试验标准贯入量均为 10cm，记录贯入

10cm 的锤击数 $N_{63.5}$、N_{120}。

（2）落锤方式应采用自动脱钩落锤装置。

（3）触探杆最大偏斜度不应超过 2%，试验过程中应控制探杆的偏斜和侧向晃动，锤击速率宜为 15 ～ 30 击 /min，并应连续进行贯入。

4.3　标准贯入试验

标准贯入试验操作简单、地层适应性广，在尾矿堆积坝岩土工程勘察中得到了广泛的应用，并积累了丰富的经验。标准贯入锤击数可用于：

（1）砂性尾矿土、粉性尾矿土密实度的判定，见表 4.3–1 砂性尾矿土的密实度判定表；

（2）黏性尾矿土可塑状态的判定；

（3）尾矿的力学分层；

（4）尾矿堆积坝饱和砂性尾矿土、粉性尾矿土液化初步判别；

（5）利用贯入器中取得的试验深度的试样进行尾矿野外鉴别和室内颗分试验。

表 4.3–1　砂性尾矿土密实度判定表

标准贯入锤击数 N	密实度
$N \leqslant 10$	松散
$10<N \leqslant 15$	稍密
$15<N \leqslant 30$	中密
$N>30$	密实

在进行尾矿堆积坝岩土工程勘察时，应布置一定数量的标准贯入试验钻孔，且试验孔数量不应少于钻孔数量的 1/2，标准贯入试验点的垂直间距宜为 1.0 ～ 1.5m。

进行标准贯入试验时，试验钻孔宜采用泥浆护壁回转钻进，尽可能减少钻探对孔底土的扰动。钻探时要保持孔内水位略高于地下水位，对塌孔严重的钻孔，可以采用跟管钻进的钻探工艺，保证试验的可靠性。试验前应进行清孔，并预打 15cm，标准贯入试验设备规格及技术要求应严格按照《岩土工程勘察规范》GB 50021—2001 执行。

标准贯入试验的成果整理包括标准贯入锤击数 N 的检查与修正，在工程地质剖面图上标出试验深度处的 N 值，按工程地质分层进行数理统计，根据统计结果判定砂性尾矿土、粉性尾矿土的密实程度；结合钻探及其他原位测试，依据 N 值的数理统计结果对尾矿进行力学分层。由于尾矿在沉积的过程中会形成薄的夹层或透镜体，其沉积规律在标准贯入锤击数 N 值上表现为离散性较大，因此，对同一工程地质单元层进行分层统计时，将 3 倍标准差（即 $\pm 3\sigma$）作为舍弃标准删除异常值后再进行统计计算。

表 4.3–2 为某尾矿库实测的标准贯入锤击数 N，按表 4.3–1 判定尾中砂、尾粉土为松散状态，尾细砂为中密状态。

表 4.3–2　标准贯入锤击数 N

地层	图例	范围值	平均值	状态
尾中砂	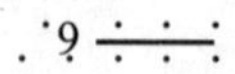	7~9	8	松散
尾粉土	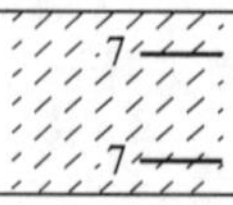	5~7	6	松散
尾细砂	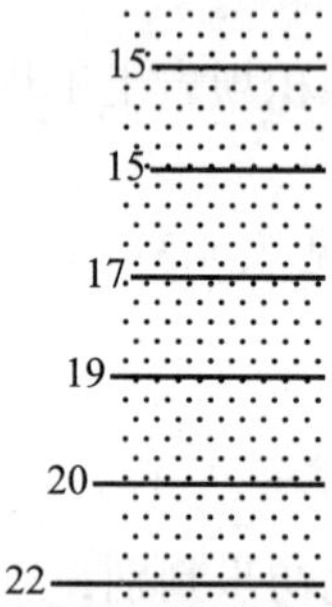	15~22	18	中密
尾粉质黏土	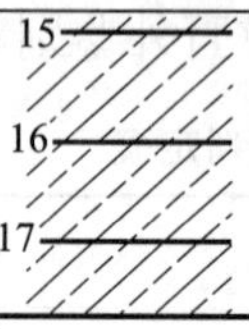	15~17	16	可塑

标准贯入锤击数 N 一般不做杆长修正，但勘察报告应对钻杆直径进行说明。标准贯入试验设备采用直径 42mm 的钻杆，而尾矿坝岩土工程勘察常用的 DPP–100 型汽车钻机、XY–150 液压钻机均配备 50mm 钻杆。根据国际、国内有关学者对钻杆直径与标准贯入试验结果关系的研究成果，42mm 钻杆和 50mm 钻杆对 N 值影响不大，二者均可使用，但在试验中尽可能采用 42mm 钻杆，以便与国际接轨，也便于应用前人的经验数据为尾矿坝岩土工程勘察提供有价值的参数。

4.4　十字板剪切试验

十字板剪切试验可用于具有饱和软黏土特征的黏性尾矿土的测试，可有效避免土样扰动及天然应力状态的改变，特别是对难以取样的灵敏度高的黏性尾矿土及软弱夹层。但对夹有薄层尾粉细砂或尾粉土的软弱夹层，十字板剪切试验误差较大。

十字板剪切仪分为机械式和电测式两种，电测式十字板剪切仪是通过扭力传感器直接测读十字板所受扭力，不受探杆摩擦等其他因素的影响，测试精度较机械式更高，目前已基本取代机械式十字板剪切仪。

在尾矿堆积坝岩土工程勘察中，当钻探揭露出具有饱和软黏土特征的黏性尾矿土或软弱夹层时，应及时停钻，进行十字板剪切试验，试验点竖向间距宜为 1.0m，并尽量保证同一试验土层的试验点数不少于 3 点。

进行十字板剪切试验时，应满足以下技术要求：

（1）当采用预钻孔十字板剪切试验时，十字板头插入孔底以下的深度不应小于 3 ~ 5 倍钻孔直径，以保证十字板在未扰动土中进行试验。

（2）十字板头插入试验深度后，应至少静止 2 ~ 3min 方可开始剪切试验。

（3）要严格控制扭转速率，扭转速率应控制在 1° /10s；当剪切速率过慢时，排水固结会导致强度增长；当剪切速率过快时，黏性尾矿土或软弱夹层由于黏滞效应也会使强度增长。试验时每扭转 1° 测读一次读数，当出现峰值或稳定后，继续测读 1min。

（4）峰值强度测试完毕后，如需要测定重塑土的不排水抗剪强度或计算灵敏度，则将试验探杆顺时针快速扭转 6 圈，使十字板头周围土体充分扰动后测读数值。

根据十字板剪切试验数据可绘制剪应力与扭转角关系曲线，见图 4.4–1，并按公式（4.4–1）~ 公式（4.4–3）计算各试验点土样的不排水抗剪强度、重塑土抗剪强度和土的灵敏度 S_t。根据需要对实测不排水抗剪强度进行修正，对同一土层，对试验数据进行统计分析，统计中应剔除异常数据。

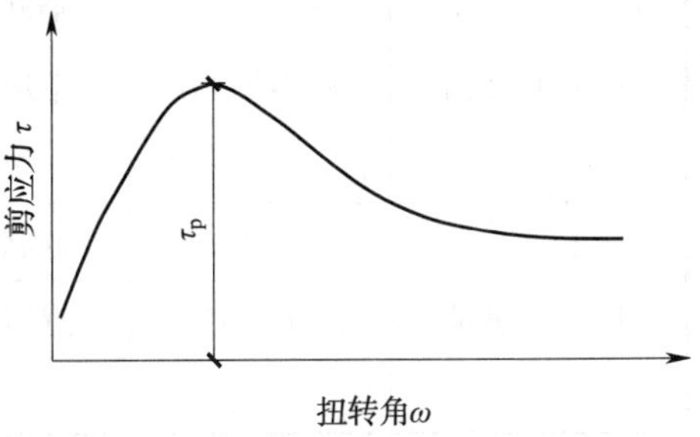

图 4.4–1　十字板剪切试验 τ–ω 关系曲线

$$C_u=10K'\eta R_y \qquad (4.4\text{–}1)$$

式中　C_u——原状土的抗剪强度（kPa）；

R_y——原状土剪切破坏时的读数（mV）；

K'——与十字板头尺寸有关的常数，当板头尺寸为 50mm × 100mm 时，K' 为 0.002 18cm^{-3}，当板头尺寸为 75mm × 150mm 时，K' 为 0.000 65cm^{-3}；

η——传感器率定系数（N·cm/mV）。

$$C'_u = 10K'\eta R'_y \qquad (4.4\text{–}2)$$

式中　C'_u——重塑土的抗剪强度（kPa）；

R'_y——重塑土剪切破坏时的读数（mV）。

$$S_t=C_u/C'_u \qquad (4.4\text{–}3)$$

在进行现场十字板剪切试验时，工程师应考虑以下因素：

（1）现场十字板剪切试验属于原位测试，能比较准确地模拟土样的实际受力状态，而不是将土样取到地表在室内进行测试，土样的抗剪强度指标更接近实际情况。对饱和软黏性土来说，由于取样过程中对土样的扰动和应力释放，其室内试验所测得的抗剪强度值往往比十字板剪切试验测得的抗剪强度值低。

（2）现场十字板剪切破坏面不是理想的圆柱状，实际剪切破坏面较理论值大，尤其在可塑 ~ 硬塑状态的黏性土或中密 ~ 密实的砂性土中抗剪强度偏大，因此现场十字板剪切试验适合在饱和软黏土中进行。

（3）现场十字板剪切试验理论上是不排水剪，但在实际扭转剪切速率下仍存在排水的可能，导致试验所测得的抗剪强度值偏大。

表 4.4–1、表 4.4–2 为某铝厂灰渣堆场岩土工程勘察项目十字板剪切试验与室内直剪试验（固结快剪）结果，其抗剪强度指标对比见表 4.4–3。

表 4.4–1 十字板剪切试验成果

地层	试验深度 /m	统计指标	频数	范围值	平均值
① –1 层灰渣	1.0 ~ 8.0	原状土 C_u/kPa	37	7.72 ~ 107.00	48.93
		重塑土 C_u'/kPa	37	4.05 ~ 18.52	11.18
		灵敏度 S_t	37	1.69 ~ 10.38	4.52
① –2 层灰渣	8.0 ~ 11.0	原状土 C_u/kPa	13	19.01 ~ 153.11	83.96
		重塑土 C_u'/kPa	13	8.97 ~ 22.87	15.21
		灵敏度 S_t	13	1.92 ~ 7.06	5.29
① –4 层灰渣	12.0 ~ 15.0	原状土 C_u/kPa	8	73.13 ~ 136.04	105.96
		重塑土 C_u'/kPa	8	17.17 ~ 29.91	24.57
		灵敏度 S_t	8	2.95 ~ 10.82	5.89

表 4.4–2 室内直剪试验（固结快剪）成果

地层	统计指标	频数	范围值	平均值
① –1 灰渣	黏聚力 C/kPa	12	10 ~ 80	38.1
	内摩擦角 φ/（°）	12	13.0 ~ 27.4	23.5
① –2 灰渣	黏聚力 C/kPa	14	13 ~ 67	43.1
	内摩擦角 φ/（°）	14	18.4 ~ 27.5	24.1
① –4 灰渣	黏聚力 C/kPa	10	12 ~ 72	32.5
	内摩擦角 φ/（°）	10	19.7 ~ 28.0	25.1

表 4.4–3 室内试验与现场试验抗剪强度对比

地层	抗剪强度 /kPa	
	室内直剪试验（固结快剪）	十字板剪切试验
① –1 灰渣	38	49
① –2 灰渣	43	84
① –4 灰渣	32	106

十字板剪切试验适用于具有饱和软黏土特征的黏性尾矿土的测试，在尾矿的沉积过程中，具有饱和软黏土特征的黏性尾矿土往往以薄层或透镜体形式存在于砂性尾矿土中，十字板剪切试验是在钻孔中进行的试验，而通常钻探已穿透该层，使十字板剪切试验无法进行。为了解决这个问题，《尾矿堆积坝岩土工程技术标准》GB/T 50547—2022 规定静力触探试验应在钻探和十字板剪切试验前进行，这是为了用静力触探试验查明软弱薄层或透镜体的位置，以便控制钻探回次进尺及深度。为了扩展十字板剪切试验在尾矿堆积坝勘察中的适用范围，使之应用于砂性尾矿土、粉性尾矿土及黏性尾矿土中，国内有学者提出一种

预钻式双十字板串联探头，新型“电测双探头十字板试验仪”将十字板驱动装置安装于探头上部位置，试验时两个十字板反向旋转，互相提供扭矩支撑，期待该新型十字板剪切仪在尾矿堆积坝勘察中发挥重要作用。

4.5 原位直剪试验

原位直剪试验是在剪切面施加预定垂直荷载作用下，同时施加水平剪切力，使试验土体沿剪切面发生破坏，求出土的黏聚力 C 和内摩擦角 φ。由于试件尺寸大且在现场原状土中试验，因此能把非均质性及软弱面等对岩土体抗剪强度的影响更真实地反映出来。在尾矿堆积坝勘察中，原位直剪试验可用于尾矿土体或尾矿软弱夹层接触面的测试，试验位置一般选择在沉积滩的浅层或堆积坝外坡处，每组试验不少于 3 个试验点，试验时剪切方向与滑动方向一致，试验施加的最大法向应力应大于试验剪切面上实际受力状态下的最大法向应力，使试验成果与稳定性分析更接近实际的受力状况。

原位直剪试验应满足以下技术要求：

（1）开挖时应减小对试件的扰动。试件的高度不宜小于 20cm 且不宜小于最大粒径的 8 倍，剪切面积不宜小于 $0.25m^2$，边长不宜小于 50cm，试验的剪切方向应与尾矿堆积体可能发生的滑动方向一致。

（2）同一土层在不同垂直荷载条件下，每组试验不应少于 3 个试验点。

（3）施加在试样上的垂直荷载应根据尾矿的受力状态或试验技术要求确定，最大法向应力应大于该剪切面上最大法向应力或试验确定的最大法向应力值。试验一般采用快剪法进行试验，对每组试验的各个试件一次施加不同的垂直荷载后，立即施加横向推力；若采用固结快剪法试验，则分 4 ~ 5 级施加垂直荷载，每隔 5min 加荷一次，加荷后立即记录法向位移，5min 后再读一次，至每分钟的变形不超过 0.05mm 时，即可加下一级荷载，最后一级荷载施加后 1h 内的法向变形不超过 0.05mm 时，认为法向变形相对稳定，开始施加剪切荷载，垂直荷载在整个试验过程中应保持不变。

（4）剪切荷载按预估的最大值分 8 ~ 10 级施加，各级横向推力应连续均匀，剪切变形速率控制在 5mm/min，每间隔 20s 测读一次剪切变形，当变形趋于相对稳定时，可施加下一级荷载，当剪切变形急剧增加，压力表压力下降表示已达到剪切破坏状态。

根据原位直剪试验数据，绘制试验点各试件剪应力与剪切位移关系曲线、剪应力与法向应力关系曲线，见图 4.5–1 及图 4.5–2。

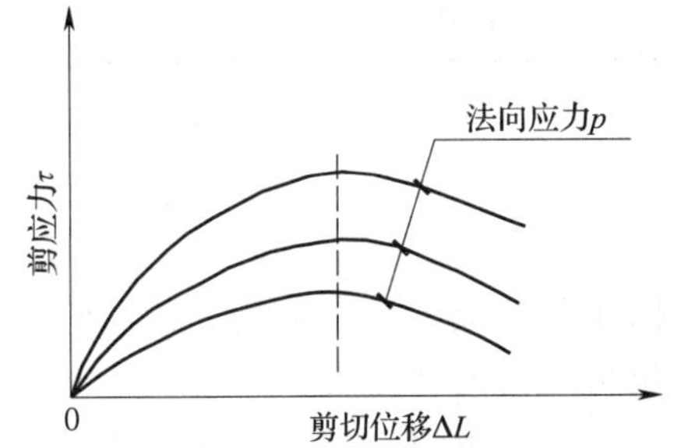

图 4.5–1　直剪试验剪应力与剪切位移关系曲线

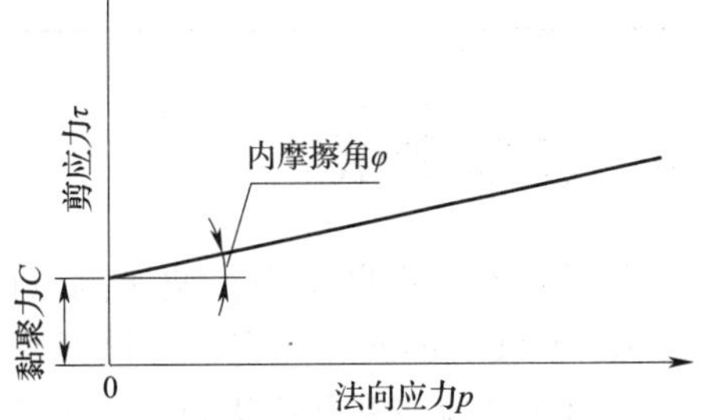

图 4.5–2　直剪试验剪应力与法向应力关系曲线

某尾矿库①-1 尾粉土，湿~很湿，中密状态，含水率 w=26.7%，天然重度 γ=18.8 kN/m^3，液性指数 I_L=0.47，孔隙比 e=0.837，室内快剪试验测得黏聚力 C=17.6kPa，内摩擦角 φ=32.8°。在①-1 尾粉土层进行原位直剪试验（快剪法），垂直压力分别取 100kPa、200kPa、300 kPa、400 kPa，其对应的峰值剪应力分别为 51kPa、62kPa、77 kPa、116kPa，按最小二乘法计算得黏聚力 C=24.2 kPa，内摩擦角 φ=11.8°，其剪应力与剪切位移关系曲线见图 4.5-3，剪应力与法向应力关系曲线见图 4.5-4。

在该尾矿库①-1 尾粉土层共进行了 4 组原位直剪试验，其试验结果见表 4.5-1，由表 4.5-1 可得出黏聚力 C 平均值为 27.6kPa，内摩擦角 φ 平均值为 11.2°，试验结果极差均未超过平均值的 30%，取平均值作为①-1 尾粉土的 C、φ 值。

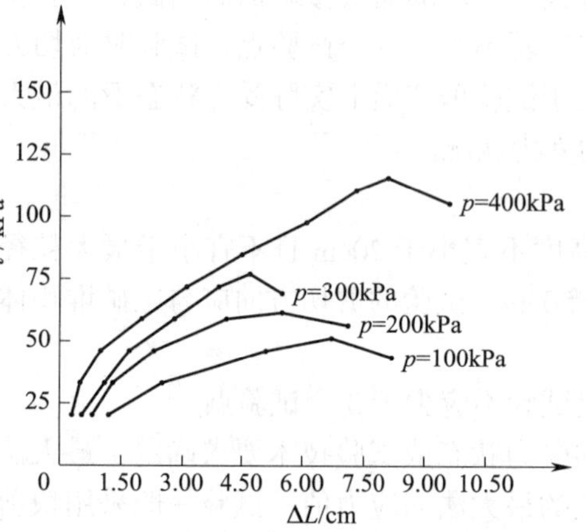

图 4.5-3 剪应力与剪切位移关系曲线

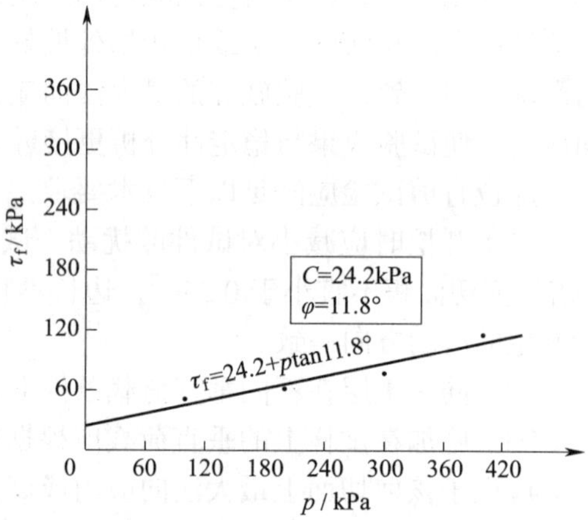

图 4.5-4 剪应力与法向应力关系曲线

表 4.5-1 原位直剪试验结果汇总表

试验编号	黏聚力 C/kPa		内摩擦角 φ/（°）	
	测试值	平均值	测试值	平均值
1-1	24.2	27.6	11.8	11.2
1-2	28.0		11.7	
1-3	26.7		11.1	
1-4	31.5		10.0	

4.6 波速测试

在尾矿堆积坝勘察中，波速测试可用于尾矿堆积体及各类岩土层的剪切波（S 波）、压缩波（P 波）的波速测定，并计算地基土动参数，也可进行力学分层。

波速测试应在钻孔中进行，尾矿堆积坝波速测试孔数量不应少于 3 个，波速测试宜在全孔段进行，测点间距一般为 1.0m。

波速测试可分为单孔检层法和跨孔法两种，在尾矿堆积坝岩土工程勘察中，波速测试一般采用单孔检层法，即在孔口地面设置振源，在探测深度位置放置拾振器，接收剪切波和压缩波。

针对尾矿土的特点，波速测试在仪器设备选择及成孔质量上有特殊要求：

（1）波速测试仪器有动测仪及地震仪，测试深度超过 30m 时，建议采用带前置放大及具有信号叠加功能的地震仪来接收信号。为保证接收到深层的剪切波及压缩波信号，建议采用具有杠杆式贴壁机构的三分量探头，目的是使探头与孔壁紧密贴合，同时要求钻孔井壁平直，井径变化较小。

（2）尾矿成孔结束后易塌孔或缩孔，因此钻探结束后，应立即开始进行波速测试。

（3）如遇软弱地层宜下套管护壁，但应保证套管壁与井壁紧密接触，否则应在套管与井壁之间充填中粗砂并采取措施保证充填物密实，测试时应避免连接探头的信号电缆与套管接触。

（4）剪切波振源宜采用 8 磅大锤和上压不少于 500kg 重物的弹性和韧性较好的木板，压缩波振源宜采用锤击金属板。剪切波振源木板长度不宜短于 2.0m，宽度为 0.5m，厚度约 0.1m，通过敲击木板两侧，激发土层的剪切振动。井孔应与木板长轴线垂直，且井孔到木板两端距离应相等，保证木板两头敲击后，产生初至相同极性相反的剪切波，见图 4.6–1。

（5）进行波速测试的钻孔附近地面应平整，便于放置激振板及上压重物，激振板与地面土层耦合的好坏直接关系采集波形的质量，应保证木板与地面完全贴合，激振板上压重物的重量不应少于 500kg，且保证锤击时木板没有大的位移。

（6）测试时锤击力要保证水平。

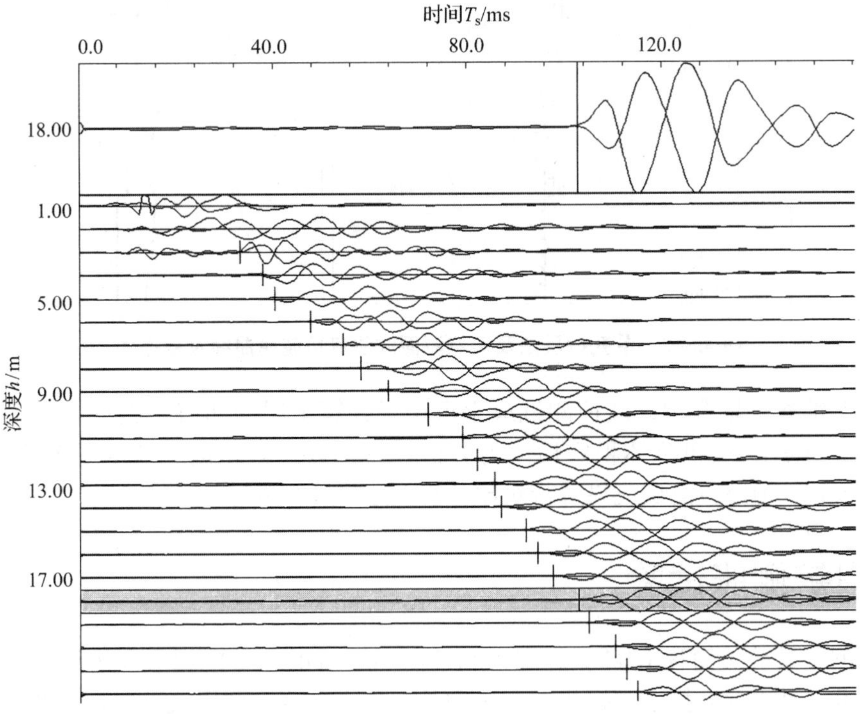

图 4.6–1　现场实测剪切波波形

对于堆积厚度比较大的尾矿堆积坝，当测试深度大于100m时，采用单孔检层法人工激振难以采集到有效波形，此时，可采用天然源面波法测得地层的面波速度，再反演出地层的剪切波速。图4.6-2为某尾矿库分别采用单孔检层法和天然源面波法反演的土层剪切波速曲线及数据表，从图4.6-2可以看出，两种测试方法的地层平均剪切波速曲线形态相似，地层平均波速值相近，说明利用天然源面波法进行场地剪切波速测试也是可行的，但目前尾矿堆积坝勘察工作中利用天然源面波法反演地层剪切波速的工程经验较少，需要继续进行应用研究。因此，原则上建议采用单孔检层法人工激振测试浅部地层的剪切波速，深部地层的剪切波速采用天然源面波法反演。

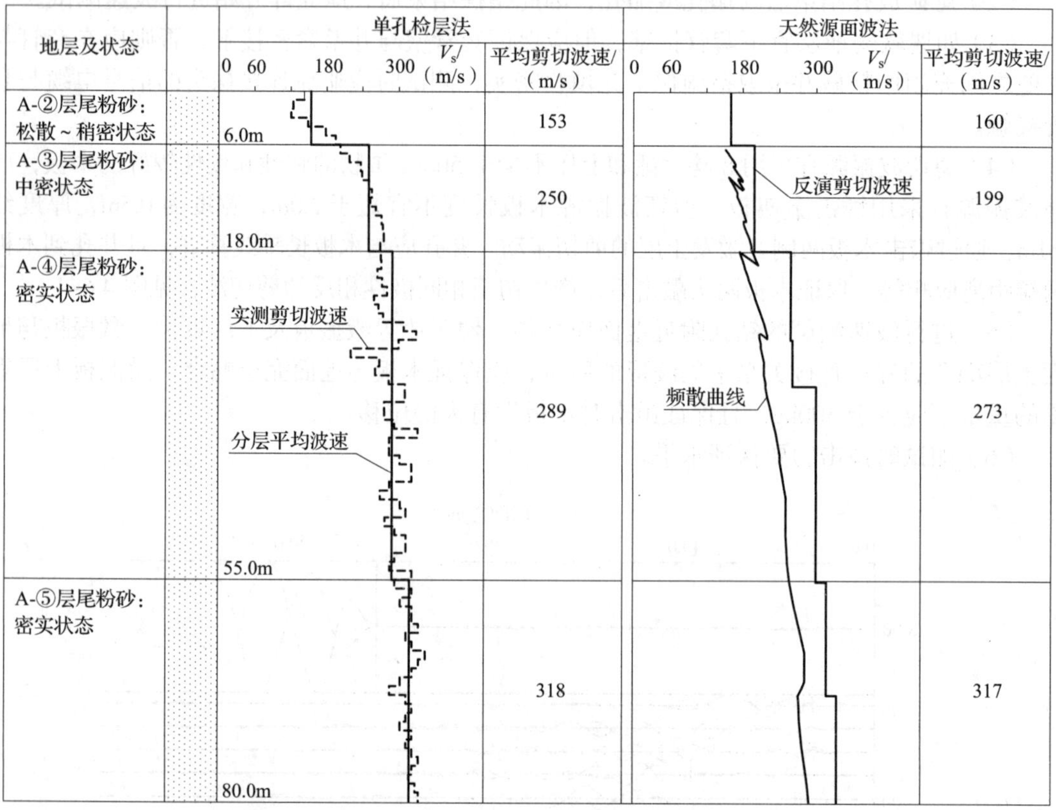

图4.6-2 单孔检层法及天然源面波法剪切波速曲线及数据表

在尾矿堆积坝勘察中，波速测试成果可用于计算土层的动剪切模量G_d、动弹性模量E_d和动泊松比μ_d，提供坝体稳定性动力分析计算参数。另外也可判定尾矿的密实程度，与钻探成果和其他原位测试成果进行对比分析对尾矿进行分层。

4.7 扁铲侧胀试验

扁铲侧胀试验（简称DMT）是意大利学者Marchetti于20世纪70年代发明的一种原位测试技术，是用静力把扁铲探头贯入土中某一预定深度，利用气压使扁铲侧面的圆形钢膜向外扩张进行试验，量测不同侧胀位移时的侧向压力，可用于测定土性状态、模量和抗剪强度等参数，进行土层划分与定名。扁铲侧胀试验适用于软土、一般黏性土、粉土、黄土和松散～中密的砂土，不适用于含碎石的土、风化岩等。由于其试验操作简捷，重复性好，可靠性高，扁铲侧胀试验在工程地质勘察中得到广泛应用，但在尾矿堆积坝勘察中应用较少。为了在尾矿堆积坝勘察中应用新技术，《尾矿堆积坝岩土工程技术标准》GB/T 50547—2022 中首次把扁铲侧胀试验列入其中，为尾矿堆积坝岩土工程分析评价提供参数，提高尾矿堆积坝岩土工程勘察质量。

在尾矿堆积坝岩土工程勘察中，扁铲侧胀试验通常利用静力触探贯入设备把扁铲探头压入至试验深度，探头贯入速率宜为 20mm/s，试验点间距宜取 0.5m。扁铲侧胀试验成果可用于确定尾矿土状态、计算尾矿土的模量和水平应力指数等。

扁铲侧胀试验应按以下技术要求操作：

（1）试验前首先应对气压管路及探头进行气密性检查，将探头浸入水中，施加 400 ~ 500kPa 气压，检查弹性膜片安装基座部位及管路连接部位是否有漏气现象。

（2）扁铲探头弹性膜片试验前后的标定结果 ΔA、ΔB 用于对试验实测值进行修正，其对扁铲侧胀试验成果十分重要，所以要求试验前后 ΔA、ΔB 的平均值必须在允许范围内。一般 ΔA 在 5 ~ 25kPa 之间，理想值为 15kPa，ΔB 在 10 ~ 110kPa 之间，理想值为 40kPa，试验前后 ΔA、ΔB 值相差不应超过 25kPa。若标定值不在该范围内，则此膜片不能用于试验，需要对膜片进行老化处理。标定过程中，抽气和加压应缓慢进行，以获得比较精确的 ΔA、ΔB 值。

（3）扁铲探头贯入前，正确连接各气、电管路，应重点检查扁铲探头中电开关可靠性以及测试电路的导通情况，确保试验过程中，弹性膜片相对探头基座位移至 0.05mm 及 1.10mm 时电路能够正常通断，以保证能及时测读数据。

（4）扁铲探头贯入过程中，应确保测控仪排气阀在开启状态，达到测试深度后，关闭排气阀，探头加压过程应缓慢开启微调阀，迅速记录蜂鸣器两个发声变化点的压力值即为 A、B 读数，加压速率应控制在 15s 内测得 A 值，随后 15 ～ 20s 测得 B 值。

（5）读取 B 值后，应立即关闭微调阀，同时打开排气阀，防止膜片过分膨胀损坏。在排气过程中，还可根据需要读取 C 值。

（6）试验过程中应注意校核 $B-A$ 差值是否出现小于 $\Delta A+\Delta B$ 情况，如果出现，应停止试验，检查是否需要更换膜片。

对扁铲侧胀试验进行资料整理时，首先对实测数据进行修正，即对现场实测 A、B、C 值进行膜片初始压力修正，修正后的压力值用于计算扁铲土类指数 I_D、扁铲水平应力指数 K_D、扁铲侧胀模量 E_D 和侧胀孔压指数 U_D，并绘制这几个指数与深度的关系曲线。

$$I_D=(P_1-P_0)/(P_0-u_w) \tag{4.7-1}$$

$$U_D=(P_2-u_w)/(P_0-u_w) \tag{4.7-2}$$

$$E_D=34.7(P_1-P_0) \tag{4.7-3}$$

$$K_D=(P_0-u_w)/\sigma_{v0} \tag{4.7-4}$$

式中　P_0——膜片向土中膨胀之前的接触压力（kPa）；

P_1——膜片膨胀至 1.10mm 时的压力（kPa）；

P_2——膜片回到 0.05mm 时的终止压力（kPa）；

σ_{v0}——试验深度处土的有效自重压力（kPa）；

u_w——试验深度处的静水压力（kPa）。

某工程饱和黏性土，可塑，含水率 w =26.4%，天然重度 γ=18.8kN/m^3，液性指数 I_L=0.58，孔隙比 e=0.802，饱和度 S_r=90.5%，压缩系数 a_{1-2}=0.28MPa^{-1}，压缩模量 E_{s1-2}=6.3MPa，扁铲侧胀试验所测得的初始压力 P_0，侧胀压力 P_1，计算得到扁铲土类指数 I_D、扁铲水平应力指数 K_D、扁铲侧胀模量 E_D，见表 4.7–1。

表 4.7–1　扁铲侧胀试验成果数据

试验深度 /m	A	B	初始压力 P_0/kPa	侧胀压力 P_1/kPa	土类指数 I_D	水平应力指数 K_D	侧胀模量 E_D/MPa	备注
3.0	211.0	482.0	193.1	432.5	1.24	2.84	8.31	ΔA=6.5kPa ΔB=49.5kPa
3.5	221.0	525.0	201.5	475.5	1.36	1.91	9.51	
4.0	284.0	689.0	259.4	639.5	1.66	1.74	13.19	

第5章　钻探与取样

尾矿的堆存分为干式堆存和湿式堆存，干式堆存的尾矿一般采用车载或者皮带运输，机械碾压堆存，尾矿成层的规律性差，因而堆存均匀性较差；湿式堆存的尾矿以矿浆状态输送排放至尾矿库内，沉积规律符合水流沙规律，尾矿堆存有一定的分选性，沉积韵律明显，尾矿库内的尾矿水在尾矿堆积坝体内形成浸润线，浸润线的高低对尾矿堆积坝的稳定性至关重要。因此为准确查清尾矿沉积规律和浸润线埋深，需要选择适宜的钻探设备和钻探工艺，进行尾矿描述，取得尾矿试样，进行各种原位测试、水文地质试验和综合测井，为尾矿堆积坝的稳定性评价等提供钻探资料。

尾矿颗粒比较细，大多以砂类土为主，在尾矿地层钻进时，可能存在钻孔坍塌、护壁泥浆漏失、岩芯采取率偏低等困难，因此工程实施前应根据地层密实程度、浸润线的埋深、钻孔用途等选择合适的钻探设备、钻进工艺和取样器。

5.1　钻探

5.1.1　目的

钻探的目的概括起来主要有以下几个方面：

（1）通过对钻探岩芯的鉴定和描述，查明尾矿的岩性、成分和沉积规律，划分地层界限等；

（2）从钻孔中采取尾矿试样，进行室内土工试验，查明尾矿的物理力学性质指标等；

（3）在钻孔内进行原位测试，如标准贯入试验、动力触探试验、波速测试等，判定尾矿的密实程度，对尾矿进行力学分层，评价饱和尾矿地震液化的可能性等；

（4）揭露并测量浸润线，采取水试样，进行水质简分析，查明尾矿水的腐蚀性；

（5）利用钻孔进行水文地质试验，如钻孔注水试验、钻孔抽水试验，测定尾矿水的流向、流速，从而获得尾矿水的运动规律，为尾矿堆积坝稳定性评价提供依据；

（6）利用钻孔进行综合测井工作，如电测井、电视测井、放射性测井、声波测井，为尾矿堆积坝提供综合性参数；

（7）利用钻孔布置监测设施，如浸润线监测孔、深部位移监测孔等，为尾矿堆积坝监测设施布置提供基础。

5.1.2　钻探设备

在尾矿堆积坝进行钻探作业时，由于场地限制，且大多尾矿库没有机械通行道路，一般选择轻便、易搬迁、易拆装的钻探设备。

目前应用最广的是XY-1型钻机，当钻孔深度超过100m时，可采用XY-150型钻机，该型号是一种具有油压给进的轻便钻机，XY-1型钻机开孔直径为110 ~ 130mm，终孔直径为75mm，钻杆直径为42mm，钻孔倾角为90° ~ 75° ；采用立轴式回转器，转速分为三挡，即142r/min、285r/min、570r/min，立轴行程为450mm，立轴空载向上最大移动速度为3m/min。其特点是：具有油压自动给进系统，提高钻进效率，减轻工人体力劳动；采用球卡夹持装置代替卡盘，可实行不停机倒杆，操作方便、安全可靠；配有孔底压力计指示压力，便于掌握孔内情况；手柄集中，操作方便；重量轻、分解性强、便于搬迁，适合于运输不便的尾矿堆积坝钻探工作。可根据地层的不同选用合金、钢砂及钢粒等钻头进行钻进，在尾矿坝勘察中一般采用合金钻头钻进，尾矿堆积坝钻探作业中钻机施工情况见图5.1–1。

图5.1–1 尾矿堆积坝钻探作业

5.1.3 钻具

国家标准《尾矿堆积坝岩土工程技术标准》GB/T 50547—2022第6.2.3条规定：在尾矿和土层中回次进尺不宜大于1.0m，在岩体中回次进尺不宜大于1.5m，在软弱层地段回次进尺不宜大于0.5m。对坝体沉陷与变形部位、滑动面、渗漏带应连续取芯，岩芯采取率不应小于85%，对破碎带应连续取芯，岩芯采取率不应小于65%。该规定对回次进尺和岩芯采取率要求较高，这是因为尾矿堆积坝进行钻探的目的之一就是从尾矿堆积体中取出尾矿岩芯进行描述、分层，取得第一手资料，因此在钻探工作中，不仅要求提高钻探效率，还要重视取芯质量和采取率。力求准确地从孔中采出能够全面代表相应孔段地层的岩芯，在数量上要有足够的体积，在质量上尽量能保持原状结构，即保证采取的岩芯具有最大的代表性，故应选择适宜的岩芯钻具。根据尾矿的颗粒级配、密实程度和可钻性分级进行尾矿堆积坝岩土工程勘察时，钻具一般选择单层岩芯管或双层岩芯管，钻头一般选用硬质合金钻头。

1. 单层岩芯管

单层岩芯管钻具简称单管钻具，它是最简单的取芯钻具。在干式堆存的尾矿及浸润线以上尾矿中钻进时，为准确查明尾矿土的含水率、天然密度、固结程度及浸润线埋深度，可采用硬质合金单层岩芯管干钻钻进，钻进过程中应频繁提动岩芯管，提动高度约 50 ~ 80mm，钻压不宜过大，转速不宜过快，最大回次进尺不应超过 0.50m。

浸润线以下钻探时为了提高尾矿岩芯采取率，防止提钻过程中岩芯脱落，尾矿钻探时一般使用活动分水投球钻具，如图 5.1–2 所示。其特点是：在普通单管钻具中，增加了适合于在遇水膨胀地层安全钻进的导向管 1，起分流与防水压两用的活动分水投球接头 2 和防止冲洗液冲刷岩芯的活动分水帽 9。

正常钻进时，冲洗液通过活动分水投球接头 2 的中心孔直接进入岩芯管内，活动分水帽 9 能起到保护伞的作用，使松散的岩芯不致被冲洗液冲蚀破坏。提钻前，由钻杆柱内投入的球阀落于球座活塞 6 上，将中心水道封闭。在水压作用下，被球阀封闭的球座活塞被压而向下移动；当超过接头侧壁上小卡 5 的位置时，小卡在弹簧 7 作用下向内伸出，将球阀座挡住，不能上升，同时打开了通水孔，冲洗液可由此孔排出，改变了液流方向，使孔底形成干钻条件。通过此小孔还可将钻杆中的积水泄出，以免在卸开钻杆时产生喷水现象。

活动分水帽 9 呈伞形装于岩芯管内，边缘开弧形水口若干个。钻进时，活动分水帽 9 随岩芯一起向上移动，冲洗液经水口由岩芯管与岩芯管之间的环状间隙通过，保护岩芯顶不受冲洗液直接冲刷。

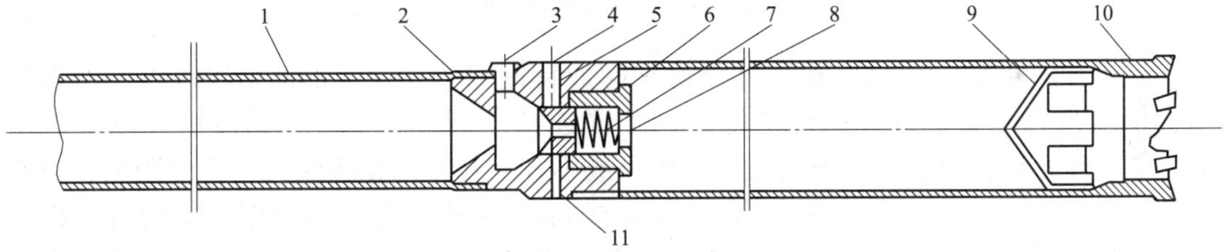

1—导向管；2—活动分水投球接头；3—取球孔螺塞；4—小卡螺塞；5—小卡；6—带阀座的活塞；7—弹簧；8—弹簧座；9—活动分水帽；10—硬质合金钻头；11—通水孔。

图 5.1–2　活动分水投球钻具

为了适应缩径地层的安全钻进，上部导向管 1 的直径可比岩芯管的直径小一级。一般岩芯管的长度为 1 ~ 2m，导向管的长度为 6 ~ 8m。

使用活动分水投球钻具的钻进工艺及注意事项：

（1）下钻距孔底 50cm 左右时，用大泵量冲孔，到底后将泵量改为 40 ~ 60L/min 进行钻进。

（2）注意净化泥浆，防止尾矿卡死活动分水投球接头的活塞和小卡。

（3）当进尺达到回次长度的 1/2 ~ 2/3 时，投入钢球，继续钻进。提钻前，可酌情停泵干钻一段，待确定岩芯卡牢时，即可提钻。

（4）对于中密 ~ 密实状态的尾矿，钻速一般选择 150 ~ 180r/min，泵量一般选择 50 ~ 60L/min；对于松散 ~ 稍密状态的尾矿，钻速一般选择 100 ~ 130r/min，泵量一般选择 40 ~ 50L/min。

2. 双层岩芯管

双层岩芯管钻具简称双管钻具，由内外两层岩芯管组成，为了适应各种地层，双管钻具的结构分为双动双管钻具和单动双管钻具两大类，均需采用冲洗液进行钻进。

（1）双动双管钻具。

双动双管钻具是指具有内、外两层岩芯管，并在钻进同时回转的取芯工具。

双动双管钻具的特点是：结构简单、加工容易。钻进中可避免冲洗液对尾矿岩芯的直接冲刷和钻杆内水柱压力的作用，使岩芯的挤压和磨耗有所减缓。因此，一般能获得较好的岩芯采取率和质量。但是，由于钻进中内管同时回转，未能避免机械力对岩芯的破坏作用，故岩芯的完整度和原状结构都会受到不同程度的扰动。

双动双管钻具的结构如图 5.1–3 所示，主要由双管接头，内、外岩芯管，内、外钻头，止逆球阀组成。

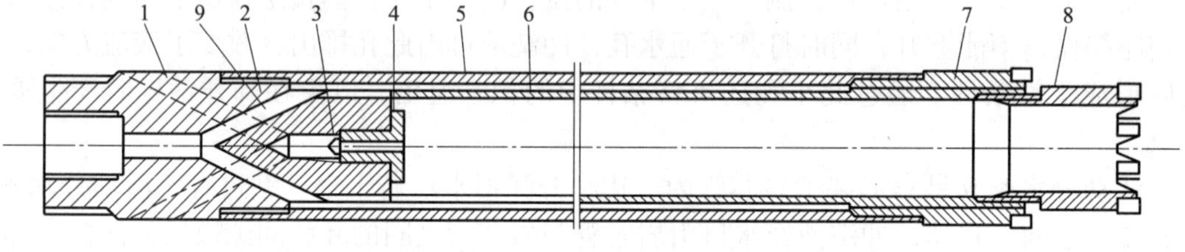

1—回水孔；2—双管接头；3—止逆球阀；4—球阀座；5—外管；6—内管；
7—外硬质合金钻头；8—内硬质合金钻头；9—送水孔。

图 5.1–3 双动双管钻具

在开有进水眼、回水眼和装有止逆球阀的特制双管接头 2 下部，连接内、外岩芯管 5、6。两岩芯管下端根据地层性质的不同连接不同的钻头。当钻进中硬以下地层时，接以普通硬合金钻头。内钻头水口较小或不开，并使两钻头保持一定的距离，以避免冲洗液冲刷岩芯根部，一般距离为 30 ~ 50mm；距离差距大小根据尾矿的密实程度而定，对松散的尾矿地层差距取大值，对密实或者胶结的尾矿地层差距取小值。当钻进黏结性较大的尾黏土地层时，可采用外肋骨钻头。此时，岩芯管的长度一般为 1.5 ~ 2m。

钻进过程中，内、外管同时回转并破碎孔底地层；冲洗液经双管接头的进水孔进入内、外管间的环状间隙流至孔底，冲洗液到达孔底后，再沿孔壁外环间隙返至地面，形成循环，避免对岩芯的直接冲刷扰动；内管中岩芯上部的冲洗液，随着岩芯的进入而冲开止逆球阀 3，经回水孔排至外环间隙。由于止逆球阀的存在，隔离了上部水柱并防止了静水压力对岩芯的水压作用，减少了磨损，避免了提钻时岩芯从岩芯管掉落。

双动双管钻具钻进时要根据地层性质确定钻进参数，一般压力 P=6 ~ 8kN；转数 n=140 ~ 180r/min，冲洗液量 Q=40 ~ 80L/min。在进行操作时，下钻至距孔底 0.5m 左右，要用大水量扫孔到底，然后调好水量钻进。在孔壁易坍塌的钻孔中钻进时，下钻前应冲孔，清除孔底坍塌物。故在下钻前不装止逆球阀，待冲孔、扫孔到底后，再投入止逆球阀给水钻进。钻进过程中，一般不提动钻具；若必须提动时，要小幅度提动，以免冲洗液冲刷岩芯根部，同时要控制回次进尺。

（2）单动双管钻具。

单动双管是一种外管回转、内管不回转的双层岩芯管钻具。这种钻具除具有双动双管钻具防止冲洗液直接冲刷岩芯的作用外，由于内管不转动，还可避免因钻具转动对岩芯的机械破坏。另外有些单动双管还设有防污染、防振、防岩芯脱落和退芯等装置，可使岩芯的采取率、完整度等得到很大的提高和改善，特别是在进行尾矿环境监测取样时，设有防污染装置的钻具成为必选。

现有的单动双管钻具种类繁多，可适应不同类型地层取芯的需要，适用于尾矿钻进的有阿式单动双管钻具和活塞式单动双管钻具。

1）阿式单动双管钻具。

该钻具可用于钻进Ⅰ～Ⅱ级松散、易被冲毁的地层。钻具由异径接头，联动装置，缓冲装置，单动装置，内、外管及内、外钻头，止推球，岩芯容纳管和卡簧护芯装置等组成。

阿式单动双管钻具具有独特的联动装置，由拉杆和连接器组成。拉杆的凸肩与连接器滑槽是滑动组合，可使内管相对外管有 700 ～ 800mm 的滑动距离。通过联动装置既可传递回转动力和压力，又可纵向伸缩控制卡簧护芯装置。下钻和提钻时，拉杆凸肩处于滑槽上部，内管上升，卡簧露出向中心收拢。到底后，内管在钻具自重作用下撑开卡簧，此时拉杆凸肩处于沿槽下部，带动钻具进行钻进。

缓冲弹簧能根据地层软硬的变化自动调整内、外钻头的差距，地层越硬，弹簧压缩越大，内钻头超前越少。弹簧能将内钻头紧紧切入地层，防止冲洗液冲刷岩芯根部。

止推球的作用，可使内管不转动，避免机械振动对岩芯的破坏；在内管中设置第三层岩芯容纳管，便于提钻后退芯，防止人为破坏岩芯；采用卡簧护芯装置，提钻时能封住内钻头底部，保证岩芯不致脱落；外钻头是一特制的唇面、中部开有八个直通水口的硬合金钻头；内钻头是一淬火钢制的具有锐利刃口的硬质圆筒，两钻头间有径差，且内钻头超前外钻头 3 ～ 5mm，在压力作用下可预先切入地层。钻头的结构和内、外钻头的径差，可以防止冲洗液冲刷岩芯根部。

采用阿式单动双管钻具钻进时，下钻前要进行清孔，清除孔底残留岩芯。当钻具下到距孔底 1m 左右，先开泵冲孔 5 ～ 10min 后，再将钻具轻放到底；钻进中不得任意提动钻具，并要严格控制回次进尺。

2）活塞式单动双管钻具。

该钻具适用于松散、粉状、节理发育的地层。主要由分水接头、单动装置、特制半合管、胶质活塞和阶梯钻头等组成。

活塞式单动双管钻具最大特点是采取了严密的防止冲洗液接触、污染、冲刷岩芯的技术措施。为保持岩芯的原状结构，在内管中设有咬合严密的两片半合管；在半合管内设置了胶质活塞，使岩芯与冲洗液隔绝。胶质活塞在钻进中起隔浆、刮浆和减振作用，并且随着岩芯顶着活塞进入半合管，产生抽吸作用，提高岩芯采芯率。

下钻前要检查半合管的同心度与稳固性、活塞的紧密程度、半合管与钻头内台阶间隙是否符合 0.5 ～ 1mm 的要求。扫孔前先送水将活塞推至底部再进行，钻进时要保证送水正常压缩分水装置，使活塞上免受动水压力，并严禁提动钻具。

5.1.4 钻探工作流程

钻探工作流程：平整场地→钻机安装→辅助设备安装→机械设备调试→钻进。

1. 平整场地

根据钻机类型，以勘探点为中心确定作业场地面积，做好“三通一平”前期准备工作。

2. 钻机安装

现场安装钻机时，要保证钻探设备安装稳固，各相应的传动中心必须对准。

竖立塔架应在机长的统一指挥下进行，竖立三脚架前，应将顶端架起一定高度，缓慢开动卷扬机拉动，竖立后撑杆应固定在机座上。并严禁在钻架下站人或进行其他作业。

3. 辅助设备安装及机械设备调试

钻机安装完成后进行水泵、试验设备等辅助设备安装。安装工作完成后，全面检查钻探设备和附属设备的安装情况、冲洗液系统的畅通情况，钻机立轴、天车、孔位中心应保证在同一中心线上，并在空载情况下调试回转、升降等功能是否正常。

4. 钻进

准备和调试工作完成后，采用开孔钻具开孔钻进，若孔口发生坍塌时，应采用套管进行护壁。开孔达到一定深度，以保证岩芯钻具能正常安装和拆卸。安装岩芯钻具进行钻进，在进行尾矿堆积坝岩土工程勘察时，浸润线以上建议进行干钻，浸润线以下使用泥浆作为冲洗液钻进。采用冲洗液冲洗孔底、冷却钻头切削具，把尾矿砂从孔底沿着井筒返到地表上，流入沉淀池，粗颗粒在沉淀池沉淀，净化的冲洗液再送入孔内循环利用。

岩芯钻具提到地表以后，卸下钻头，从岩芯管中取出岩芯，测量岩芯长度，按次序把岩芯摆在岩芯箱内，标出提取岩芯时的钻孔深度。

5.1.5 钻孔护壁堵漏

在尾矿堆积坝钻探时，表层松散层、浸润线附近地层、软弱夹层等易造成钻孔缩孔、孔壁垮塌、冲洗液漏失等，引起卡钻、埋钻事故。

尾矿土钻进时的塌孔主要由于力学不稳定，可以采取以下措施：

（1）调节冲洗液的密度；

（2）选择抑制性的泥浆体系，调节其组成和配方；

（3）调节冲洗液的黏度、切力、滤失量性能；

（4）充填堵塞漏失通道，如在泥浆中加入黏土球堵漏等。

对于严重的力学不稳定地层，如坍塌地段，以及不胶结的松散和流砂层等，仅采用上述措施维护孔壁在钻进过程中的稳定，往往难以见效，需要采用套管护孔。

除上述措施外，还应控制好钻进工艺：

（1）控制起下钻进速度；

（2）调整好泥浆的性能；

（3）确定合理的钻进参数；

（4）选择合理的钻具结构及组配；

（5）不使用弯曲过大的钻具；

（6）快速穿过易塌孔地层；

（7）出现孔壁不稳定征兆，立即采取措施。

5.1.6 钻孔回填

钻孔完成验收后，若不进行孔内原位测试工作，应在钻机搬离孔位前及时回填钻孔；完成取样和原位测试的钻孔也应及时回填，回填钻孔的原则是用原土回填或同类别土回填。位于初期坝上钻孔建议采用级配良好的碎石土分层回填夯实处理，每层的回填厚度不宜大于 0.5m；位于堆积坝上的钻孔，建议采用尾矿分层回填夯实处理，每次回填厚度不宜大于 0.5m；位于初期坝前的钻孔，建议采用钻孔岩芯分层回填夯实处理，每次回填厚度不宜大于 0.5m。钻孔回填的厚度控制在 0.5m，是考虑钻孔的孔径比较小，大尺寸的夯锤不易实现，当采用小尺寸夯锤时应控制回填厚度，同时也便于回填质量的检查。

5.2 钻探野外记录的要求

（1）钻探记录应与钻探过程同时完成，记录内容应包括尾矿野外特征描述及钻进过程两个部分。

（2）钻探现场记录表的各栏均应按钻进回次逐项填写。在每个回次中发现变层时，应分行填写，不得将若干回次或若干层合并记录。现场记录不得事后补录，误写之处可以划去，在旁边作更正，不得在原处涂抹修改。

（3）所取土样记录栏应与取样时回次相对应。

（4）钻进过程的记录应包括下列内容：

1）钻进及护壁方法、钻具名称、规格、回次进尺等；

2）钻进的难易程度、操作手感、钻进参数的变化情况；

3）记录缩径、坍塌、地下水位或冲洗液位置及其变化情况；

4）取样及原位测试的编号、深度、取土器规格、原位测试方法等。

5.3 原位测试孔及水位观测孔

5.3.1 原位测试和水文地质试验孔

进行原位测试和水文地质试验的钻孔直径应根据试验要求确定。

（1）对需要进行标准贯入试验、动力触探试验、十字板剪切试验的钻孔，钻至预定深度清孔后，再进行原位测试。

（2）标准贯入试验钻杆直径应采用 $\phi42$，当采用其他直径的钻杆时，应进行详细的记录。钻孔采用泥浆进行护壁，钻至试验标高以上 15cm 处，清除孔底残土再进行试验。

（3）进行水文地质试验钻孔直径应满足井下设备尺寸的要求，进行注水或抽水试验钻孔，应采用清水洗孔。

5.3.2 浸润线观测孔

1. 水位测量

钻孔中遇地下水时应量测初见水位和稳定水位，此时测量水位并不代表浸润线的埋深，当采用清水钻进套管护壁或泥浆护壁清水洗孔后，所测得的稳定水位才是浸润线埋深。稳定水位量测的时间间隔可以按地层的渗透性来定，对于砂性尾矿土不得少于 0.5h，对于尾粉土和尾粉质黏土不得少于 8h。水位量测读数的允许误差为 ±20mm。

基于勘察期间尾矿堆积坝体浸润线测量的要求，在勘察期间一般采用测钟水位计或测绳来测量钻孔地下水水位。当需要连续测量勘察期间或长期监测孔内水位变化时，可以采用光纤布拉格光栅（FBG）传感器连续监测地下水水位并对浸润线的变化规律进行分析，进而对尾矿堆积坝的稳定性进行分析研究。FBG 传感器利用地下水不同深度处水压力不同实现地下水水位的测量。

为验证 FBG 传感器的灵敏度，在试验室进行了如下试验，FBG 传感器测量地下水水位示意图见图 5.3–1，将 FBG 水位传感器与光纤光栅解调仪连接，并将 FBG 水位传感器放入注满水的标有刻度的亚克力玻璃管中，测量水位的水管直径为 150mm，高度为 1 000mm，水位增加和减小的步长为 100mm。表 5.3–1 为测量结果，图 5.3–2 ~ 图 5.3–4 分别为三组循环测试实验的拟合曲线图。

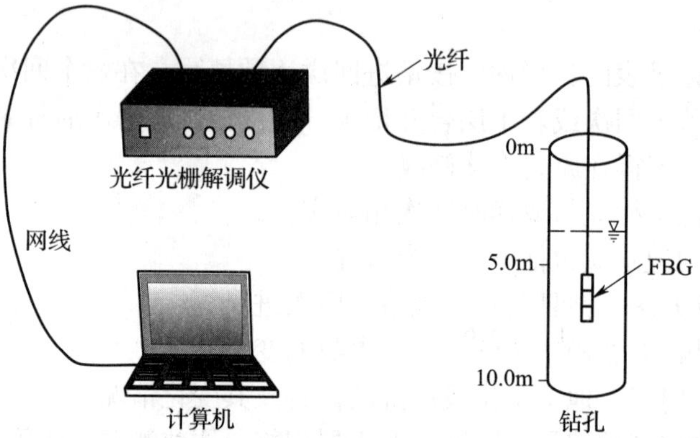

图 5.3–1　FBG 传感器测量地下水水位示意图

将实验数据通过 OriginPro2018 进行最小二乘拟合，得到 FBG 水位传感器中心波长随水位变化的关系曲线见图 5.3–2 ~ 图 5.3–4，其中拟合直线的斜率即为 FBG 水位传感器的灵敏度系数。经测试计算灵敏度系数分别为：第 1 组 0.995 455pm/cm，第 2 组 0.998 182pm/cm，第 3 组 0.990 909pm/cm。对三组测试结果取平均值，获得 FBG 水位传感器的灵敏度系数为 0.994 848pm/cm。表明 FBG 水位传感器能够实现地下水水位的连续监测，且测量精度远远大于钻孔水位量测读数的误差要求。

表 5.3–1　实验室水位模拟测试原始数据表

水位 /cm	第 1 组	第 2 组	第 3 组
	中心波长 /nm	中心波长 /nm	中心波长 /nm
0	1 541.548	1 541.545	1 541.546
10	1 541.557	1 541.557	1 541.556
20	1 541.568	1 541.564	1 541.565
30	1 541.579	1 541.575	1 541.576

续表 5.3–1

水位 /cm	第 1 组	第 2 组	第 3 组
	中心波长 /nm	中心波长 /nm	中心波长 /nm
40	1 541.585	1 541.586	1 541.585
50	1 541.599	1 541.595	1 541.594
60	1 541.606	1 541.606	1 541.607
70	1 541.617	1 541.617	1 541.618
80	1 541.626	1 541.626	1 541.626
90	1 541.638	1 541.634	1 541.633
100	1 541.648	1 541.645	1 541.643
90	1 541.637	1 541.636	1 541.635
80	1 541.627	1 541.624	1 541.626
70	1 541.616	1 541.615	1 541.616
60	1 541.606	1 541.607	1 541.605
50	1 541.598	1 541.596	1 541.596
40	1 541.588	1 541.585	1 541.586
30	1 541.576	1 541.574	1 541.575
20	1 541.562	1 541.563	1 541.566
10	1 541.557	1 541.555	1 541.554
0	1 541.547	1 541.544	1 541.546

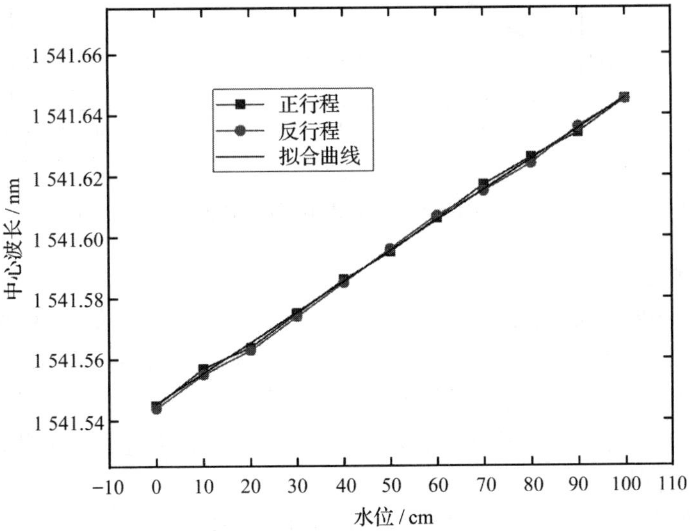

图 5.3–2　第 1 组测试曲线

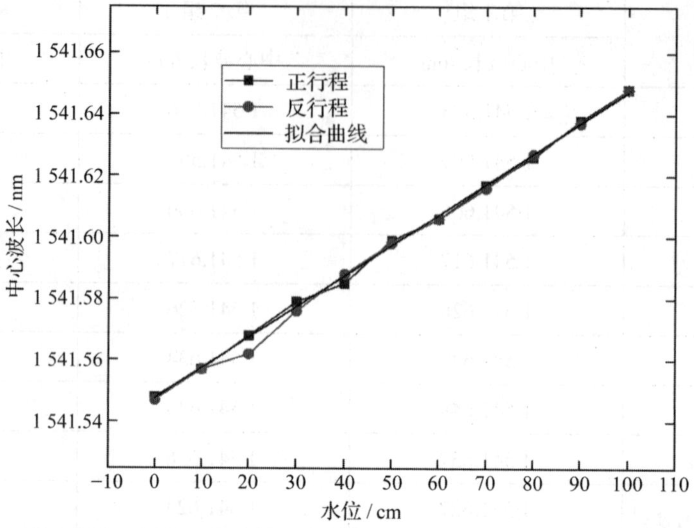

图 5.3–3　第 2 组测试曲线

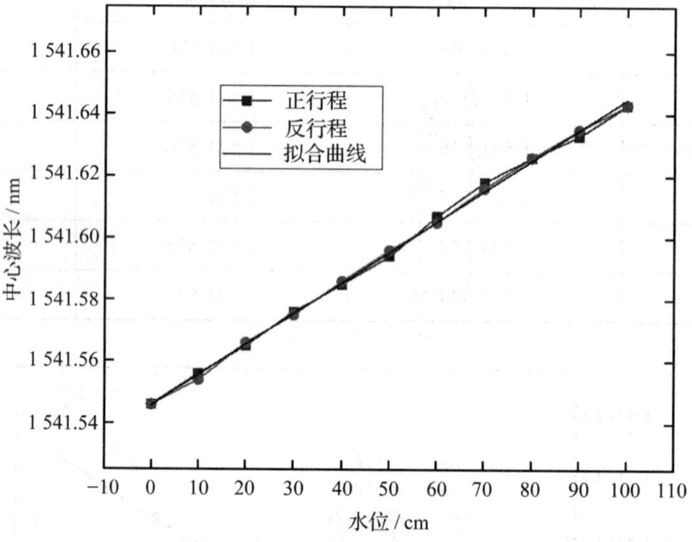

图 5.3–4　第 3 组测试曲线

2. 水位长期观测孔

钻孔至预定深度，采用清水洗孔置换泥浆后，将事先准备好 PVC 管逐节下入井中，每节管之间用 PVC 管接头连接，并用强力胶黏结，为防止下管过程中井管脱落，在最后一节管子上系一铁丝，悬挂于钻机塔架，并随井管慢慢下入孔内。当井管下到预定深度后，在管壁与井壁之间充填砾砂滤料，滤料由砾石和中粗砂组成，距井口 1.0m 范围段应采用粉质黏土夯实回填。

浸润线观测孔内设置的 PVC 管直径宜采用 ϕ=40 ~ 75mm，水位以下段设置滤水管。滤水孔沿 PVC 管长度方向均匀布置 4 排，孔径 =4 ~ 8mm，梅花形分布，间距 50 ~ 100mm。管外包裹 3 ~ 4 层规格为 200 目滤网，每隔 100 ~ 200mm 用细铁丝绑扎。钻孔下部设置 1.0m 长的沉淀管，管口采用专用堵头封口，地面以上外露长度为 0.5 ~ 1.0m。

施工完成的长期水位观测孔见图 5.3–5。

图 5.3–5　水位观测孔

5.4　尾矿充填钻孔

随着新发展理念的贯彻落实，环境保护越来越深入人心，矿山环境修复和绿色矿山的建设显得尤为重要，充填采矿法已成为我国井下采矿的主要方法。由于尾矿占用大量林地和土地，并可能对环境产生污染，因此，用废石和尾矿作为填充材料，可有效地解决尾矿库占用土地和环境污染问题。在尾矿充填技术中，除充填材料的配比与制备、质量控制外，充填浆液的输送系统也是很重要的一个环节。从地表充填制浆站把充填浆液输送到井下采空区过程中，充填钻孔起到了承上连下的重要作用。尾矿充填孔孔深一般在 100 ~ 300m，孔径一般在 300 ~ 500mm，对垂直度要求较高，孔斜一般不超过 1%，要求护井套管具有高耐磨度，且充填钻孔的位置、孔径、孔斜以及套管材质和固管水泥质量等都是要考虑的主要因素。否则，有可能造成废井或使充填钻孔寿命缩短，给工程造成损失。有色冶金矿山矿井开采地段除地表为第四系覆盖层外，均由岩体构成，地质构造复杂，岩体多为破碎状态，这给成孔带来难度。因此，尾矿充填钻孔一般采用水文地质钻孔设备进行成孔，包括潜孔锤冲击成孔、牙轮钻头回转成孔、合金钻头回转成孔、金刚石钻头回转成孔等，回转成孔多采用泥浆循环工艺。

某矿山公司位于陕西省汉中市略阳县煎茶岭，为了保证地下矿体开采后围岩的稳定性，减少对尾矿库的排放量，做到绿色可持续开采，将地面充填站的浆液通过充填系统输送到地下采空区来加固围岩，设计尾矿充填钻孔 4 个，编号 A1、A2、A3、A4，充填钻孔间距为 7m，地层为白云质灰岩（Z_b）和滑镁岩（Z_b），充填钻孔结构见图 5.4–1，主要设计参数见表 5.4–1，施工主要设备见表 5.4–2。

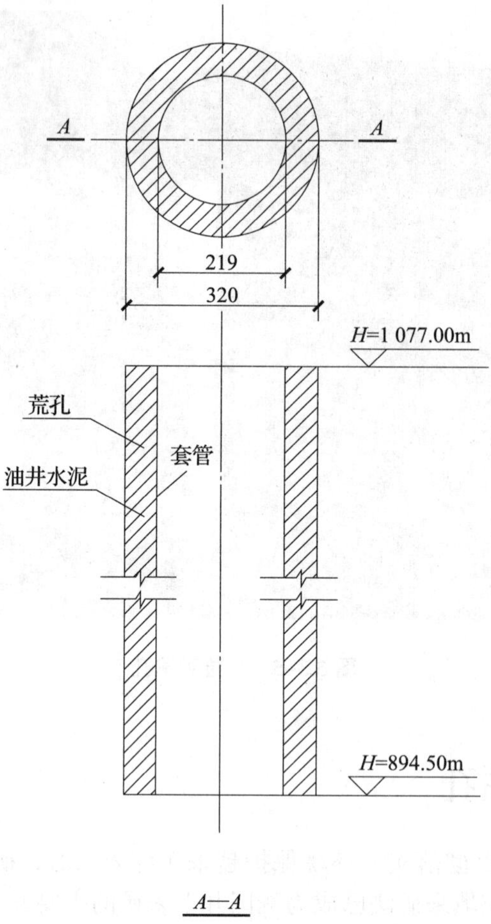

图 5.4–1 充填钻孔结构图

表 5.4–1 主要技术参数

孔号	标高 /m		孔深 /m	荒孔直径 /mm	套管参数 /mm	偏斜率 /%	水灰比
	孔口	孔底					
A1	1 077.583	892.083	185.5	320	$\phi219\times20$	≤ 1	1 : 0.5
A2	1 077.530	892.030	185.5	320	$\phi219\times20$	≤ 1	1 : 0.5
A3	1 077.423	891.923	185.5	320	$\phi219\times20$	≤ 1	1 : 0.5
A4	1 077.429	891.929	185.5	320	$\phi219\times18$	≤ 1	1 : 0.5

表 5.4–2　主要施工机械设备表

设备名称	规格 / 型号	数量
钻机	SPJ–300	1 套
泥浆泵	BW850/20	1 台
钻杆	ϕ89	400m
电焊机	JX0097	1 台
测斜仪	SDC–1G	1 台
电动机	35kW	1 台
电动机	22kW	1 台
钻铤	ϕ203	3 根

施工工艺流程为：设备安装→钻进成孔→钻孔测斜→洗孔→套管安装→固井→验收。

1. 设备安装

（1）平整钻井场地，用混凝土浇筑钻机基础；

（2）钻机基座安装稳固，基座水平，螺栓位置误差小于 5mm；

（3）钻塔绷线拉紧对称，与地面夹角不大于 45°；

（4）天车前缘切点、转盘中心、钻孔中心在同一直线上；

（5）钻机、水泵、动力机机座与枕木螺栓连接牢固，传动轴线平行、对正。

2. 钻进成孔

（1）钻进方法：钻进采用无岩芯回转钻进方法，采用 244mm 合金钻头钻进，320mm 合金钻头扩孔，最终达到设计要求，荒孔直径不小于 320mm。

（2）钻进工艺：

1）上部 1.50m 填土下护筒护壁，用水泥砂浆灌注井口，防止填土坍塌；

2）开孔采用 244mm 合金钻头进行钻进，每钻进 10m 测斜一次，当钻孔弯曲度异常、孔斜大于 1% 时，进行扩孔纠斜以达到设计要求后，方可继续钻进；

3）钻进时各班组钻进参数（钻速、钻压、泵量）要求一致，各班组不得随意改变钻进参数，并做好钻探原始记录；

4）钻进过程要注意观察地层变化情况，对易引起倾斜地段，要随时测斜，观察倾斜度的变化，如果超出设计要求，须立即采取有效措施纠斜；

5）特别破碎地带采用水泥封堵后，再进行钻进。

3. 钻孔测斜

钻进过程中每 10m 进行一次测试，以便指导钻进工作。测试内容包括孔深、孔斜、孔径等，均应达到设计要求。由于地层为高角度层状岩石，且岩石软硬程度不一，钻井过程易造成孔斜，为保证钻井垂直度，根据现场实际情况随时进行孔斜测量。

4. 洗孔

为了防止钻孔底部泥浆过于黏稠，不易下放套管，且有可能堵塞管底注浆器，造成固井失败，下套管前采用稀泥浆换浆，泥浆黏度要求小于 18s，并用高压水冲洗荒孔。

5. 套管安装

（1）下套管前对钻孔深度进行再校正；

（2）A1、A2、A3 孔复合陶瓷耐磨套管之间用梯形螺纹管箍连接，管箍长 270mm；A4 孔每根套管长 5.0m，采用双金属耐磨套管，用电焊加强箍方式连接。

6. 固井

下完套管后，为了将套管稳固在钻孔内，应进行固井工作。固井时将钻杆连接在管底的注浆器上，泵送水灰比为 1∶0.5 的油井水泥浆，直至将井内稀释的泥浆全部置换完，A1、A2、A3、A4 钻孔固井所用油井水泥量分别为 12t、14t、12t、12t。

7. 验收

（1）成孔的检验与评价。

1）严格按照《建筑工程地质勘探与取样技术规程》JGJ/T 87—2012 和施工工艺中的钻进方法进行操作，确保各项指标满足设计及规范要求。

2）钻进过程中每 10m 测斜一次，便于指导下一步的钻进工作，终孔后全孔测斜一次。A1 钻孔测斜结果显示顶角范围在 0.00° ~ 0.25°，A2 钻孔测斜结果显示顶角范围在 0.00° ~ 0.30°，A3 钻孔测斜结果显示顶角范围在 0.01° ~ 0.18°，A4 钻孔测斜结果显示顶角范围在 0.00° ~ 0.15°，4 个钻孔孔斜率均≤ 1%（0.57°），符合设计要求。

3）充填钻孔深度应为 185.5m。扩孔结束后，经与现场监理工程师共同测量孔深，测量结果表明 4 个钻孔的深度均为 185.5m，符合设计要求。

（2）套管安装的检验与评价。

A1、A2、A3 孔采用复合陶瓷耐磨管，其中 A2 孔套管安装时按照复合管供销商所提供的安装要求进行，并请套管厂家技术人员现场指导，A1、A3 孔套管安装时施工单位中国有色金属工业西安岩土工程公司现场工人按照 A2 孔的安装标准进行安装，经施工单位项目部人员及现场监理工程师共同确定 A1、A2、A3 孔的套管安装符合设计要求。

A4 孔采用双金属耐磨管，采用电焊加强箍方式连接，套管安装过程是在厂家技术人员的技术指导下由甲方委托九冶建设有限公司有证焊工完成的，经施工单位项目部人员及现场监理工程师共同确定 A4 孔的套管安装符合设计要求。

进场报验的套管单根长 5m，设计要求安装深度为 183m，为满足此要求每个钻孔又加工 1 根 3m 长的套管，安装时经测量，每根套管实际长度均超出 1 ~ 2cm，加之顶部安装的管箍和井底的注浆器，套管实际长度为 183.55 ~ 183.80 m，其中 A1、A2、A4 钻孔套管井内安装长度为 183.55m，高出地表 0.45m；A3 钻孔套管井内安装长度为 183.80m，高出地表 0.20m。

（3）固井的检验与评价。

套管安装后立即进行固井，A1、A2、A3、A4 钻孔固井所用的油井水泥量分别为 12t、14t、12t、12t。经现场检测，A1、A2、A3、A4 孔的固井质量符合设计要求。

5.5 尾矿排渗孔

尾矿库在生产运营过程中，当出现浸润线过高影响尾矿库安全稳定时，可采用排渗孔来降低尾矿库浸润线。排渗孔的设计包括垂直排渗孔、水平排渗孔、垂直 – 水平联合排渗孔、辐射井排渗孔等，垂直排渗孔的施工一般采用工程地质勘察钻机跟管钻进的方法或采用水冲法成孔后下套管护壁的方法，水平排渗孔的施工一般采用水平成孔钻机跟管钻进的方法或采用顶管成孔的方法。排渗孔设计方案和施工工艺，要根据尾矿颗粒的粗细程度、沉积韵律和软弱层的分布来确定。

某尾矿库设计总库容 $1.1\times10^6m^3$，总坝高 60m，初期坝为碾压土石坝，坝高 15.0m，顶宽 4.00m，属山谷型尾矿库，采用上游式湿式堆存。尾矿库投入使用 3 年后，一级子坝出现大面积沼泽化，坝面出现多处渗漏，经钻探查明，尾矿主要由尾粉砂层、尾粉土层和尾粉质黏土层构成，在尾粉砂层和尾粉土层中沉积有软弱状的尾粉质黏土薄层，阻碍了尾矿水的下渗，导致浸润线超高。由于堆积坝浸润线过高，尾矿堆积坝坡面上、下游形成了一定的水位差，在尾粉砂、尾粉土中引起流土、管涌，严重威胁尾矿库的安全运行。

尾粉砂层和尾粉土层中沉积的软弱尾粉质黏土薄层是导致浸润线超高的主要原因，因此设计采用垂直 – 水平联合排渗孔工艺降低坝体浸润线，将各软弱尾粉质黏土薄层上的滞水通过垂直排渗孔，使其富集到水平排渗孔或水平排渗孔附近，再利用水平排渗孔排出坝体外，以达到有效降低坝体浸润线的目的。

垂直 – 水平联合排渗孔由垂直孔和水平孔组成，垂直孔穿透饱和尾粉砂层和尾粉土层，深度 9 ~ 12m，水平孔布置在尾矿堆积坝外坡上，设计仰角 1° ~ 5°，长度为 29m。共布置水平排渗孔 8 个，间距 6m。垂直排渗孔 32 个，其中 16 个布置在一级子坝与二级子坝中间的马道上，另外 16 个布置在二级子坝与三级子坝中间的马道上，起导水作用。水平排渗管采用 ϕ90PVC–U 给水管，管壁开 ϕ10@25 孔，外包滤网，排渗体连接采用管箍；竖直排渗管采用 ϕ200PVC–U 管，管壁开 ϕ10@25 孔，用扎丝均匀地将滤网捆扎在滤管外部。垂直 – 水平排渗孔示意图见图 5.5–1。

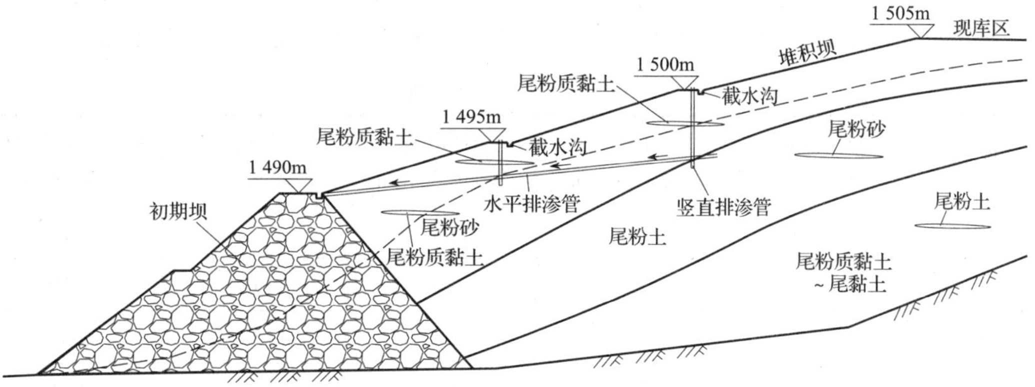

图 5.5–1　垂直 – 水平排渗孔示意图

水平排渗孔施工采用 GPL–150 型专用水平钻机，成孔直径 100mm，垂直孔施工采用 XY–200 型油压钻机成孔，成孔直径 200mm。施工工艺流程如下：

（1）水平孔：测量放点→反力墩基坑制作→钻机就位→钻进至设计孔深→排渣→退钻杆→封砂→滤管安装→退拔套管→水平孔完成。

1）钻机就位并安装完成后，检查钻机机座的水平与垂直度，采用螺旋钻杆正转成孔排渣，套管反向跟进，达设计孔深后，反复空转螺旋钻杆进行排渣。然后，全部拔出螺旋钻杆，完成导向孔，安装封孔器，并逐段安装套管和钻杆，进行二次钻进，直达设计孔深。

2）坝体内尾粉砂夹软弱薄层或透镜体呈流塑状，缩孔严重，尾粉砂存在塌孔现象，为了防止缩孔、塌孔采用预制锥形钻头顶管跟进，直至设计深度，然后下入滤管。

3）用封砂器将套管端部封死，空转钻杆，排净套管内砂性尾矿土，下入端部安装了清洗器的水管至套管底部，送入高压清水反复清洗，将套管内的砂性尾矿土清洗干净，确保水平滤管外滤网不受污染或堵塞。

4）水平排渗管采用 ϕ90 高密度 PVC-U 给水管，管壁开 ϕ10@25cm 孔，梅花形布孔，用扎丝均匀地将滤网捆扎在滤管外部，水平滤管连接方法采用管箍连接，管箍外缠绕滤网，三道扎丝捆扎，以确保连接强度，然后逐段下入水平滤管，直至设计深度。

5）用顶杆固定排渗管，逐段拔出套管，并用黏土或土工布封堵孔口 1.5m，逐层捣实，直至水平滤管外不渗水，管内出水水质清澈，水平孔完成。

（2）垂直孔：测量放点→钻机就位→钻进至设计孔深→洗孔→滤管安装→下入滤料→垂直孔完成。

1）钻机安装就位并检查机上钻杆垂直度，采用 XY-200 型油压钻机钻管跟进成孔，钻至设计孔深时，采用反循环工艺进行清渣。水平孔附近的组合型垂直孔，采用 MD-5008 地下探测器定位。

2）竖直排渗管采用 ϕ200 高密度 PVC-U 管，管壁开 ϕ10@25 孔，梅花形布孔，用扎丝均匀地将滤网捆扎在滤管外部，滤管连接方法采用管箍连接，在管箍接头处用专用胶水黏结，并在外缠绕滤网，三道扎丝捆扎，以确保连接强度，然后逐段下入竖直滤管，直至设计深度。

3）在孔壁和管壁之间填入砂砾石滤料，井口 1.0m 段用黏土封填，垂直孔完成。

施工开始前、施工结束后和运行 20 天后的水位观测孔水位变化情况见表 5.5-1。

表 5.5-1 观测孔水位

观测孔编号	11.20 水位（开工日）/m	12.10 水位（竣工日）/m	12.30 水位（竣工后）/m	竣工日的水位降深 /m	竣工 20 天的水位降深 /m
1	2.65	3.86	5.82	1.21	3.17
2	2.72	3.79	6.01	1.07	3.29
3	2.23	3.23	5.89	1.00	3.75
4	2.45	3.58	5.96	1.13	3.51
5	2.71	3.62	6.10	0.91	3.39
6	2.31	3.31	5.86	1.00	3.55

从表 5.5-1 可看出，在施工完成后观测孔水位降深为 0.91 ~ 1.21m，运行 20 天后观测孔水位降深为 3.17 ~ 3.75m，坝坡面沼泽化严重地段已干涸，马道渗水现象已经完全消失，达到预期的排渗效果。施工完成后垂直 – 水平排渗孔的效果见图 5.5-2。

图 5.5–2　施工完成后垂直 – 水平排渗孔效果

采用垂直 – 水平排渗孔或排渗井降低浸润线，由于水平排渗孔的施工难度较大，所以在尾矿的排放过程中，埋入垂直与水平排渗管，施工简单、排渗效果好，可以有效降低浸润线埋深，在尾矿堆积坝工程中得到了广泛的应用，见图 5.5–3。

图 5.5–3　预埋垂直 – 水平排渗系统

5.6 取样技术

5.6.1 尾矿试样采取

1. 不扰动样的采取

尾矿是一种特殊土，湿式堆存的尾矿库在坝前一般为尾矿砂，向库区逐渐相变为粉性尾矿土、黏性尾矿土，在钻孔中采取原状样有一定困难，目前常用的取土器有上提活塞式内置环刀取砂器和回转式取土器。

（1）上提活塞式内置环刀取砂器。

为避免提取土样时试样脱落，取砂器采用上提活塞式结构，配套有专用推土器。适用于松散～中密状态的砂性尾矿土、软塑～流塑尾粉质黏土、淤泥质土等。取砂器结构示意图见图 5.6-1。

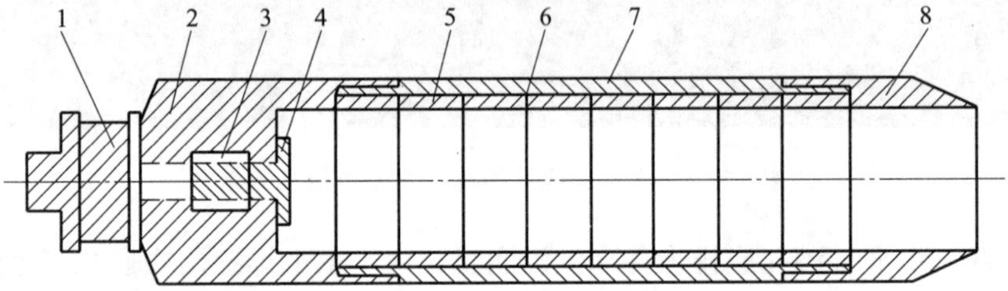

1—钻杆接头；2—防护帽；3—出水口；4—活塞；
5—环刀；6—卡簧；7—取样筒；8—管靴。

图 5.6-1 取砂器结构示意图

根据所放置环刀规格不同，目前常用的取砂器型号有 7.98 和 6.18 两种，一次可采取 8 只 7.98（6.18）×2cm（$50cm^2$、$30cm^2$）标准试样，并可连同环刀直接放入试验仪器，满足常规容重、颗分、压缩、直剪等土工试验要求。

取样时将取样器放置到孔底，静力压入或重锤击入 35 ～ 38cm，地面旋转钻杆使底部土体断开，提升取砂器至地面；卸下管靴，切割后拧上封盖；卸下样管，切割后拧上封盖，熔蜡封土后放入专用防震箱内送试验室。

在试验室内用专用推土器将环刀徐徐推出。

（2）回转式取土器。

回转式取土器一般包括三重管单动取土器和双管单动内置环刀取土器。

1）三重管单动取土器。

YXTS-3 型三重管单动取土器外管外径 108mm，第二层管外径 84mm，内管外径 75mm，开孔直径 110（132）mm，总长 150cm，一次取样长度 99.5cm。取样管超前长度 35mm，超前部分伸缩范围 0 ～ 35mm。

三重管单动取土器可用于采取砂性尾矿土、粉性尾矿土和黏性尾矿土和淤泥质土，具有使用简单、开土方便、取样率高、取样质量保证等优点。

2）双管单动内置环刀取土器。

用于在钻孔中采取砂性尾矿土和黏性尾矿土Ⅰ级、Ⅱ级土试样。

双管单动内置环刀取砂土器外管外径 108mm/121mm；内管外径 75mm/94mm；环刀面积 $30cm^2/50cm^2$；环刀内径 61.8mm/79.8mm；环刀外径 65mm/83mm；环刀高度 20mm；环刀数量 8 只；隔环高度 4mm；隔环数量 7 副；取砂筒长度 188mm；管靴刃口内径 61.4mm/79.4mm；管靴刃口外径 67mm/87mm；管靴面积比 19.1%/20.1%；管靴内间隙比 0.65%/0.5%；管靴刃角 10°；排浆面积比 13.4%/8%；废土筒长度 293mm/263mm；钻头外径 115mm/127.5mm；内管超前外管长度 20 ~ 50mm（根据土层硬度超前量自动调节）；刻切面积比 150%/100.8%；外形尺寸 $\phi115 \times 1\,000$mm/$\phi127.5 \times 970$mm。

取样前确保排浆孔道畅通，确定定位螺钉与管靴外径间隙为 1.5mm，取样后上提钻具拔断靴底土，卸开筒体，两端加盖并封上胶带，放入土样箱内。

为减少运输对尾矿的扰动，一般应在现场设立土工试验室，对采取的不扰动样进行现场试验。

2. 扰动样的采取

在一般的岩心管中所采取的芯样严重扰动，存在部分细颗粒被冲洗液带走或冲洗液渗入尾矿岩芯中，取样深度的确定不准，所采试样不具有代表性。基于此，尾矿土扰动样建议在标准贯入器中采取。

3. 三重管取样器与单层岩芯管取样试验参数对比

为验证三重管取样器与单层岩芯管采取土试样的优劣程度，选择在某一工程项目的粉质黏土层中进行对比试验，在 5#、9# 两个钻孔中分别采用三重管取样器和单层岩芯管采取试样，5# 钻孔取样深度为 17.0 ~ 35.3m，9# 钻孔取样深度为 18.0 ~ 34.0m，两种取样方式在同一取样深度竖向距离相差 0.7 ~ 1.0m。对采取土试样进行了一般物理力学性质试验、固结快剪和快剪试验，试验结果汇总于表 5.6–1。

根据表 5.6–1 分别绘制了两种不同取土器所取土样的含水率、天然重度、干燥重度、孔隙比、压缩系数、压缩模量、固结快剪 φ 值、快剪 φ 值随深度变化曲线图见图 5.6–2 ~ 图 5.6–9。

分析图 5.6–2 ~ 图 5.6–9 可知，三重管取样器与单层岩芯管采取的试样，其含水率和天然重度、干燥重度物理指标基本一致；而三重管取样器采取试样的孔隙比、压缩系数较单层岩芯管采取试样值偏大，压缩模量值偏小，固结快剪和快剪的内摩擦角偏大。

上述结果表明三重管取样器对试样的扰动较小，主要原因是三重管在回转钻进取样时，内管超前且不回转，外管回转钻进的同时岩芯被推进到内管的衬管中，循环液在内外管之间流动，避免岩芯受到冲刷，退芯取样时打开取土器连同衬管一起取出，对试样起到良好的保护作用。相反单层岩芯管在钻进时，岩芯直接进入岩芯管，岩芯管在回转过程中不可避免地受到扰动，同时循环液在管壁和岩芯之间流动也会对岩芯造成一定的冲刷；此外，在退芯时采用循环液来推动岩芯出管，出管时人为对岩芯的拉伸也会增加岩芯的扰动，多种不利因素叠加加剧了岩芯的扰动。因此无论是采取黏性土还是砂土不扰动样，建议优先采用三重管取样器取样。

表 5.6–1　对比试样物理力学性质指标

土样编号	取样方式	取样深度 /m	含水率 w/%	天然重度 γ/（kN/m^3）	干燥重度 γ_d/（kN/m^3）	比重 G_s	孔隙比 e	液限 w_L	塑限 w_P	塑性指数 I_P	液性指数 I_L	压缩系数 a/MPa^{-1}	压缩模量 E_s/MPa	固结快剪		快剪	
														C/kPa	φ/（°）	C/kPa	φ/（°）
5–1	三重管	17.0	26.6	19.5	15.4	2.72	0.730	35.2	20.9	14.3	0.43	0.25	7.0	—	—	22	19.3
9–9	单壁管	18.0	25.8	19.4	15.4	2.72	0.728	31.8	19.0	12.8	0.53	0.23	7.4	—	—	23	18.1
5–2	三重管	21.0	26.8	19.8	14.8	2.73	0.803	32.9	21.6	14.9	0.35	0.26	6.9	46	21.6	48	23.5
9–11	单壁管	22.0	27.3	19.3	15.2	2.72	0.758	31.8	19.0	12.8	0.65	0.25	7.1	40	19.5	37	22.1
5–3	三重管	27.0	27.0	19.2	15.1	2.72	0.762	32.9	19.6	13.3	0.56	0.28	6.3	31	23.3	—	—
9–13	单壁管	28.0	25.8	19.4	15.4	2.72	0.728	31.8	19.0	12.8	0.53	0.26	6.8	47	20.7	—	—
5–4	三重管	31.3	21.7	19.5	16.1	2.72	0.663	33.4	19.9	13.5	0.13	0.22	7.5	—	—	42	20.6
9–14	单壁管	31.0	27.0	19.4	15.3	2.73	0.751	37.2	22.0	15.2	0.33	0.25	6.9	—	—	22	19.4
5–5	三重管	35.3	26.5	19.4	15.3	2.72	0.738	34.2	20.3	13.9	0.45	0.27	6.6	46	23.7	—	—
9–15	单壁管	34.0	26.7	18.9	14.9	2.72	0.786	32.8	19.6	13.2	0.54	0.23	7.7	46	22.4	—	—

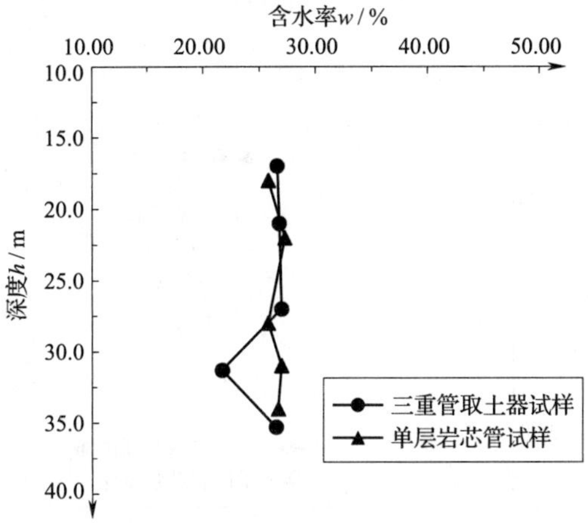

图 5.6–2　含水率对比曲线图

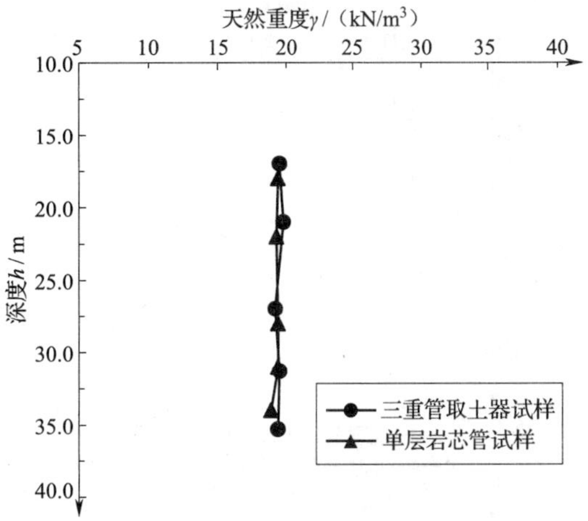

图 5.6–3　天然重度对比曲线图

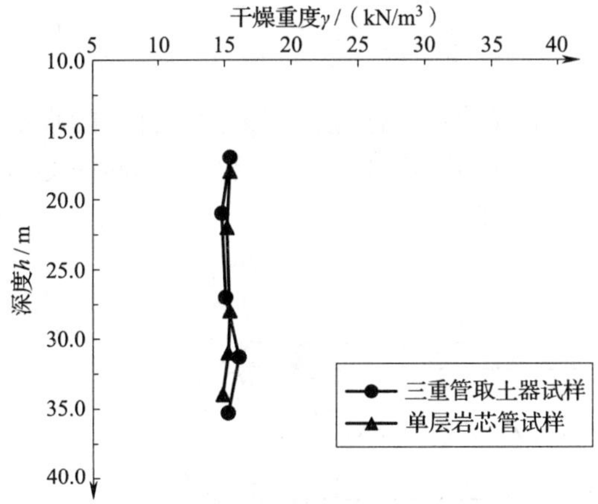

图 5.6–4　干燥重度对比曲线图

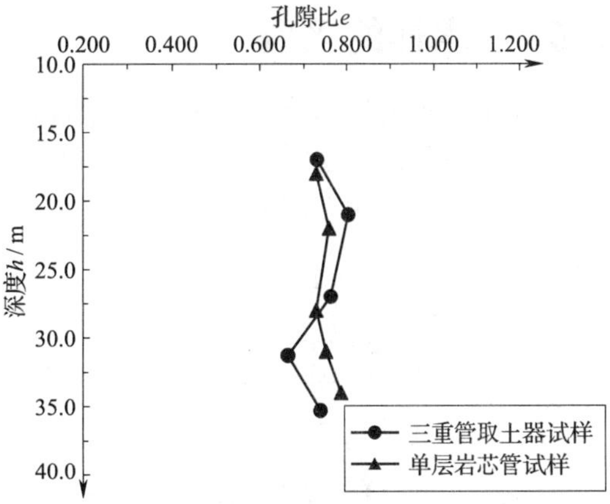

图 5.6–5　孔隙比对比曲线图

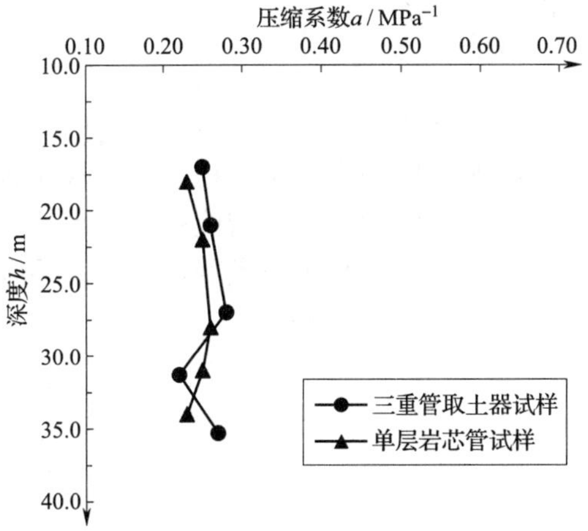

图 5.6–6　压缩系数对比曲线图

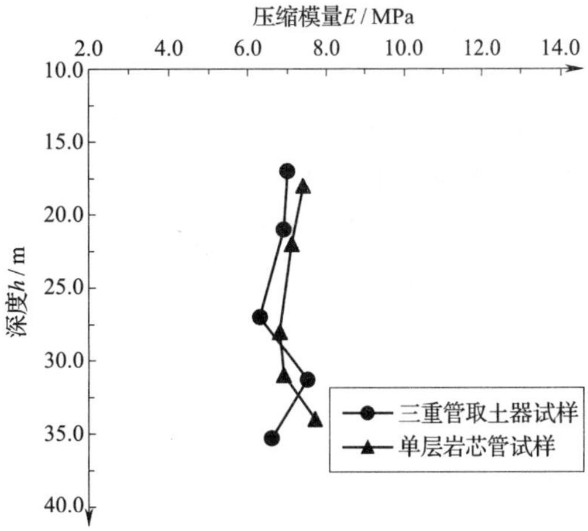

图 5.6–7　压缩模量对比曲线图

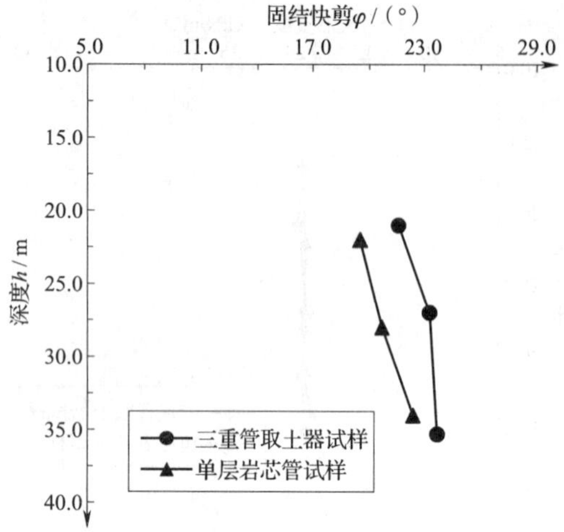

图 5.6-8　固结快剪 φ 值对比曲线图

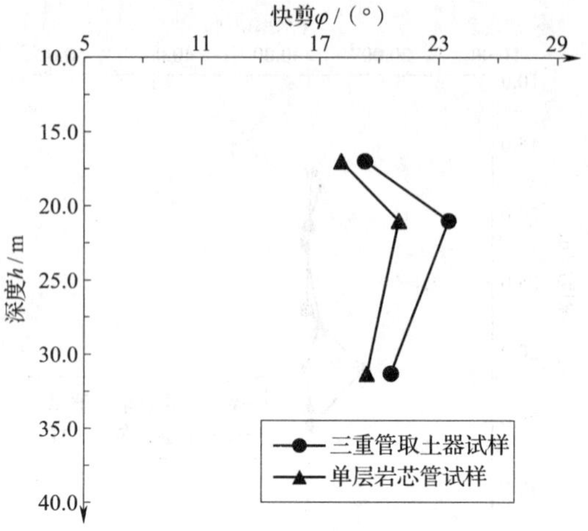

图 5.6-9　快剪 φ 值对比曲线图

5.6.2　水样的采取

在钻孔中采取水样时，成孔后建议进行洗孔，采取的水试样应代表天然条件下的水质情况；存在局部上层滞水时，因水样不具代表性，故可不取水样；当需要采取不同深度的水试样时，应采用专用取水装置。取水器结构示意图 5.6-10。

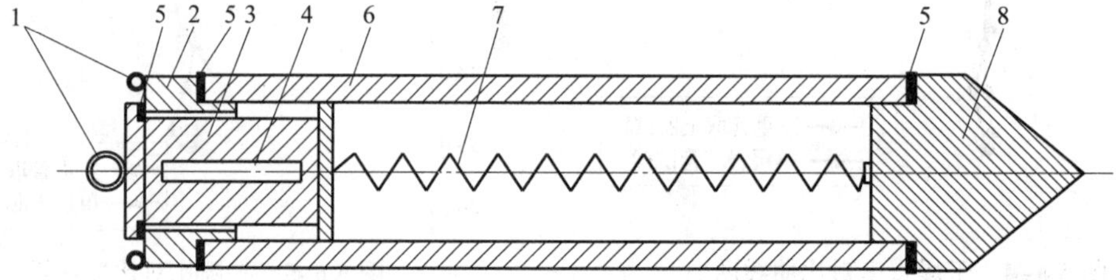

1—吊环；2—套筒；3—内筒；4—进水孔；
5—密封圈；6—取水筒；7—弹簧；8—堵头。
图 5.6-10　取水器结构示意图

取水容器应冲洗干净，取水样前用所取水冲洗容器不少于 3 次；取水试样过程中应减少水试样的暴露时间，当需要测定成分不稳定的水试样时，应加入适量的稳定剂；水样瓶不应装得过满，水样取出后应用蜡封口，粘贴好标签，做好防晒、防冻措施；采取水试样后应做好取样记录，记录取样时间、孔号、取样深度、取样人、是否加入稳定剂等；并应在 24h 内送至试验室。

第6章 工程物探

地球物理勘探是利用大地中不同探测对象物理性质的差异，采用地震、电法、磁法、重力等勘探技术探测地质构造、地层岩性、地下水、地下矿产等的一种方法。在岩土工程勘察中，利用地球物理勘探方法探测场地地层、断层、地下溶洞（土洞）、采空区、滑坡、地裂缝、地下水埋深、土的密实程度、孤石及地下障碍物等，称为工程物探。

尾矿作为一种特殊土，具有电阻率低、导电性强、粗细颗粒之间的电阻率差异较小的特点，在利用地球物理勘探技术时，一般常用地震勘探等工程物探方法等，在尾矿堆积坝岩土工程勘察中采用工程物探方法可以探查以下内容：

（1）探查尾矿堆积坝中粗细尾矿分层规律和密实程度；

（2）探查原始地形界面，初期坝堆填的密实程度；

（3）探查初期坝和堆积坝下软弱地层以及堆积形成软弱夹层的厚度与分布；

（4）探查基岩面埋深、隐伏地质构造和岩溶分布；

（5）探测地下水的埋深、尾矿库坝体浸润线的变化情况；

（6）探测坝体塌陷、管涌、渗漏等地质隐患的位置和范围；

（7）探测坝体裂缝的倾向、深度以及充填情况；

（8）测试尾矿纵波与横波波速、动弹性模量与动剪模量、卓越周期等。

各方法的适用性见表 6.1–1。

表 6.1–1 常用工程物探方法

物探方法		尾矿分层	密实程度	原始地形界面	软弱夹层	基岩埋深	基岩风化程度	浸润线	坝体塌陷范围	备注
地震勘探	天然源面波	○	○	○	○	○	○	/	○	微动勘探
	人工源面波	○	○	○	○	○	○	/	○	用于深度 20m 内勘探
	折射波法	/	/	△	/	○	△	/	△	
	反射波法	/	/	○	○	○	/	/	△	
	地震映像	△	△	△	△	△	/	/	○	

续表 6.1–1

物探方法		尾矿分层	密实程度	原始地形界面	软弱夹层	基岩埋深	基岩风化程度	浸润线	坝体塌陷范围	备注
电法勘探	电剖面	/	/	△	/	△	/	△	△	
	电测深	/	/	△	/	△	/	△	△	

注：“○”表示适用，“△”表示较适用，“/”表示不适用。

6.1 尾矿库地球物理条件

尾矿库主要由初期坝、堆积坝、排洪排水设施、库区及两岸等构成，其地球物理条件分述如下：

（1）初期坝地球物理条件：初期坝多采用堆石透水坝，一般选择中风化基岩或密实的碎石类土作为坝基，因此初期坝与坝基及堆积坝的密实程度、颗粒粗细等明显不同；一般而言，初期坝的地震波速度和电阻率低于坝基中风化基岩，高于堆积坝。

（2）堆积坝地球物理条件：堆积坝是由尾矿采用湿式堆存或干式堆存而成，基于尾矿堆存规律，不同层位的尾矿颗粒粗细、软硬程度、固结程度有显著差异，浸润线上下的尾矿电阻率有显著差异；尾矿埋深增加固结程度增高，其地震波速度增高，尾矿颗粒的粗细软硬程度与地震波速度密切相关。

（3）排洪排水设施地球物理条件：排洪排水设施一般包括截排洪沟、溢洪塔、溢洪道、排水井、排水管、排水隧洞、排水斜槽、拦洪坝等；排洪隧洞和埋设于尾矿堆积体中的排水管涵或排水斜槽等，相对于库岸山体或尾矿堆积体为空腔体或空腔体内充水，导电性和地震波速度视空腔体的规模、埋深和内部充水情况表现出差异性，当空腔体的规模大、埋深浅时差异大，反之差异小。

（4）库区及两岸地球物理条件：库区沉积滩的地球物理条件与堆积坝相似，库区淹没区处于水位以下，不宜布设传感器，不适合开展工程物探工作；库区两岸原始地层的物理力学性质与尾矿的物理力学性质有显著差异，当库区两岸发育有断层、溶洞、采空区、滑坡等不良地质作用时，发育位置处的地震波速度或电阻率有显著异常。

6.2 地震勘探技术

地震勘探是指利用人工源或天然源地震波，通过观测和分析地震波在地层中的传播规律，根据地层介质的弹性和密度的差异，推断地层性质和形态的地球物理勘探方法。地震波在介质中传播时，由于其通过的介质物性和结构、构造的不同，地震波的传播路径、传播性质也将随之而变化，表现出不同的地震波运动学和动力学特征，通过对地层地震波运动学和动力学参数的处理解译，推断地下岩土层的结构以及构造的形态，如岩土层的分布规律、隐伏构造的分布、规模、产状等，地下岩土层的性质等。尾矿堆积坝岩土工程勘察常用的地震勘探技术有人工源面波法、天然源面波法（又称为微动勘探）、折射法、反射法和地震映像法。

6.2.1 人工源面波法

在尾矿堆积坝勘探中，人工源面波法主要用于浅部的尾矿分层与密实程度划分。当坝体存在隐患时，确定隐患的范围，分析判断隐患的类型和危害程度。当尾矿堆积厚度小于20m 时，还可用于探测尾矿库原始地形界面、基岩埋深和基岩风化程度。人工源面波法的勘察深度与人工激发震源的能量和频率有关，增加人工震源能量和降低震源频率，可以增加勘察深度。

1. 原理及方法

面波是地震波的一种，主要在近地表一个波长范围内传播，能量大、波速低。在均匀介质条件下，面波的传播速度 V_r 与其振动频率 f（或波长 λ）无关，面波在均匀介质中传播没有频散性；相反，在非均匀介质中，面波的传播速度 V_r 是频率 f 的函数，面波具有频散特性。在均匀介质中无频散和在非均匀介质中具有频散特性是面波勘探的物理基础。

在多层介质中，同一波长的传播特性反映了地质条件在水平方向的变化情况，不同波长面波的传播特性反映着不同深度的地质情况。在岩土工程勘察中应用较广泛的是多道瞬态面波勘察技术，其仪器为 12 通道或 24 通道，其数据处理为 $F \sim K$ 频率波数法，其数据接收使用低频检波器、采取直线等间距布置的方法，勘察深度与检波器布置的排列长度相当。野外人工源瞬态面波测试示意图见图 6.2–1。

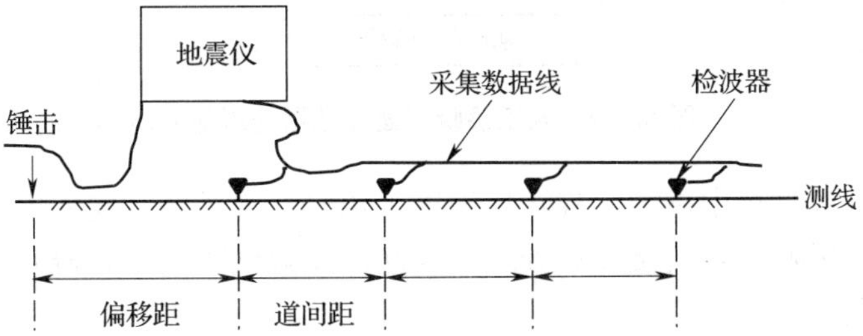

图 6.2–1　人工源瞬态面波测试示意图

2. 资料处理与解释

人工源瞬态面波法在尾矿库勘察中主要用于尾矿分层与软弱夹层的分布、划分尾矿的密实程度、查明坝体塌陷范围等。面波处理流程有四个阶段，第一阶段为面波原始记录编辑，第二阶段为面波频散数据提取与分析处理，第三阶段为速度分层与反演计算横波速度，第四阶段为地质分析解释，见图 6.2–2。

图 6.2–2 多道瞬态面波数据处理流程中，为了减少频谱能量泄漏，可采用不同的截取函数对信号进行截断，截断函数又称为窗函数。FFT 称为快速傅里叶变换，是离散傅里叶变换的快速算法，它是根据离散傅里叶变换的奇、偶、虚、实等特性，对离散傅里叶变换的算法进行改进获得的。

3. 尾矿堆积坝测试中应注意的问题

（1）尾矿库内地表软弱，靠近水位线地段存在饱和尾粉细砂及尾粉土，不利于检波器的安置，在安装检波器时应注意压实处理环节，保证检波器与尾矿库内干滩面充分接触。

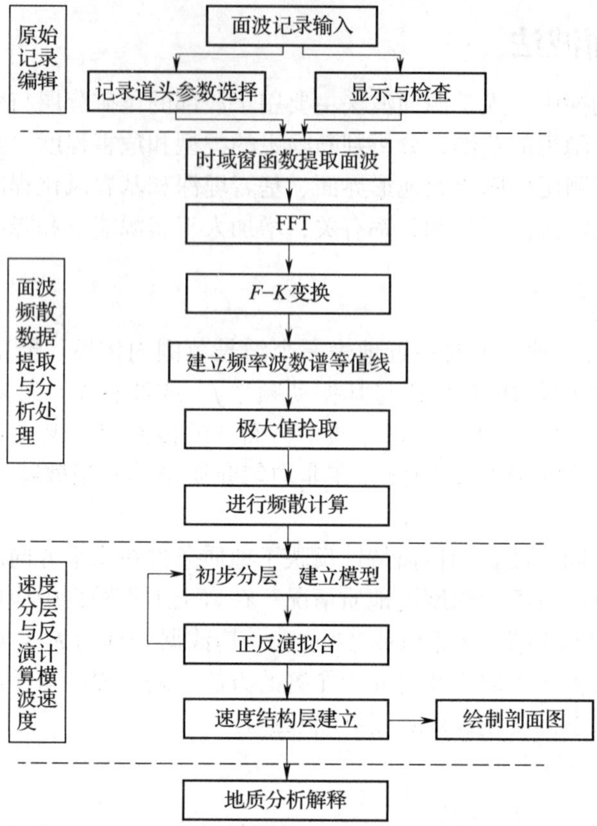

图 6.2–2　人工源瞬态面波数据处理流程

（2）在尾矿排放过程中进行工程物探测试工作时，管道持续向库内排放尾矿，会对测试存在明显干扰，影响信号的接收和处理，因此，在测试时应尽量避开尾矿的排放或测试点尽量远离排放点。

（3）人工源多道瞬态面波的震源一般采用 20 磅大锤击振，探测深度为 20m 左右。如某拟建工程场地为砂土堆填而成：①层堆填砂土呈褐黄 ~ 灰褐色，主要成分为粉细砂，局部地段为粉细砂和黏性土的混合物，地层厚度随原有地形高低变化而变化，个别地段填筑有黏性土薄夹层，土质不均匀，稍湿 ~ 湿，松散 ~ 稍密状态，该层厚度为 0.50 ~ 10.50m；②层粉细砂呈褐黄色，长石 – 石英质，砂质较纯，该层厚度不均，稍湿 ~ 湿，松散 ~ 稍密状态，含少量黏性土，该层厚度为 0.80 ~ 9.00m；③层粉土呈褐黄色 ~ 黄褐色，稍湿 ~ 湿，硬塑状态，该层厚度 1.60 ~ 11.60m。

为了查明填土在场地的空间分布情况及其均匀性，在场地布置人工源面波测试线 4 条，编号为 MA、MB、MC、MD，测试方法为多道瞬态面波法，试验采用北京市水电物探研究所 SWS–7 型工程物探仪，观测接收道数为 24 道，道间距 2m，偏移距 5m，排列移动方式为半排列移动，即测点距 24m，震源为人工大锤击震，检波器为 4Hz 低频检波器，采集记录长度 1 024ms，采样间隔 0.25ms。勘察深度 0.0 ~ 20.0m，测线总长度 3 936m，测点总数 168 个，其中 MB 测线长 1 224m，测点数 52 个，MB 测线面波速度随深度的变化等值线剖面见图 6.2–3，按图中面波速度 220m/s 的标记线圈定填土的分布范围和深度。

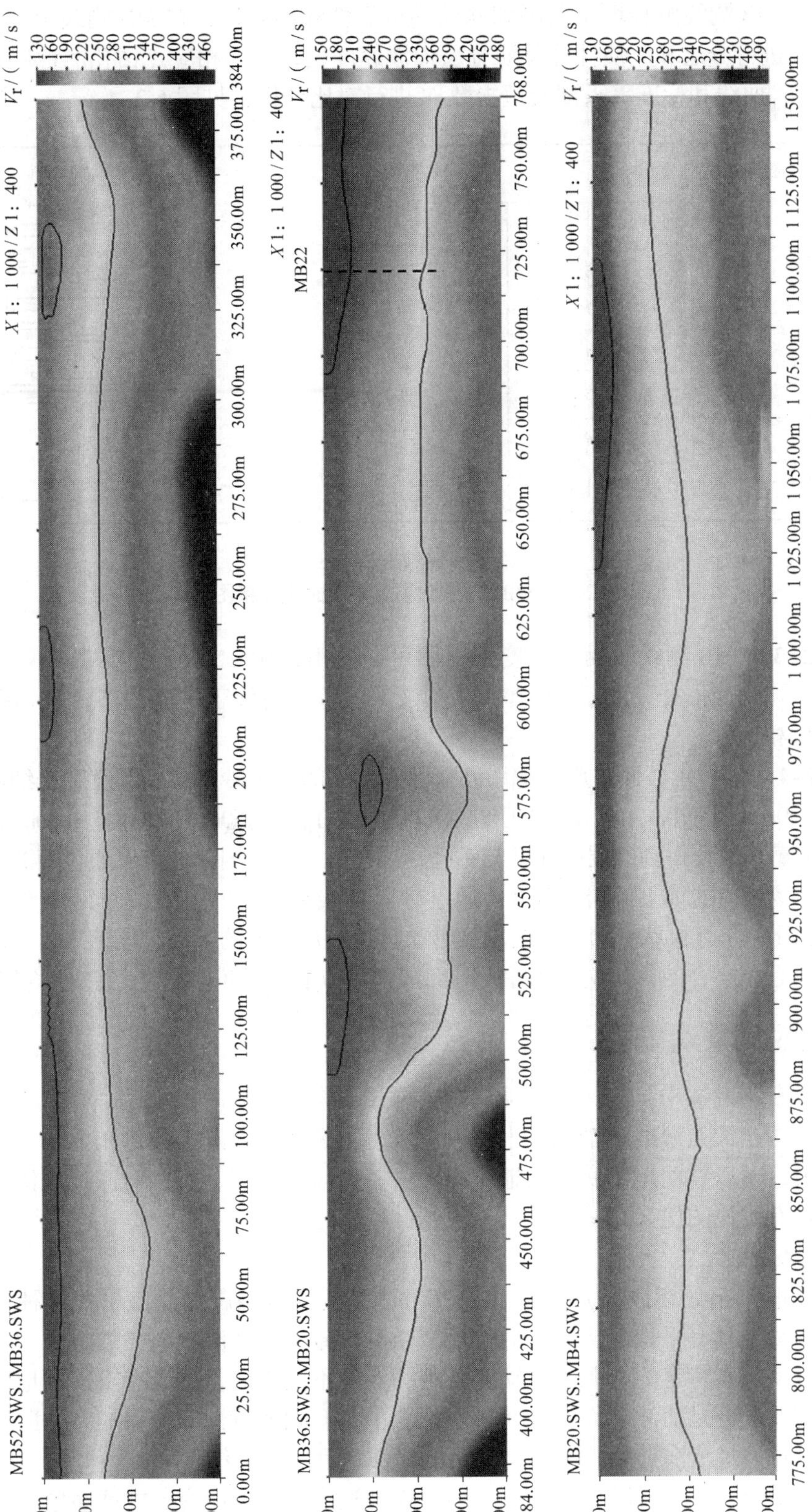

图 6.2-3　MB 测线面波速度剖面图

为了验证 MB 测线解释填土范围和深度的可靠性和准确性，在 MB 测线上取 MB22 测点的频散曲线进行分层和反演计算反演分层横波速度 V_s，并与相应点钻孔的地层、轻型动力触探试验 N_{10} 曲线和标准贯入试验锤击数 N 进行对比分析，见图 6.2–4。

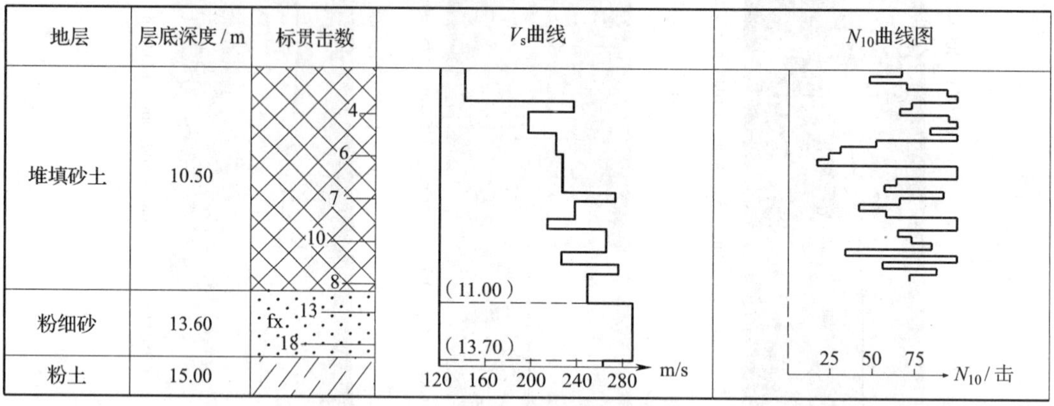

fx—粉细砂。

图 6.2–4　MB22 测点地层与 V_s 曲线关系图

从图 6.2–3 中 MB 测线的面波速度剖面图可以看出，MB22 测点深度在 0 ~ 3m 左右，面波速度 V_r 小于 160m/s，反映了堆填砂土在该深度范围内处于松散状态，与钻孔标准贯入锤击数结果相一致。

从图 6.2–4 可以看出，面波反演剪切波速曲线推测的堆填砂土层底深度和粉细砂层底深度分别为 11.00m 和 13.70m，与钻孔的层底深度 10.50m 和 13.60m 分别相差 0.50m 和 0.10m，面波反演地震剪切波速得到的层底深度与钻孔地层基本一致，因此，可以通过面波反演的剪切波速来确定场地内的填土范围和深度；通过对 V_s 曲线和 N_{10} 曲线比较，两曲线的形态基本一致，大值和小值呈互层状分布，这是堆填砂土分层碾压形成的结果，该结果与标准贯入试验锤击数结果是相吻合的；从 V_s 曲线和 N_{10} 曲线还可以看出，堆填砂土层整体均匀性较好；

6.2.2　天然源微动勘探

在尾矿堆积坝勘探中，天然源微动勘探主要用于查明尾矿沉积规律、密实程度和进行场地类别划分等，天然源微动勘探技术与人工源多道瞬态面波勘探技术相比较，天然源微动勘探深度大，可以查明尾矿底部的地层界面、基岩风化程度，特别对深部坝体塌陷隐患范围的圈定具有明显的优势。

1. *原理及方法*

地球表面时刻都处在振幅介于 10^{-4} ~ 10^{-3}cm 左右的微弱震动状态下，这种连续的微弱震动称为微动，具有平稳随机振动的特性。微动信号主要来源于人类的日常活动及各种自然现象，微动没有特定的震源，振动来自观测点的不同方向，携带有丰富的地球内部信息。微动的重要成分是面波，面波在非均匀地层中具有频散特性，获得的频散曲线可以进行地质分层，再通过反演计算得到地层介质的横波速度和速度结构。

基于这一特点，利用微动信号来研究地层横波速度，进而研究与之联系紧密的地层的各项物理力学性质。

微动勘探利用接收台阵来采集微动信息，利用空间自相关法（Spatial Autocorrelation 简称 SPAC，是通过计算自相关系数，并将其与相应的零阶贝塞尔函数拟合，从而求出瑞雷波的频散曲线）从中提取瑞利面波的频散信息。根据现场测得的天然源面波记录，利用 SPAC 法计算可得各测点的频散能量图即频率速度谱，并转换为速度深度域频散曲线，根据面波频散曲线的特征划分和计算的面波层速度，由公式（6.2–1）反演得到横波速度。

$$V_s=V_r/\eta_s \tag{6.2–1}$$

$$\eta_s=\frac{0.87+1.12\mu_d}{1+\mu_d} \tag{6.2–2}$$

式中　V_s——地层的剪切波速度（m/s）；

V_r——地层的面波速度（m/s）；

η_s——面波和剪切波速度换算系数；

μ_d——泊松比，岩石一般取 0.25，土层一般取 0.45 ~ 0.49。

在实际工程应用中，可利用各测点的地层厚度和横波速度，依据现行国家标准《建筑抗震设计规范》GB 50011 按表 6.2–1 对土的类型进行划分。

表 6.2–1　土的类型与土层剪切波速

土的类型	土层剪切波速范围 /(m/s)	岩土名称和性状
岩石	V_s>800	坚硬、较硬且完整的岩石
坚硬土或软质岩石	800 ≥ V_s>500	破碎和较破碎的岩石或软和、较软的岩石，密实的碎石土
中硬土	500 ≥ V_s>250	中等、稍密的碎石土，密实、中密的砾、粗、中砂，f_{ak}>150 的黏性土和粉土，坚硬黄土
中软土	250 ≥ V_s>150	稍密的砾、粗、中砂，除松散外的细、粉砂，f_{ak} ≤ 150 的黏性土和粉土，f_{ak}>130 的填土，可塑新黄土
软弱土	V_s ≤ 150	淤泥和淤泥质土，松散的砂，新近沉积的黏性土和粉土，f_{ak} ≤ 130 的填土，流塑黄土

注：f_{ak} 为由载荷试验等方法得到的地基承载力特征值（kPa），V_s 为岩土剪切波速。

接收台阵的形式有圆形、三角形、十字形或直线形，研究表明台阵还可以有更多的形式，也可以采取任意形式布置拾震器，但需要满足三个条件：①满足勘探深度范围需要的台阵规模；②台阵中各接收点连线的方向要尽可能多；③台阵中各接收点之间的距离要方便计算。

常见的台阵布置形式如图 6.2–5 所示。

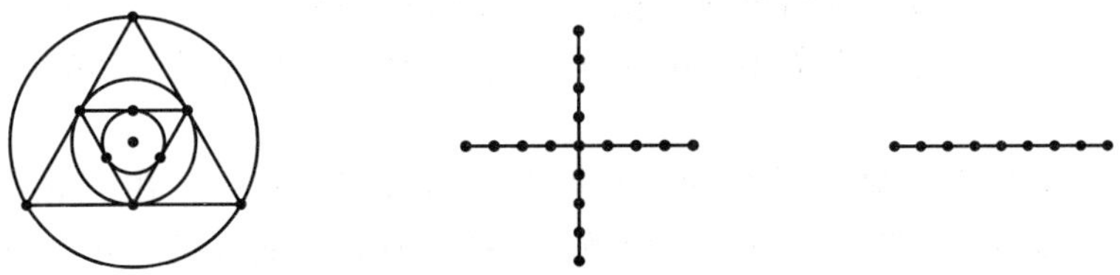

（a）三角形　　（b）十字形　　（c）直线形

图 6.2–5　台阵布置示意图

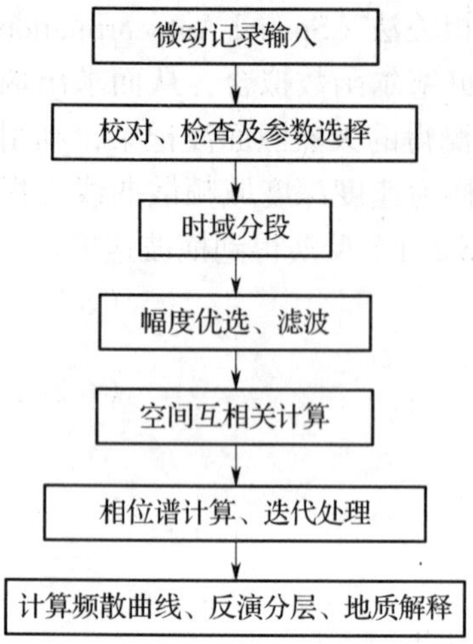

图 6.2-6 数据处理流程

2. 资料处理与解释

天然源面波资料的处理一般分为两个阶段：

（1）野外实时处理确认，即在现场对所采集的记录进行预处理，通过实时曲线检查勘探深度是否满足要求、曲线是否收敛、是否有异常情况等，预判资料的可信度和可靠性。当检查所采集的数据和曲线不能满足勘察提出的技术要求时，应在现场进行补测工作，严格控制第一手资料的质量。

（2）对所采集的资料进行内业整理解释，进行综合分析判断，绘制面波速度剖面图，进行成果解释。数据处理流程见图 6.2-6。

3. 尾矿堆积坝测试应注意的问题

（1）尾矿库内地表软弱，靠近水位线地段存在饱和尾粉细砂和尾粉土，不利于检波器的安置；同时由于浸润线埋深较浅，不利于剪切波速的传播，测试深度较浅。在实际测试工作中提高频散曲线深部分辨率的方法有两种：①在安装检波器时应注意压实处理环节，保证检波器与尾矿库内干滩面充分接触；②根据探测深度和对分层精度的要求，数据处理时合理选用分段样点数，增加频散曲线面波点的密度，以达到探测目的。

北京市水电物探研究所研制生产的 WD200 型无线智能微动勘探仪处理界面见图 6.2-7，在左下角“分段样点数”和“频点间隔”栏目中，改变样点数时，频点间隔也随之改变，其对应值（个 /Hz）为 128/0.977，256/0.488，512/0.244，1 024/0.122，2 048/0.061，4 096/0.031。可见样点数由少到多、频点间隔则由大到小；频率分隔点越来越小，即频率分辨能力提高，表现在频散曲线上的分层特征越来越清晰，见图 6.2-8；当分段样点数选取过多时，频散点在同一比例尺上会出现堆积现象，因此在实际应用中应放大比例尺，工程应用中一般采用 512/0.244 或 1 024/0.122。

（2）尾矿属于新近堆积物，表层松软，深层固结程度差，因此，在进行台阵布置设计时，一般选用低频传感器，以加大勘探深度。另外，台阵规模越大，勘探深度越深，因此，在沉积滩测试时，越靠近库内水线，越应加大台阵规模，同时要采用低频传感器。

（3）台阵布置要适应微动信息接收方向不确定的要求，优选镶嵌三角形等二维台阵，这样接收的信号质量最好，一般情况下，在沉积滩按“三角形”或“十字形”台阵布置，条件允许时也可以采用“一字形”台阵布置。当按“一字形”布置台阵时，台阵的方向应与坝轴线垂直。在坝坡布置台阵时，由于受地形的限制，采用“一字形”台阵方便施工，但需要注意布置在尾矿排放口附近的测点会受到尾矿排放振动的影响，见图 6.2-9 和图 6.2-10。

图 6.2-11 为某尾矿库副坝钻孔和微动勘探点布置图。其中，在 $1^{\#}$ 钻孔和 $2^{\#}$ 钻孔的位置分别按一字形和三角形台阵布置进行微动勘探，其频散曲线见图 6.2-12 和图 6.2-13，一字形台阵和三角形台阵的反演计算成果对比见表 6.2-2。

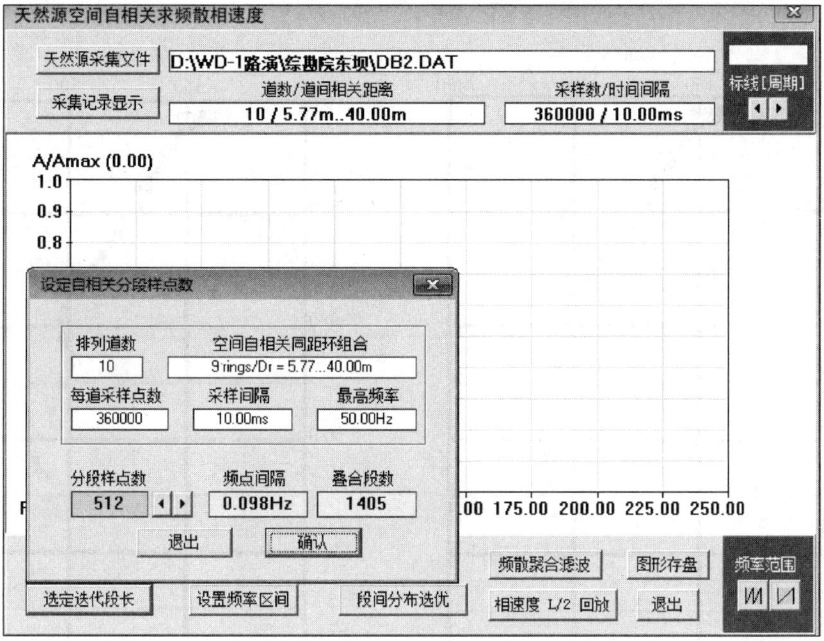

图 6.2-7　WD200 型无线智能微动勘探仪处理界面

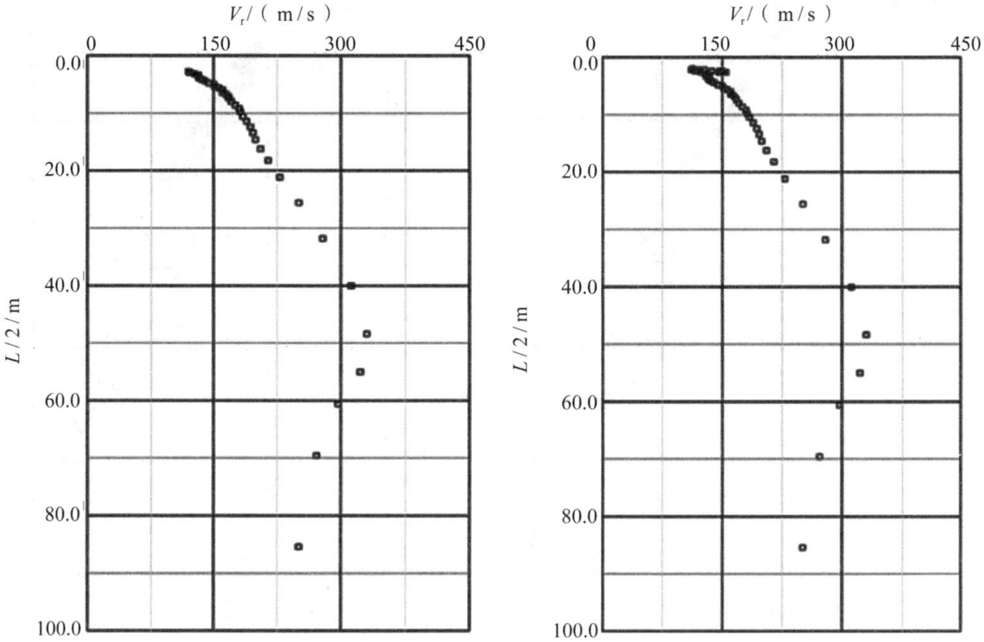

（a）分段样点数：128　　（b）分段样点数：256

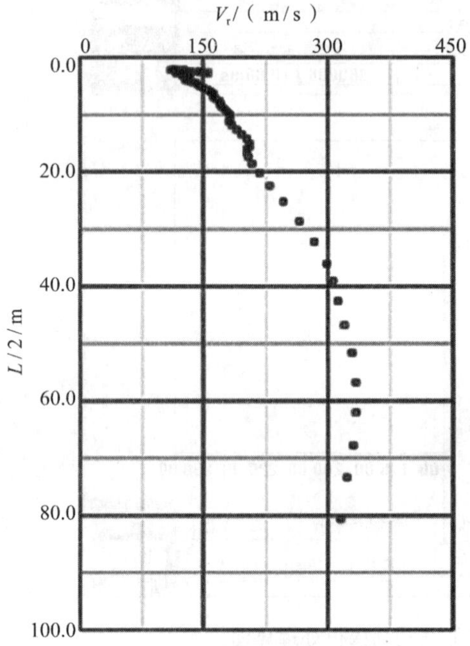

（c）分段样点数：512

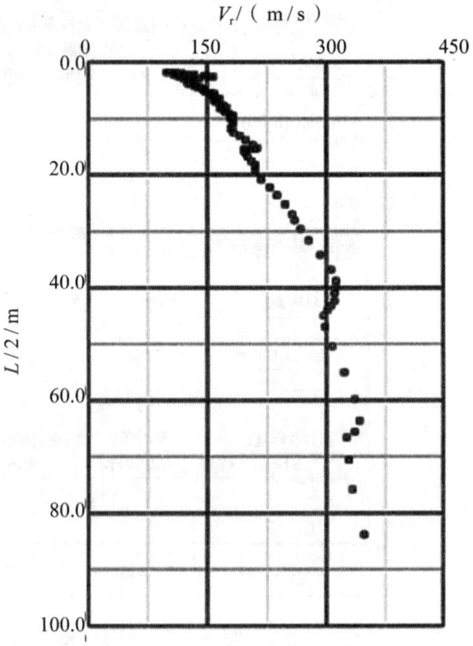

（d）分段样点数：1 024

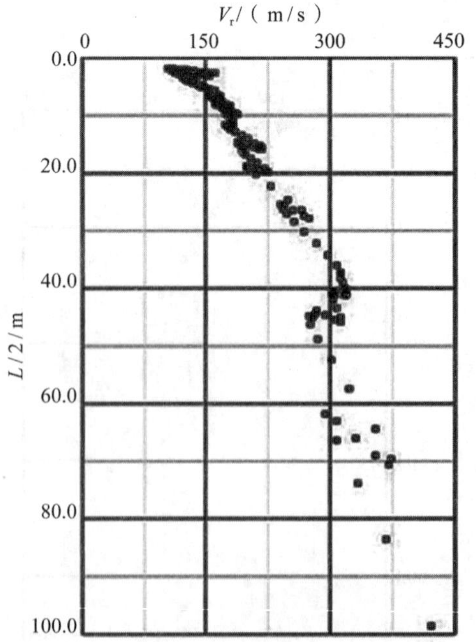

（e）分段样点数：2 048

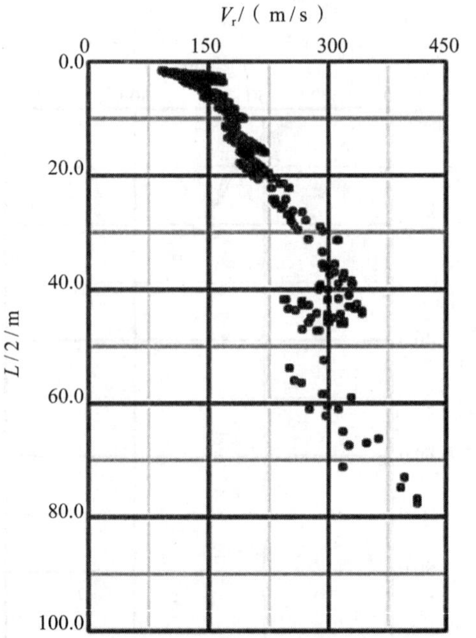

（f）分段样点数：4 096

图 6.2–8　不同分段样点数对应的频散曲线

图 6.2–9　库区“一字形”台阵布置

图 6.2–10　坝坡马道“一字形”台阵布置

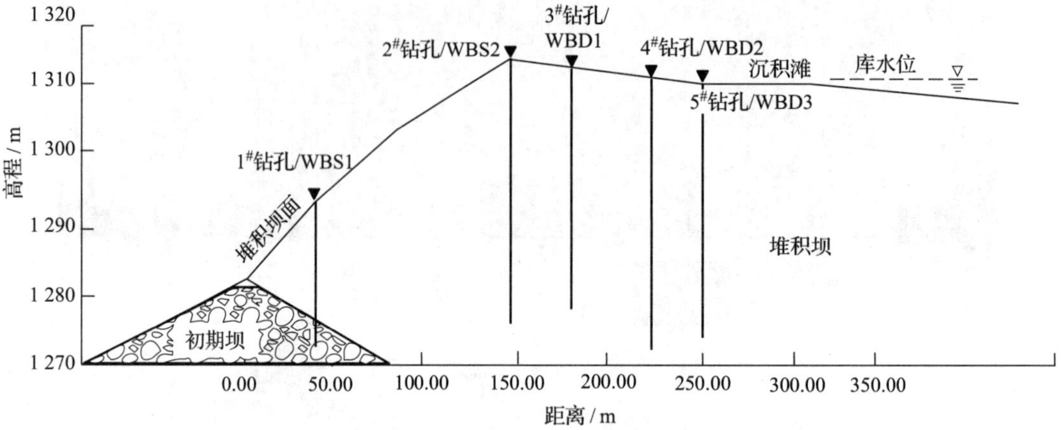

图 6.2-11　勘探点布置图

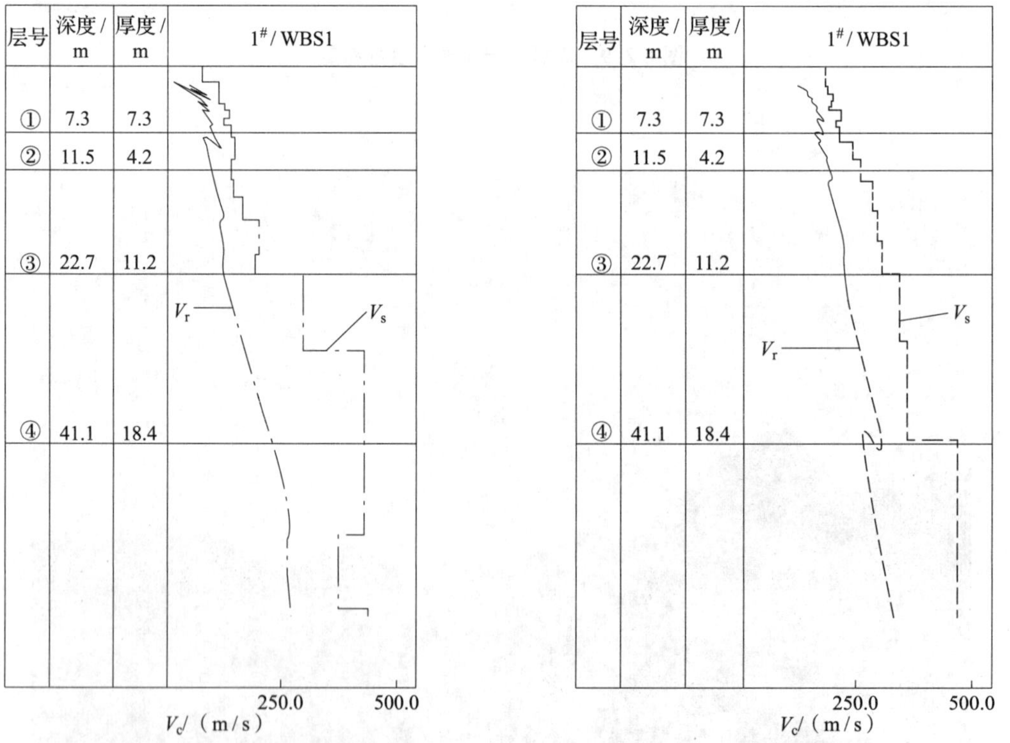

（a）1#钻孔三角形台阵微动勘探介质速度曲线　　（b）1#钻孔一字形台阵微动勘探介质速度曲线

V_r—微动勘探面波速度；V_s—反演分层横波速度；V_c—介质速度。

图 6.2-12　1# 钻孔三角形台阵和一字形台阵微动勘探介质速度曲线

注：——表示钻探地质分层层位线。

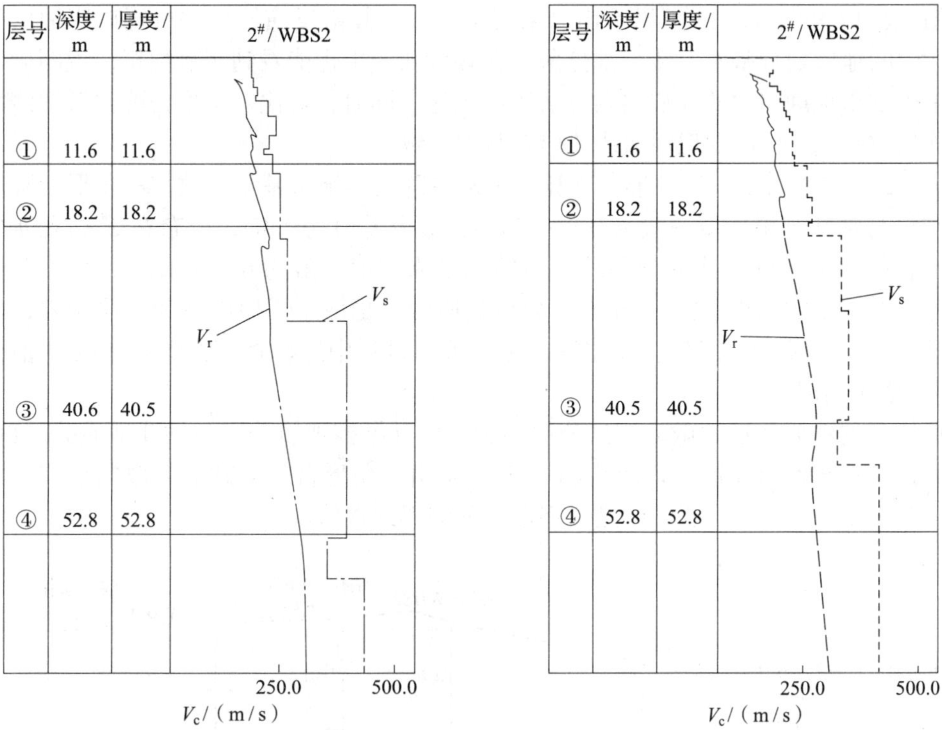

（a）2#钻孔三角形台阵微动勘探介质速度曲线　　（b）2#钻孔一字形台阵微动勘探介质速度曲线

V_r—微动勘探面波速度；V_s—反演分层横波速度；V_c—介质速度。

图 6.2–13　2# 钻孔三角形台阵和一字形台阵微动勘探介质速度曲线

注：——表示钻探地质分层层位线。

表 6.2–2　尾矿层底深度对比结果

钻孔	层号	堆积层描述	钻孔层底深度 /m	三角形台阵反演的层底深度 /m	一字形台阵反演的层底深度 /m	差值 1/m	差值 2/m	差值 3/m
1#	①	尾中砂	7.3	7.2	7.8	0.1	–0.5	–0.6
	②		11.5	12.3	12.3	–0.8	–0.8	0.0
	③	尾粉砂	22.7	22.4	22.6	0.3	0.1	–0.2
	④	尾粉质黏土	41.1	40.5	45.0	0.6	–3.9	–4.5
2#	①	尾中砂	11.6	11.9	12.7	–0.3	–1.1	–0.8
	②		18.2	18.2	20.0	0.0	–1.8	–1.8
	③	尾粉砂	40.5	39.9	43.5	0.6	–3.0	–3.6
	④	尾粉质黏土	52.8	44.9	53.0	7.9	–0.2	–8.1

注：差值 1 为三角形台阵反演的层底深度与钻孔层底深度的差值，差值 2 为一字形台阵反演的层底深度与钻孔层底深度的差值，差值 3 为一字形台阵反演的层底深度与三角形台阵反演的层底深度的差值。

由图 6.2–12 和图 6.2–13 可以看出，采用微动勘探频散反演结果进行尾矿库地层的划分与钻孔中的地层划分基本一致，部分薄层在频散曲线中也能看到明显拐折，说明微动勘探用于尾矿堆积坝勘察中的堆积层划分适用性较好。同时，对比一字形台阵频散曲线与三角形台阵频散曲线，可以发现两曲线的形态基本一致。

由表 6.2–2 可以看出，三角形台阵和一字形台阵反演结果基本一致，三角形台阵反演的分层结果与钻孔结果差值一般为 0.1 ~ 0.8m，最大差值为 7.9m，分布在 2# 钻孔④层尾粉质黏土；一字形台阵反演的分层结果与钻孔结果差值一般为 0.1 ~ 1.1m，最大差值为 3.9m，分布在 1# 钻孔④层尾粉质黏土。分析其原因，是由于④层以下为硅质灰岩，硅质灰岩较破碎，存在节理、溶隙、裂隙等，尾矿沉积过程中尾矿将其充填，面波 V_r 值变化较大，影响测试结果。

根据钻孔的地质分层和微动测试分层绘制了微动勘探地质分层与钻孔地质分层剖面，见图 6.2–14。在绘制该图时，V_r 曲线和 V_s 曲线是由三角形台阵得到的频散曲线和反演曲线，其中 WBS2 测点④层层底深度是一字形台阵测得的数值。

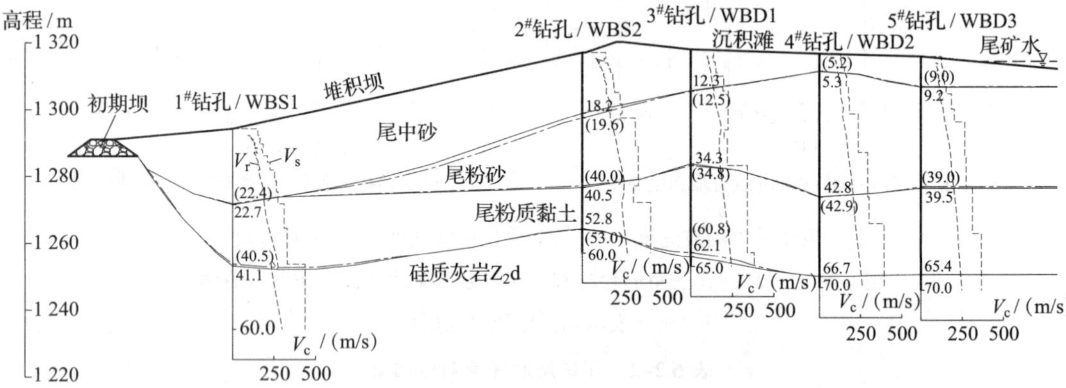

V_r—微动勘探面波速度；V_s—反演分层横波速度；V_c—介质速度。

图 6.2–14 微动勘探地质分层与钻孔地质分层剖面对比

注：——表示钻探地质分层层位数，–·–表示微动测试地质分层层位数。

由图 6.2–14 可以看出，微动勘探地质分层与钻孔地质分层基本一致；由于上部高频信号较强，微动测试曲线上部地层分层较细，精准地反映出尾矿的分层沉积规律及性质变化；受主坝和副坝排矿相互作用的影响，在副坝附近相差几米的测试点其地层差异都较大；尾粉质黏土层在大部分测点中上部出现速度变化拐点，一是由于副坝附近沉积的尾粉质黏土是主坝排矿时形成的堆积物，且堆积分时段进行，由于固结作用同一层中下部曲线的 V_c 值大于上部曲线的 V_c 值；二是在沉积过程中该层存在尾粉砂、尾粉土薄层。

本次微动测试深度在 1# 钻孔达到基岩深度，利用 1# 钻孔的面波频散曲线反演得到横波速度介于 350 ~ 500m/s 之间，是由于硅质灰岩风化破碎并覆盖土层，尾矿沉积过程中尾矿又覆盖在土层之上，所以造成基岩界面附近面波 V_r 值向低速折拐，使反演计算的波速值小于 500m/s。因此，在以后的工作中应进行相应的研究工作，如加大台阵规模增加频散曲线的深度和进行钻孔波速测试等综合手段验证。

本次测试采用的一字形台阵布置平行于坝轴线，但未在同测点采用垂直于坝轴线的一字形台阵进行对比试验，以及在测试中根据需要增加人工震源的试验工作，有待在以后的尾矿堆积坝勘察工作中进行有关研究工作。

通过以上分析可知，微动勘探能有效地查明尾矿的沉积规律和密实程度，进行尾矿的分层和用于尾矿库的工程抢险、隐患处理的初步判断等工程项目中。

6.2.3　折射波法

尾矿库产生渗漏会对周边环境造成污染，特别重金属含量高的尾矿和在尾矿选矿过程中添加的有毒有害化学物质，会对人民群众的健康造成严重的伤害。因此，在 20 世纪 80 年代后期，我国的尾矿库都采取了防渗措施，最典型的防渗措施就是铺设防渗膜。在尾矿堆积坝岩土工程勘察过程中，需要查明尾矿库原始地形界面和基岩的埋深、风化程度等，而不破坏防渗膜，折射波法就是一个不错的选择。在尾矿库勘察测试中，折射波法可用于探测基岩埋深，划分松散沉积层序和基岩风化带；探测断层、破碎带等地质构造；根据折射波速度评价岩土体质量，进行滑坡等地质灾害调查，以及溶洞探测等。

折射波方法的应用条件为：①被探测界面的下伏地层波速应大于上覆地层的波速，或者局部虽然有低速层，但检波器排列范围内能够接收到返回地面的折射波；②被探测界面起伏应相对稳定，且具有延续性。

1. 原理及方法

基岩埋深和基岩界面起伏的探测，以二层界面和多层界面折射波时距曲线分析解释，折射波法时距曲线还包括倾斜界面折射波时距曲线。

（1）水平二层界面的折射波时距曲线。

假设地下深度 h 处，有一水平速度分界面 R，其上下两层速度分别为 v_1 和 v_2，且 $v_2>v_1$，见图 6.2-15，从激发点 O 到地面接收点 S 的距离为 x，折射波旅行路程为 $O\rightarrow A\rightarrow B\rightarrow S$。则：

$$\begin{cases} t=\dfrac{OA}{v_1}+\dfrac{AB}{v_2}+\dfrac{BS}{v_1}=\dfrac{AB}{v_2}+2\dfrac{OA}{v_1} \\ AB=x-2h\tan i \\ OA=h/\cos i \end{cases} \tag{6.2-3}$$

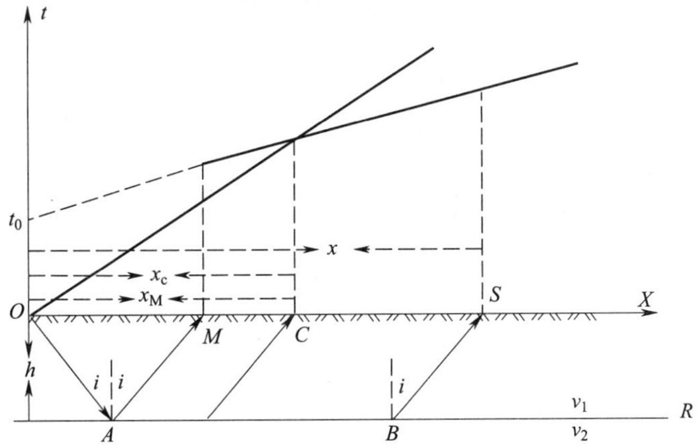

图 6.2-15　水平二层折射波时距曲线

故：

$$t=\frac{x-2h\tan i}{v_2}+\frac{2h}{v_1\cos i}=\frac{x}{v_2}-\frac{2h\sin i}{v_2\cos i}+\frac{2h}{v_1\cos i} \tag{6.2-4}$$

由于 $v_2=v_1/\sin i$，所以：

$$t=\frac{x}{v_2}+\frac{2h(1-\sin^2 i)}{v_1\cos i}=\frac{x}{v_2}+\frac{2h\cos i}{v_1} \tag{6.2-5}$$

因 $\sin i=\frac{v_1}{v_1}$，则$\cos i=\frac{\sqrt{v_2^2-v_1^2}}{v_2}$，故：

$$t=\frac{x}{v_2}+\frac{2h\cos i}{v_1}=\frac{x}{v_2}+2h\frac{\sqrt{v_2^2-v_1^2}}{v_1v_2} \tag{6.2-6}$$

此为水平二层介质的时距曲线方程，为直线，斜率 $k=1/v_2$。

（2）水平三层界面的折射波时距曲线。

水平三层界面的折射波时距曲线见图 6.2-16。

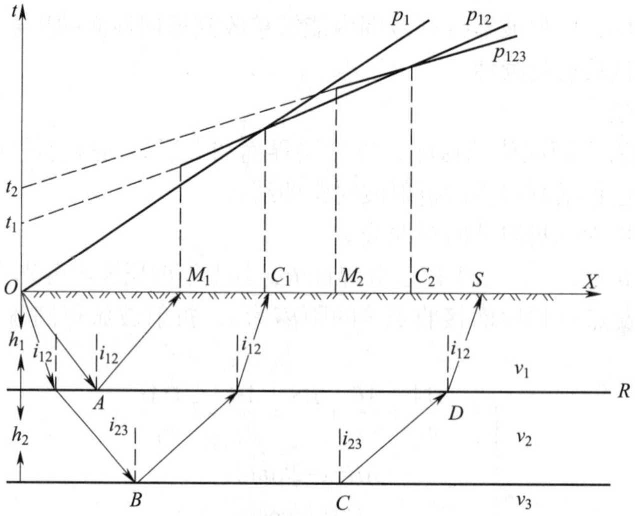

图 6.2-16　水平三层介质的折射波时距曲线

根据斯奈尔定律得：

$$\frac{\sin i_{13}}{v_1}=\frac{\sin i_{23}}{v_2}=\frac{1}{3} \tag{6.2-7}$$

折射波路径 *OABCDS* 的传播时间为：

$$t=\frac{x}{v_3}+\frac{2h_1\sqrt{v_3^2-v_1^2}}{v_3v_1}+\frac{2h_2\sqrt{v_3^2-v_2^2}}{v_3v_2} \tag{6.2-8}$$

斜率 $k=1/v_3$，盲区 $OM_2=2h_1\tan i_{13}+2h_2\tan i_{23}$。

推广到 n 层，则：

$$t_n=\frac{x}{v_n}+2\sum_{k=1}^{n-1}h_k\frac{\sqrt{v_n^2-v_k^2}}{v_nv_k} \tag{6.2-9}$$

（3）倾斜界面折射波时距曲线。

设 $v_2>v_1$，界面 R 的倾角为 φ，在 O_1 点激发，在测线下倾方向距离为 x 处的 O_2 点接收，O_1 和 O_2 处界面的法线深度分别为 h_1 和 h_2。倾斜界面上折射波相遇时距曲线见图 6.2–17。

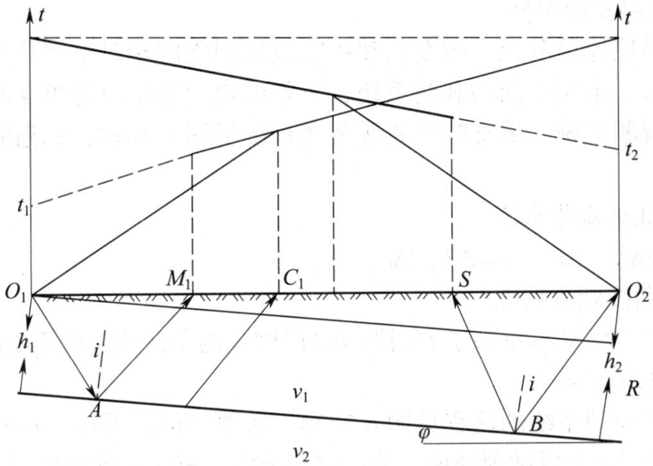

图 6.2–17　倾斜界面上折射波相遇时距曲线

下倾方向接收时折射波的旅行时间为：

$$t_{下}=\frac{O_1A+O_2B}{v_1}+\frac{AB}{v_2} \tag{6.2–10}$$

由于 $AB=x\cos\varphi-(h_2+h_1)\tan i$、$O_1A=\dfrac{h_1}{\cos i}$、$O_2B=\dfrac{h_2}{\cos i}$，则：

$$t_{下}=\frac{h_1+h_2}{v_1\cos i}+\frac{x\cos\varphi-(h_1+h_2)\tan i}{v_2}=\frac{x\sin(i+\varphi)}{v_1}+\frac{2h_1\cos i}{v_1} \tag{6.2–11}$$

同理，在 O_2 点激发，在上倾方向 O_1 点接收，波的旅行时间为：

$$t_{上}=\frac{x\sin(i-\varphi)}{v_1}+\frac{2h_2\cos i}{v_1} \tag{6.2–12}$$

$$\begin{cases}\dfrac{1}{v^*_{下}}=\dfrac{\sin(i+\varphi)}{v_1}\\[2ex]\dfrac{1}{v^*_{上}}=\dfrac{\sin(i-\varphi)}{v_1}\end{cases} \tag{6.2–13}$$

由上两式得：

$$\begin{cases}(i+\varphi)=\arcsin\dfrac{v_1}{v^*_{下}}\\[2ex](i-\varphi)=\arcsin\dfrac{v_1}{v^*_{上}}\end{cases} \tag{6.2–14}$$

则倾角公式为：

$$i=\frac{1}{2}\left(\arcsin\frac{v_1}{v^*_{下}}+\arcsin\frac{v_1}{v^*_{上}}\right) \tag{6.2-15}$$

$$\varphi=\frac{1}{2}\left(\arcsin\frac{v_1}{v^*_{下}}-\arcsin\frac{v_1}{v^*_{上}}\right) \tag{6.2-16}$$

（4）折射波观测系统类型。

观测系统是描述地震勘探中激发点和接收点排列之间相对空间位置的布置方式，不同的地震勘探方法，采用不同的观测系统，折射波观测系统分为单支时距曲线观测系统和相遇时距曲线观测系统。单支时距曲线观测系统见图 6.2-18，相遇时距曲线观测系统见图 6.2-19。

1）单支时距曲线观测系统。

各层速度：$v_1=\Delta X_{直}/\Delta t_{直}$，$v_2=\Delta X_{折}/\Delta t_{折}$

2）相遇时距曲线观测系统。

$S_{折射}$反映了 BD 段；$S'_{折射}$反映了 CA 段；BC 段则是两条曲线共同反映的地段。

2. 资料处理与解释

折射波法资料处理系统的流程见图 6.2-20，从图中可以看出，在对地震记录拾取初至时间之前，先判别是否要做预处理。若地震记录中初至区干扰波较强，而有效波相对较弱，则应在预处理中通过滤波、切除或均衡等方法压制干扰波，以便识别有效折射波和正确拾取初至时间。在解释方法选择中，可选常规解释方法和复杂条件解释方法两类，各类中又分别包含各种不同的方法和情况。通常当折射波界面为正常水平界面或倾斜界面时，可选用常规的解释方法；若是其他一些特殊形态的地质体和岩层，则应选用相应的复杂条件解释方法进行解释。

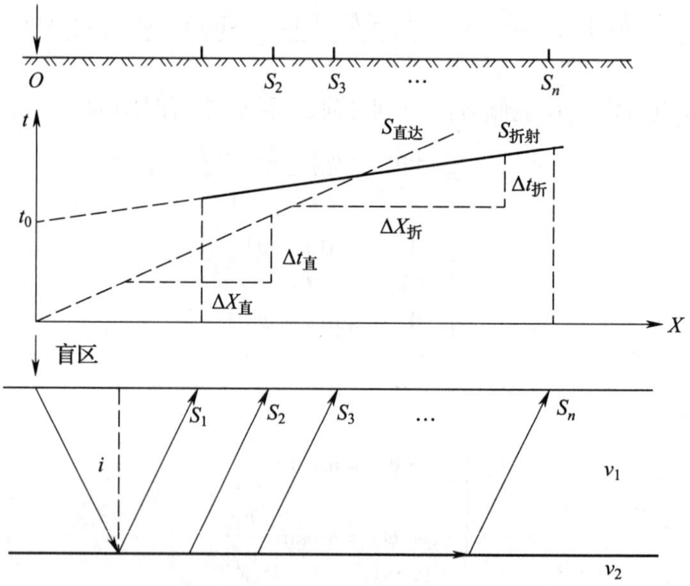

图 6.2-18 单支时距曲线观测系统

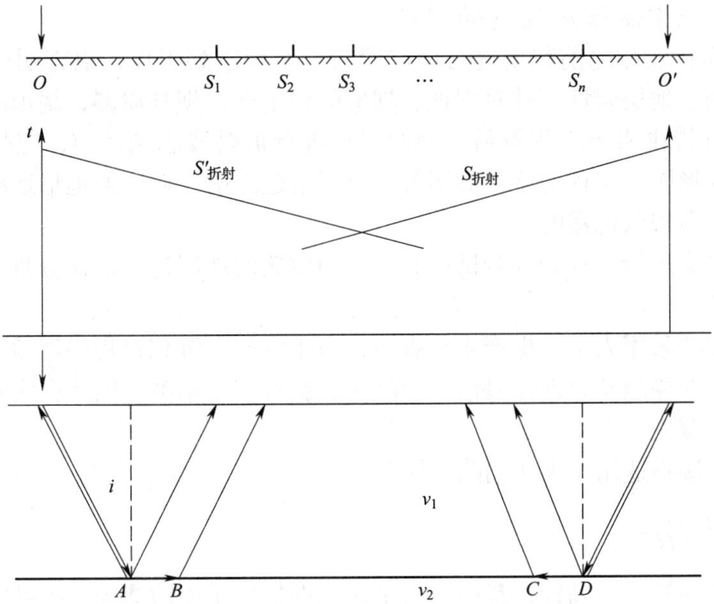

图 6.2–19　相遇时距曲线观测系统

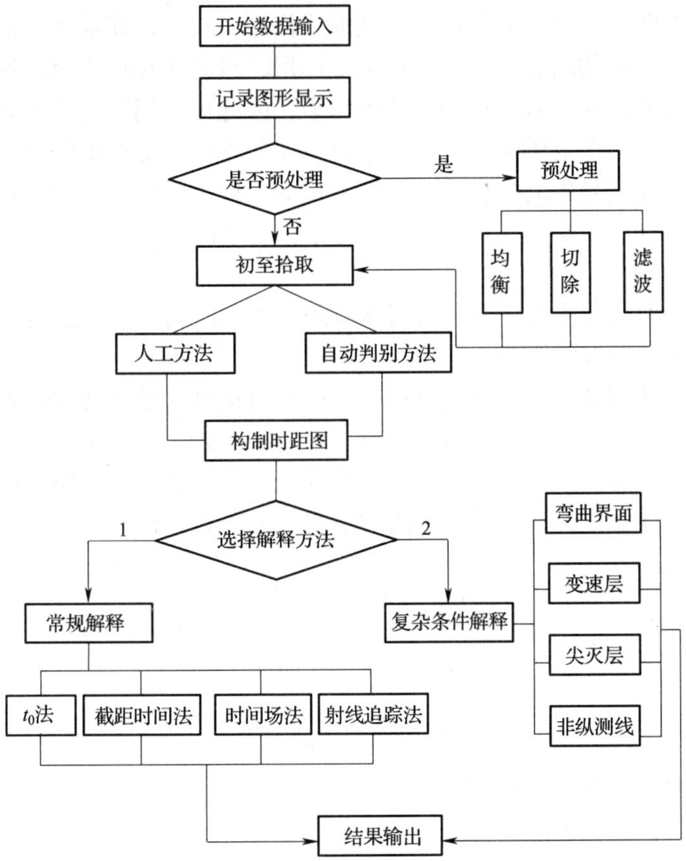

图 6.2–20　折射波法资料处理系统流程

3. 尾矿堆积坝测试应注意的问题

（1）尾矿库在建库之前都要进行尾矿库岩土工程勘察工作，以查明尾矿库区及坝址的不良地质作用、地层岩性，并对坝址、坝肩的稳定性，坝基渗漏，绕坝渗漏进行分析评价，为建库设计提供岩土工程资料。因此，在进行折射波法测试前，应收集上述相关资料，特别是原地形图、工程地质剖面图等，以了解建库前尾矿库的地形地貌、库底及坝基地层和基岩的分布和风化程度。

（2）测试前应进行工程物探测试试验，并与收集的地层进行对比分析验证，制订测试方案。

（3）折射波法采用人工击振产生地震波，由于尾矿在沉积过程中尾砂层夹有薄层软弱夹层或透镜体，在探测基岩埋深时信号会减弱，影响探测精度。因此在实际工作中，应采用叠加振源进行探测。

（4）折射波法不适用于坝体塌陷的探测。

6.2.4 反射波法

同折射波法一样，在勘探过程中，为了达到保护尾矿库防渗膜不被钻穿的目的，在尾矿库勘察测试中，反射波法经常用于探测原始地形界面、基岩埋深以及基岩的风化程度和坝体塌陷等。在进行尾矿堆积坝勘察时，工程地质测绘与调查是一项很重要的工作，通过测绘与调查可以查明场地的断裂构造及不良地质作用。在尾矿库前期的勘察工作中，有可能未查明尾矿库范围内的断裂构造和不良地质作用，或者建坝堆筑尾矿后形成的新的不良地质作用，造成尾矿泄漏，对周边环境产生污染，因此可以用反射波法查明构造带、软弱带等可能产生泄漏的不良地质体，为尾矿库的治理和环境修复提供依据。

采用反射波方法应具备的条件为：①探测目标与周围介质之间应存在明显的波阻抗差异；②探测目标应有一定规模，几何尺寸不宜小于有效波长的 1/4。

1. 原理及方法

反射波法时距曲线分为水平界面反射波时距曲线和倾斜界面反射波时距曲线。

（1）水平界面反射波时距曲线。

直达波是一种从震源出发不经过反射、折射而直接到达地面各接收点的地震波，当地面 O 点产生击振，会在地面 S 点接收到直达波，直达波时距曲线即检波器直接接收到的击振信号时间和距离的关系，反射波时距曲线为双曲线，直达波时距曲线是反射波时距曲线的渐近线，水平界面直达波和反射波的时距曲线见图 6.2–21。

波的旅行时间：

$$t=\frac{2RS}{v_1}=\frac{O^{*}RS}{v_1}=\frac{1}{v_1}\sqrt{4h^2+x^2} \tag{6.2–17}$$

移项变换后：

$$\frac{t^2}{(2h/v_1)^2}-\frac{x^2}{(2h)^2}=1 \tag{6.2–18}$$

为双曲线方程，对称于 t 轴，极小点位于震源点上方。

当 x=0 时，t_0=$2h/v_1$，界面深度：

$$h=\frac{1}{2}v_1t_0 \tag{6.2–19}$$

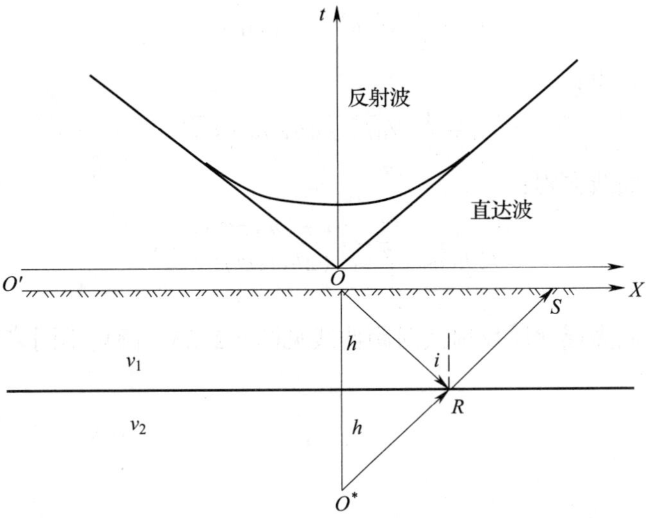

图 6.2–21　水平界面直达波和反射波的时距曲线

（2）倾斜界面反射波时距曲线。

倾斜单层界面反射波时距曲线见图 6.2–22。

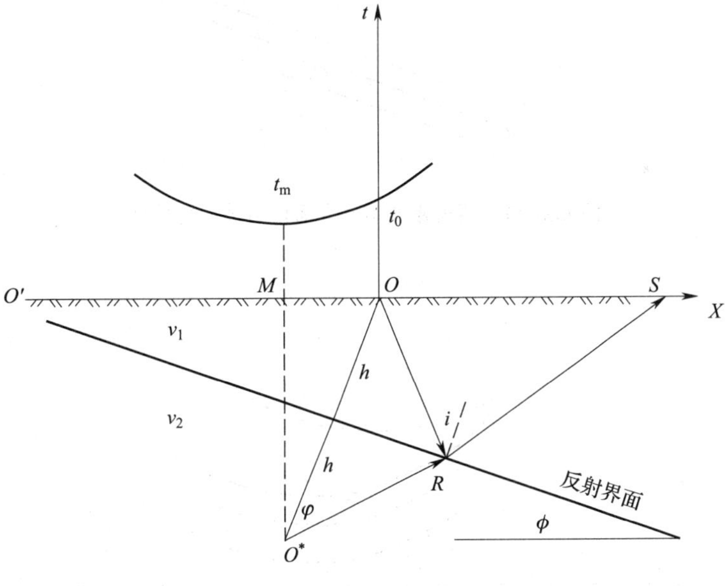

图 6.2–22　倾斜单层界面反射波时距曲线

因为 $OM=OO^*\sin\varphi=2h\sin\varphi$、$O^*M=OO^*\cos\varphi=2h\cos\varphi$，故：

$$t=\frac{OR+RS}{v_1}=\frac{O^*RS}{v_1}=\frac{1}{v_1}\sqrt{(2h\cos\varphi)^2+(x+2h\sin\varphi)^2} \tag{6.2–20}$$

$$t_{下}=\frac{1}{v_1}\sqrt{4h^2+4hx\sin\varphi+x^2} \tag{6.2–21}$$

同理：

$$t_{上} = \frac{1}{v_1}\sqrt{4h^2 - 4hx\sin\varphi + x^2} \tag{6.2–22}$$

将上两式合并，得：

$$t = \frac{1}{v_1}\sqrt{4h^2 \pm 4hx\sin\varphi + x^2} \tag{6.2–23}$$

整理化简得双曲线方程：

$$\frac{t^2}{\left(\dfrac{2h\cos\varphi}{v_1}\right)^2} - \frac{(x \pm 2h\sin\varphi)^2}{(2h\cos\varphi)^2} = 1 \tag{6.2–24}$$

同理，倾角相同多层介质反射波时距曲线见图 6.2–23，倾角不同多层介质反射波时距曲线见图 6.2–24。

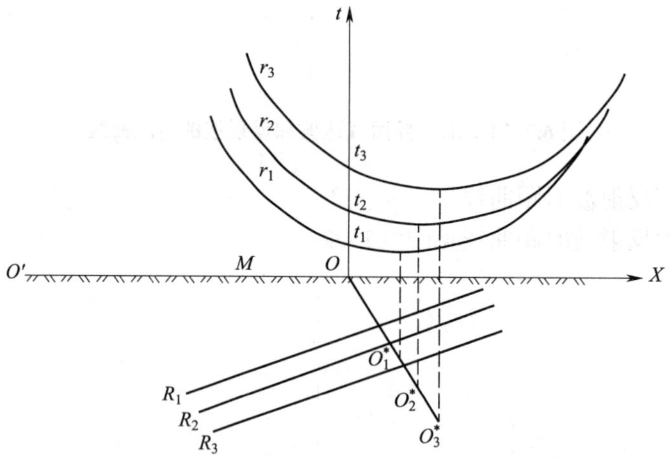

图 6.2–23 倾角相同多层介质反射波时距曲线

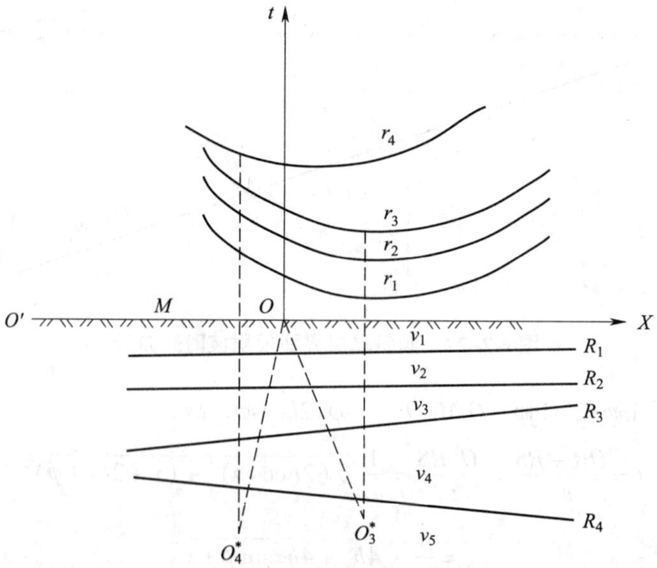

图 6.2–24 倾角不同多层介质反射波时距曲线

（3）反射波多次覆盖观测系统。

多次覆盖观测系统，又称水平叠加、共反射点叠加、共中心点叠加，是指一条测线上不同点激发、不同点接收地下同一反射点的信号。其中共反射点见图 6.2–25，6 次覆盖观测系统见图 6.2–26。

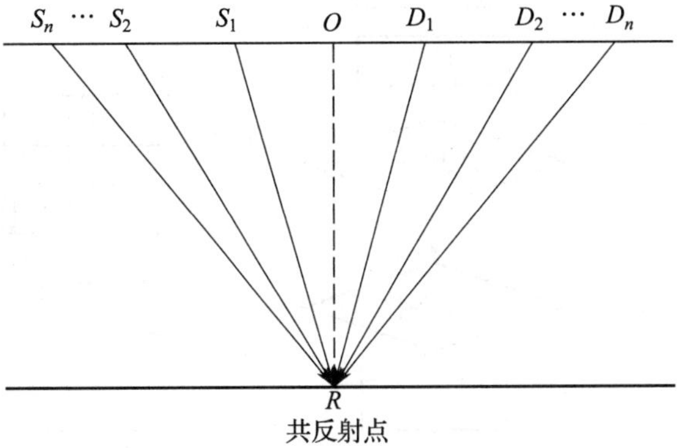

图 6.2–25　共反射点图

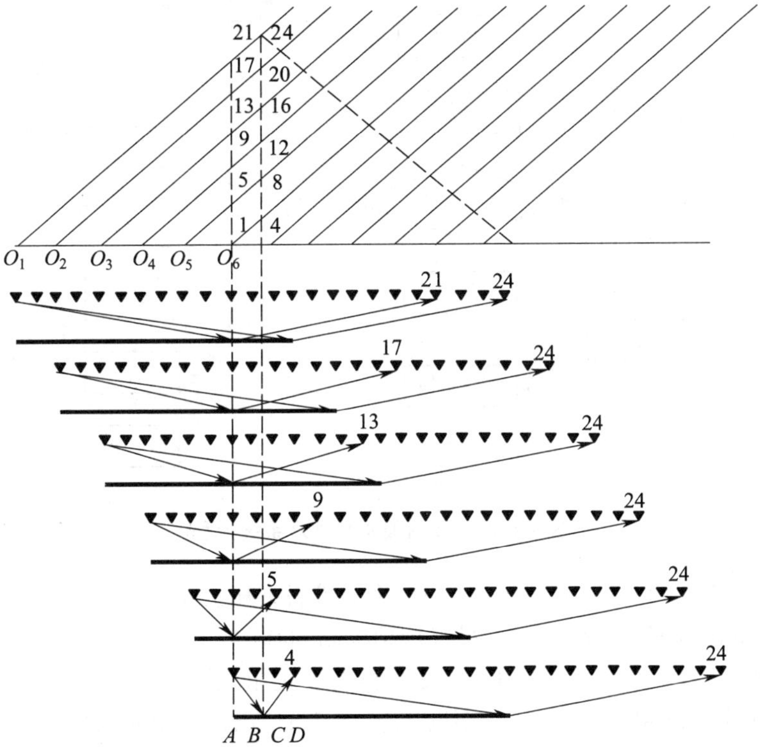

图 6.2–26　6 次覆盖观测系统

图 6.2–26 为 6 次覆盖观测系统，O_1 激发的第 21 道，O_2 激发的第 17 道，O_3 激发的第 13 道，O_4 激发的第 9 道，O_5 激发的第 5 道，O_6 激发的第 1 道，都接收来自 A 点的反射，

因此分别在6炮记录中选出第21道，17道，13道，9道，5道，1道组成A的共反射点道集。O_1 ~ O_6激发6炮后得A、B、C、D 4个达到6次覆盖的共反射点。

2. 资料处理与解释

反射波资料处理系统流程见图6.2-27。

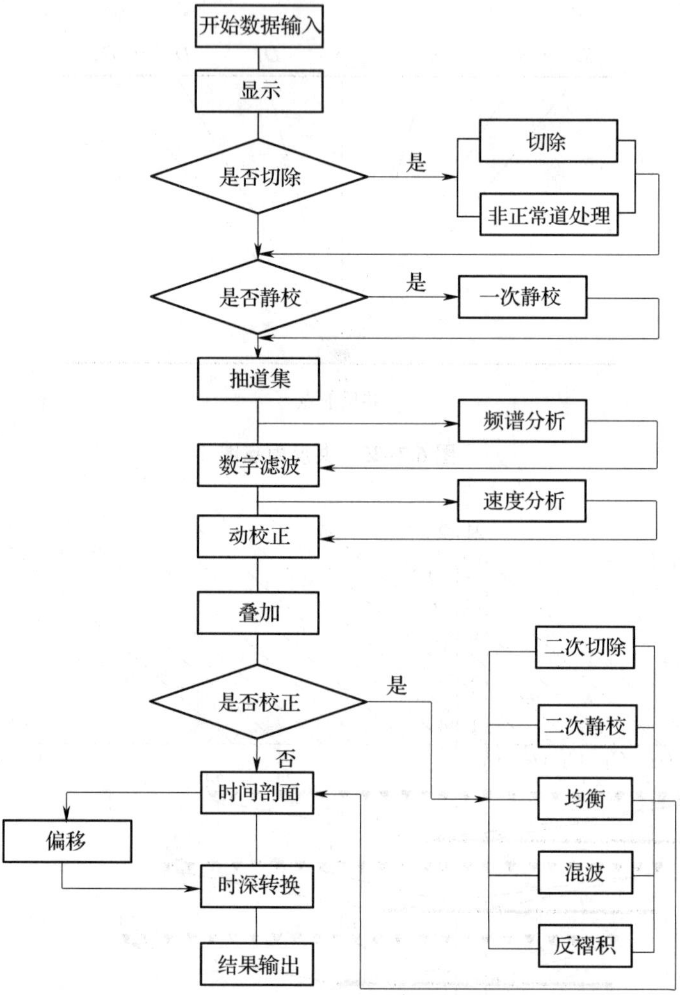

图6.2-27 反射波资料处理系统流程

某尾矿库位于陕西省山阳县境内，初期坝为堆石碾压透水坝，坝高29m，底宽110m，堆积坝采用上游式筑坝，坝高79m，最终坝顶标高880m。

为查明坝址、库区及两岸断层的发育情况，防止尾矿水通过断层破碎带产生渗漏，提出可行的治理措施建议，勘察时共布设5条地震勘探线dz4 ~ dz8，采用GDZ-24道数字地震仪，60Hz P波检波器接收，观测系统采用单边激发24道接收6次覆盖反射波法，道间距3m、4m，偏移距9m、16m，炮间距6m、8m，锤击震源激发，垂直叠加次数5 ~ 10次。采样率0.5ms，记录长度1 024ms。dz4地震水平叠加时间剖面图见图6.2-28。

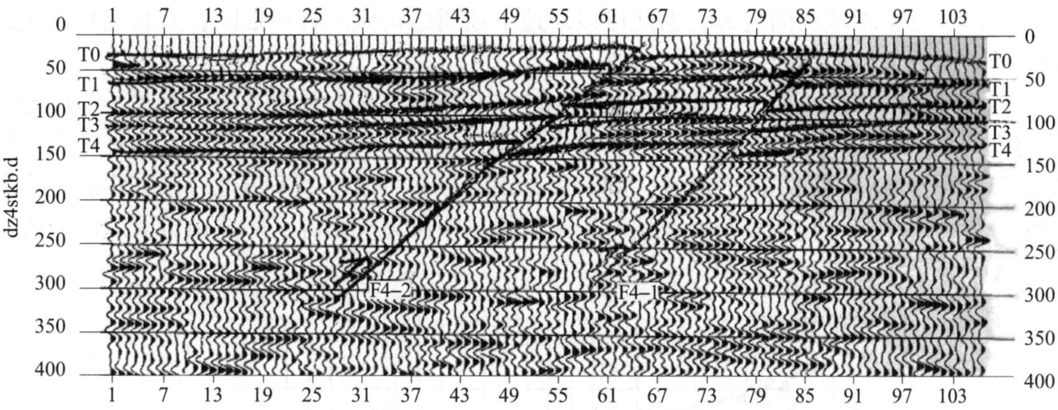

图 6.2–28　dz4 地震水平叠加时间剖面图

从图 6.2–28 可以看出，该地震水平叠加时间剖面在 61 ~ 67 道号和 85 道号附近地层发生明显错动，分析判断该处有 2 条逆断层发育，其中一条 F4–1 倾向 NEE，倾角为 74.4°，断距约 5.5 ~ 11.8m；另一条 F4–2 倾向 NEE，倾角为 65.1°，断距约 10.7 ~ 15.7m。反射波法测试的解释结果与区域地质构造和场地工程地质测绘结果相吻合。

6.2.5　地震映像法

地震映像法利用面波、折射波、反射波等多种地震波，采用等偏移距方式连续采集，并利用地震波传播特征变化进行探测的一种方法，该方法是由北京市水电物探研究所刘云祯教授在 1994 年提出的一种地震勘探方法。地震映像法是基于反射波中的最佳偏移距技术发展起来的一种常用浅层地震勘探方法，该方法研究初期采用小偏移距、小道距移动采集面波（包括基阶和高阶）方式，且通常采用单道接收。最早的工程应用项目为兰州中川机场扩建工程详勘，该技术的成功应用使其获得 2000 年国家第七届优秀勘察银奖。二十多年来地震映像法在岩土工程洞穴及塌陷灾害探测中得到广泛应用。

地震映像法的特点：

（1）采集速度快，仪器操作简单便捷，勘探深度一般小于 20m。

（2）资料利用多波信息，可以是面波、反射波或折射波等。

（3）适用于探测目的层较单一的变化。

（4）地质异常体的地震波记录上同向轴的时间、幅度和频率变化直观明显，应用解释方便。尾矿的沉积规律一般为层状沉积，当尾矿堆积坝发生渗流破坏使坝体塌陷，塌陷体内由于细颗粒的流失会形成空洞或松散体，这个过程造成空洞塌陷区范围内介质速度降低和传播能量衰减，符合地震映像法的探测条件。探测尾矿堆积坝坝体塌陷一般选取反射波和面波作为有效波来进行探测。

地震映像资料以地震波时间剖面图为基础，采集过程采用固定偏移距和道间距，因此地震波在地层介质连续、地层速度不变的条件下，传播时间和幅度基本一致；而在地层介质松散和存有空洞的地段，地震映像剖面图中各波组同相轴的能量变化、频率变化、幅度衰减，以及发生中断和消失等，据此可以对地下地质结构做出解释推断，尤其是对均匀结构中的空洞或充填体推断效果更好。

地震映像法偏移距的大小和检波器频率的选择与探查目的和探查深度有关，最佳偏移距的确定是测试成果成功与否的关键因素，因此，首先要选择最佳偏移距。偏移距是指激发震源点和接收检波器之间的距离，确定偏移距的方法可以使用多道地震仪采集展开排列记录，或采用 1 个接收检波器接收信号，沿直线等距离激发震源，形成由近及远的地震波传播记录，见图 6.2–29。

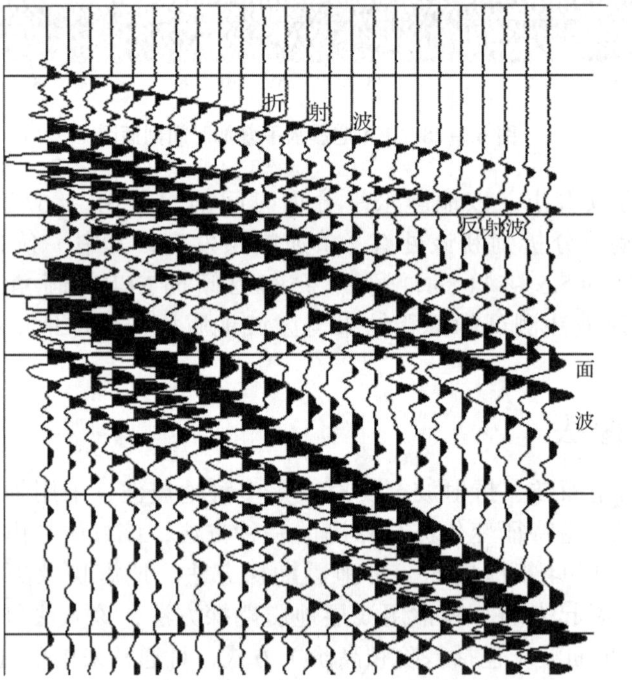

图 6.2–29 地震波展开排列记录

由现场试验获得图 6.2–29 中的地震波传播记录，由图可见地震折射波、反射波和面波的空间时间位置，供确定偏移距使用。

1. 反射波

地震映像法中常用反射波作为主要的有效波。当波遇见空洞或松散体时会发生反射，在地震映像法时间剖面上表现为层位的错动，波形明显与均质体地层存在差异，一般根据反射波同相轴的变换情况定性推断界面的起伏情况，根据反射界面上的介质速度计算深度。

2. 面波

地震映像法中利用的面波是在地下一定深度内从震源传播至接收点的含有多种频率成分的、有多个相位的面波群。面波群的形态与覆盖层介质密度、泊松比和层面性质等因素有关。面波在传播过程中，会在地层界面、介质密度和介质速度不同的界面，发生波的分叉、合并、衰减、频率变化和时间改变等现象，地震波映像记录下这些变化现象可作为判断地下介质变化的依据。

中川机场位于兰州市区以北 70km 的秦王川盆地的西南段，机场范围内的地层由第四系次生黄土及冲洪积砂砾与粉土交互沉积物组成，厚度 15 ~ 54m，其下为第三系砂岩。由于农民的采砂压砂保墒，在地下形成了大小、深度和形状各异的砂坑，当进行农田灌溉后，灌溉水入渗，地下砂坑塌陷或形成采空区。

图 6.2–30 为该工程典型的地震映像法时间剖面图，在空洞、塌陷体界面上，产生波的绕射与反射，发生多波同相轴变化，波幅衰减、弹性波旅行时间增大或减少等反应，与正常地层的波形连续、相位一致，形成明显差别。

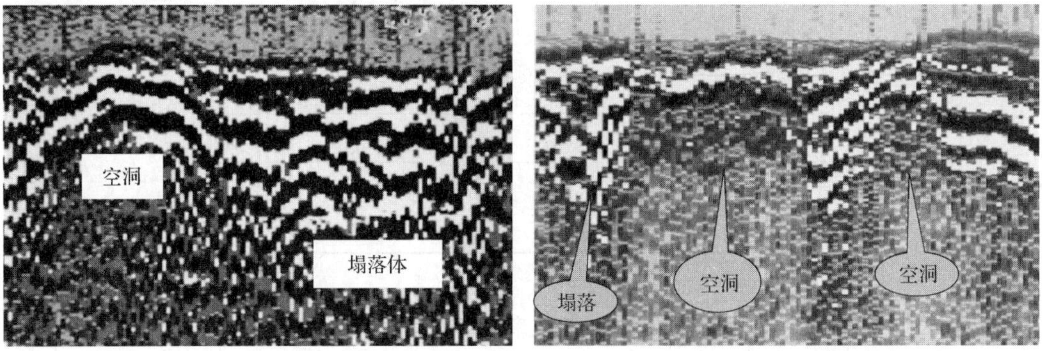

图 6.2–30　地震映像法时间剖面图

对图 6.2–30 所示的空洞或塌落体进行了开挖验证，验证结果与物探的解释结果一致。在中川兰州机场扩建工程勘察工作中，利用地震映像法探查出 118 处空洞和塌陷异常区，均经过强夯施工处理验证。

6.3　电法勘探技术

电法勘探是利用地下各类岩土体的电磁学性质和电化学特性的差异，通过对人工或天然电场、电磁场或电化学场的空间分布规律和时间特性的观测和研究，推断地下岩层的性质和形态的地球物理勘探方法。

在尾矿堆积坝勘察中，电法勘探技术主要用于确定原始地形界面、基岩埋深、坝体塌陷范围以及断裂构造等。湿式堆存尾矿堆积坝中浸润线位置及埋深、由于软弱夹层或透镜体存在形成的上层滞水，以及坝前地下潜水水位等，都可以采用电法勘探方法来查明。干式堆存尾矿堆积坝由于尾矿库防渗膜的作用，长期的雨水会在库底尾矿中形成薄层的含水层，通过电法勘探方法可以查明含水层的埋深和厚度。

尾矿堆积坝岩土工程勘察常用的电法勘探技术有电阻率测深法、高密度电法等。

6.3.1　电阻率测深法

在尾矿堆积坝勘察中，电阻率测深法主要用于浅部的尾矿分层与密实程度划分，并在坝体塌陷时确定塌陷范围，同时可以确定浸润线的位置。

1. *原理及方法*

电阻率测深法简称电测深法，它是以地下岩土的电性差异为基础，人工建立地下稳定直流电场或脉动电场，通过逐次加大供电（或发送）与测量（或接收）电极极距，观测与研究同一测点下垂直方向不同深度范围岩土层电阻率的变化规律，以查明不同深度地质体的分布情况。电阻率测深法示意图见图 6.3–1。

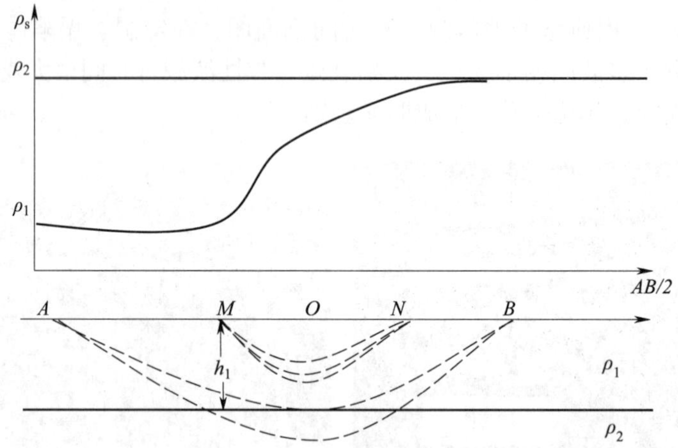

图 6.3–1　电阻率测深法示意图

地面上的 O 位测点，将 $AMNB$ 电极以 O 点为中心，呈左右对称排列一条直线。当 A、B 电极供电时测量出 M、N 两点间电位差 ΔU_{MN} 回路中的电流，并按式（6.3–1）计算视电阻率 ρ_s。

$$\rho_s = K\frac{\Delta U_{MN}}{I} \tag{6.3–1}$$

$$K = \frac{2\pi}{\frac{1}{AM}-\frac{1}{AN}-\frac{1}{BM}+\frac{1}{BN}} \tag{6.3–2}$$

式中　K——装置系数（m）；

　　I——供电电流（A）。

K 值随 AB 的变化而变化，然后保持 O 点不动，分别向左右对称地移动 A、B，以便扩大 AB 间的距离。再测量 MN 两点间的电位差 ΔU_{MN} 及供电电流。这样又可以计算出一个 ρ_s 值。如此继续扩大 AB 间的距离，就可以算出对应于每个 AB 的 ρ_s。以 $AB/2$ 为横坐标，以 ρ_s 为纵坐标则可以绘出电测深曲线。

电测深法可分为偶极电测深和对称四极电测深等。

（1）偶极电测深。

当 AB 和 MN 远小于这两对电极之间的距离时，两个偶极形成的装置称为偶极装置。通常使用以下几种偶极装置类型：方位偶极、径向偶极、平行偶极、垂直偶极。偶极装置是利用逐渐增加偶极的中心距来增加勘探深度的。记录点依具体情况和习惯可取 MN 的中点或 AB 的中点，也可取两偶极的中点。电测深曲线的横坐标以两偶极中心距为变量。这种装置所需的电缆短、工作方便，但是当探测深度很大时，偶极装置测得的电位差相当小、观测精度下降。电测深偶极装置类型示意图见图 6.3–2。

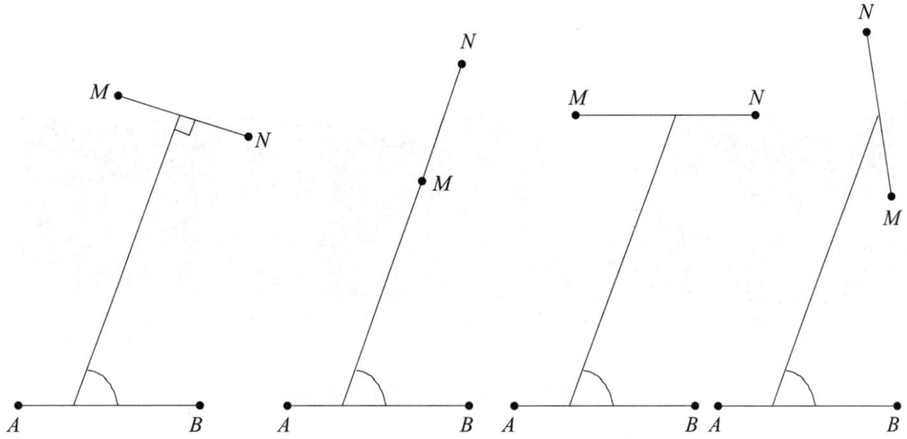

图 6.3–2　电测深偶极装置类型示意图

（2）对称四极电测深。

对称四极装置是把供电电极 A、B 和测量电极 M、N 对称地排列于测点的两侧，且在同一条侧线上，工作中 AB 间的最小距离应能使电测深曲线的首部为近似水平的线段，以便由它的渐近线直接求出第一电性层的电阻率 ρ_1。然后，逐渐增大 AB 间的距离，以增大勘探深度。

2. 资料处理与解释

电阻率测深法的处理首先是根据采集的电流 I 和电压 ΔU_{MN}，结合电极装置系数，绘制出电测深曲线；再根据电测深曲线的形态，对电测深资料进行定性解释，绘出测区内电性层的分布；通过层数，对电测深曲线进行正反演拟合，最终得出电性层的埋深及深度。电阻率测深法处理流程见图 6.3–3。

某拟建工程场地为砂土堆填而成，堆填砂土呈褐黄 ~ 灰褐色，主要成分为粉细砂，局部地段为粉细砂和黏性土的混合物，地层厚度随原有地形高低变化而变化，个别地段填筑有黏性土薄夹层，土质不均匀，稍湿 ~ 湿，松散 ~ 稍密状态，该层厚度约 10m，为了探测堆填砂土视电阻率、进行场地砂土密实程度评价和确定电气设备接地装置接地电阻大小并为场地内土对钢结构腐蚀性判定提供依据，本次共布置测线 25 条，测线长 11 295m，测点数 320 个，视电阻率测试装置采用对称四极装置，根据测试深度要求结合现场试验，供电电极极距选择如下：1m、1.5m、2m、3.5m、5m、7m、10m、15m、22m、30m。选取其中的 DZLN3–2 和 DZLN3–3 测线，其视电阻率等值线图见图 6.3–4。

由图 6.3–4 可以看出，堆填砂土的视电阻率范围为 27 ~ 460Ω·m，变化范围较大，视电阻率值主要集中在 100 ~ 300Ω·m 之间，说明堆填砂土堆填不均匀，密实程度变化较大。场地电气设备接地装置的接地电阻率设计值按图 6.3–4 相应位置查找。

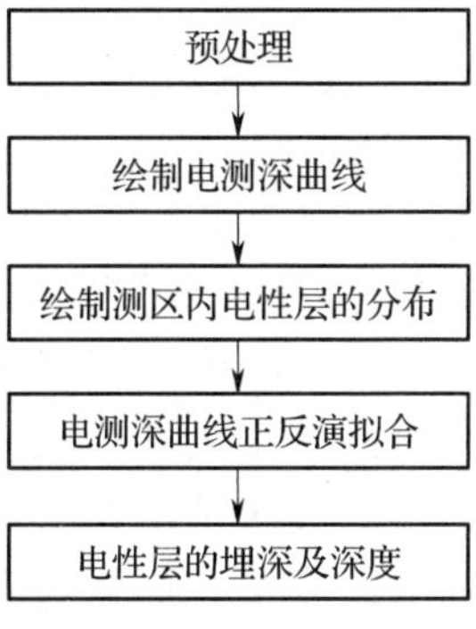

图 6.3–3　电阻率测深法处理流程

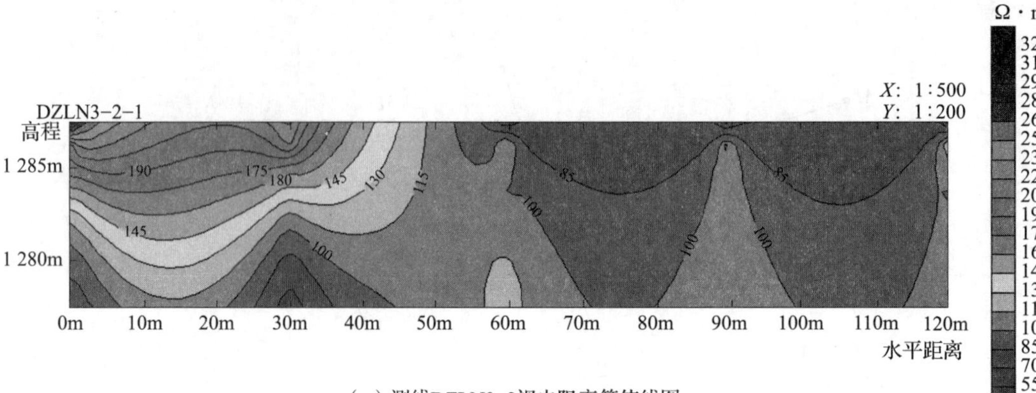

（a）测线DZLN3-2视电阻率等值线图

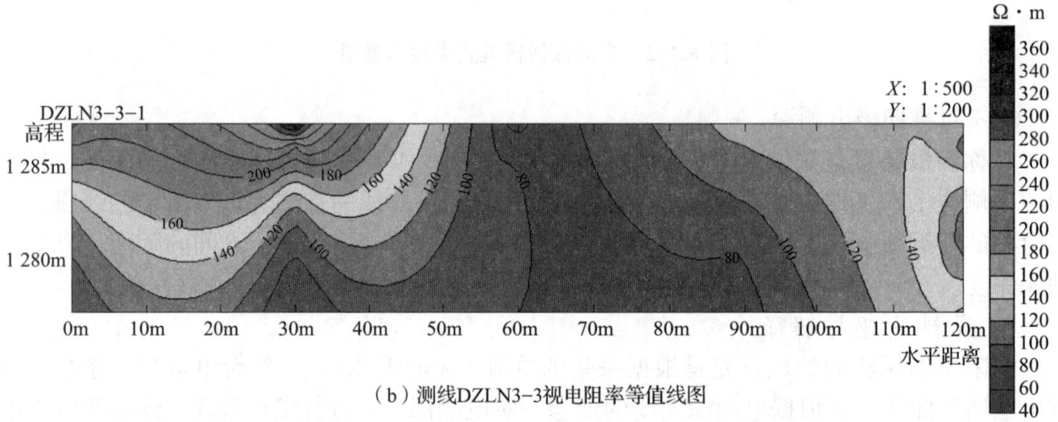

（b）测线DZLN3-3视电阻率等值线图

图 6.3-4 视电阻率等值线图

当需要查明尾矿堆积坝某一深度范围内电阻率的大小，可采用电测井法进行测试，也可用于尾矿分层和确定尾矿浸润线的位置。试验采用 JDX-2D 电极系测井仪，采样间距 5cm，测量探管中的微弱信号在井下经放大、数模转换、编码后传输到地面，数据自动采集，绘制不同地层视电阻率随深度的变化曲线，见图 6.3-5。

6.3.2 高密度电法

1. *原理及方法*

高密度电法是将直流电通过电极接地供入地下，建立稳定的人工电场，在地表观测某点垂直方向或水平方向的电阻率变化，从而了解沿途介质的分布或地质构造特点的方法，高密度电法是一种阵列电法勘探方法。

高密度电法具有以下优点：①电极布设一次性完成，减少了因电极设置引起的干扰和由此带来的测量误差；②能有效地进行多种电极排列方式的测量，从而可以获得较丰富的关于地电结构状态的地质信息；③数据的采集和收录全部实现了自动化，不仅采集速度快，而且避免了人工操作引起的误差和错误，大大提高了电阻率法的智能化程度。

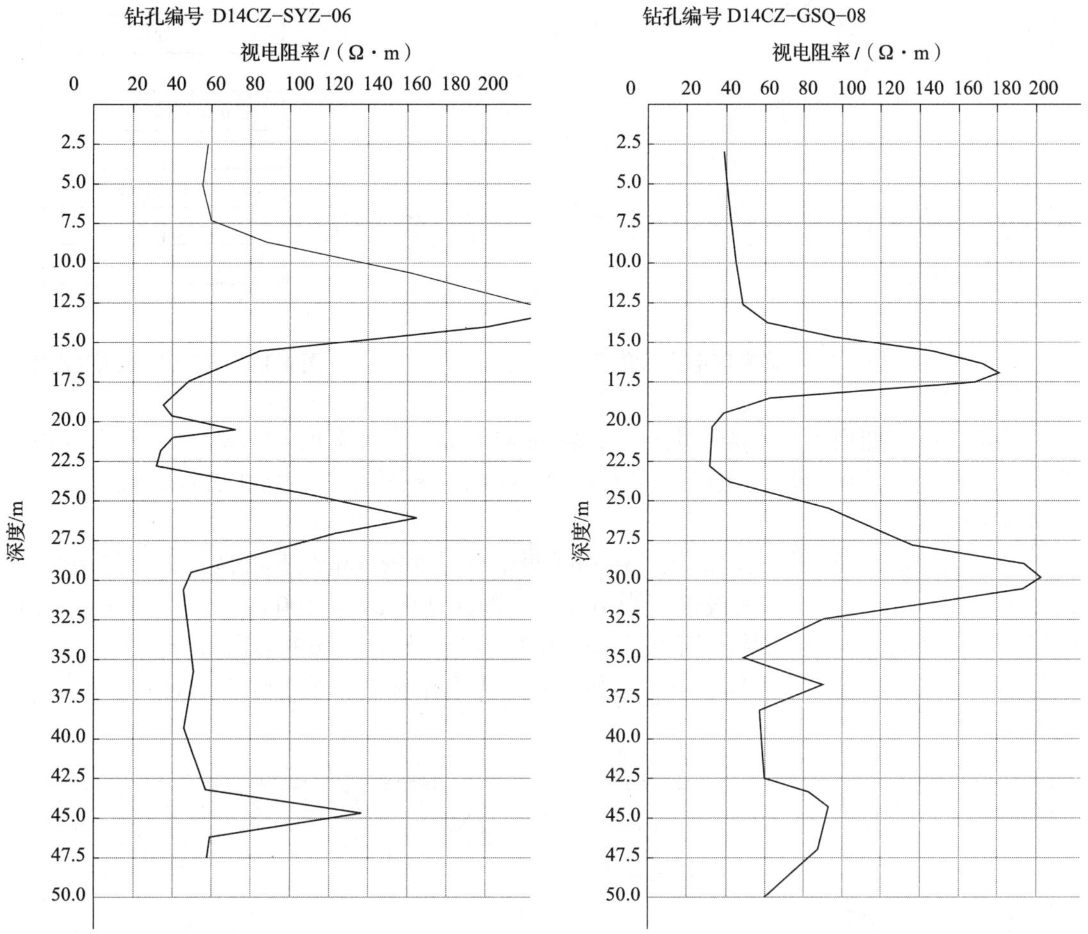

图 6.3–5　钻孔视电阻率图

高密度电法的原理为通过接地电极，将直流电供入地下，建立稳定的人工电场，见图 6.3–6。图中 *AB* 为供电电极，*MN* 为测量电极，当 *AB* 供电时用仪器测出供电电流 *I* 和 *MN* 处的电位差 ΔV，则岩层的视电阻率按式（6.3–3）计算：

$$\rho_s = K\frac{\Delta V}{I} \tag{6.3–3}$$

式中　ρ_s——岩层的视电阻率（Ω · m）；

ΔV——测量电极间的电位差（mV）；

I——供电回路的电流强度（mA）。

2. 资料处理与解释

高密度电法资料处理流程首先将存储在仪器内的测量数据传输到计算机上，通过对测量时数据的质量因子（*Q* 值）进行坏点删除、地形校正等预处理，再通过采用有限元反演方法对数据进行正反演拟合，绘成视电阻率等值线图，依据等值线图的变化特征做出地质解释。高密度处理流程见图 6.3–7。

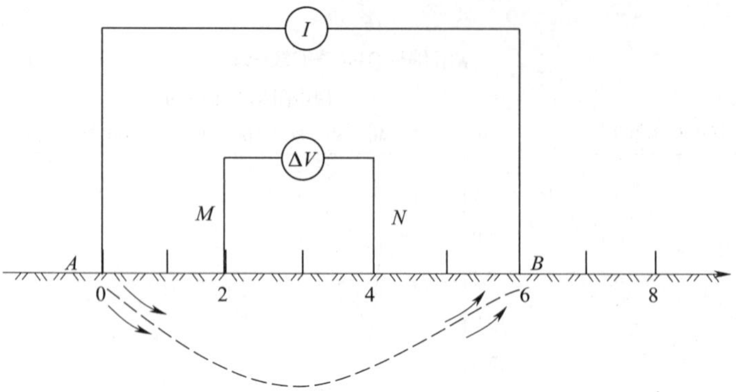

图 6.3–6　高密度电法示意图

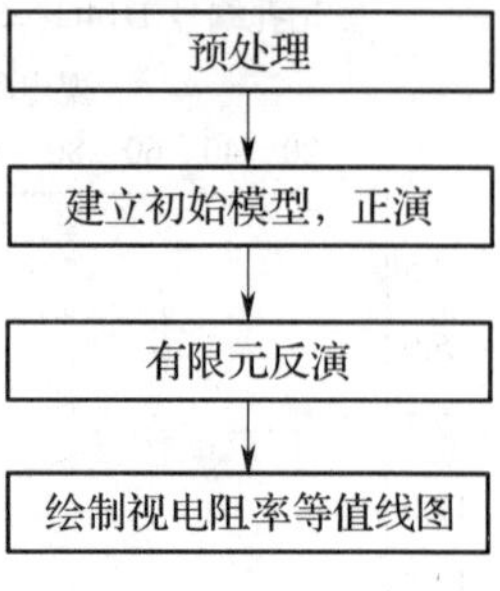

图 6.3–7　高密度电法处理流程

某尾矿库初期坝为碾压透水堆石坝，坝高 41.65m，坝顶宽度 4.86m，坝轴线长 130m；堆积坝采用上游式湿式堆存尾矿，堆积高度 54.00m，尾矿库总坝高 95.65m，设计全库容 $3.178 \times 10^6 m^3$。

为查明尾矿库断层的发育情况，在库区两岸布置高密度电法测线两条 *AA'* 和 *BB'*，测线布置见图 6.3–8。测试时电极极距为 10m，探测深度为 80 ~ 100m，对于视电阻率异常区域采取加密高密度电法测线等手段，调整电极极距对异常区域的浅层进行探测，并结合工程地质测绘、钻探等手段综合解释分析，尾矿库左岸和右岸视电阻率剖面见图 6.3–9 和图 6.3–10。

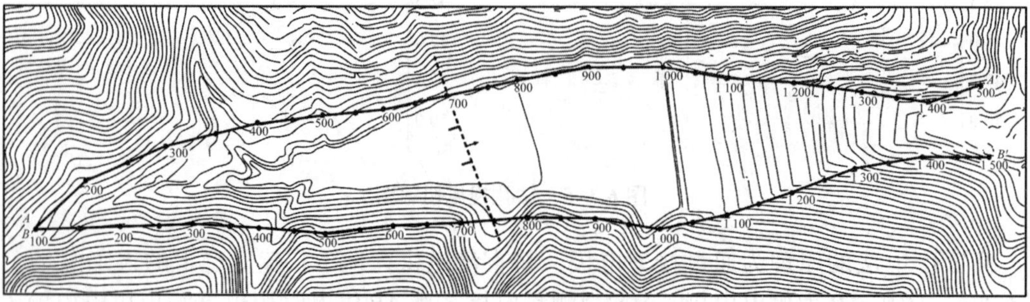

图 6.3–8　高密度电法测线位置图

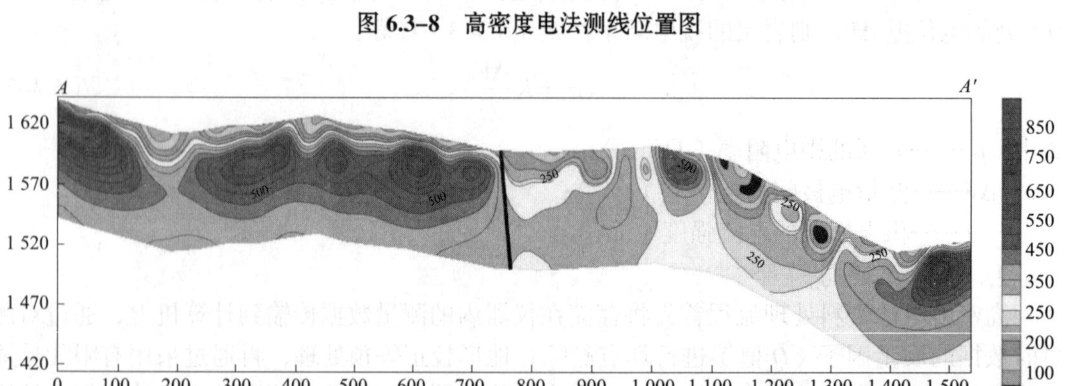

图 6.3–9　左岸视电阻率剖面图

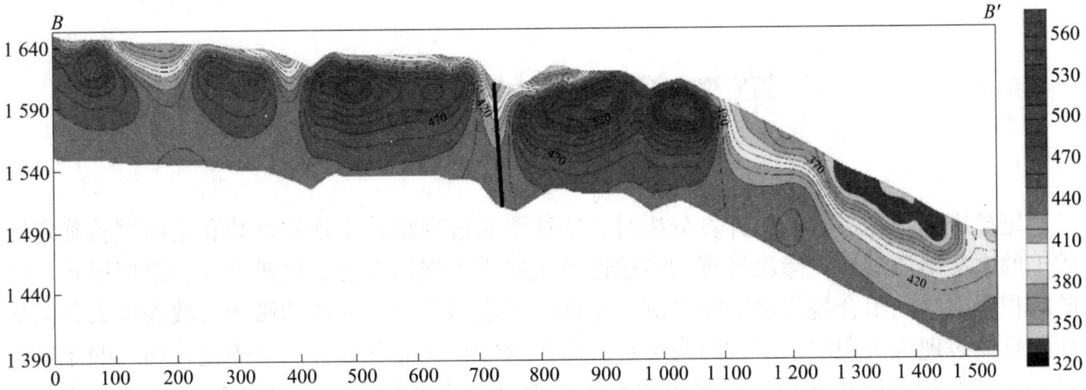

图 6.3-10　右岸视电阻率剖面图

从图 6.3-9 可以看出，左岸剖面在 700 ~ 800m 测点范围视电阻率值相对两侧较低，推断该范围岩体较破碎；从图 6.3-10 可以看出，右岸剖面在 700 ~ 800m 段视电阻率值相对两侧较低，推断岩体较破碎。连接两岸破碎位置，并结合工程地质测绘成果，推断该位置发育一条断层，见图 6.3-8，该断层倾向 NNE，倾角为 70° ~ 80°。

第 7 章　水文地质试验

尾矿堆积坝在进行渗流计算分析时，往往要通过现场水文地质试验和室内试验确定尾矿土的水文地质参数。渗流计算的渗透性参数取决于坝体形态、放矿方式、筑坝形式、尾矿沉积层的空间组合规律及颗粒组成。受这些因素的影响，坝体的渗透系数表现为各向异性，具体表现为沉积层水平方向与垂直方向渗透性存在显著差异。对于比较均匀的尾矿砂层和水下沉积的尾矿泥带，水平渗透系数与垂直渗透系数之比一般在 2 ~ 10 范围内。局部淤积细颗粒和粗颗粒的互层在排放方法不能充分控制的条件下，形成的密集互层水平渗透系数与垂直渗透系数比值可达 100 以上。

需要通过水文地质试验取得尾矿的渗透系数、尾矿水流向、流速等水文地质参数。在尾矿堆积坝岩土工程勘察工作中，一般通过注水试验、抽水试验获得尾矿的渗透系数；通过地下水流向、流速试验获得尾矿水的流向和流速。

试验位置的选择，要考虑尾矿的堆筑方式及尾矿的沉积规律、尾矿浸润线位置和运行期间的暴雨洪水影响，试验位置要能代表尾矿堆积坝的工程地质和水文地质条件，并与其他勘探方法相结合布置，做到技术先进，经济合理。

7.1　注水试验

注水试验是在尾矿的试坑或钻孔中注入一定的水量，并通过量测渗入尾矿中的水量，确定尾矿渗透性指标的原位水文地质试验。

注水试验一般在地下水位以上的尾矿中进行，分为试坑注水试验和钻孔注水试验。试坑注水试验有单环注水和双环注水两种方法；钻孔注水试验有降水头注水和常水头注水两种方法。各方法的适用范围见表 7.1–1。

表 7.1–1　注水试验方法适用范围

试验方法	适用条件
单环注水试验	尾粉砂、尾细砂、尾中砂、尾粗砂
双环注水试验	尾黏土、尾粉质黏土、尾粉土
钻孔降水头注水试验	尾黏土、尾粉土、尾粉砂、尾细砂
钻孔常水头注水试验	尾细砂、尾中砂、尾粗砂、初期坝

试坑注水试验一般布置在尾矿堆积坝的干滩、坝坡等位置，在干滩布置试坑注水试验时，宜沿垂直于坝轴线和平行于坝轴线两个方向布置，每个测试方向一般不少于 3 组；钻孔注水试验一般布置在沿沟谷谷底且垂直主坝轴线的主剖面线上，且不少于 3 组；当需要查明隐患地段的渗漏情况时，宜在渗漏地段附近布置钻孔注水试验。钻孔注水试验根据尾

矿岩性不同，可分段进行，试验时在试验段外应采取填充黏土球等可靠止水措施。

试验过程中要做好试验记录，根据试验类型要求的频次，记录水量、水位随时间的变化情况。

注水试验布置如图 7.1–1 所示。

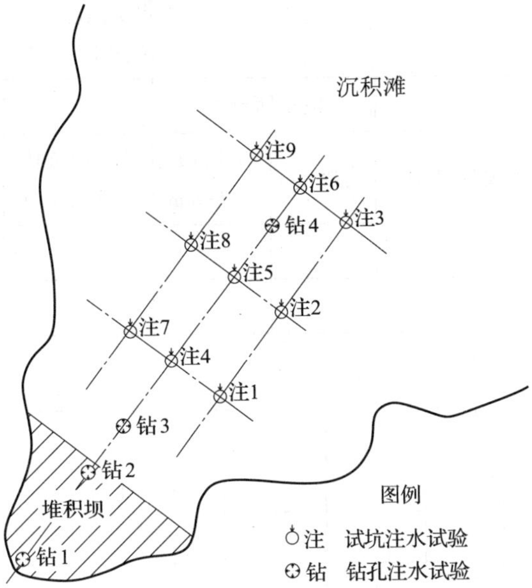

图 7.1–1　注水试验布置示意图

需要说明的是，在进行试坑注水试验前应在试验位置处取样，进行室内渗透试验和颗粒分析试验。颗粒分析试验的目的主要是确定尾矿分类和沉积规律，以便岩土工程师在进行渗流分析时选用更符合实际情况的渗透参数。

7.1.1　单环注水试验

在进行单环注水试验时，首先在选定的试验位置开挖工作试坑至预定试验地层，工作试坑直径要便于试验人员操作，并在坑底采取不扰动尾矿试样进行物理性质试验及室内渗透试验；再在工作试坑底部开挖一个试验试坑，深度 15 ~ 20cm，开挖过程中要保证试验地层结构不被扰动。

试验仪器包括：1 个直径 37.75cm、高 20cm 的试环，试环圈的面积为 1 000cm^2；并配备量测精度为 0.01L 的量杯和流量瓶，1 个容积为 1m^3 的水箱；计时用的计时器和量测水位变化精度为 1mm 的刻度尺。

试验时，将试环与试验试坑底紧密接触，试环外部用黏土填实不漏水，环内铺设 2cm 厚的砂砾石作为缓冲层；待检查符合注水试验要求后，向试环内注水，待环内水头高度达到 10cm 时，试验即正式开始。

试验过程中必须保持试环内 10cm 水头，波动幅度允许偏差为 ±5mm，按 5min、10min、15min、20min、30min 的时间间隔测量记录渗入的水量，之后每隔 30min 测记一次，单环注水试验记录见表 7.1–2。试验过程中，同时绘制流量 Q 与时间 t 的关系曲线，

图 7.1–2 为某工程的实测 $Q\text{–}t$ 关系曲线，当最后 2h 内各观测点流量与最后 2h 内平均流量之差不大于 10% 时，即可结束试验。

表 7.1–2　单环注水试验记录表

<table>
<tr><td colspan="9">工程名称：　　　　　　　　　　　　　　　　试验日期：
试验深度：　　　　　　　　　　　　　　　　水头高度：
渗透面积：　　　　　　　　　　　　　　　　试验土层名称：</td></tr>
<tr><td colspan="4">时间</td><td colspan="2">流量瓶刻度</td><td colspan="2">流量 Q</td><td rowspan="2">备注</td></tr>
<tr><td>日 /d</td><td>时 /h</td><td>分 /min</td><td>延续时间 /min</td><td>读数 /cm</td><td>与前读数之差 /cm</td><td>本段时间内总注入量 /L</td><td>单位时间内的注入量 /（L/min）</td></tr>
<tr><td></td><td></td><td></td><td></td><td></td><td></td><td></td><td></td><td></td></tr>
<tr><td></td><td></td><td></td><td></td><td></td><td></td><td></td><td></td><td></td></tr>
<tr><td>Q–t 曲线</td><td colspan="8">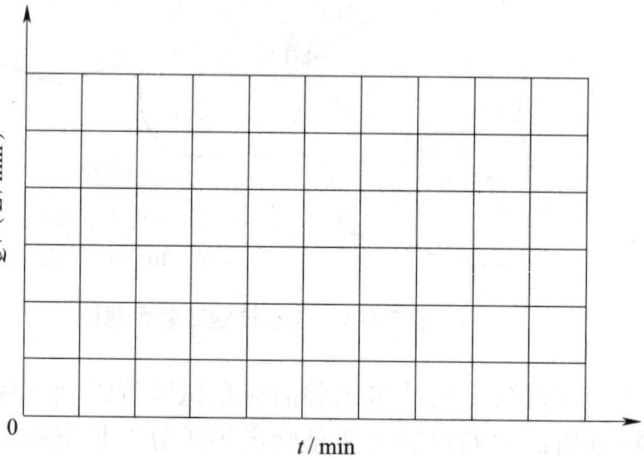
</td></tr>
<tr><td colspan="9">观测人：　　　　　　　　　　　检查人：　　　　　　　　　　　项目负责人：</td></tr>
</table>

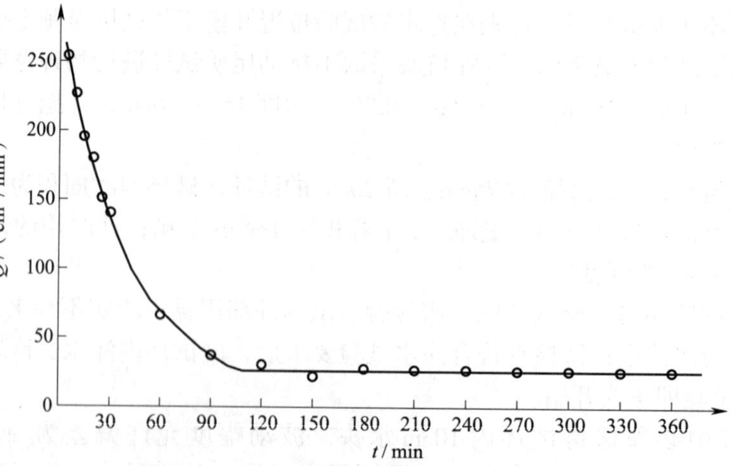

图 7.1–2　流量 Q 与时间 t 关系曲线

资料整理时，根据单环注水试验记录绘制稳定流量 Q 与时间 t 关系曲线 $Q=f(t)$，并与试验过程中绘制的曲线进行对比。

尾矿土层的渗透系数 k 按式（7.1–1）计算。

$$k=\frac{Q}{F} \tag{7.1–1}$$

式中　k——渗透系数（cm/min）；

Q——稳定流量（cm^3/min）；

F——渗透面积（cm^2）。

7.1.2　双环注水试验

在进行双环注水试验时，首先在选定的试验位置开挖工作试坑至预定试验地层，工作试坑、试验试坑和采取不扰动试样的要求与单环注水试验相同。

试验仪器包括：2 个直径分别为 50cm 和 25cm 的试环；并配备量测精度为 0.01L 的量杯和 2 个 5L 的流量瓶，1 个容积为 1m^3 水箱；计时用的计时器和量测水位变化精度为 1mm 的刻度尺。

试验时，将两个试环，按同心圆压入坑底，深约 5 ~ 8cm，并确保试验土层的原状结构。将试环与试验试坑底紧密接触，在内环及内外环之间均匀铺上 2 ~ 3cm 的砂砾石作为缓冲层；然后，将流量瓶装满清水，用带两个孔的胶塞塞住，孔中插入两根细玻璃管，管端切成斜口，短的供水，长的进气，见图 7.1–3。试验过程中，用两个流量瓶同时给内环和内外环之间注水，水深均为 10cm，流量瓶通气的玻璃管距坑底应为 10cm，以保持试验水头 10cm 不变；待检查符合注水试验要求后，试验即正式开始。

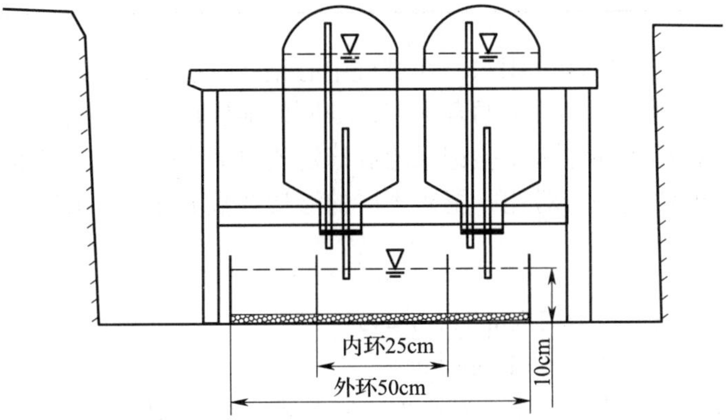

图 7.1–3　双环注水试验示意图

试验过程中保持试环内 10cm 水头，给水玻璃管的管口一般插入水面以下 2 ~ 3cm，注入的水量由瓶上的刻度读得。在整个试验过程中应保持内环和内外环之间的水头高度一致，水位波动幅度和相差幅度的允许偏差为 ±5mm；按 5min、10min、15min、20min、30min 的时间间隔测量记录渗入的水量，之后每隔 30min 测记一次，双环注水试验记录见表 7.1–3。当最后 2h 内各观测点流量与最后 2h 内平均流量之差不大于 10% 时，即可视为稳定，再延续 4h 可结束试验。

表 7.1–3　双环注水试验记录表

工程名称：						试验点编号：		
试验土层名称：				试验深度：		试环压入深度：		
试环直径：内环：				外环：		水头高度：		
时间				内环流量瓶的读数 /cm	与前读数之差 /cm	本段时间内总注入量 /L	单位时间内的注入量 /（L/min）	备注
日 /d	时 /h	分 /min	延续时间 /min					
Q–t 曲线	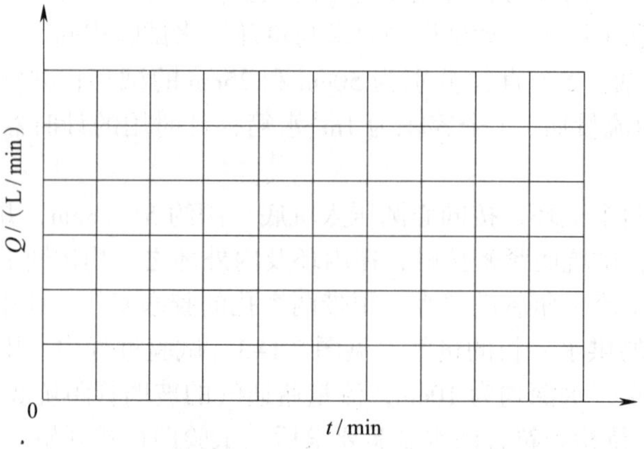							
观测人：				检查人：		项目负责人：		

试验结束后，立即掏出环内积水，在试坑中心钻孔，孔深 3 ~ 4m，并每隔 0.2 ~ 0.5m 取扰动土试样一个，测定试验后土的含水率，与原始地层试验结果进行对比分析。

资料整理时，根据双环注水试验记录绘制稳定流量 Q 与时间 t 关系曲线 $Q=f(t)$，并与试验过程中绘制的曲线进行对比。尾矿土层的渗透系数 k 按式（7.1–2）计算。

$$k=\frac{QS}{F_0(H_0+S+H_s)} \tag{7.1–2}$$

式中　F_0——内环面积（当 D=25cm 时，F=491cm^2）；

H_0——初始水头高度（H_0=10cm）；

H_s——试验地层中的毛细水上升高度，宜按表 7.1–4 取值；

S——从试坑底算起的渗入深度，此深度需要对比试验前后试样的含水率来确定。

表 7.1–4　毛细水上升高度

土层名称	毛细水上升高度 /m	土层名称	毛细水上升高度 /m
尾黏土	1.00	尾细砂	0.20
尾粉质黏土	0.80	尾中砂	0.10
尾粉土	0.50	尾粗砂	0.05
尾粉砂	0.30		

7.1.3　钻孔注水试验

尾矿堆积坝勘察中进行的钻孔注水试验分为水上和水下两种试验，水上采用降水头注水试验，水下采用降水头注水试验和常水头注水试验两种。钻孔注水试验的钻孔结构一般采用钻孔全部下套管，孔底敞口，或钻孔非试验段下套管，试验段下过滤管两种结构，钻孔套管直径不应小于 108mm，过滤器底部应与试验段底部齐平，用于测定尾矿土层渗透系数。

试验仪器包括：水箱、水泵，流量计、量筒、测钟、电测水位计等。

在选定的试验位置进行钻机成孔，按预定深度下套管。当遇地下水时应采用清水钻进，孔底沉淀物不应大于 5cm。试验前在孔底填入 15cm 厚的砾石层。试验前钻孔内的稳定水位，宜每 30min 观测一次；2h 内变幅不大于 2cm，且无连续上升或下降趋势时，可作为试验前稳定水位。安装完成后，记录钻孔注水试验安装情况，见表 7.1–5。

表 7.1–5　钻孔注水试验安装记录表

工程名称		安装日期	
钻孔编号		钻孔地面高程 /m	
套管以下试管长度 /m			
地面以上套管高度 /m			
试验条件		套管与孔底平 □ 试验段不下套管（带滤管）□ 滤管长度：____________m	

1. 钻孔常水头注水试验

用带流量计的注水管连续向孔内注入清水，使管中水位高于地下水位一定高度或至管口，并通过调节阀门保持水头稳定后，即可正式开始试验。试验开始时同时测记流量计读数和孔内水位。试验过程中应保持稳定水头 H_c 不变，其波动幅度不应大于 1cm。先按 1min 间隔观测 5min，再按 5min 间隔观测到 30min，以后每隔 30min 观测一次，钻孔常水头注水试验记录见表 7.1–6。

试验过程中，同时绘制流量 Q 与时间 t 的关系曲线。当观测点在图上有明显的线性关系时，说明试验正确，当观测点有 10 个以上且在图上有明显线性关系时，即可终止试验。

试验结束后，应根据观测记录绘制流量 Q 与时间 t 的关系曲线，并与试验过程中绘制的曲线进行对比。当 Q–t 曲线存在明显线性关系时，试验结果正确。

根据稳定流量 Q，按式（7.1–3）计算渗透系数：

$$k=\frac{Q}{F_c H_c} \tag{7.1–3}$$

式中　k——渗透系数（cm/min）；

Q——稳定流量（cm^3/min）；

H_c——稳定水头高度，自地下水位起算（cm）；

F_c——试验段与注水管的形状系数，其值按表 7.1–8 选用。

表 7.1–6 钻孔常水头注水试验记录表

工程名称		试验日期	
钻孔编号		试验段编号	
试验段位置		试验段长度 /m	
试验前地下水位 /m		试验段半径 /cm	
注水水位 /m	试验水头 H/m	注入流量 Q/（L/min）	渗透系数 /（cm/s）

计算公式	试验段在稳定地水位以上	
	试验段在稳定地水位以下	

时间			延续时间 /min	从套管顶面测水深 Z/m	水头 H/m	水头比 H/H_0
日 /d	时 /h	分 /min				
			t=1			
			t=2			
			t=3			
			t=4			
			t=5			
			t=10			
			t=15			
			t=20			
			t=25			
			t=30			
			t=60			
			…			
			每 30min 一次			

Q–t 曲线

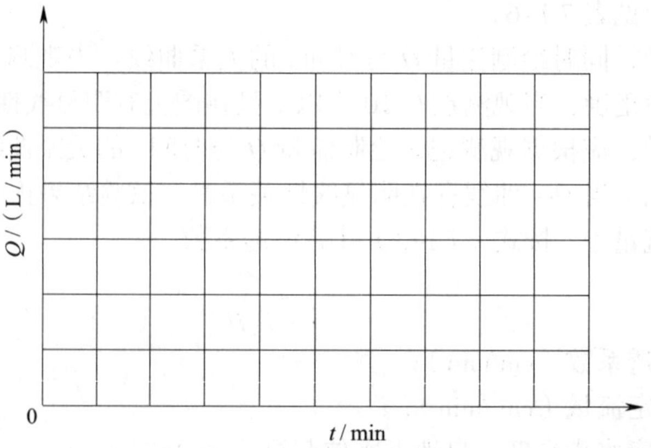

观测人： 检查人： 项目负责人：

2. 钻孔降水头注水试验

在测得试验前的稳定水位后，向孔内注入清水，使孔内水位高出地下水位一定高度或至孔口。试验正式开始时，立即停止供水，并观测和记录试验时间和孔内水位的变化。孔中水头下降值的观测时间按 30s 间隔观测 5min，按 1min 间隔观测 10min，后续观测时间间隔按水头下降速度确定，宜按 5 ~ 10min 间隔进行。总观测时间不应少于 1h，对于透水性较强的地层，观测时间间隔和总观测时间可适当缩短。钻孔降水头注水试验记录见表 7.1–7。

表 7.1–7　钻孔降水头注水试验记录表

工程名称					试验日期	
钻孔编号					试验段编号	
试验段位置					试验段长度 /m	
试验前地下水位 /m					试验段半径 /cm	
时间			延续时间 /min	从套管顶面测水深 Z/m	水头 H/m	水头比 H/H_0
日 /d	时 /h	分 /min				
			t=0			
			t=0.5			
			t=1.0			
			t=1.5			
			t=2.0			
			t=2.5			
			…			
			t=5			
			t=6			
			t=7			
			t=8			
			…			
			t=15.0			
			t=20.0			
			t=25.0			
			t=30.0			
			…			
			t=60			

续表 7.1-7

ln（H/H_0）-t 曲线	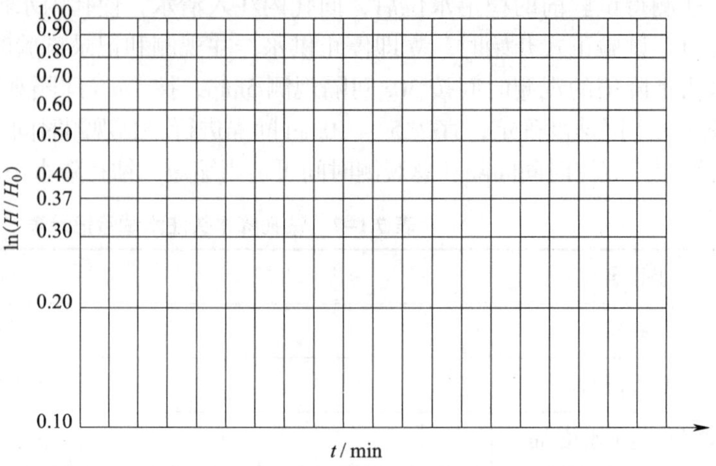	
观测人：	检查人：	项目负责人：

试验过程中，应及时在半对数坐标纸上绘制水头比 H/H_0 与时间 t 的关系图，见表 7.1–7。当观测点有 10 个以上，且在图上有明显线性关系时，即可终止试验。绘制水头比 H/H_0 与水头 t 的关系时，先计算水头比 H/H_0，然后将其标注在半对数坐标纸上。

试验结束后，应根据观测记录绘制水头比 H/H_0 与时间 t 的关系图，见图 7.1–4，并与试验过程中绘制的曲线进行对比。当水头比 H/H_0 与时间 t 关系呈直线时，试验结果正确。

尾矿土的渗透系数，可按式（7.1–4）计算：

$$k=\frac{A}{F_c T} \tag{7.1–4}$$

式中 A——注水管内径截面积（cm^2）；

F_c——试验段与注水管的形状系数，其值按表 7.1–8 选用；

T——滞后时间（min）。

滞后时间采用 H/H_0=0.37 时所对应的时间，可用图解法和计算法确定。

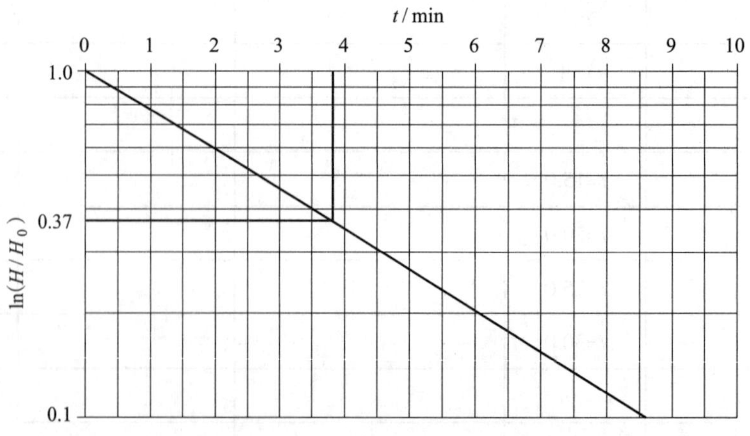

图 7.1–4 ln（H/H_0）–t 的关系图

（1）图解法。在 ln（H/H_0）$-t$ 关系图上，最佳拟合直线与 H/H_0=0.37 横线相交点所对应的时间即为滞后时间 T（图 7.1–4）。

（2）计算法。按式（7.1–5）计算滞后时间 T：

$$T=\frac{t_1-t_2}{\ln\left(\frac{H_1}{H_2}\right)} \tag{7.1–5}$$

式中　H_1、H_2——分别为观测时间 t_1、t_2 时的水头（cm）。

根据试验段位置在水位上还是水位下和钻孔装置条件确定渗透系数，计算公式按表 7.1–8、表 7.1–9 选用。

表 7.1–8　饱和尾矿钻孔注水试验渗透系数计算公式

试验条件		计算公式		
条件	示意图	形状系数 F_c	渗透系数 k	
			降水头试验	常水头试验
套管与孔底平	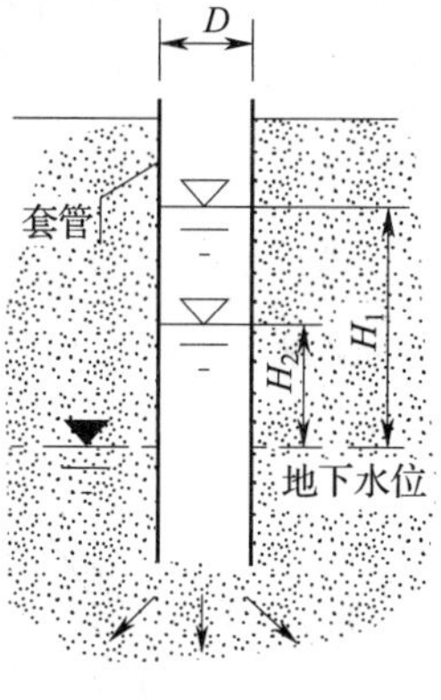	$F_c=\frac{11}{4}D$	$k_m=\frac{\pi D}{11T}$	$k_m=\frac{4q}{11DH_c}$
试验段不下套管	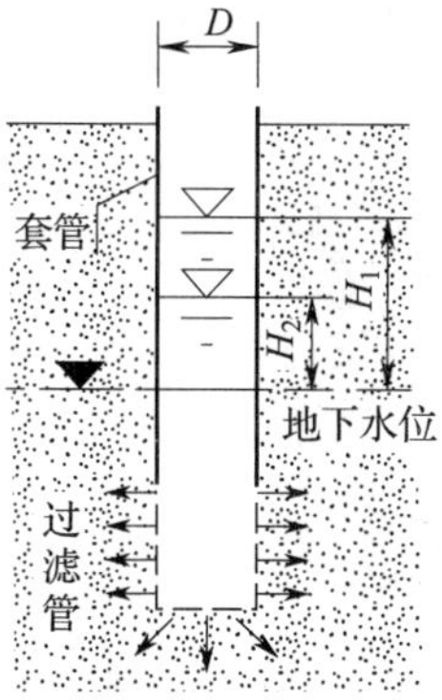	$F_c=\frac{2\pi L}{\ln\left(\frac{2mL}{D}\right)}$ （$k_h \neq k_v$）	$k_h=\frac{D^2\ln\left(\frac{2mL}{D}\right)}{8LT}$ $\frac{mL}{D}>4$	$k_h=\frac{q\ln\left(\frac{2mL}{D}\right)}{2\pi LH_c}$ $\frac{mL}{D}>4$
		$F_c=\frac{2\pi L}{\ln\left(\frac{2L}{D}\right)}$ （$k_h=k_v$）	$k_m=\frac{D^2\ln\left(\frac{2L}{D}\right)}{8LT}$ $\frac{L}{D}>4$	$k_m=\frac{q\ln\left(\frac{2l}{D}\right)}{2\pi LH_c}$ $\frac{L}{D}>4$

注：D 为套管直径（cm），L 为进水管长度（cm），H_1、H_2 为观测时间 t_1、t_2 时的水头（cm），H_c 为稳定水头高度（cm），k 为渗透系数（cm/s），k_m 为平均渗透系数（cm/s），k_h 为水平渗透系数（cm/s），k_v 为垂直渗透系数（cm/s），$m=\sqrt{k_h/k_v}$ 为传导比，q 为单位时间注入水流量（cm^3/s），t 为观测时间（s），T 为滞后时间（s）。

表 7.1-9　非饱和土层渗透系数的计算公式

条件	图式	降水头试验
套管与孔底平	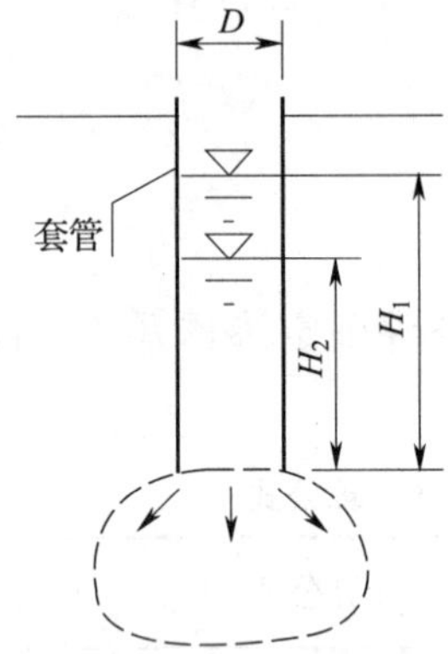	$$k_m=\frac{\frac{D}{2}\ln\left(\frac{H_1}{H_2}\right)}{4t_2\left[\frac{3(H_1-H_2)}{4S_rnD/2}+1\right]^{\frac{1}{3}}-t_1}$$ 式中　k_m——平均渗透系数（cm/s）； D——注水管内直径（cm）； T——观测时间（s）； H_1、H_2——观测时间 t_1、t_2 时的水头（cm），从孔底算起； S_r——试验土层最终饱和度； n——试验土层孔隙度（无试验资料时 S_r、n 可估算）

某尾矿库位于秦岭山麓，采用上游式筑坝，主要由尾中砂和尾粉砂组成，局部夹尾粉质黏土和尾中砂薄层，水平沉积层理明显。为查明尾矿土的渗透性，勘察时布置单环注水试验 8 处，钻孔降水头注水试验 7 处，平面布置见图 7.1–5，试验结果见表 7.1–10、表 7.1–11。

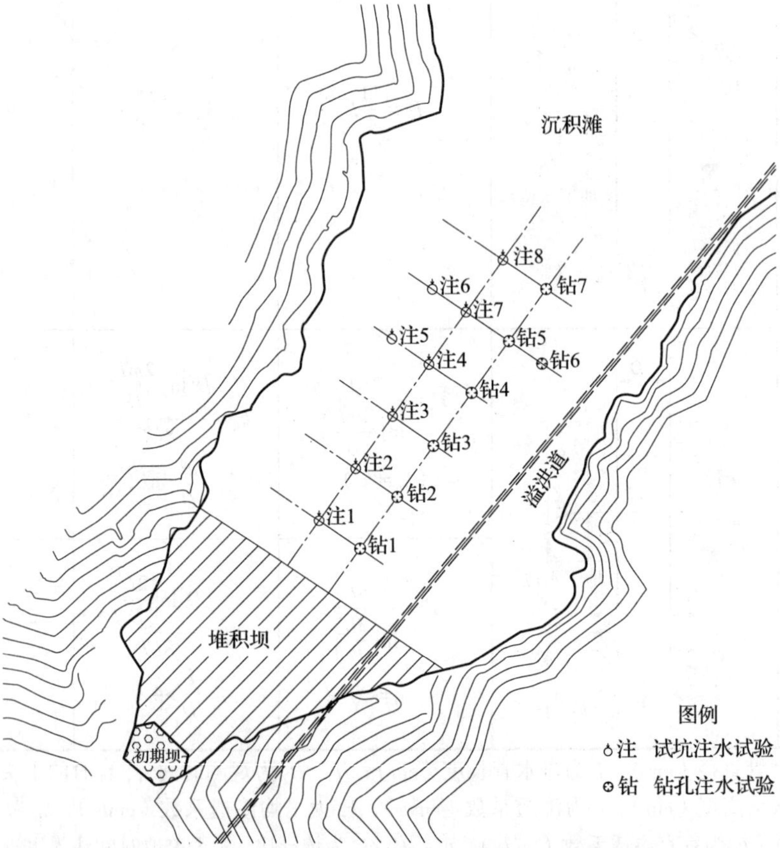

图 7.1–5　注水试验平面布置图

表 7.1–10　单环注水试验成果

试验编号	试验深度 /m	渗透系数 /（cm/s）
注 1	0.50	2.79×10^{-3}
注 2	0.50	1.12×10^{-2}
注 3	0.50	8.05×10^{-3}
注 4	0.50	8.88×10^{-3}
注 5	0.50	5.14×10^{-3}
注 6	0.50	1.12×10^{-2}
注 7	0.50	8.05×10^{-3}
注 8	0.50	9.50×10^{-3}

表 7.1–11　钻孔注水试验

试验编号	试验深度 /m	试验方式	颗粒组成 /%						渗透系数 /（cm/s）
			＞ 20.0	2.00 ~ 20.0	0.50 ~ 2.00	0.25 ~ 0.50	0.075 ~ 0.25	＜ 0.075	
钻 1	6.40	非饱和土层孔底渗水	—	8.3	27.1	19.2	26.3	19.1	1.45×10^{-4}
钻 2	5.70	非饱和土层孔底渗水	—	6.4	27.7	26.8	30.7	8.4	1.18×10^{-4}
钻 3	6.30	非饱和土层孔底渗水	—	6.6	27.3	22.8	28.2	15.1	1.12×10^{-4}
钻 4	6.30	非饱和土层孔底渗水	—	6.7	24.5	18.8	25.1	24.9	3.54×10^{-4}
钻 5	6.30	非饱和土层孔底渗水	—	8.4	24.7	22.1	30.3	14.8	4.83×10^{-5}
钻 6	6.30	非饱和土层孔底渗水	—	10.3	25.1	19.6	27.3	17.7	6.58×10^{-5}
钻 7	6.50	非饱和土层孔底渗水	—	5.0	24.4	25.7	32.1	12.8	1.08×10^{-4}

从表 7.1–10 可以看出，单环注水试验所测得的渗透系数介于 2.79×10^{-3} ~ 11.2×10^{-2}cm/s，平均值为 8.10×10^{-3}cm/s，属中等透水。在垂直坝轴线向库内方向，由于沉积颗粒越来越细，单环注水试验所测得的渗透系数逐渐变小；在平行于坝轴线的剖面，注 4 和注 5 的渗透系数、注 6 和注 7 的渗透系数基本相同，这是由于其沉积颗粒基本相同。

从表 7.1–11 可以看出，钻孔降水头注水试验所测得的渗透系数介于 4.83×10^{-5} ~ 3.54×10^{-4}cm/s，平均值为 1.36×10^{-4}cm/s，属中等透水。在垂直坝轴线向库内方向，由于沉积颗粒越来越细，钻孔降水头注水试验所测得的渗透系数逐渐变小，钻 7 所测得的渗透系数异常，这可能是尾砂沉积过程中的薄层导致的。钻孔降水头注水试验的试验深度为 5.70 ~ 6.40m，与单环注水试验处于同一层尾中砂中，但由于埋深较深，尾矿的密度较大，所测得的渗透系数比单环注水试验所测得的渗透系数小 1 个数量级。

7.2 钻孔压水试验

20 世纪 80 年代以前的尾矿库一般都没有做防渗处理，随着人们环境意识的增强和我国对环境保护的重视，各尾矿企业都在贯彻“绿水青山就是金山银山”的发展理念，后续的尾矿库都进行了防渗处理，但在运行过程中有可能防渗膜破裂产生渗漏，尾矿水渗漏对尾矿库下游或库区两岸的环境造成污染。为预防尾矿水污染，在进行尾矿水污染治理设计时需要提供尾矿库两岸岩层或下游岩层的透水率。岩层的透水率可以通过收集尾矿库建设前期勘察报告，或进行钻孔压水试验取得。

钻孔压水试验是指用栓塞将钻孔隔离出一定长度的孔段，并向该孔段施加一定的压力，根据一定时间内压入水量和施加压力的关系确定岩体透水性的一种原位水文试验。

试验仪器设备包括：止水能力可靠的栓塞、满足试验压力要求的供水设备、压力管道、调节阀门和流量、压力、水位观测仪器等。

钻孔压水试验根据地层岩性破碎程度，一般采用在钻孔钻进过程中进行试验和钻孔结束后在钻孔内进行试验两种。当地层岩性较破碎时，一般采用随钻进过程从上而下分段隔离进行试验，试验段长度一般取 5m，相邻试验段应互相衔接，当遇到断层破碎带、裂隙密集带、溶蚀等强透水带的孔段时，试验段长度应进行调整，试验段不宜跨越透水性相差悬殊的两种岩层。当岩层较完整或为了准确地确定各岩层的透水性，可采用钻孔完成后再进行压水试验，试验段的选择，宜选择在岩性相同和完整性接近的地段，试验段长度不受 5m 的限制。

一般情况下最大压力应等于 1MPa，其余两级压力分别为最大压力的 1/3 和 2/3。一般三级压力分别为 0.3MPa、0.6MPa、1.0MPa。

对于岩体比较软弱或裂隙比较发育且距离地表较浅的试验段，应适当降低试验压力，以避免引起岩体抬升扰动破坏。在实际工作中，每个工程开始试验时，应进行试验性试验，以确定不引起岩体隆起变形的最大试验压力。

试验段选定后，栓塞安装位置应准确，应安装在岩石较完整的部位。试验前应准备好供水设备、止水栓塞和量测设备。根据试验现场条件，合理布设并安装试验设备、仪器仪表和工作管路，工作管路不应有破裂、弯曲、堵塞等，接头处应严密不渗漏，安装完成后，记录钻孔压水试验试验段安装情况，见表 7.2–1。

试验前应观测孔内水位，试验段隔离后应再次观测管内水位，观测间隔 5min，当水位变化幅度连续两次均小于 5cm/min 时可结束观测，并取最终的观测成果确定压力计算零线。当地层为同一含水层时，下塞前、后观测的地下水位相同；当存在多个含水层时，下塞前、后观测的地下水位可能不同。对压水试验来说，起作用的是试验段的地下水位而不是整个孔的混合水位，所以要求栓塞隔离试验段后的工作管内的观测水位。通过下塞后观测地下水位，可以了解岩体中含水层的分布和变化等水文地质特性。

表 7.2–1　钻孔压水试验试验段安装记录表

<table>
<tr><td colspan="2">栓塞规格及类型</td><td></td></tr>
<tr><td rowspan="4">工作管</td><td>内径 /mm</td><td></td></tr>
<tr><td>根数 / 根</td><td></td></tr>
<tr><td>总长 /m</td><td></td></tr>
<tr><td>压力表高出地面 /m</td><td></td></tr>
<tr><td rowspan="4">试验段</td><td>孔深 /m</td><td></td></tr>
<tr><td>试验段顶至地面孔口 /m</td><td></td></tr>
<tr><td>试验段长度 /m</td><td></td></tr>
<tr><td>残留岩芯 /m</td><td></td></tr>
<tr><td colspan="2">止水效果</td><td></td></tr>
</table>

水位观测后，应进行试验性压水，采用设计的最大压力值，维持 15min，试验性压水过程中要检查止水栓塞、试验管道、仪器仪表的工作状况，试验性压水成功后可进行正式压水试验。

正式压水试验管路应充分排气，当试验压力达到预定值并保持稳定后，可进行流量观测，观测间隔一般采用 1min，当流量无持续增大趋势且连续五次流量读数中最大值与最小值之差小于最终值的 10%，或最大值与最小值之差小于 1L/min 时，本级压力阶段的试验即可结束，并取最终值为计算值。

试验压力调整到下阶段的压力值后，应重新进行流量观测，若出现孔内回流的情况应记录，在回流停止后方可持续进行试验。试验过程中，应对受影响的勘探孔、泉等地下水的水位、流量、颜色等进行观测，观测记录见表 7.2–2。

表 7.2–2　钻孔压水试验记录表

<table>
<tr><td colspan="8">工程名称：</td><td colspan="4">试验编号：</td></tr>
<tr><td colspan="5">水泵型号：</td><td colspan="3">压力表：</td><td colspan="4">流量计：</td></tr>
<tr><td colspan="8">试验段编号：　　　　自　　m 至　　m
水柱压力：　　　　　MPa</td><td colspan="4">试验段长度：　　　　m
试验日期：　　年　　月　　日</td></tr>
<tr><td rowspan="2">压力阶段</td><td colspan="3">时间</td><td colspan="3">压力</td><td colspan="2">流量</td><td colspan="3">井、洞、孔、泉地下水及回流情况</td></tr>
<tr><td>时 /h</td><td>分 /min</td><td>间隔 /min</td><td>压力表指示压力 /MPa</td><td>压力损失 /MPa</td><td>试验总压力 / MPa</td><td>读数 /L</td><td>流量 /（L/min）</td><td>水位 /m</td><td>流量 /（L/min）</td><td>渗水回水颜色</td></tr>
<tr><td></td><td></td><td></td><td></td><td></td><td></td><td></td><td></td><td></td><td></td><td></td><td></td></tr>
<tr><td></td><td></td><td></td><td></td><td></td><td></td><td></td><td></td><td></td><td></td><td></td><td></td></tr>
<tr><td></td><td></td><td></td><td></td><td></td><td></td><td></td><td></td><td></td><td></td><td></td><td></td></tr>
<tr><td></td><td></td><td></td><td></td><td></td><td></td><td></td><td></td><td></td><td></td><td></td><td></td></tr>
<tr><td colspan="4">观测人：</td><td colspan="4">检查人：</td><td colspan="4">项目负责人：</td></tr>
</table>

试验过程中应记录分析试验数据，及时绘制压力～流量曲线（*P*–*Q* 曲线），确定 *P*–*Q* 曲线类型，在图上标明各点的序号，依次用直线连接，升压段用实线、降压段用虚线表示，见图 7.2–1。

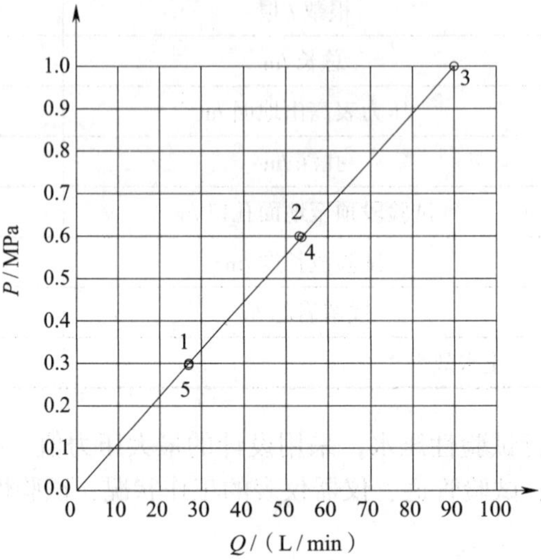

图 7.2–1 *P*–*Q* 曲线示意图

P–*Q* 曲线可分为层流型（A 型）、紊流型（B 型）、扩张型（C 型）、冲蚀型（D 型）和充填型（E 型）。根据升压阶段 *P*–*Q* 曲线的形状以及降压、升压阶段 *P*–*Q* 曲线之间的关系，按表 7.2–3 确定曲线类型。

表 7.2–3 *P*–*Q* 曲线类型及曲线特点

类型名称	层流型（A 型）	紊流型（B 型）	扩张型（C 型）	冲蚀型（D 型）	充填型（E 型）
P–*Q* 曲线	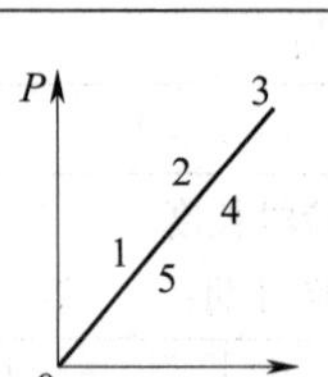	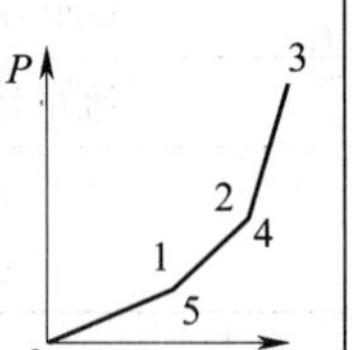	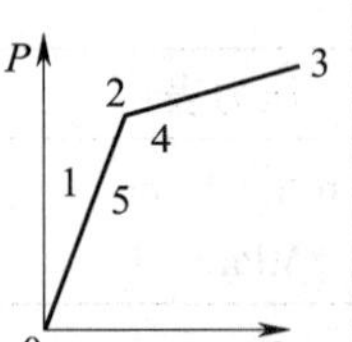	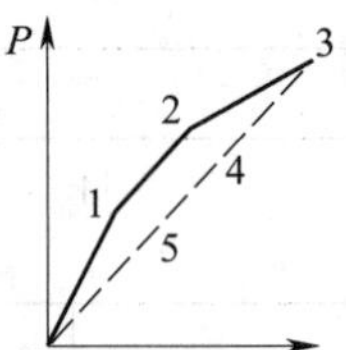	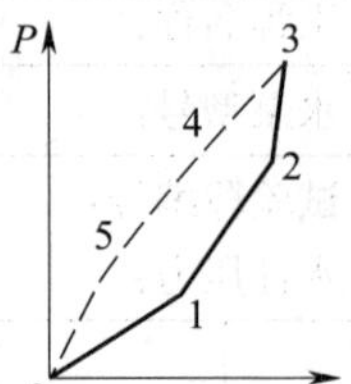
曲线特点	升压曲线为通过原点的直线，降压曲线与升压曲线基本重合	升压曲线凸向 *Q* 轴，降压曲线与升压曲线基本重合	升压曲线凸向 *P* 轴，降压曲线与升压曲线基本重合	升压曲线凸向 *P* 轴，降压曲线与升压曲线不重合，呈顺时针环状	升压曲线凸向 *Q* 轴，降压曲线与升压曲线不重合，呈逆时针环状

其中，基本重合的判断标准为曲线中第 4 点与第 2 点，第 5 点与第 1 点的流量值之差小于 1L/min 或相对差小于 5%。

透水率可按式（7.2–1）计算：

$$q_w = \frac{Q_3}{LP_3} \tag{7.2-1}$$

式中　q_w——试验段的透水率（Lu）或［L/（min·MPa·m）］；

Q_3——曲线中第 3 压力点的稳定流量（L/min）；

P_3——曲线中第 3 压力点所加的试验压力（MPa）；

L——试验段长度（m）。

单位吸水量可按式（7.2-2）计算：

$$\omega = \frac{Q_3}{LH_3} \tag{7.2-2}$$

$$H_3 = \frac{P_3}{\gamma_w} \tag{7.2-3}$$

式中　ω——单位吸水量［L/（min·m^2）］；

H_3——曲线中第 3 压力点试验总水柱高度（m）；

γ_w——水的重度（kN/m^3）。

一般不宜采用压水试验结果换算渗透系数，当有需求时可参考下列公式进行换算，根据试验段底部距离隔水层的深度分为两种情况：

（1）当试验段底部距离隔水层的深度大于试验段长度时，可参考式（7.2-4）：

$$k = 0.527\omega \lg \frac{0.66L}{r} \tag{7.2-4}$$

式中　k——渗透系数（m/d）；

r——钻孔半径（m）。

（2）当试验段底部距离隔水层的深度小于试验段长度时，可参考式（7.2-5）：

$$k = 0.527\omega \lg \frac{1.32L}{r} \tag{7.2-5}$$

某尾矿库位于秦岭山系鹘岭山脉南麓，山势陡峭，地形起伏较大，地势总体上北高南低，地面相对高差可达 300m 以上，地貌属秦岭南部中山侵蚀谷地。

尾矿库初期坝为堆石碾压透水坝，坝高 29m，底宽 110m；堆积坝采用上游式冲填筑坝，堆积高度 50m，总坝高 79m。

库区位于区域构造桐木沟——两岔复式背斜的东端，褶皱构造发育不全，场地主要构造特征表现为断层及节理裂隙。受构造影响，场地内岩体的节理裂隙较发育。节理多闭合，部分裂隙微张，多为泥质充填。库区基岩均属碳酸岩系，其间发育少量小溶洞，直径 20 ~ 30cm，一般无充填，规模较小，贯通性差。

为了查明坝基及库区基岩的渗透性，分别在 4 个钻孔中分段进行了压水试验，钻孔直径 110mm，橡胶栓塞直径 108mm，采用清水冲洗洗孔，其中某钻孔的压水试验结果见表 7.2-4。

从表 7.2-4 可以看出，3.7 ~ 7.7m 试验段为中等透水，这是由于该段岩体较破碎，属强风化；7.7 ~ 13.0m 试验段为中等透水，岩体呈强风化，钻探时 9.3 ~ 13.0m 漏水较严重，因此该段的透水性较大；13.0 ~ 18.0m 试验段和 23.0 ~ 28.0m 试验段岩体呈中风化，岩芯呈柱状及长柱状，岩体完整，因此该段为弱透水；18.0 ~ 23.0m 试验段在 21.5 ~ 23.0m 局部发育溶蚀及小溶洞，贯通性不详，因此该段岩体透水性为中等透水。

表 7.2–4 压水试验结果

试验段岩性描述	试验段深度 /m	试验段长度 /m	试验总压力 /kPa	稳定流量 /（L/min）	单位吸水量 ω/[L/（min· m²）]	渗透系数 /（cm/s）	透水性
白云岩：浅灰色 ~ 灰色，隐晶质 ~ 晶质结构，中厚层状构造，节理裂隙发育，岩体较破碎，岩芯呈碎块及短柱状，锤击声哑，强风化	3.7 ~ 7.7	4.0	125	147.0	2.940	3.03×10^{-3}	中等透水
白云岩：浅灰色 ~ 灰色，隐晶质 ~ 晶质结构，中厚层状构造，节理裂隙发育，岩体较破碎，岩芯呈碎块及短柱状，锤击声哑，强风化；7.7 ~ 9.3m 采芯率较低，岩体较破碎；9.3 ~ 13.0m 漏水较严重	7.7 ~ 13.0	5.3	125	89.5	1.351	1.49×10^{-3}	中等透水
白云岩：浅灰色 ~ 深灰色，颜色变化深浅不均匀，隐晶质 ~ 晶质结构，中厚层状构造，节理裂隙较发育，裂缝面充填少量石英脉，局部氧化铁浸染，岩芯呈柱状及长柱状，锤击不易碎，中风化	13.0 ~ 18.0	5.0	206	35.0	0.339	3.69×10^{-4}	弱透水
白云岩：浅灰色 ~ 深灰色，颜色变化深浅不均匀，隐晶质 ~ 晶质结构，中厚层状构造，节理裂隙较发育，裂缝面充填少量石英脉，局部氧化铁浸染，岩芯呈柱状及长柱状，锤击不易碎，中风化。18.0 ~ 23.0m 漏水较严重，21.5 ~ 23.0m 局部有溶蚀及小溶洞发育	18.0 ~ 23.0	5.0	106	59.8	1.128	1.23×10^{-3}	中等透水
白云岩：浅灰色 ~ 深灰色，颜色变化深浅不均匀，隐晶质 ~ 晶质结构，中厚层状构造，节理裂隙较发育，裂缝面充填少量石英脉，局部氧化铁浸染，岩芯呈柱状及长柱状，锤击不易碎，中风化	23.0 ~ 28.0	5.0	105	32.3	0.615	6.7×10^{-4}	弱透水

在进行钻孔压水试验时，应认真分析场地的地质构造发育情况和岩体的破碎程度，对钻孔揭露的试验段岩芯样要认真地进行描述记录，包括裂隙发育程度、层面的结合程度、岩体的破碎情况以及有无溶洞溶隙现象；当出现异常情况时，应分析其原因，复核压水试验结果和钻探记录的一致性。

7.3　钻孔抽水试验

尾矿堆积坝岩土工程勘察中的抽水试验，是为了查明尾矿的渗透系数、涌水量、影响半径等水文地质参数。钻孔抽水试验一般布设在沉积滩上，工程上多采用小流量、小降深钻孔抽水试验，抽水试验分为单孔抽水和多孔抽水试验。试验期间，应对坝体上的静水位、动水位、恢复水位进行量测。

根据尾矿的沉积规律及尾矿的颗粒组成，尾矿钻孔抽水试验一般只进行潜水非完整井抽水试验，并计算尾矿的综合渗透系数。抽水试验前，应根据尾矿的沉积规律及颗粒组成，选择抽水试验方法和设备，抽水试验设备包括抽水设备、排水设备、洗井设备、测试仪器和器具。

7.3.1　稳定流抽水试验

稳定流抽水试验是指在抽水过程中抽水量与动水位同时相对稳定，并有一定相对稳定延续时间的抽水试验，多采用抽水量为常量。

（1）抽水试验过程中，应同步观测、记录抽水孔的抽水量和抽水孔及观测孔的动水位。并现场绘制流量和降深曲线、降深和时间曲线、流量和时间曲线。当流量和降深曲线反常时，应分析和查明原因或重新进行试验。

（2）抽水孔测压管的水位波动值不宜大于 3cm，同一时间内观测孔的水位波动值不宜大于 1cm。水温、气温应在抽水前观测 1 次，抽水时每次降深各观测 1 次。

（3）抽水量和动水位的观测时间，一般在抽水开始后的第 1min、2min、3min、4min、5min、10min、15min、20min、30min、40min、50min、60min 各测 1 次，之后每隔 30min 观测 1 次，直至达到稳定水位标准后，抽水试验的延续时间一般为 8 ～ 24h。

（4）抽水结束后，应同步观测抽水孔和观测孔的恢复水位。恢复水位的观测时间一般在抽水结束后的第 1min、2min、3min、4min、6min、8min、10min、15min、20min、25min、30min、40min、50min、60min、80min、100min、120min 各观测 1 次，以后每隔 30min 观测 1 次，直至结束，并根据试验类型填写稳定流抽水试验记录表，见表 7.3–1、表 7.3–2。

表 7.3–1　稳定流单孔抽水试验记录表

降深次序	第 1 次	第 2 次	第 3 次
抽水开始时间			
抽水结束时间			
总延续时间			
稳定延续时间			

续表 7.3–1

降深次序		第 1 次	第 2 次	第 3 次
静止水位 /m				
动水位 /m				
降深 /m	过滤器中			
	测压管中			
流量 /（L/s）				
含水层厚度 /m				
过滤器半径 /m				
影响半径 /m				
渗透系数 /（m/d）				
平均渗透系数 /（m/d）				
观测人：		检查人：		项目负责人：

表 7.3–2　稳定流多孔抽水试验记录表

降深次序	第 1 次			第 2 次			第 3 次		
孔 号	1	2	3	1	2	3	1	2	3
静止水位 /m									
动水位 /m									
降深 /m									
流量 /（L/s）									
含水层厚度 /m									
至主孔的距离 /m									
渗透系数 /（m/d）									
平均渗透系数 /（m/d）									
观测人：				检查人：				项目负责人：	

（5）抽水量的稳定标准为稳定延续时间内实测抽水量最大值与最小值之差应小于平均抽水量的 5%。

（6）抽水试验过程中，应在试验场地绘制流量和降深曲线、降深和时间曲线、流量和时间曲线，验证检查试验有无异常。

（7）抽水试验结束后，绘制下列图表：包括抽水试验位置图、抽水孔及观测孔结构图、地层柱状图及抽水量 Q 与时间 t 关系曲线 $Q=f(t)$、水位降深 S 与时间 t 关系曲线 $S=f(t)$、抽水量 Q 与降深 S 关系曲线 $Q=f(S)$、单位涌水量 q 与降深 S 关系曲线 $q=f(S)$ 等。

（8）抽水试验的渗透系数和影响半径，根据试验类型分别按式（7.3–1）~式（7.3–7）计算：

1）潜水非完整井单孔稳定流抽水试验（图 7.3–1）渗透系数 k 宜按式（7.3–1）、影响半径宜按式（7.3–2）计算：

$$k=\frac{0.366Q}{LS}\lg\frac{0.66L}{r} \tag{7.3–1}$$

$$\lg R=\frac{1.3k(2H-S)}{Q}+\lg r \tag{7.3–2}$$

式中　R——影响半径（m）；

Q——抽水井的涌水量（m^3/d）；

k——含水层渗透系数（m/d）；

L——过滤器长度（m）；

H——抽水前潜水含水层厚度（m）；

S——抽水井水位下降值（m）；

r——抽水井半径（m）。

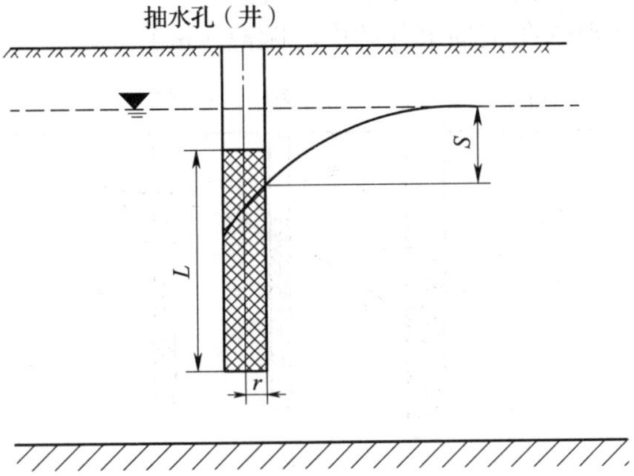

图 7.3–1　潜水非完整井单孔稳定流抽水试验示意图

2）潜水非完整井，一个观测孔、中心井抽水的稳定流抽水试验（图 7.3–2）渗透系数 k 宜选用式（7.3–3）计算，影响半径宜按式（7.3–4）计算：

$$k=\frac{0.366Q(\lg r_1-\lg r)}{(S-S_1)(S-S_1+L)} \tag{7.3–3}$$

$$\lg R=\frac{S(2H-S)\lg r_1-S_1(2H-S_1)\lg r}{(S-S_1)(2H-S-S_1)} \tag{7.3–4}$$

式中　S_1——观测井水位下降值（m）；

r_1——观测孔至抽水井的中心距离（m）。

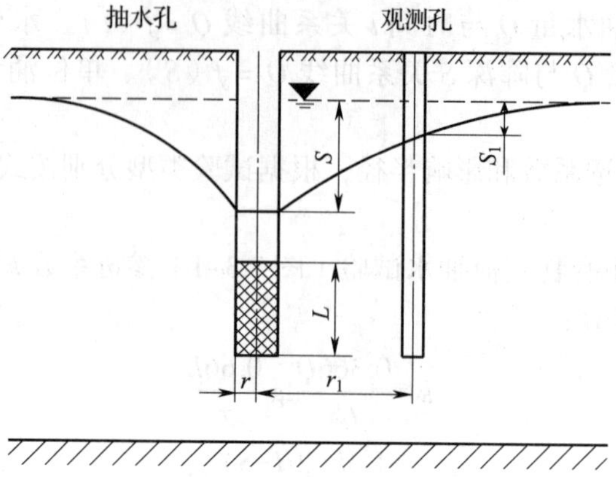

图 7.3-2　潜水非完整井、一个观测孔抽水示意图

3）潜水非完整井，二个观测孔、中心井抽水的稳定流抽水试验（图 7.3-3）渗透系数 k 宜选用式（7.3-5）计算，影响半径宜按式（7.3-6）计算：

$$k=\frac{0.366Q(\lg r_2-\lg r_1)}{(S_1-S_2)(2S-S_1-S_2+L)} \tag{7.3-5}$$

$$\lg R=\frac{S_1(2H-S_1)\lg r_2-S_2(2H-S_2)\lg r_1}{(S_1-S_2)(2H-S_1-S_2)} \tag{7.3-6}$$

式中　S_1、S_2——1#、2# 观测孔水位下降值（m）；

r_1、r_2——1#、2# 观测孔至抽水井的中心距离（m）。

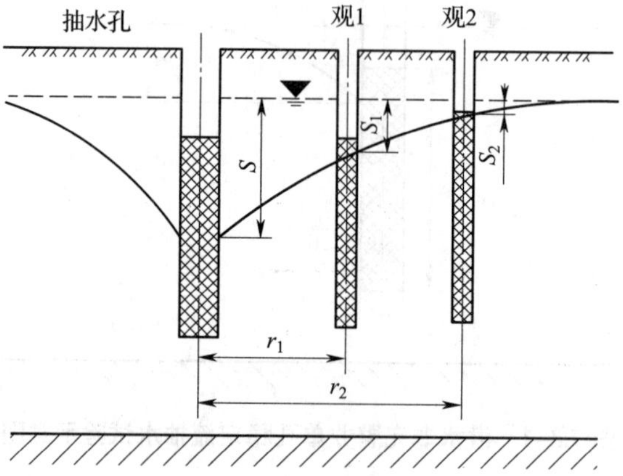

图 7.3-3　潜水非完整井、二个观测孔抽水示意图

4）利用水位恢复资料计算渗透系数时，停抽后，降落漏斗逐渐恢复，则渗透系数可按式（7.3-7）计算：

$$k=\frac{0.138Q}{SH}\ln\frac{t}{t'} \tag{7.3-7}$$

式中　S——停抽后在选定的某时刻井内水位上升的距离（m）；

t——开始抽水到选定的某时刻为止的延续时间（min）；

t'——表示停止抽水后到选定时间的时间间隔（min）。

7.3.2　非稳定流抽水试验

非稳定流抽水试验是指在抽水过程中保持抽水量不变，观测动水位随时间的变化，或保持水位降深不变，观测抽水量随时间变化的抽水试验。

（1）抽水量和动水位的观测时间，一般在抽水开始后的第 1min、2min、3min、4min、5min、6min、8min、10min、15min、20min、25min、30min、40min、50min、60min、80min、100min、120min 各测 1 次，之后每 30min 观测一次，直至结束。试验记录可采用非稳定流抽水试验记录表，见表 7.3–3。

表 7.3–3　非稳定流抽水试验记录表

降深次序	1	2	3	4	5	6
抽水开始时间						
抽水结束时间						
抽水延续时间						
流量 /（L/s）						
动水位 /m						
降深 /m						
含水层厚度 /m						
过滤器半径 /m						
渗透系数 /（m/d）						
平均渗透系数 /（m/d）						
观测人：			检查人：		项目负责人：	

（2）抽水试验延续时间，应按照水位下降与时间关系曲线确定，并应符合：①水位降深与时间关系曲线（S–t）有拐点的，则延续时间宜至拐至后的线段趋于水平；②水位降深与时间关系曲线（S–t）没有拐点的，则延续时间宜根据试验目的确定，一般不小于 8 ~ 16h。

（3）抽水过程水温、气温的观测要求同稳定流抽水试验。

（4）抽水结束后观测恢复水位的时间同稳定流抽水试验的要求。

（5）非稳定流抽水时，宜在抽水接近结束而用水量及动水位接近稳定时，计算渗透系数，并宜采用式（7.3–8）计算：

$$k=\frac{Q}{4\pi H(S_2-S_1)}\ln\frac{t_2}{t_1} \tag{7.3–8}$$

式中　t_1、t_2——抽水延续时间（min）；

S_1、S_2——时间 t_1 和 t_2 时的水位下降值（m）。

7.4 流向流速试验

在尾矿库渗流计算时，要用到地下水的流向流速，当尾矿发生渗流破坏时，尾矿水的流向流速就显得非常重要，因此，地下水流向流速的测定是尾矿堆积坝岩土工程经常要进行的水文地质测试；同时，也是阐明区域地下水径流条件，确定地下水流量计算断面的方向，正确布置地下水取水、排水、堵水截留工程设施，以及示踪试验井组位置等必不可少的依据；确定地下水流向是评价浸润线变化、研究坝体渗流等的前提条件；当尾矿堆积坝内存在不良地质作用（如溶洞、结构裂隙通道等），有可能发生尾矿水沿结构面渗漏造成环境污染，也应进行地下水的流向流速测试。

测定地下水流速及流向的水文地质试验方法，一般可采用等水位线图法和地下水示踪试验法。

7.4.1 地下水流向试验

在尾矿堆积坝勘察中，首先应初步判定尾矿水的流向，在布置等水位线图的钻孔时应充分利用已有勘探孔，沿等边三角形（或近似的等边三角形）的顶点布置钻孔，孔间距一般为 50 ~ 150m。等边三角形的底边一般平行于初期坝轴线，顶点位于尾矿堆积坝沿沟谷谷底布置的主勘探线上，以其水位高程绘制等水位线图。

等水位线图钻孔可利用浸润线观测孔、勘探孔或专门的试验水位观测孔，绘制库区等水位线图，判别地下水的流向，见图 7.4–1。

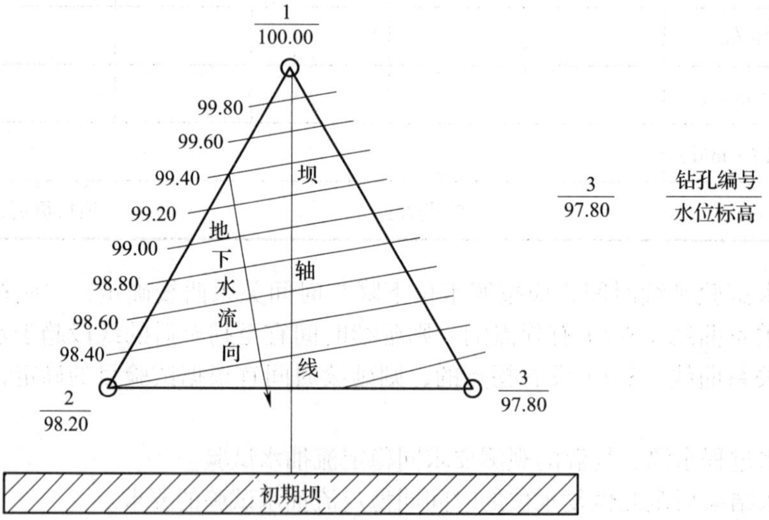

图 7.4–1 等水位线图钻孔布置示意图

等水位线图法不适用于有明显通道渗漏的情况，如溶洞、结构裂隙通道、库内渗漏点等。

7.4.2 地下水流速试验

地下水流速可通过等水位线图和地下水示踪试验来确定。

（1）在等水位线图的地下水流向上，求出相邻两条等水位线间的水力梯度，然后利用式（7.4–1）计算地下水流速。

$$v = kI \tag{7.4–1}$$

式中 v——地下水的渗透速度（m/d）；

k——渗透系数（m/d）；

I——水力坡度。

（2）根据示踪试验观测资料绘制观测孔内指示剂随时间的变化曲线，并根据指示剂浓度高峰值出现时间，按式（7.4–2）来计算地下水流速：

$$v' = \frac{l}{t} \tag{7.4–2}$$

式中 v'——地下水实际流速（平均）（m/h）；

l——投剂孔与观测孔距离（m）；

t——观测孔内浓度峰值出现所需时间（h）。

渗透速度 v 可按 $v=v'n$ 公式换算得到，其中 n 为孔隙度。

7.4.3 地下水示踪试验

地下水示踪试验，是指通过钻孔或隐患渗漏源将某种指示地下水运动途径的示剂注入含水层中，并借助下游井、孔、泉或渗出点进行监测和取样分析，研究地下水或其溶质成分运移过程的一种试验方法。在尾矿堆积坝上进行地下水示踪试验时，一般选在沿沟谷谷底布置的主勘探线上的钻孔中进行，由上游投剂孔和下游观测孔或初期坝的出逸点组成。当尾矿出现渗漏隐患、沿溶洞或结构裂隙通道的渗漏险情时，应在隐患处投放示剂，寻找渗漏通道，并计算渗流速度。

示踪剂一般采用工业氯化钠，以减少对环境的污染；对存在溶洞或结构裂隙的连通示踪试验，一般采用荧光剂或红色、蓝色的环保示剂，有利于抢险人员快速识别和做出反应。

示踪试验一般先根据已有等水位线图，初步确定地下水流向后，在上下游设置投剂孔和观测孔来实测地下水流向和流速。投剂孔一般布置在尾矿堆积坝坝顶或靠近坝顶的子坝上，也可根据工程需要布置在堆积坝渗漏点的上游，距离渗漏点不能小于 50m。

为保证捕捉到来自投剂孔的示踪晕和提高试验精度，防止示踪剂绕开观测孔，应在地下水流线及其两侧与主孔不同距离但与主孔同心的圆弧上布置观测孔，观测孔尽量布置在子坝的马道上；观测孔间距 3 ~ 5m，呈扇形布置 2 层，每层 3 个观测孔，如图 7.4–2 所示。

连通示踪试验的成果整理包括：

（1）绘制试验段（点）的水位、水量、水质或示踪剂浓度变化的历时曲线；

（2）对曲线的各种形态和现象，结合区域水文地质资料进行合理的水文地质解释和定量计算；

（3）根据试验绘制地下水连通平面图或岩溶地下水水系分布图等。

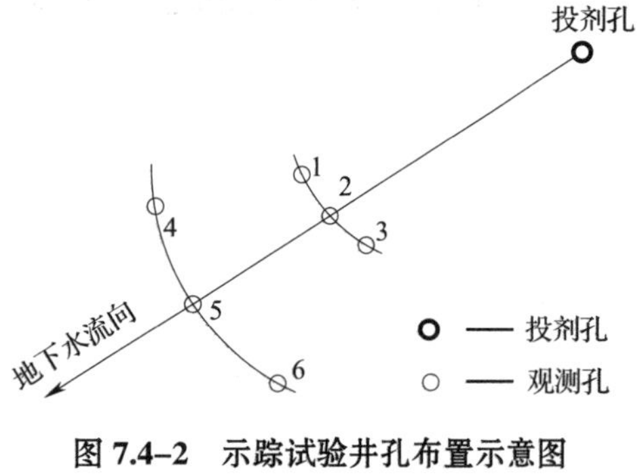

图 7.4–2 示踪试验井孔布置示意图

7.4.4 地下水流向流速试验实例

为获得某场地的水文地质参数，在场地内分别进行了流向和流速试验。

在场地东、西和南侧各选一处位置，采用三点法布置地下水流向观测井，测量各观测井内稳定水位，测试期间对场地观测井水位进行了多次统一测量，根据测量结果对各井地下水位进行了修正，并绘制了地下水流场图，由地下水流场图确定地下水总体流向为由西北流向东南，与该区域地下水流向基本一致。

地下水的流速试验采用指示剂跟踪法。根据地下水流流向，在距离上游投放井 8.0m 位置沿垂直流向方向布置 3 个观测井，井间距 4.0m，井深与流向观测井相同，采用 NaCl 做指示剂。在上游井投放 35kg 的指示剂与地下水混合，在下游观测井每间隔 1h 从含水层采取一份水样测定 Cl^- 浓度，绘制的指示剂浓度 - 时间曲线见图 7.4–3。

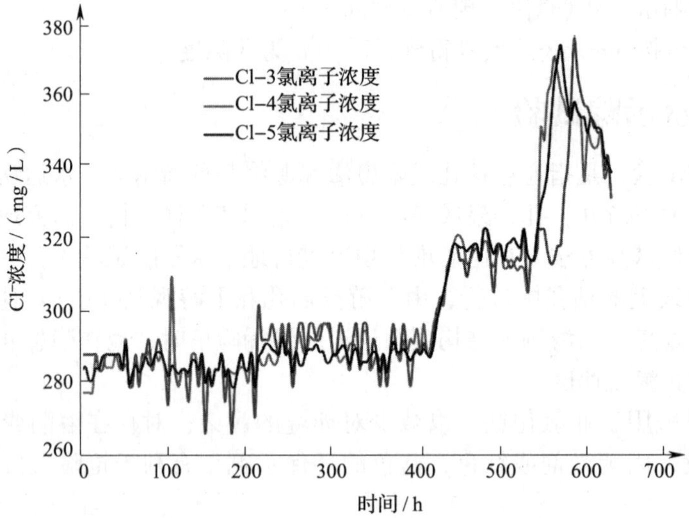

图 7.4–3 Cl^- 浓度与时间曲线

由图 7.4–3 可以看出，在投盐后的 200h 内 Cl^- 在 284mg/L 上下波动，Cl^- 浓度与地下水背景值 Cl^- 浓度基本相同，在投盐后的 200 ~ 425h 内 Cl^- 浓度在 291mg/L 上下波动，略高于地下水背景值 Cl^- 浓度，在 425 ~ 550h 内 Cl^- 浓度继续增加到 319.5mg/L，在投盐 588h 后观测井内地下水的 Cl^- 浓度达到峰值 376mg/L，之后 Cl^- 浓度逐渐降低并接近背景值，以此计算可知地下水流速为 0.32m/d。

第8章　土工试验

在尾矿堆积坝岩土工程勘察工作中，土工试验是非常重要的勘察手段，通过室内土工试验可以查明尾矿的含水率、密度、比重、颗粒级配和压缩模量、抗剪强度指标等，还可以提供尾矿的动弹性模量、动剪切模量、动剪应力比、动黏聚力和动内摩擦角等动力参数。尾矿是一种特殊性土，在进行土工试验时，其操作除符合一般土的要求外，还有一些特殊的要求，如在进行尾矿比重试验时，需要采用中性液体代替纯水测定，并用真空抽气法代替煮沸法排除尾矿土样中空气；尾矿土多为砂性尾矿土和粉性尾矿土，难以取得不扰动土样，且在运输过程中饱和的砂性尾矿土和粉性尾矿土振动固结，土样中的水会析出，土样密度变大，试验所测的数据偏于不安全；另外，为了保证土工试验的准确性，为尾矿库安全评价提供可靠的参数，应在尾矿库现场建立土工试验室进行土的一般物理力学性质试验。而对静三轴试验、动三轴试验及其他的动力参数试验，应采用现场测得的尾矿土的含水率和密度在室内进行土样的制备，模拟土样的实际密度和含水率。因此，尾矿土的土工试验方法及操作要求应进行专门的研究。

8.1　土工试验项目

尾矿堆积坝岩土工程勘察中涉及的土工试验项目通常分为物理性质指标试验、力学性质指标试验和动力指标试验三类。尾矿堆积坝常用的室内试验项目名称和方法见表 8.1–1。

表 8.1–1　尾矿土室内试验项目表

项目名称	方　法
含水率	烘干法
密度	环刀法
比重	比重瓶法
液限	圆锥仪法、联合测定法、碟式仪法
塑限	搓条法、联合测定法
颗粒级配	筛分法、密度计法
相对密度	最小干密度试验、最大干密度试验
击实	轻型击实试验、重型击实试验
压缩（固结）	标准法、快速法
渗透	常水头法、变水头法
三轴压缩	不固结不排水试验、固结不排水试验、固结排水试验

续表 8.1–1

项目名称	方　法
无侧限抗压强度	应力应变法
直接剪切	慢剪试验、固结快剪试验、快剪试验、反复剪试验
酸碱度（pH）	电测法、比色法
可溶盐	烘干法（易溶盐、中溶盐、难溶盐、总量测定）、化学分析法（各离子含量测定）
有机质含量	重铬酸钾容量法、烧失法
动弹性模量	动三轴试验、共振柱试验
动剪切模量	动三轴试验、共振柱试验
动黏聚力	动三轴试验
动内摩擦角	动三轴试验

8.2　土工试验基本要求

尾矿是一种特殊的土，其粒径分布涵盖了砂粒到胶粒的范围，但大多数尾矿以砂粒为主；尾矿库浸润线以上堆积的尾矿一般呈松散～稍密状态，尾矿库浸润线以下堆积的尾矿具有较强的触变性；尾矿堆积坝中软弱夹层一般以黏粒为主，具有流变性。因此，在勘察现场采取的不扰动尾矿试样，运输过程中容易受到扰动，导致试验结果不能真实反映尾矿的物理力学性质，故尾矿堆积坝岩土工程勘察工作一般在勘察现场建立临时试验室；部分特殊试验，如三轴试验设备和动力试验设备等难以搬迁至勘察现场，此时，应在现场测定尾矿的含水率、密度等物理性质指标，采取扰动样运输至试验室经制备试样后，进行相应的力学性质试验。

对特殊试验项目，一般要编制专门的试验方案。在开土前，应检查核对试样标签是否与土工试验委托单相符；制备试样前，应对尾矿进行描述，包括颜色、岩性、试样是否明显扰动等。

随着堆积时间的延续，尾矿堆积坝在不断增高，钻孔中采取的某一位置的尾矿，在取出地表后，其应力已经得到了释放。为了模拟尾矿在现场的实际应力状态，室内试验时，应保证试验围压尽可能接近尾矿试样取出地表前的侧向压力，使试验条件尽可能接近实际。并应注意尾矿的非均质性和不连续性以及由此产生的尾矿土体与尾矿试样在工程性状上的差别。

在进行尾矿土工试验时，操作方法一般执行国家标准《土工试验方法标准》GB/T 50123—2019 和行业标准《土工试验规程》YS/T 5225—2016，在进行尾矿水及影响范围内的水质分析时，一般执行行业标准《水质分析规程》YS/T 5226—2016。

8.3　尾矿物理性质试验

尾矿物理性质试验包括：含水率试验、比重试验、密度试验、颗粒分析试验、界限含水率试验、砂性尾矿土相对密度试验。各类尾矿进行的主要物理性质试验如下：

（1）砂性尾矿土：颗粒级配、比重、天然含水率、天然密度、最大和最小密度。

（2）粉性尾矿土：颗粒级配、液限、塑限、重度、天然含水率和天然密度。

（3）黏性尾矿土：液限、塑限、比重、天然含水率和天然密度。

对砂性尾矿土，如无法取得Ⅰ级不扰动试样，可在现场测定含水率、密度，在室内进行颗粒级配试验、比重试验，再根据测定的密度和含水率制备试样进行力学性质试验。

8.3.1 基本物理性质指标

直接测定的基本物理性质指标见表 8.3–1。

表 8.3–1 直接测定的基本物理性质指标

名称	符号	单位	物理意义	试验方法	试样要求	备注
土粒比重	G_s		土粒质量与同体积的4℃时水的质量之比 $G_s=\frac{m_s}{V_s\rho_w}$	比重瓶法	扰动样	尾矿试验中常采用煤油为试验介质 $G_s=\frac{m_s}{m_{bw}+m_s-m_{bws}}\times\frac{\rho_{w(m)T}}{\rho_w}$
含水率	w	%	孔隙中充填水的质量与土粒质量之比 $w=\frac{m_w}{m_s}\times100\%$	烘干法	Ⅰ～Ⅲ级试样	温度应根据矿物成分确定，一般为 100～105℃
密度	ρ	g/cm³	单位体积土的质量 $\rho=\frac{m}{V}$	环刀法、蜡封法	不扰动样	一般采用环刀法

注：m_s 为土粒质量，V_s 为土粒体积，ρ_w 为水的密度，m_{bw} 为瓶质量 + 水质量，m_{bws} 为瓶质量 + 水质量 + 土质量，$\rho_{w(m)T}$ 为煤油密度，m_w 为水质量。

根据直接测定的三个基本物理性质指标，经计算可以求得的基本物理性质指标见表 8.3–2。

表 8.3–2 计算求得的基本物理性质指标

名称	符号	物理意义	基本公式	单位
干密度	ρ_d	$\rho_d=\frac{m_s}{V}$ = 土粒质量 / 土的总体积	$\rho_d=\frac{\rho}{1+0.01w}$	g/cm³
孔隙比	e	$e=\frac{V_v}{V_s}$ = 土中孔隙体积 / 土粒体积	$e=\frac{G_s\rho_w(1+0.01w)}{\rho}-1$	—
孔隙率	n	$n=\frac{V_v}{V}\times100$ = 土中孔隙体积 / 土的总体积 ×100	$n=\frac{e}{1+e}\times100$	%
饱和度	S_r	$S_r=\frac{V_w}{V_v}\times100$ = 土中水的体积 / 土中孔隙体积 ×100	$S_r=\frac{wG_s}{e}$	%

注：V_v 为土中孔隙体积，V_w 为土中水的体积。

基本物理性质指标换算见表 8.3–3。

表 8.3–3 基本物理性质指标换算

名称	符号	三项比例表达式	常用换算公式	单位
土粒比重	G_s	$G_s=\frac{m_s}{V_s\rho_w}$	$G_s=\frac{S_r e}{w}$	—
含水率	w	$w=\frac{m_w}{m_s}\times100\%$	$w=\frac{S_r e}{G_s}$ $w=\frac{\rho}{\rho_d}-1$	%
密度	ρ	$\rho=\frac{m}{V}$	$\rho=\rho_d(1+w)$ $\rho=\frac{G_s(1+w)}{1+e}\rho_w$	g/cm^3
干密度	ρ_d	$\rho_d=\frac{m_s}{V}$	$\rho_d=\frac{\rho}{1+w}$ $\rho_d=\frac{G_s}{1+e}\rho_w$	g/cm^3
饱和密度	ρ_{sat}	$\rho_{sat}=\frac{m_s+V_v\rho_w}{V}$	$\rho_{sat}=\frac{G_s+e}{1+e}\rho_w$	g/cm^3
孔隙比	e	$e=\frac{V_v}{V_s}$	$e=\frac{G_s\rho_w}{\rho_d}-1$ $e=\frac{G_s(1+w)\rho_w}{\rho}-1$	—
孔隙率	n	$n=\frac{V_v}{V}\times100\%$	$n=\frac{e}{1+e}$ $n=1-\frac{\rho_d}{G_s\rho_w}$	%
饱和度	S_r	$S_r=\frac{V_w}{V_v}\times100\%$	$S_r=\frac{wG_s}{e}$ $S_r=\frac{wG_s}{n\rho_w}$	%

8.3.2　状态指标

黏性尾矿土直接测定的状态指标有液限、塑限，可根据液限、塑限计算求出塑性指数 I_P，液性指标数 I_L；砂性尾矿土直接测定的状态指标有最大干密度及最小干密度，可根据最大干密度及最小干密度计算求出相对密实度。各状态指标的计算式及其物理意义见表 8.3–4、表 8.3–5。粉性尾矿土是一种特殊的土，其性质介于黏性尾矿土和砂性尾矿土之间，塑性指数 $I_P \leqslant 10$ 且粒径大于 0.075mm 的颗粒含量不超过全重 50% 的土，其密实度按孔隙比确定。孔隙比 $e<0.75$ 为密实状态，孔隙比 $0.75 \leqslant e \leqslant 0.90$ 为中密状态，孔隙比 $e>0.90$ 为稍密状态。

表 8.3–4　直接测定的状态指标

指标名称	符号	单位	物理意义	试验方法	试样要求
液限	w_L	%	黏性尾矿土、粉性尾矿土由可塑状态过渡到流动状态的界限含水率	圆锥仪法、碟式仪法	扰动试样
塑限	w_p	%	黏性尾矿土、粉性尾矿土由可塑状态过渡到半固体状态的界限含水率	搓条法	扰动试样
最小干密度	$\rho_{d\,min}$	g/cm³	砂性尾矿土在最松散状态的干密度	注入法或量筒法	扰动试样
最大干密度	$\rho_{d\,max}$	g/cm³	砂性尾矿土在最紧密状态的干密度	击实法或震动密实法	扰动试样

表 8.3–5　计算求得的状态指标

指标名称	符号	物理意义	计算公式
塑性指数	I_P	黏性尾矿土、粉性尾矿土呈可塑状态时含水率的变化范围，代表土的可塑程度	$I_P = w_L - w_P$
液性指数	I_L	黏性尾矿土天然含水率与塑限含水率只差和塑性指数的比值，代表土的软硬程度	$I_L = \dfrac{w - w_P}{w_L - w_P}$
相对密度	D_r	砂性尾矿土最大孔隙比与天然孔隙比之差和最大孔隙比与最小隙比之差的比值，代表砂性尾矿土的密实程度	$D = \dfrac{(\rho_d - \rho_{d\,min})\rho_{d\,max}}{(\rho_{d\,max} - \rho_{d\,min})\rho_d}$

8.3.3　砂性尾矿土及粉性尾矿土的级配指标

砂性尾矿土及粉性尾矿土颗粒的组成一般通过筛分法或密度计法来测定各粒径大小分组所占的质量百分率，以此结果来确定砂土的分类，颗粒大小分布曲线见图 8.3–1，按特征粒径计算尾矿的不均匀系数与曲率系数见表 8.3–6。

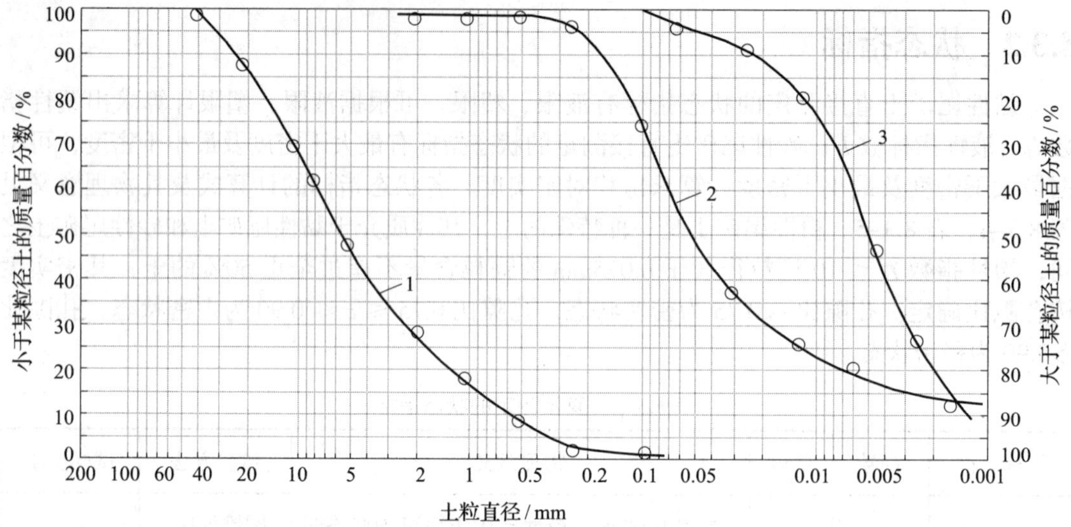

卵石或碎石	粗	中	细	粗	中	细	粉粒	黏粒
	砾			砂粒				

试样编号	粗粒土（>0.075mm）					土的分类	细粒土（<0.075mm）	
	>60（%）	砾（%）	砂（%）	C_u	C_c		0.075~0.005	<0.005

工程编号：________ 试验者：________
钻孔编号：________ 计算者：________
土样说明：________ 制图者：________
试验日期：________ 校核者：________

图 8.3–1 级配曲线图

表 8.3–6 特征粒径与不均匀系数

指标名称	符号	单位	物理意义	试验方法
限制粒径	d_{60}	mm	小于该粒径的颗粒占总质量的 60%	从颗粒级配曲线上求得
平均粒径	d_{50}		小于该粒径的颗粒占总质量的 50%	
中间粒径	d_{30}		小于该粒径的颗粒占总质量的 30%	
有效粒径	d_{10}		小于该粒径的颗粒占总质量的 10%	
不均匀系数	C_u	—	反映土的颗粒均匀程度的指标，土的不均匀系数越大，表明土的粒度成分越不均匀	$C_u=\frac{d_{60}}{d_{10}}$
曲率系数	C_c	—	反映土颗粒级配曲线形态的系数，曲率系数越大，级配曲线越陡	$C_c=\frac{d_{30}^2}{d_{10}d_{60}}$

8.4 尾矿力学性质试验

尾矿沉积过程中，随着堆积坝高度的增加，下部尾矿在上部尾矿压力的作用下会发生固结，使尾矿的强度增加，同时其渗透性会发生变化。评价尾矿堆积坝稳定性时，抗剪强度指标是一个很重要的参数，随着堆积坝高度的增加，抗剪强度指标也会增大，因此在尾矿堆积坝勘察中，要进行尾矿的力学性质试验，包括压缩 – 固结试验、抗剪强度试验、无侧限抗压强度试验及灵敏度试验。

8.4.1　压缩 – 固结试验

我国压缩 – 固结试验采用的压缩固结仪经历了三个发展阶段，20 世纪 50 年代至 20 世纪 90 年代末，采用杠杆式固结压缩仪；20 世纪 90 年代末至 21 世纪初，全自动气压式固结压缩仪逐渐替代了杠杆式固结压缩仪；21 世纪初至今，伺服智能式固结压缩仪逐渐兴起，与前两代固结压缩仪相比，伺服智能式固结压缩仪体积更小，无需人工搬运砝码和配置空气压缩机，更适宜搬运至尾矿堆积坝勘察现场建立试验室，见图 8.4–1（a）~ 图 8.4–1（c）。

（a）杠杆式三联固结压缩仪　　（b）全自动气压固结压缩仪

（c）伺服智能式固结压缩仪

图 8.4–1　压缩固结仪

尾矿的压缩 – 固结试验（图 8.4–2）可测定尾矿的压缩系数 a 和压缩模量 E_s，浸润线以上的非饱和尾矿采用压缩试验，浸润线附近及以下的饱和尾矿采用固结试验。试验时，试验最大压力应大于尾矿的有效自重压力。当分析尾矿堆积至最终坝高时的固结渗透破坏时，试验的最大压力应取土样在最终坝高状态下的有效自重应力。

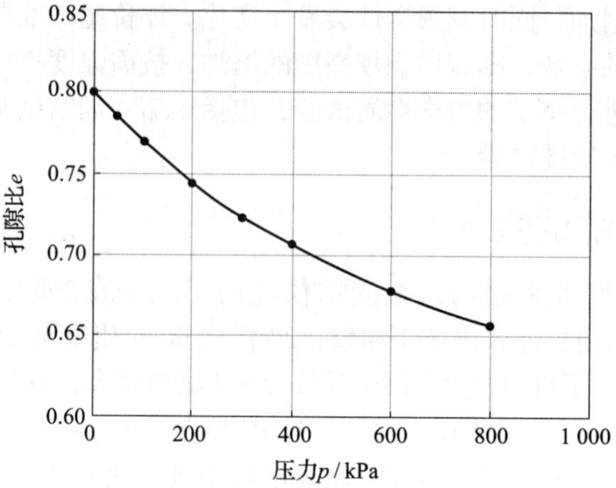

图 8.4-2 e-p 关系曲线

尾矿的压缩系数 a 和压缩模量 E_s 由下式计算：

$$a=\frac{e_1-e_2}{p_2-p_1} \tag{8.4-1}$$

$$E_s=\frac{1+e_0}{a} \tag{8.4-2}$$

式中 p_1、p_2——相邻段固结压力（kPa）；

e_1、e_2——对应于 p_1、p_2 的孔隙比；

e_0——尾矿的天然孔隙比。

8.4.2 抗剪强度试验

室内抗剪强度试验方法有直接剪切试验、三轴压缩试验和无侧限抗压强度试验。

1. 直接剪切试验

直剪仪分为应变控制式和应力控制式两种，前者是等速推动试样产生位移，测定相应的剪应力，后者则是对试件分级施加水平剪应力测定相应的位移，目前我国普遍采用的是应变控制式直剪仪。在我国直剪仪也同样经历了三个发展阶段，20 世纪 50 年代至 20 世纪 90 年代末，采用杠杆式人工读数直剪仪；20 世纪 90 年代末至 2015 年左右，在杠杆式直剪仪的基础上增加了自动采集系统；2015 年以后，试验室开始使用伺服智能式直剪仪，与前两代直剪仪相比，伺服智能式直剪仪体积更小，最大垂直压力可达到 3 200kPa，克服了直剪试验垂直压力难以达到尾矿有效自重压力的不足，见图 8.4-3。

为了模拟尾矿现场受剪时的排水条件，直接剪切试验可选用快剪、固结快剪和慢剪三种试验方法中的一种。快剪试验是在试样施加垂直压力后，立即快速施加水平剪应力使试样剪切破坏；固结快剪是允许试样在垂直压力下充分排水，待固结稳定后，再快速施加水平剪应力使试样剪切破坏；慢剪试验则是允许试样在垂直压力下排水，待固结稳定后，以缓慢的速率施加水平剪应力使试样剪切破坏。剪应力 τ 按式（8.4-3）计算，剪切位移 ΔL 应按式（8.4-4）计算，抗剪强度 S 应按式（8.4-5）计算。

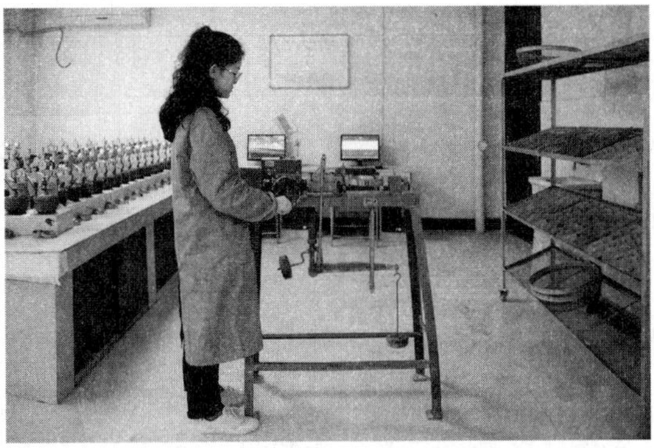

（a）杠杆式人工读数直剪仪

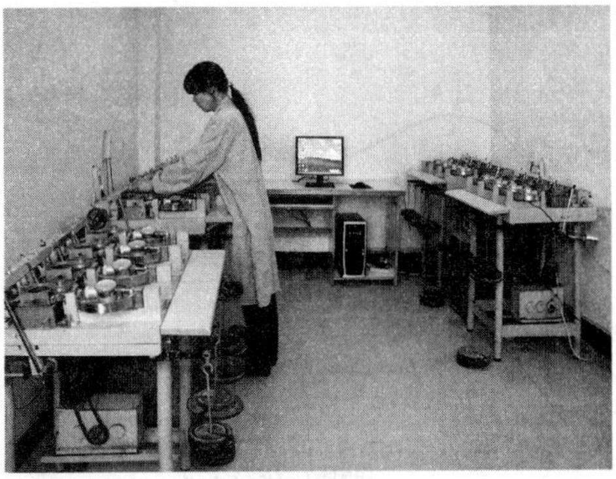

（b）杠杆式自动采集直剪仪

（c）伺服智能式直剪仪

图 8.4–3　直剪仪

$$\tau = C_1 \times R \tag{8.4–3}$$

式中　C_1——测力计率定系数（kPa/0.01mm）；

R——测力计读数（0.01mm）。

$$\Delta L = \Delta L' \times n - R \tag{8.4–4}$$

式中　$\Delta L'$——手轮每转的位移（0.01mm）；

n——手轮转数。

$$S = C_1 \times R_f \tag{8.4–5}$$

式中　R_f——试样剪损时测力计百分表读数（0.01mm）。

以剪应力 τ 为纵坐标，剪切位移 ΔL 为横坐标，绘制 $\tau-\Delta L$ 关系曲线，见图 8.4–4。

以抗剪强度 S 为纵坐标，垂直压力 p 为横坐标，绘制 $S-p$ 关系曲线，见图 8.4–5。

2. 三轴压缩试验

在我国三轴压缩仪也经历了三个发展阶段，20 世纪 50 年代至 20 世纪 70 年代，一般采用各勘察单位自行研制的人工读数三轴压缩仪，标准不一；20 世纪 70 年代开始出现专业仪器生产厂家生产的人工读数三轴压缩仪，仪器标准开始统一，出现了试验方法标准，但此时的三轴压缩仪体积还是庞大的；20 世纪 90 年代末，出现了伺服控制围压、自动采集数据的三轴压缩仪，与前两代三轴压缩仪相比，体积显著变小，更适宜搬运至尾矿堆积坝勘察现场建立试验室，见图 8.4–6。

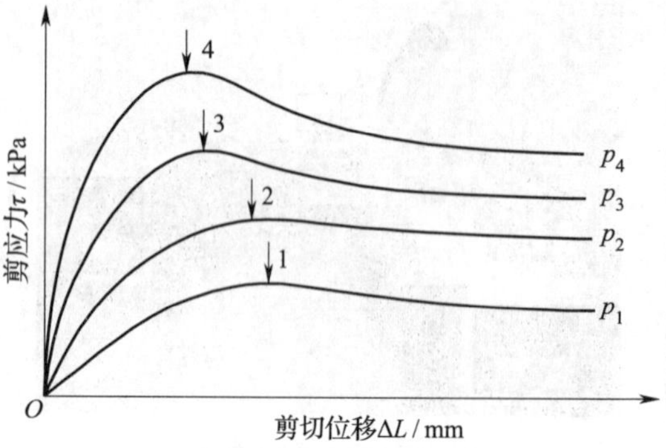

图 8.4–4 剪应力与剪切位移关系曲线

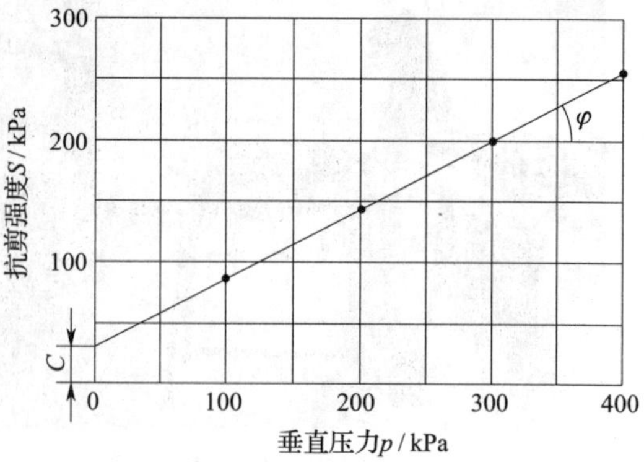

图 8.4–5 抗剪强度与垂直压力的关系曲线

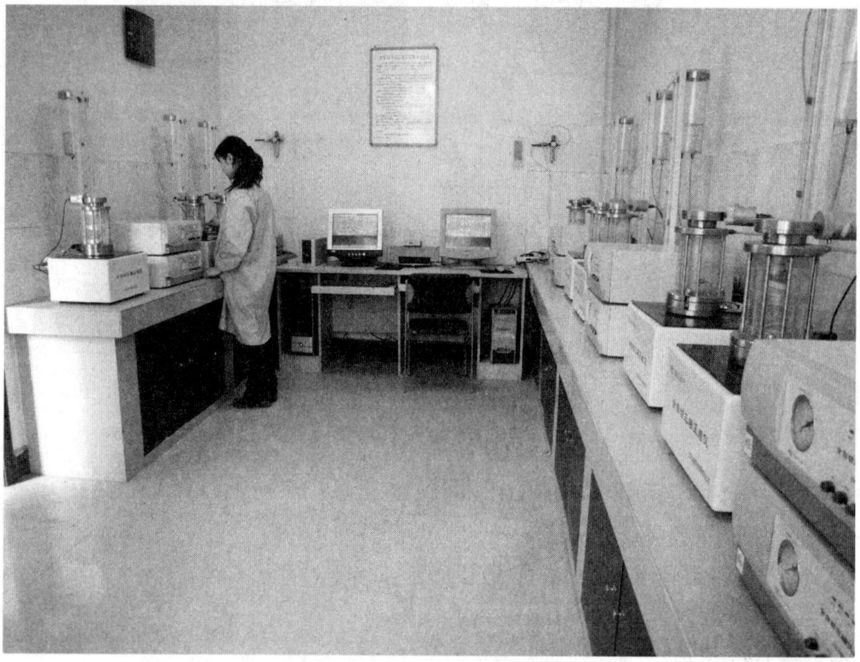

图 8.4–6 全自动三轴压缩仪

三轴压缩试验是根据莫尔 – 库仑破坏准则，测定土的黏聚力 C 和内摩擦角 φ。

常规的三轴压缩试验是取 3 ~ 4 个性质相同的圆柱体试样，先施加不同的围压（即小主应力）σ_3，随后逐渐增加大主应力 σ_1，直至破坏为止。根据破坏时的大主应力 σ_1 和小主应力 σ_3 绘制莫尔圆，莫尔圆的包线就是抗剪强度与法向应力的关系曲线，通常以直线近似表示，其倾角为内摩擦角 φ，在纵轴上的截距为黏聚力 C，见图 8.4–7。故抗剪强度与法向应力的关系曲线可以用库仑方程式（8.4–6）表示：

$$\tau = C + \sigma \tan\varphi \tag{8.4–6}$$

其中，τ 及 σ 分别为作用在破坏面上的剪应力及法向应力，它与大主应力 σ_1、小主应力 σ_3 及破坏面与大主应力面的倾角 α 的关系见式（8.4–7）：

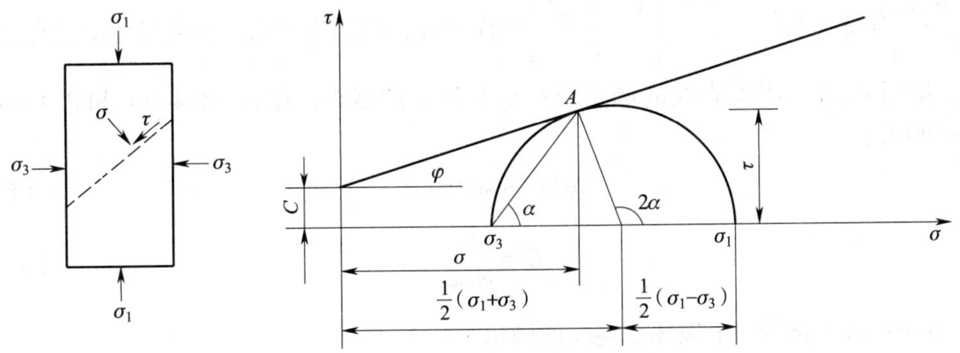

图 8.4–7　三轴压缩试验抗剪强度与法向应力关系曲线

$$\begin{cases}\sigma=\dfrac{1}{2}(\sigma_1+\sigma_3)+\dfrac{1}{2}(\sigma_1-\sigma_3)\cos 2\alpha \\ \tau=\dfrac{1}{2}(\sigma_1-\sigma_3)\sin 2\alpha\end{cases} \tag{8.4–7}$$

其中，$\alpha=45°+\dfrac{\varphi}{2}$。

土体受荷载后，各个面上的法向应力由固体颗粒骨架和孔隙水或气体所承受。即 $\sigma'=\sigma-u$。σ' 为有效应力，u 为孔隙水压力。

用有效应力表示土的抗剪强度，见式（8.4–8）：

$$\tau=C'+(\sigma-u)\tan\varphi'=C'+\sigma'\tan\varphi' \tag{8.4–8}$$

式中　C'——有效黏聚力；

φ'——有效内摩擦角。

三轴压缩试验能控制试验过程中的排水条件，可根据堆积坝堆积速度和排水条件选择不同的排水条件进行试验。通常分为不固结不排水（UU）试验、固结不排水（CU）或固结不排水剪测孔压（$\overline{\text{CU}}$）试验和固结排水（CD）试验。

（1）不固结不排水（UU）试验：试样在施加围压后立即进行剪切，在整个试验过程中都不允许排水，试验自始至终关闭排水阀门。

（2）固结不排水（CU）试验：试样在施加围压后，打开排水阀门，允许试样排水固结，待固结稳定后关闭排水阀门，再施加剪切压力，使试样在不排水的条件下剪切破坏。试验过程中，当需要测量孔压时，打开孔压测量阀测量孔压，即为固结不排水剪测孔压（$\overline{\text{CU}}$）试验。

（3）固结排水（CD）试验：试样在施加围压时允许排水固结，待固结稳定后，再在排水条件下施加剪切压力至试样剪切破坏。

试验结束后，以法向应力 σ 为横坐标，剪应力 τ 为纵坐标，试验破坏时的应力值表示为 σ_{1f}、σ_{3f}，在横坐标上以 $\dfrac{\sigma_{1f}+\sigma_{3f}}{2}$ 为圆心，$\dfrac{\sigma_{1f}-\sigma_{3f}}{2}$ 为半径，绘制破坏总应力圆，并绘制不同围压下破坏应力圆的包线。该包线的倾角为内摩擦角 φ_u，包线在纵轴上的截距为黏聚力 C_u。

如各应力圆无规律，难以绘制各圆的强度包线，可按应力路径取值，即以 $\dfrac{\sigma_1'-\sigma_3'}{2}$

$\left[\frac{(\sigma_1-\sigma_3)}{2}\right]$作纵坐标，$\frac{\sigma_1'+\sigma_3'}{2}\left[\frac{(\sigma_1+\sigma_3)}{2}\right]$作横坐标，绘制应力圆，作通过各圆顶点的平均直线，见图 8.4-8，根据直线的倾角及在纵坐标上的截距，按式（8.4-9）和式（8.4-10）计算φ'和C':

$$\varphi' = \arcsin(\tan\alpha) \tag{8.4-9}$$

$$C' = \frac{d}{\cos\varphi'} \tag{8.4-10}$$

式中 α——应力路径图上破坏点连线的倾角（°）；

d——应力路径图上破坏点连线在纵轴上的截距（kPa）。

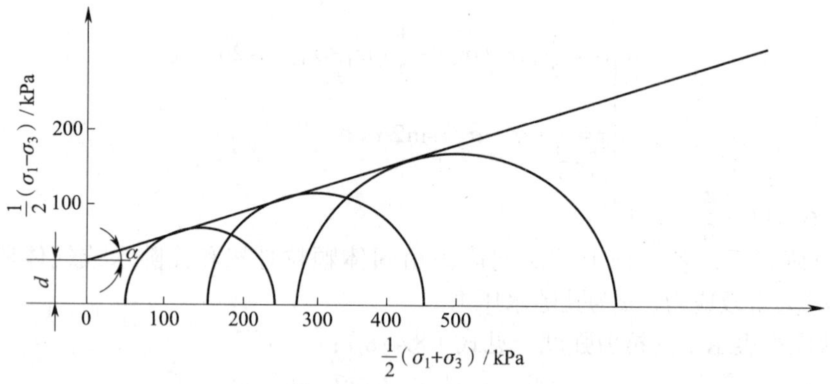

图 8.4-8 应力路径包线

三轴压缩试验的突出优点是能较为严格地控制排水条件以及可以量测试样中孔隙水压力的变化，能更好地模拟尾矿的三向受力状态及固结排水条件，故在尾矿堆积坝稳定性分析中得到了广泛应用。

3. 无侧限抗压强度试验

无侧限抗压强度试验是三轴不固结不排水（UU）试验的特例，即试验围压 σ_3=0。试验时，将圆柱形试样放在无侧限抗压试验仪中，在不加任何侧向压力的情况下施加垂直压力，直到试件剪切破坏为止，剪切破坏时试样所能承受的最大轴向应力 q_u 称为无侧限抗压强度。

在尾矿堆积坝岩土工程勘察工作中，无侧限抗压强度试验适用于具有软弱土特征的饱和尾黏土，即φ=0 时的抗剪强度指标。根据试验结果，只能作一个极限应力圆（σ_1=q_u、σ_3=0），其破坏包线近于一条水平线，见图 8.4-9，尾黏土的不排水抗剪强度可由式（8.4-11）计算。

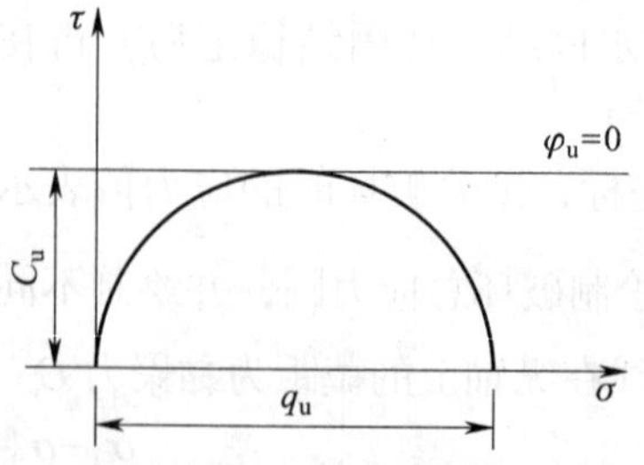

图 8.4-9 无侧限抗压强度试验结果

$$\tau_f = C_u = \frac{q_u}{2} \tag{8.4-11}$$

式中 C_u——不排水抗剪强度（kPa）；

q_u——无侧限抗压强度（kPa）。

尾黏土的灵敏度可按式（8.4–12）计算：

$$S_t = q_u / q'_u \tag{8.4–12}$$

式中　q_u——原状试样的无侧限抗压强度（kPa）；

q'_u——重塑试样的无侧限抗压强度（kPa）。

根据室内试验测得的原状试样的无侧限抗压强度与重塑试样的无侧限抗压强度求得灵敏度值，可以将具有饱和软黏土性质的黏性尾矿土划分为低灵敏度（$1 < S_t \leq 2$）、中灵敏度（$2 < S_t \leq 4$）、高灵敏度（$S_t > 4$）。具有饱和软黏土性质的黏性尾矿土的灵敏度越高，其结构性越强，受扰动后结构强度降低就越明显，对稳定性越不利。因此在尾矿堆积坝勘察中，应对软弱土夹层及透镜体进行尾矿土的灵敏度试验，由于软弱土夹层及透镜体难于取得不扰动试样，灵敏度试验应采用原位十字板剪切试验进行测试。

8.5　尾矿动力性质试验

在评估动荷载作用下尾矿堆积坝的稳定性和变形时，需掌握和了解有关尾矿土的动力特性，如尾矿土的动强度特性、液化特性和动应力应变特性等。尾矿土的动力性质试验可采用动三轴试验、动单剪试验和共振柱试验，以得到尾矿土的动弹性模量，动剪切模量和动黏聚力、动内摩擦角等。

1958 年由原水利水电科学研究院提出并研制了惯性力式动三轴仪，开启了我国自主研发动三轴仪和进行动三轴试验的先河。随后科研工作者通过改变竖向动力加荷方式，开发了电磁式动三轴仪，如具有代表性的 DSZ–100 型电磁式动三轴仪。中国科学院武汉岩土力学研究所和北京市新技术应用研究所在 1981 年成功研制了电磁激振 DSZ–500 型土动三轴仪，该三轴仪是以快速加荷为主的多用途三轴试验装置，既可用于研究爆震应力（以单脉冲荷载为主）作用下土的动力性质，也可用于研究循环荷载作用下土的动力性质，其动变形范围为 ±12.5mm，径向最大变形为 6mm。该时期为动三轴发展的第一阶段。

1985 年原水利水电科学研究院、黄河水利委员会黄河水利科学研究院和原天水红山试验机厂等单位协作研制成功 100T 电液伺服粗粒土动、静三轴试验机，其试样尺寸为 ϕ300mm × 750mm，最大围压为 2 000kPa，最大轴向动荷载达 ±300kN，振动频率为 0.01 ~ 5Hz。大连理工大学在 1986 年研制成一台中型电液伺服动三轴仪，其试样尺寸为 ϕ75mm × 100mm 和 ϕ200mm × 400mm 两种，最大围压为 1 000kPa，振动频率范围为 0.01 ~ 10Hz。随后电液伺服动三轴仪在大型水利工程和尾矿工程中开始使用，该时期为动三轴发展的第二阶段。

近年来出现的电气伺服动三轴仪，利用电气循环加荷系统施加轴向压力，通过电气循环加荷系统和全自动控制系统，实现了动三轴试验的自动化控制和采集，属于动三轴发展的第三阶段。

中国有色金属工业西安勘察设计研究院有限公司于 1978 年组织攻关小组研制电液高应力动三轴仪，1985 年生产出样机投入生产试运行，1987 年经过专家鉴定，产品定型为 DGZ–2000 电液压式高应力振动三轴仪，并在金堆城钼业集团有限公司木子沟尾矿库勘察中进行了应用，该研究项目获1988年中国有色金属工业总公司科学技术进步二等奖，木子沟尾矿坝工程勘察项目获国家工程勘察金质奖，促进了我国尾矿堆积坝勘察与评价的发展。

动三轴试验中，各试验参数的计算应按下列公式计算。

（1）试样静应力状态的固结应力比和初始剪应力比按式（8.5–1）~式（8.5–4）计算。

1）固结应力比 K_c：

$$K_c=\frac{\sigma'_{1c}}{\sigma'_{3c}}=\frac{\sigma_{1c}-u_0}{\sigma_{3c}-u_0} \tag{8.5–1}$$

式中 σ'_{1c}——有效轴向固结应力（kPa）；

σ'_{3c}——有效侧向固结应力（kPa）；

σ_{1c}——轴向固结应力（kPa）；

σ_{3c}——侧向固结应力（kPa）；

u_0——初始孔隙水压力（kPa）。

2）初始剪应力比 α：

$$\alpha=\frac{\tau_0}{\sigma'_0} \tag{8.5–2}$$

$$\tau_0=\frac{(K_c-1)\sigma'_{3c}}{2}=\frac{1}{2}(\sigma_{1c}-\sigma_{3c}) \tag{8.5–3}$$

$$\sigma'_0=\frac{(K_c+1)\sigma'_{3c}}{2}=\frac{1}{2}(\sigma_{1c}+\sigma_{3c})-u_0 \tag{8.5–4}$$

式中 τ_0——振前试样45°面上的剪应力（kPa）；

σ_0'——振前试样45°面上的有效法向应力（kPa）。

（2）轴向动应力和轴向动应变按式（8.5–5）和式（8.5–6）计算。

1）轴向动应力 σ_d，计算时精确至1kPa。

$$\sigma_d=\frac{W_d}{A_c}\times 10 \tag{8.5–5}$$

式中 W_d——轴向动荷载（N）；

A_c——试样固结后截面积（cm^2）。

2）轴向动应变 ε_d 计算，准确至0.1%。

$$\varepsilon_d=\frac{\Delta h_d}{h_c}\times 100 \tag{8.5–6}$$

式中 Δh_d——轴向动变形（mm）；

h_c——固结后试样高度（mm）。

（3）动剪应力、总剪应力、动剪应力比、动孔压比按式（8.5–7）~式（8.5–10）计算。

1）动剪应力 τ_d（kPa）：

$$\tau_d=\frac{1}{2}\sigma_d \tag{8.5–7}$$

式中 σ_d——试样轴向动应力（kPa）。

2）总剪应力 τ_{sd}（kPa）：

$$\tau_{sd}=\frac{\sigma_{1c}-\sigma_{3c}+\sigma_d}{2}=\tau_0+\tau_d \qquad (8.5\text{–}8)$$

3）动剪应力比：

$$\frac{\tau_d}{\sigma_0'}=\frac{\sigma_d}{2\sigma_0'} \qquad (8.5\text{–}9)$$

4）动孔压比：

$$\alpha_u=\frac{u_d}{\sigma_{3c}} \qquad (8.5\text{–}10)$$

式中　u_d——动孔隙水压力（kPa）。

（4）根据同一固结应力条件下多个试样的测试计算结果，绘制动剪应力比与破坏振次对数值的关系曲线，见图 8.5–1。在尾矿堆积坝稳定性分析中，应根据工程要求的等效破坏振次，在该曲线上确定相应于某一初始剪应力比和某一围压的动剪应力比。

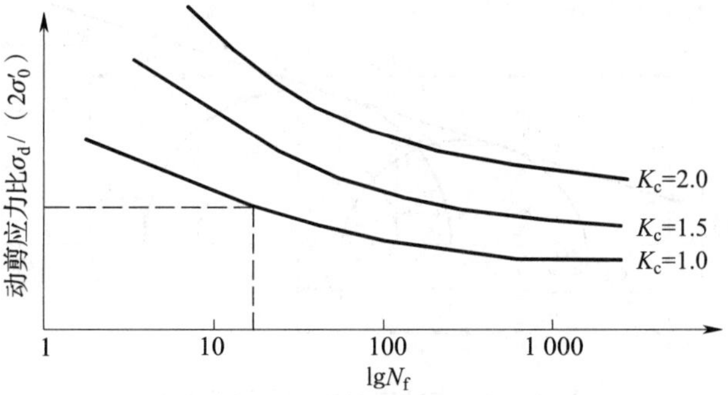

图 8.5–1　动剪应力比与破坏振次的关系曲线

（5）以振动破坏时试样 45° 面上的总剪应力（τ_{sd}）为纵坐标，振前试样 45° 面上的法向应力为横坐标，绘制给定振次下不同初始剪应力比时总剪应力与法向应力关系曲线，见图 8.5–2，确定试样的动黏聚力 C_d 和动内摩擦角 φ_d。

（6）对于潜在破坏面初始剪应力比相同的各个试验，绘制不同振次下动孔压比与动剪应力比的关系曲线，见图 8.5–3。

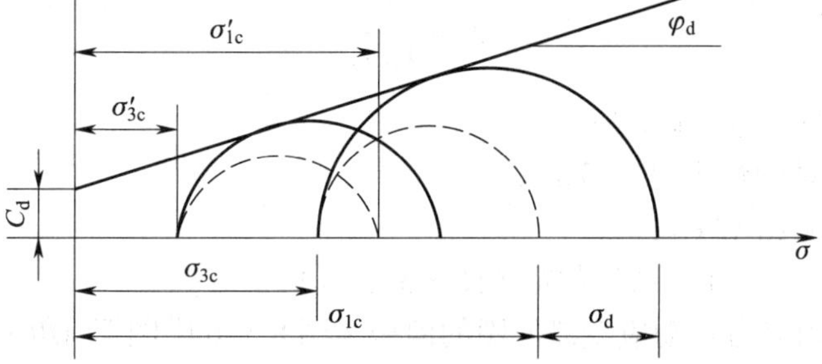

图 8.5–2　总剪应力与法向应力关系曲线

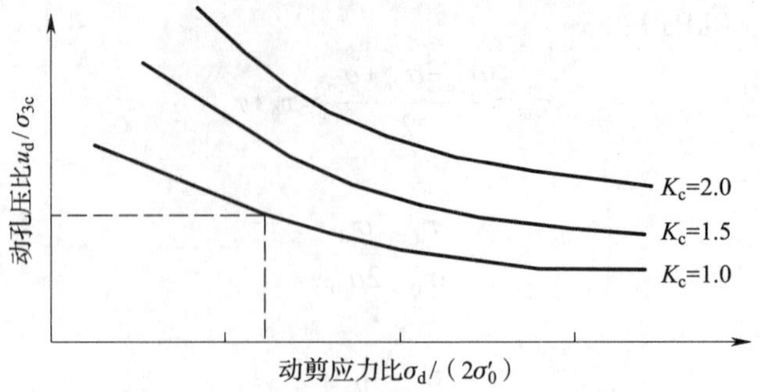

图 8.5–3　动孔压比与动剪应力比间的关系

（7）以振动破坏时试样 45° 面上的总剪应力 τ_{sd} 为纵坐标，振前试样 45° 面上的有效法向应力为横坐标，绘制某一振次下不同初始剪应力比时总剪应力与有效法向应力关系曲线，见图 8.5–4，确定试样的有效动黏聚力 C_d' 和有效内摩擦角 φ_d'。

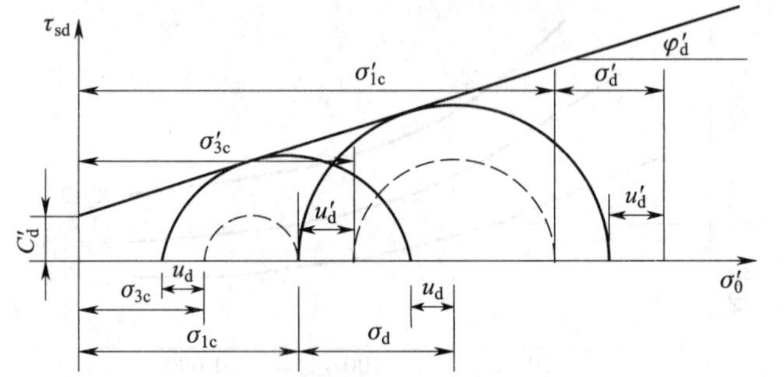

图 8.5–4　有效应力的应力强度指标

（8）动弹性模量与阻尼比。

1）动弹性模量和阻尼比，通过绘制轴向动应力 – 动应变骨干曲线［图 8.5–5（a）］、ε_d/σ_d–ε_d 关系曲线［图 8.5–5（b）］和轴向动应力 – 动应变滞回曲线（图 8.5–6），并按式（8.5–11）~ 式（8.5–13）计算动弹性模量和动阻尼比：

$$E_d=\frac{\sigma_d}{\varepsilon_d} \tag{8.5–11}$$

$$E_{d\max}=1/a \tag{8.5–12}$$

$$\lambda_d=\frac{A_z}{4\pi A_s} \tag{8.5–13}$$

式中　E_d——动弹性模量（kPa）；

$E_{d\max}$——最大动弹性模量（kPa）；

λ_d——动阻尼比（%）；

a——ε_d/σ_d–ε_d 线性关系的截距（图 8.5–5）（kPa^{-1}）；

A_z——轴向动应力 – 动应变滞回圈的面积（图 8.5–6 中图形 $ABCDA$ 面积）（kPa）；

A_s——轴向动应力 – 动应变滞回曲线图中直角三角形面积（图 8.5–6 所示 AOE 的面积）（kPa）。

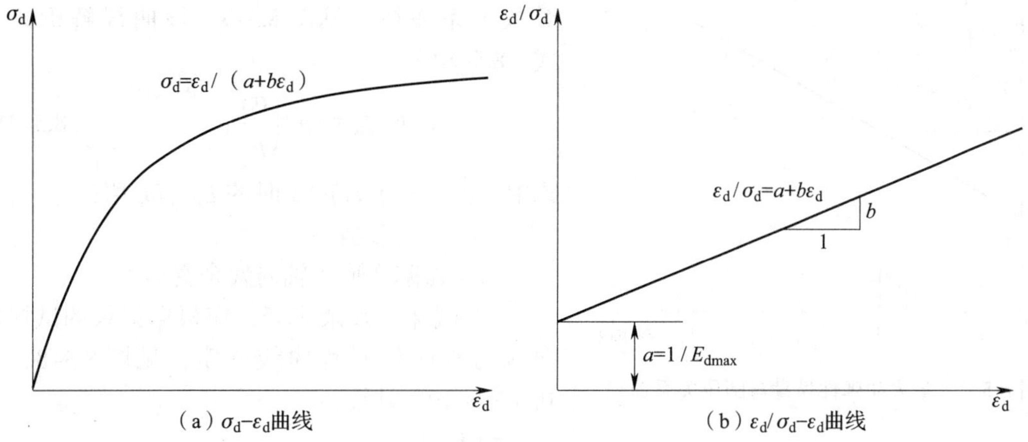

图 8.5–5　轴向动应力 – 动应变骨干曲线

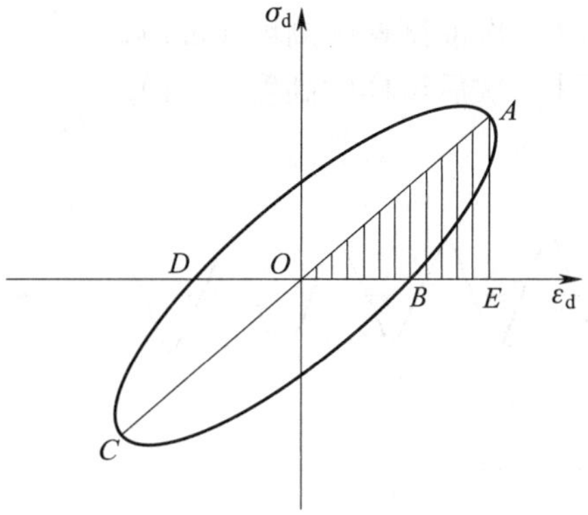

图 8.5–6　轴向动应力 – 动应变滞回曲线

2）动剪切模量与动弹性模量、动剪应力与轴向动应力、动剪应变与动泊松比之间的换算应按式（8.5–14）～式（8.5–17）计算：

$$G_d=\frac{E_d}{2(1+\mu_d)} \tag{8.5–14}$$

$$G_{d\max}=\frac{E_{d\max}}{2(1+\mu_d)} \tag{8.5–15}$$

$$\tau_d=\frac{\sigma_d}{2} \tag{8.5–16}$$

$$\gamma_d=\varepsilon_d(1+\mu_d) \tag{8.5–17}$$

式中　G_d——动剪切模量（kPa）；

$G_{d\max}$——最大动剪切模量（kPa）；

μ_d——动泊松比；

γ_d——动剪应变（%）。

3）以最大动弹性模量为纵坐标，围压为横坐标，且围压最小为 1 个大气压绘制双

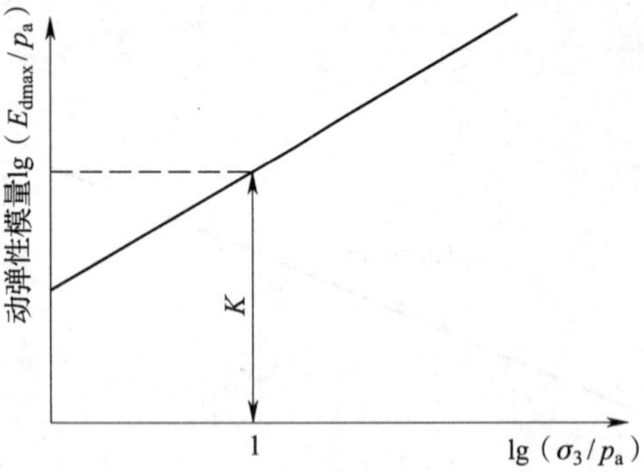

图 8.5-7 最大动弹性模量与围压关系曲线

对数关系曲线，见图 8.5-7。该曲线解析式见式（8.5-18）：

$$E_{d\max}=Kp_a\left(\frac{\sigma_3}{p_a}\right)^n \tag{8.5-18}$$

式中 K——当 σ_3/p_a=1 时的 $E_{d\max}/p_a$ 值；

n——直线斜率。

（9）振陷变形（轴向残余变形）。

1）试样的残余应变，应根据记录的试样轴向应力和应变时程曲线确定，见图 8.5-8，按式（8.5-19）计算：

$$\varepsilon_p(N)=\frac{h_0-h_1(N)}{h_0} \tag{8.5-19}$$

式中 ε_p——动应力往返作用 N 次所产生的残余应变（%）；

h_0——动应力往返作用 N 次前试样的高度（cm）；

h_1——动应力往返作用 N 次后试样的高度（cm）。

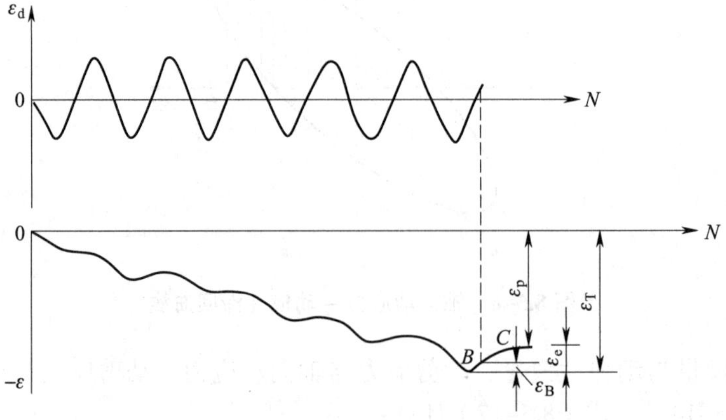

ε_e—动应力往返作用第 N 次的回弹应变；ε_T—动应力往返作用第 N 次回弹前的应变；

ε_B—动应力往返作用第 N 次回弹段的弹性应变。

图 8.5-8 残余应变曲线

2）地震荷载作用时振陷变形的估算可采用分层总和法按式（8.5-20）计算：

$$S_d=\sum_{i=1}^{n}\alpha_i\varepsilon_{pi}h_i \tag{8.5-20}$$

$$\alpha_i=（1-\mu_{di}）/2 \tag{8.5-21}$$

式中 S_d——振陷变形（mm）；

ε_{pi}——第 i 层土的残余应变（%）；

h_i——第 i 层土的厚度（mm）；

α_i——用动三轴试验模拟实际地震作用时的转换系数；

μ_{di}——第 i 层土的动泊松比。

8.6 水土化学试验

尾矿水是尾矿浆液沉积后排出的工业废水，由于选矿过程中化学试剂的加入和矿石中重金属物质的融入，使尾矿水具有强酸或强碱性，会对尾矿库构筑物中的混凝土结构或混凝土中的钢筋产生腐蚀作用，尾矿水中含有的重金属物质一旦渗漏会对环境造成危害，因此在勘察工作中应对尾矿水中的化学成分进行测试。

8.6.1 水的化学试验

水可分为地下水和环境水。地下水的化学性质主要由氢离子浓度值、酸碱度（pH）、硬度和矿化度四项指标综合反映。溶解于地下水中的盐类以各种形式的阴、阳离子存在，如 Na^+、Ca^{2+}、Cl^-、SO_4^{2-} 等，其含量一般以单位 mmol/L、mg/L 和 me/L 表示。超微量元素的离子，其单位以 μg/L 表示。溶解于地下水中的气体和胶体物质有 CO_2、SiO_2 等。

环境水主要是指地表水和土壤水。环境水的化学分析项目主要包括 pH、氧化还原电位（Eh）、电导率、溶解氧、酸度、碱度、硬度、矿化度、游离 CO_2、侵蚀性 CO_2、Na^+、K^+、Ca^{2+}、Mg^{2+}、NH_4^+、Fe^{2+}、Fe^{3+}、Cl^-、SO_4^{2-}、HCO_3^-、CO_3^{2-}、NO_3^- 及有机质等。

pH 值反映了水的酸碱性，由酸、碱和盐的水解因素决定。酸度是指强碱滴定水样中的酸至一定的 pH 值的碱量，碱度是指强酸滴定水样中的碱至一定 pH 值的酸量。硬度是反映水中含盐量的特性指标，其值为钙、镁、铁、锰、锶、铝等溶盐类的总量，以毫克当量或德国度表示。矿化度是水中所含各种离子、分子与化合物的总量，也称总矿化度，一般以每升水中所含克数表示。矿化度包括了全部的溶解组分和胶体物质，但不包括游离气体。一般以 105 ~ 110℃时水蒸干所得的干涸残余物总量来表征矿化度。

水的化学分析测试项目及方法见表 8.6–1。

表 8.6–1　测试项目及方法

测试项目	方法	测试项目	方法
pH 值	电位法	HCO_3^-	酸滴定法
Na^+、K^+	差减法	CO_3^{2-}	酸滴定法
NH_4^+	纳氏试剂比色法	OH^-	酸滴定法
Ca^{2+}	EDTA 容量法	NO_3^-	水杨酸比色法
Mg^{2+}	EDTA 容量法	侵蚀性 CO_2	盖耶尔法
$C1^-$	摩尔法	游离 CO_2	碱滴定法
SO_4^{2-}	EDTA 容量法	总矿化度	质量法

8.6.2 土的化学试验

土作为环境介质会对混凝土结构物产生腐蚀作用，要评价土的腐蚀性，首先要分析土的化学成分。土的化学试验包括土的酸碱度试验、土的易溶盐试验、有机质试验等。

1. 土的酸碱度（pH）试验

酸碱度是了解土的物理化学性质和工程性质的一项重要的基本指标，用 pH 值表示。土呈碱性时，土粒表面容易形成扩散双电层，使土粒处于松散状态，这种土塑性较大而抗剪强度不大。而酸性土的土粒之间可以通过带正电的边、角和带负电的基面的静电力相互吸引而较牢固的连接，有较高的力学强度。

酸碱度的测试可用电测法或比色法。《土工试验方法标准》GB/T 50123—2019 中规定，酸碱度试验宜用电测法。比色法主要作为快速野外试验的辅助方法。

用电测法测试酸碱度，主要的仪器设备包括酸度计、电动振荡器和天平。酸度计是一种以 pH 值表示读数的电位计，它应附有玻璃电极、甘汞电极和复合电极，用它可以直接读出溶液的 pH 值。使用的主要试剂包括：标准缓冲溶液（pH=4.01、pH=6.87、pH=9.18）和饱和氯化钾（KCl）溶液。

酸碱度试验的步骤为：

（1）酸度计校正，在测定试样前按仪器使用说明书校正酸度计。

（2）制备土悬液，取通过 2mm 筛的风干土样 10g，放入广口瓶，加纯水 50mL（土水比为 1∶5），振荡 3min，静止 30min。

（3）测定土悬液 pH 值，将少许土悬液盛于小烧杯中，将酸度计上的玻璃电极和甘汞电极（或复合电极）插入杯中，轻轻摇动烧杯，使土悬液均匀接触电极 2 ~ 3min。通过酸度计测定 pH 值，准确至 0.01pH。测量土悬液温度，进行温度补偿操作。

土悬液水土比例的大小，对测定结果有一定的影响，土水比为 1∶5。

2. 土的易溶盐试验

土中易溶盐包括所有的氯化物盐类，易溶的硫酸盐类和碳酸盐类。这些盐类可呈固态，也可以呈液态存在于土中，并且经常互相转化。它们溶解于孔隙溶液中的阳离子与土粒表面吸附的阳离子可以互相置换，并处于动平衡状态。因此，易溶盐的含量、成分、状态及其变化，对土粒表面扩散双电层的性状和结构联结特性等有较大的影响，从而引起土的物理力学性质发生差异。

易溶盐试验主要测定土中易溶盐的总量以及各阴离子和阳离子的含量。总量的测定采用烘干法，各种离子的测定采用化学分析法和仪器分析法。

（1）易溶盐总量的测定。

易溶盐总量的测定采用烘干法，适用于各类土。由于不需要特殊的仪器设备，且精度较高，故在室内分析中应用广泛。电导法虽简单迅速，但受各种因素如颗粒成分、盐分组成、温度等影响，精度较差。

易溶盐总量按式（8.6–1）计算：

$$W=\frac{(m_2-m_1)\dfrac{V_w}{V_s}(1+0.01w)}{m_s}\times 100\% \tag{8.6–1}$$

式中 W——易溶盐总量（%），精确到 0.01%；

m_s——风干试样的质量（g）；

m_1——蒸发皿质量（g）；

m_2——蒸发皿加烘干试样质量（g）；

V_w——浸出液加纯水量（mL）；

V_s——吸取浸出液量；

w——风干试样含水率（%）。

当烘干残渣中有较多的钙、镁硫酸盐存在时，105 ~ 110℃下结晶水难以蒸发，会使结果偏高，应改为 180℃烘干至恒量；当烘干残渣中有较多吸湿性强的钙、镁氯化物存在时，将难以恒量，可在浸出液内预先加入 2% 的 Na_2CO_3 溶液 10 ~ 20mL，使其转变为钙、镁碳酸盐，在 180℃下烘干至恒量。

（2）易溶盐根的测定。

碳酸根及重碳酸根的测定：碳酸根（CO_3^{2-}）和重碳酸酸根（HCO_3^-）用双指标剂中和滴定法测定。该方法是利用碱金属酸盐和重碳酸盐水解时碱性强弱不同，用酸分步滴定，并以不同指示剂指示终点，由标准酸液用量算出碳酸根和重碳酸根的含量。

氯根（$C1^-$）的测定采用硝酸银滴定法，以铬酸钾为指示剂。该方法是根据铬酸银与氯化银的溶解度不同，以铬酸钾为指示剂用硝酸银进行 Cl^- 滴定时，氯化银首先沉淀，待其完全沉淀后，多余的银离子才能生成砖红色铬酸银沉淀，此时即表明氯根滴定已完成。

硫酸根（SO_4^{2-}）采用 EDTA 络合滴定法和比浊法测定。EDTA 络合滴定法是用过量的氯化钡使溶液中的 SO_4^{2-} 沉淀完全，再用 EDTA 标准溶液在 pH=10 时以铬黑 T 为指标剂滴定过量的 Ba^{2+}，最后由净消耗的 Ba^{2+} 离子量计算 SO_4^{2-} 含量。比浊法是使氯化钡与溶液中 SO_4^{2-} 形成硫酸钡沉淀，然后在一定条件下使硫酸钡分散成较稳定的悬浊液，在比浊计中测定其浊度，按照浊度查标准曲线便可计算硫酸根的含量。

钙离子（Ca^{2+}）的测定，在 pH>12 的溶液中，Mg^{2+} 被沉淀为氢氧化镁，在此条件下选择钙指标剂，用 EDTA 标准溶液滴定溶液中的 Ca^{2+}。

镁离子（Mg^{2+}）的测定，在 pH=10 条件下，以铬黑 T 等指示剂，用 EDTA 标准溶液滴定 Ca^{2+}、Mg^{2+} 含量，从含量中减去 Ca^{2+} 则求出 Mg^{2+} 含量。

另外可通过原子吸收分光光度法测定钙、镁离子含量。原子吸收分光光度法是原子吸收光谱分析的一种，因其灵敏度高、元素间干扰影响比较小、测定简便、适用性广，在短期内发展成较完善的现代分析方法之一。利用原子吸收分光光度计分别在不同波长处测其吸收值，然后分别查标准曲线计算钙、镁离子的含量。

钠离子（Na^+）与钾离子（K^+）的测定采用火焰光度法，火焰光度法是发散光谱分析中比较简单的一种方法。它是利用火焰激发使原子的电子跃迁而释放能量产生特征谱线。由于激发的能量较低，仅有碱金属和碱土金属等能用此方法激发，所产生的发射光谱经滤光片后用光电池和检流来测其发射强度。这种方法简便、迅速、灵敏度较高，常用来测定钠、钾离子的含量，尤其是他们含量较低时，用火焰光度计优于其他方法。

3. 有机质试验

有机质是指土中以碳、氮、氢、氧元素为主，还有少量硫、磷和金属元素组成的有机化合物，有机质试验通过测定土中的有机碳，再乘以 1.724 经验系数后换算成有机质，并用烘干土量的质量百分比表示。

重铬酸钾容量法是比较通用的测定土中有机质的方法。它通过加热重铬酸钾强氧化剂氧化有机质，以氧化剂的消耗量求出有机质的量。在加热条件下用过量的重铬酸钾－硫酸溶液氧化土中的有机质，剩余的重铬酸钾则用硫酸亚铁或硫酸亚铁铵的标准溶液滴定，从而得到氧化有机质的重铬酸钾的消耗量，根据重铬酸钾的消耗量乘上换算系数，便可计算出土中有机质的含量。由于重铬酸钾容量法氧化能力有限，故不适用于有机质含量高于15% 的土样。

有机质含量按式（8.6-2）计算（精确至 0.01%）：

$$O_{\mathrm{m}}=\frac{C(\mathrm{Fe}^{2+})V'(\mathrm{Fe}^{2+})-V(\mathrm{Fe}^{2+})\times 0.003\times 1.724(1+0.01w)}{m_{\mathrm{s}}}\times 100\% \tag{8.6-2}$$

式中 O_{m}——有机质含量；

$C(\mathrm{Fe}^{2+})$——硫酸亚铁标准溶液浓度（mol/L）；

$V(\mathrm{Fe}^{2+})$——测定试样时硫酸亚铁用量（mL）；

$V'(\mathrm{Fe}^{2+})$——空白滴定硫酸亚铁用量（mL）；

0.003——1/4 硫酸亚铁标准溶液浓度时的摩尔质量（kg/mol）；

w——试样含水率（%）；

m_{s}——试样土质量（g）。

8.7 尾矿渗透性指标

尾矿的颗粒组成一般以砂粒和粉粒为主，黏粒含量占比相对较小。对于湿式堆存的尾矿堆积坝，尾矿的沉积环境十分复杂，受诸多因素影响，且在沉积层内，砂性尾矿土和黏性尾矿土颗粒粗细不同，多以砂性尾矿土与黏性尾矿土互层的形式存在，局部可能存在透镜体。因此，尾矿堆积坝的渗透是一个非常复杂的问题，研究尾矿的渗透性质时，在较单一的砂性尾矿土或粉性尾矿土中，一般按照达西定律分析尾矿堆积坝的渗透规律。

8.7.1 达西定律的物理意义

大量试验表明，当渗透速度较小时，沿渗流路径的水头损失与流速的一次方成正比。在一般情况下，砂类土、黏性土中的渗透速度较小，其渗流可以看作层流，渗流运动规律符合达西定律，即：

$$k=\frac{Q}{FI}=\frac{v}{I} \tag{8.7-1}$$

式中 k——渗透系数（cm/s 或 m/d）；

Q——渗透通过的水量（$\mathrm{cm^3/s}$ 或 $\mathrm{m^3/d}$）；

F——通过水量的总横断面面积（$\mathrm{cm^2}$ 或 $\mathrm{m^2}$）；

v——渗透速度（cm/s 或 m/d）；

I——水力梯度。

尾矿堆积坝一般由砂性尾矿土层和黏性尾矿土层构成的，在分析尾矿堆积坝的渗透性时，各工程地质单元层可以简化为均质渗透体，渗流规律符合达西定律。当尾矿堆积坝中出现流土、管涌等渗透破坏时，尾矿堆积坝中局部流速增大，渗流将由层流过渡为紊流，此时的渗流规律不再符合达西定律；同时，基于尾矿堆积坝体积变形量大、孔隙压缩量高的特点，如不考虑固结压密过程中土体孔隙比变化引起的渗透系数变化，将会带来较大的计算误差。

8.7.2　测定方法

尾矿的渗透系数，应根据具体情况选择适宜的试验方法进行渗透试验：砂性尾矿土宜采用常水头试验，黏性尾矿土宜采用变水头试验，具有饱和软黏土特征的黏性尾矿土可通过固结系数试验确定渗透系数。试验室测定方法见表 8.7–1。

表 8.7–1　渗透系数的室内测定方法

名称	试验方法	试验仪器	取样要求
砂性尾矿土	常水头试验法	70 型渗透仪	风干试样不少于 4 000g
黏性尾矿土	变水头试验法	ST–55 型渗透仪、玻璃管	Ⅰ ~ Ⅱ级试样，环刀面积 $30cm^2$
具有饱和软黏土特征的黏性尾矿土	固结系数试验法	固结仪	Ⅰ ~ Ⅱ级试样，环刀面积 $30cm^2$

常水头试验是在试验过程中保持水头为一常数，从而水头差也为常数。则试样的渗透系数可按式（8.7–2）计算：

$$k_T = \frac{QL}{AHt} \tag{8.7–2}$$

式中　k_T——水温 T℃时试样的渗透系数（cm/s）；

Q——t 秒内的渗出水量（cm^3）；

L——相邻两个测压孔中心间的试样高度（cm）；

A——试样的断面面积（cm^2）；

H——平均水位差（cm），取 $H=(H_1+H_2)/2$，H_1、H_2 为起始和终止水头（cm）；

t——时间（s）。

变水头试验过程中水头差一直随时间变化，通过建立瞬时达西定律，即可得到渗透系数 k 的表达式，见式（8.7–3）：

$$k_T = 2.3\frac{aL}{A(t_2-t_1)}\lg\frac{H_1}{H_2} \tag{8.7–3}$$

式中　k_T——水温 T℃时试样的渗透系数（cm/s）；

a——变水头管的断面面积（cm^2）；

L——渗径，即试样高度（cm）；

A——试样断面面积（cm^2）；

t_1、t_2——分别为测读水头的起始和终止时间（s）。

渗透试验以水温 20℃为标准温度，标准温度下的渗透系数应按式（8.7–4）计算：

$$k_{20} = k_T\frac{\eta_T}{\eta_{20}} \tag{8.7–4}$$

式中　k_{20}——标准温度时试样的渗透系数（cm/s）；

η_T——T℃时水的动力黏滞系数（$\times 10^{-6}$kPa·s）；

η_{20}——20℃时水的动力黏滞系数（$\times 10^{-6}$kPa·s）。

黏滞系数比 η_T/η_{20} 可查表 8.7–2。

表 8.7–2 水的动力黏滞系数、黏滞系数比、温度校正值

温度 /℃	动力黏滞系数 /（$\times10^{-6}$kPa·s）	η_T/η_{20}	温度校正值 T_p	温度 /℃	动力黏滞系数 /（$\times10^{-6}$kPa·s）	η_T/η_{20}	温度校正值 T_p
5.0	1.516	1.501	1.17	17.5	1.074	1.066	1.66
5.5	1.498	1.478	1.19	18.0	1.061	1.050	1.68
6.0	1.470	1.455	1.21	18.5	1.048	1.038	1.70
6.5	1.449	1.435	1.23	19.0	1.035	1.025	1.72
7.0	1.428	1.414	1.25	19.5	1.022	1.012	1.74
7.5	1.407	1.393	1.27	20.0	1.010	1.000	1.76
8.0	1.387	1.373	1.28	20.5	0.998	0.988	1.78
8.5	1.367	1.353	1.30	21.0	0.986	0.976	1.80
9.0	1.347	1.334	1.32	21.5	0.974	0.964	1.83
9.5	1.328	1.315	1.34	22.0	0.968	0.958	1.85
10.0	1.310	1.297	1.36	22.5	0.952	0.943	1.87
10.5	1.292	1.279	1.38	23.0	0.941	0.932	1.89
11.0	1.274	1.261	1.40	24.0	0.919	0.910	1.94
11.5	1.256	1.243	1.42	25.0	0.899	0.890	1.98
12.0	1.239	1.227	1.44	26.0	0.879	0.870	2.03
12.5	1.223	1.211	1.46	27.0	0.859	0.850	2.07
13.0	1.206	1.194	1.48	28.0	0.841	0.833	2.12
13.5	1.188	1.176	1.50	29.0	0.823	0.815	2.16
14.0	1.175	1.168	1.52	30.0	0.806	0.798	2.21
14.5	1.160	1.148	1.54	31.0	0.789	0.781	2.25
15.0	1.144	1.133	1.56	32.0	0.773	0.765	2.30
15.5	1.130	1.119	1.58	33.0	0.757	0.750	2.34
16.0	1.115	1.104	1.60	34.0	0.742	0.735	2.39
16.5	1.101	1.090	1.62	35.0	0.727	0.720	2.43
17.0	1.088	1.077	1.64				

8.8 尾矿击实性指标

干式堆存的尾矿堆积坝在堆存过程中，为了保证尾矿的压实质量，需要根据尾矿的最大干密度确定其压实系数；湿式堆存的尾矿堆积坝在修筑子坝时，同样也需要根据尾矿的最大干密度确定其压实系数来保证子坝的压实质量。因此，尾矿堆积坝勘察时需进行击实试验。

在一定的击实功能作用下，能使堆筑尾矿达到最大干密度所需的含水率称为最优含水率，与其相应的干密度为最大干密度。在试验室内进行击实试验时，一般采用风干或在60℃温度下烘干的试样，经碾散后过 5mm 筛，采用标准击实仪进行试验，试验要求试样不少于 20kg。尾矿土的颗粒分析曲线见图 8.8–1，尾矿土击实曲线见图 8.8–2。

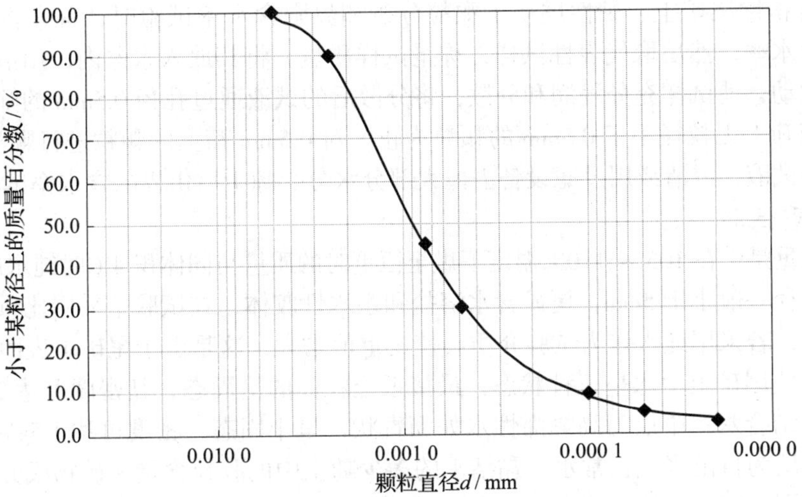

图 8.8-1　尾矿土颗粒分析曲线

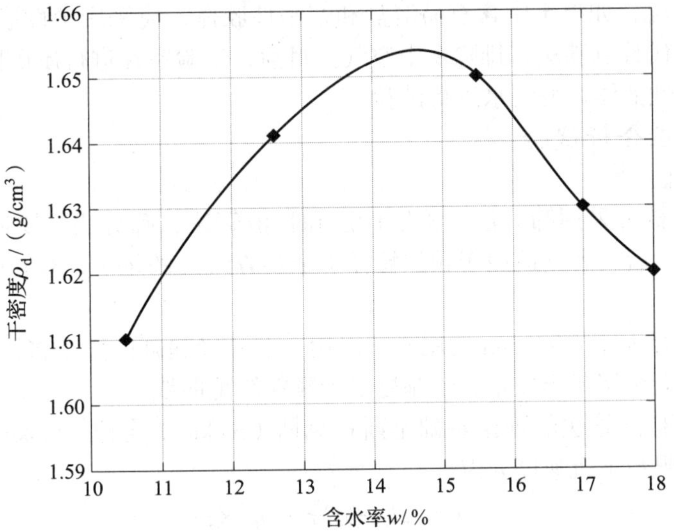

图 8.8-2　尾矿土击实曲线

8.9　尾矿土工试验中的有关问题

8.9.1　一般物理力学性质试验

1. 试样预处理

尾矿中一般含有较多可溶盐和其他选矿药剂或经酸、碱作用过的细颗粒，在采用密度计法进行黏粒含量试验时，悬液会产生絮凝现象，且尾矿含有有机质时容易引起颗粒不下沉、悬液絮凝或产生泡沫现象，故尾矿在试验前一般需要预处理。

在进行粉性尾矿土、黏性尾矿土颗粒分析和界限含水率试验时，首先将试样拌和均匀，测定含水率，然后取代表性试样，称量试样质量，将其放入水盆内，用清水浸没，并用搅拌棒搅动，使试样充分浸润和分散，将分散后的试液通过孔径 0.5mm 的筛，边冲洗边过筛，直至筛上无粒径小于 0.5mm 的颗粒为止。对 0.5mm 筛上的颗粒进行颗粒分析试验，将过筛后的试液，澄清或用过滤设备去掉大部分水分、晾干后供界限含水率试验备用。

2. 比重试验

土粒比重是土在 105 ~ 110℃温度下烘至恒重时的质量与同体积 4℃时纯水质量之比值。尾矿颗粒粒径一般小于 5mm，尾矿含水溶盐和亲水性胶体，在试验室采用比重瓶法测定尾矿的比重时，若采用纯水作为试验介质会使比重值增大，这是由于尾矿土表面活动性对水产生影响，使尾矿土中水呈三种状态：最接近土粒面的呈固态，其密度可达 2.0g/cm^3，称吸附水或强结合水；中层为高黏滞性水如沥青状，呈半固态，密度可达 1.5g/cm^3，称弱黏结水；最外层为自由水或正常水。黏结水的多少随土中的胶粒含量、矿物成分和吸附的各种离子而不同。因此用纯水测定时，靠近土粒表面的水密度大，使比重瓶内的水、土总质量增大，比重值也相应增大。对含水溶盐的土，由于盐类部分或全部溶于水中，同样会使比重瓶内的水、土总质量增大，因而也会使比重值增大。

根据以上情况，如果土中含有易溶盐和亲水性胶体，应采用中性液体代替纯水测定，并用真空抽气法代替煮沸法，排除土中空气。目前，试验室在进行尾矿比重试验时，一般采用煤油作为中性液体代替纯水进行试验。

3. 尾矿颗粒分析试验

（1）试验方法。

尾矿颗粒分析可采用筛分法、密度计法和移液管法，筛分法主要针对颗粒粒径大于 0.075mm 的尾矿，后两者则适用于颗粒粒径小于 0.075mm 的尾矿，有时也可采用二者联合测定。

对于颗粒粒径大于 0.075mm 的尾矿，采用一套孔径递减的筛子将风干的土过筛分离，记录每个筛子上剩余尾矿土质量，绘制尾矿的颗粒级配曲线。

密度计法和移液管法的理论基础是斯托克斯（Stokes）定律。Stokes 定律表明在静止液体中一个球形颗粒下沉速度 v 为：

$$v=[2(\rho-\rho_0)r^2/9\eta]\times g \tag{8.9-1}$$

式中 r——颗粒半径；

ρ、ρ_0——颗粒和液体的密度；

η——水的动力黏滞系数，查现行国家标准《土工试验方法标准》GB/T 50123。

颗粒粒径的 Stokes 公式应按式（8.9-2）计算：

$$d=\sqrt{\frac{1\,800\times10^4\eta}{(G_s-G_{wT})\rho_{w0}g}\cdot\frac{L}{t}} \tag{8.9-2}$$

式中 d——颗粒粒径（mm）；

G_s——土粒比重；

G_{wT}——温度 T℃时水的比重；

ρ_{w0}——4℃时水的密度（g/cm^3）；

g——重力加速度（cm/s^2），g=981cm/s^2；

L——相应于时间 t 内的土粒有效沉降距离（cm）；

t——沉降时间（s）。

某尾矿密度计法颗粒分析计算过程如下：

试验前，先将试样风干，采用 0.075mm 的筛子将大于 0.075mm 粒径的尾矿筛出并称重，试验用尾矿土总土重 30g，小于 0.075mm 粒径土的百分含量为 91.7%，则密度计分析用干土质量为 27.51g。尾矿土密度计试验采用甲种密度计，该密度计出厂校正参数为 a=21.07cm，b=0.284cm/g。查《土工试验方法标准》GB/T 50123—2019，得 η=0.909。

密度计法计算粒径及百分含量如下：

1min 读数为 21.5，实测试验温度为 24.5℃，温度校正系数为 1.5，土粒比重取 2.7，比重校正系数为 0.989，密度计校正后读数为 21.5+1.5=23（g）。则小于该粒径的土质量百分数为：

$$p=0.989\times23/27.51=82.7\ (\%)$$

折合成总土质量百分数为：

$$p=27.51/30\times82.7=75.8\ (\%)$$

密度计校正读数为 $23\times0.989=22.747$（g）

土粒沉降距离 $L=21.07-0.284\times22.747=14.61$（cm），则颗粒粒径为：

$$d=\sqrt{\frac{1\ 800\times10^4\eta}{(G_s-G_{wT})\rho_{w0}g}\cdot\frac{L}{t}}=0.048\ 9\ (\text{mm})$$

按上述方法依次计算其他时间对应的粒径，绘制颗粒分析曲线。

（2）分散剂选用。

在进行尾矿密度计试验时，试验室一般采用六偏磷酸钠作为分散剂。使用分散剂的目的是通过一价钠离子代换土颗粒表面吸附的高价阳离子，提高电位，增加双电层反粒子层厚度，从而使土粒更分散，悬液更稳定。分散剂的加入量对小于 0.005mm 的颗粒含量影响较大，且分散剂的加入量增大时，会增加试样的黏粒含量。

（3）洗盐处理。

对含少量可溶盐而又未做洗盐处理的试样，当悬液出现缓慢絮凝现象时，应增加分散剂用量提高分散剂的浓度；但当分散剂增加到一定量时，仍不能完全消除絮凝，则应洗盐处理。

尾矿的洗盐处理符合我国行业标准《土工试验规程》YS/T 5225—2016 的规定，易溶盐含量大于 0.3% 的试样要进行洗盐处理。不同尾矿试样中可溶盐的化学成分不同，他们的絮凝值也不相等，而悬液发生缓慢絮凝有些并没有明显的外观特征。由于各种试样及可溶盐化学成分的复杂性，明确规定一个可溶盐含量作为是否洗盐处理的具体界限是有困难的。为使试验人员有所依据，一般将可溶盐含量 0.3% 作为需要洗盐的界限，实际上，部分尾矿试样即使可溶盐含量小于 0.3%，在试验过程中也会发生絮凝现象，试验前也要进行洗盐处理。

4. 尾矿渗透试验

渗透是水流经过多孔介质的现象，室内渗透试验的理论基础是达西定律，试验时应采用无气水，是由于含气水流经过试样时，会逐渐将气体积累在试样中形成气泡堵塞孔隙，影响渗透水流的流通，使试样渗透系数变小。因此，现行行业标准《土工试验规程》YS/T 5225—2016 中规定了试验用水应为脱气蒸馏水。

试验时当低温水进入高于水温的仪器和试样中，水因温度升高而分解出气体，同样会堵塞试样孔隙，影响试样的渗透性，应将渗透用水的温度升高为大于仪器和试样温度 3 ~ 4℃，避免水进入试样因温度升高而分解出气泡。

8.9.2 剪切试验

1. 扰动样制备

尾矿土因堆积时间短，采取原状试样困难，一般可采用现场测定含水率、密度，取扰动样后按要求制样进行试验。直剪试验试样的制备，首先将扰动样配制成满足含水率要求的试样，再根据环刀的体积和干密度的要求，称取略多于计算质量的湿土试样，放入预先装好环刀的压样器中，整平土样表面，以静压力通过活塞将土样压入环刀内。最后取出带试样的环刀，两端用平口刀修平。三轴试验试样的制备，需根据不同的土类采用不同的方法，一般尾粉土、尾粉质黏土及尾黏土采用击实法，尾矿泥采用土膏法，尾矿砂采用煮沸法。

击实法制样前，将一定数量的代表性试样经风干、碾碎、过筛，配置成所需要的含水率，经过不少于 20h 的浸润，然后复测其含水率保证与要求的含水率的差值小于 ±1%。根据要求的干密度，称取所需土质量，为保证试样密度的均匀性，按分层层数均分试样。尾粉土分 3 ~ 5 层，尾粉质黏土、尾黏土分 5 ~ 8 层击实。每层击实至要求高度后，将表面刨毛，然后再加另一层土料。依次继续进行，一组制备试样的密度差值应小于 0.03g/cm^3。

土膏法制样时，将冲填尾矿土调成略大于液限的土膏，然后置于密闭容器内，存放 20h 左右，并保证同一组试样含水率的差值不应大于 1%。在三轴压力室底座上的透水板上放一湿滤纸，连接底座的透水板均应饱和，在压力室底座上装对开圆模和橡皮膜，用调土刀将称量好的土膏均匀填入橡皮膜内，装土膏时避免试样内夹有气泡。试样装好后整平上端，称量剩余土膏，计算装入土膏的质量。在试样上部依次放湿滤纸、透水板和试样帽并扎紧橡皮膜。然后打开孔隙压力阀和排水阀，降低量水管水位，使其水位低于试样中心约 50cm，测记量水管读数，计算排水后试样的含水率。拆去对开模，测定试样上、中、下部位的直径及高度，计算试样的平均直径及体积。

尾矿砂煮沸法制样，首先根据试验要求的干密度和体积称取所需的风干砂样质量，分成三等分，在水中煮沸后冷却。打开三轴孔隙压力阀及量管阀，使压力室底座充水。将煮沸过的透水板滑入压力室底座上，并用橡皮带把透水板包扎在底座上。关闭孔隙压力阀及量管阀，将橡皮膜的一端套在压力室底座上并扎紧，将对开模套在底座上，将橡皮膜的上端翻出，然后抽气，使橡皮膜贴紧对开模内壁。在橡皮膜内注入脱气水约达试样高的 1/3。用长柄小勺将煮沸冷却的一份砂样装入膜中，填至该层要求的高度。第一层砂样填完后，继续注水至试样高度的 2/3，再装第二层砂样。如此继续装样，直至模内装满为止。如果要求的干密度较大，则可在填砂过程中轻轻敲打对开模，应使所称出的砂样填满规定的体积。然后放上透水板、试样帽，翻起橡皮膜，并扎紧在试样帽上。打开排水阀降低排水管位置，使管内水面低于试样中心高程以下约 20cm（对于直径 101mm 的试样约 50cm），在试样内产生一定负压，使试样能站立。拆除对开模，量试样高度与直径，复核试样干密度。各试样之间的干密度差值应小于 0.03g/cm^3。

2. 土样预固结

在尾矿堆积坝的勘察工作中，钻孔从深部取出尾矿样时，尾矿的受力状态将发生变化，卸除了原生应力，土样发生膨胀；另外，砂性尾矿土样和饱和黏性尾矿土样在钻探、运输、储存和开土过程中都会产生扰动。对于尾矿样，特别是尾饱和软黏土在钻探、运输、储存过程中产生的扰动，可以通过将试验室搬至尾矿现场建立临时试验室来减少由此带来的影响。而应力状态的变化可以通过尾矿样的预固结来恢复，减少卸荷对土样的扰动影响，将采取的Ⅰ级不扰动样初步恢复为具有原始应力状态的试样。

z 深度处的尾矿样在沉积过程中形成的原始有效自重应力为 $\gamma' z$，则压缩曲线上对应的孔隙比就是试样在原始应力状态下的孔隙比 e，见图 8.9–1，e_0 为土样取出地表卸荷后的天然孔隙比。同样地，土样的压缩强度和抗剪强度都会发生变化，这种卸荷扰动使土样强度降低。

为了恢复尾矿土的原始应力状态，三轴剪切试验时一般采用 K_0 固结法，预固结应力 σ_3 按式（8.9–3）计算：

$$\sigma_3 = \frac{\gamma' z(1+2K_0)}{3} \tag{8.9–3}$$

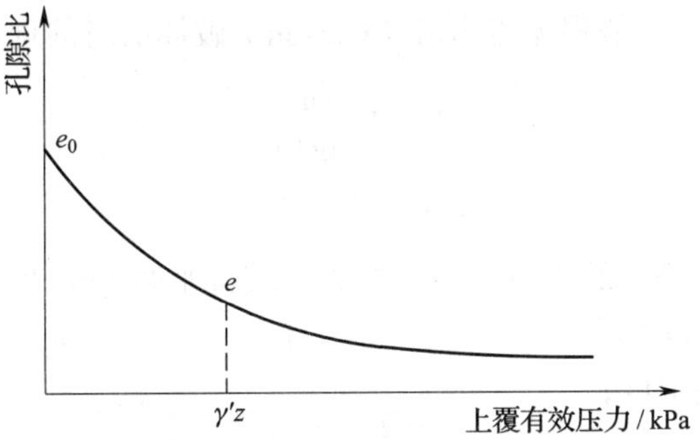

图 8.9–1　预固结作用原理

直接剪切试验时，可直接在直剪仪上进行预固结，按下述方法计算预固结应力：

根据工程地质分层计算试样所在层位的平均自重应力 γz，γ 取上覆土层的平均有效重度，z 取土样所在工程地质层的中点深度。

尾矿库的稳定性关系着人民群众的生命财产安全，一旦溃坝会对下游造成重大损失和严重的环境破坏，因此，在尾矿堆积坝安全评价中，所选用的参数应尽可能地接近原始应力状态，但目前现行的试验标准中却没有对尾矿土预固结处理的方法做出规定，上述预固结应力的计算方法可以作为试验时的参考。在今后的尾矿堆积坝勘察评价中，应进行研究对比试验并积累资料，总结预固结处理的试验方法。

3. 抗剪强度试验方法确定

对具有饱和软黏土特征的尾矿土，排水固结条件差，一般采用不固结不排水剪切（UU）试验或直接快剪试验，试验前应使试样在有效自重应力下预固结；对粉性尾矿土、砂性尾矿土，随着堆积时间的延续，尾矿固结程度不断增大，可采用固结不排水剪切（CU）试验或固结快剪试验，当需提供有效应力抗剪强度指标时，应采用固结不排水剪测孔压（CU）试验或进行固结排水剪切（CD）试验。

4. 直剪试验垂直压力施加

对于直接剪切试验，最大垂直压力不宜小于尾矿所在位置的自重应力。直剪试验垂直压力的施加，室内试验一般对 0 ~ 10m 深度范围内的土样按 50kPa、100kPa、150kPa、200kPa 施加，对大于 10m 深度的土样按 100kPa、200kPa、300kPa、400kPa 施加，这是符合一般工业与民用建筑土样的实际受力状况；在尾矿堆积坝的安全评估时，要对现状坝高和最终堆积坝高分别进行评估，这两种状况土样的实际受力状态是不同的，考虑到尾矿库的重要性，应根据工程需要按土样的现状受力状况和最终受力状况施加垂直压力。

5. 三轴试验围压

国家标准《尾矿堆积坝岩土工程技术标准》GB/T 50547—2022 中规定，对于三轴剪切试验，应采用不少于 3 个不同的围压，最大围压宜根据尾矿取样点的应力状态确定。但在实际工作中，由于某些尾矿堆积坝高达上百米，对深部的尾矿进行试验时，一般工程试验室的试验设备很难保证围压或垂直压力达到规范要求。对于勘察等级为甲级的尾矿堆积坝，在进行岩土工程勘察时，还是要保证试验的围压或垂直压力满足土样的实际应力状态。

6. 固结排水剪的剪切速率

在进行尾矿的固结排水剪切试验时，剪切速率对试验结果有较大的影响。关于固结排水剪切试验的剪切速率，一般根据吉甫逊（Gibson）破坏历时的理论公式（8.9–4）计算：

$$U_f = 1 - \frac{h^2}{\eta C_v t_f} \tag{8.9–4}$$

式中 h——排水距离；

η——取决于排水条件的系数，当试样为一端排水时 η=0.75，两端排水时 η=3.0；

C_v——消散系数（cm^2/s）；

U_f——孔压平均消散度；

t_f——破坏历时（s）。

当孔隙水压力消散度达到 95% 时，则认为试样固结已完成，在上式中若取 U_f=0.95，则破坏历时 t_f 按下式计算：

$$t_f = \frac{20h^2}{\eta C_v} \tag{8.9–5}$$

用试样的总变形量除以 t_f，即为剪切速率，对具有饱和软黏土特征的黏性尾矿土，其剪切速率一般为每分钟应变 0.012% ~ 0.003%。

8.9.3 动三轴试验

对尾矿堆积坝进行地震工况下的稳定性分析时，需要提供尾矿的动弹性模量、动阻尼比及动黏聚力、动内摩擦角，这些动力参数一般是通过动三轴试验获得的。

1. 试样制备

动三轴试验一般根据现场实测的尾矿含水率与密度，在试验室内制备试样并进行试验。制备过程中，试样成型和饱和是最为关键的环节，将直接影响试验成果。关于试样成型方法和饱和度对砂土液化试验的影响，Seed 和 Sherif 等进行了系统的研究，其结果表明，同一种试样仅制备方法不同，其动剪应力比却产生了较大的差异。因此，在选择成型方法时，既要考虑到能否达到控制密度，又要考虑试样的粒度、密度和结构等是否上下均匀一致。相对密度大于或等于 50% 的试样采用分层湿装法，即试样经水中煮沸或用真空抽气后，分层将试样带水装入橡皮膜中；而对相对密度小于 50% 的试样，加少量水将砂样浸润后再分层装样，并通循环二氧化碳气和脱气水，施加反压力进行饱和。这一方法主要是利用二氧化碳气重于空气、易溶于水的特点，使其连续通过试样，置换孔隙中的空气，再通入脱气水置换孔隙中的二氧化碳气，施加反压力使残留在试样内或橡皮膜与试样间的二氧化碳气被压缩并溶解于孔隙水中，达到相当高的饱和度，从而保证试验质量。

2. 试验过程

（1）动应力的施加应最大限度地模拟尾矿堆积坝可能承受的动荷载，通常为了模拟地震作用，可根据与基本烈度相当的加速度或预期地震最大加速度以及尾矿层自重计算相当的动应力。同时，需要把地震的随机振动等效为简谐振动，以便用定幅、定周期和相当的振动次数来代表地震作用。

（2）振动频率一般选择为 1Hz，振动波形一般选择为正弦波。

（3）地震作用时，地震过程时间很短，主震时间仅十几秒或几十秒，地震产生的超孔隙水压力来不及消散。因此，试验在不排水条件下进行。

（4）采用等压固结时，破坏应变值取全幅应变达到 5%；采用不等压固结时，破坏应变值取压缩应变达到 5%。

（5）测定动弹性模量和动阻尼比的方法是：作用于试样的轴向动应力从小幅值开始逐级增大做振动试验，当应变波形明显不对称或孔压明显增大时试验终止。记录试验过程中每级动荷载下的动应力和动应变曲线，或直接记录轴向动应力 - 动应变滞回圈曲线，用以确定相应的动弹性模量和动阻尼比。

（6）由于尾矿颗粒多以砂粒为主，如果采用一个试样，多级动荷振动进行试验，由于试样在前一级动荷振动时引起孔隙水压力增加，当进行下一级动荷振动时，该孔隙水压力将影响下一级动应力下的变形，影响试验结果。故应采用一个试样，仅进行一级动荷振动的试验方法。

（7）测定动弹性模量时，应在不排水条件下施加动荷载，保证试验过程中试样上的有效应力不发生改变，故振动次数不宜过多。若振动次数过多，可能产生孔隙水压力而使测出的动弹性模量偏低。

3. 试验结果整理

（1）在整理动强度的试验成果时，首先应针对一定密度、固结比和不同侧向压力，作出达到破坏标准时循环振动次数与动剪应力关系曲线。然后，在此关系曲线的基础上，根据不同要求对尾矿的动强度成果进行整理。

（2）通常所说的动剪应力或动剪应力比是指达到规定的破坏标准时动剪应力或动剪应力比。因此，当要求任一动应变所对应的动剪应力或动剪应力比与振次对数的关系时，先绘制动应变 ε_d 与振次对数关系曲线，然后利用该曲线找出与不同动应变所对应的动剪应力，从而，可作出不同应变下的 τ_d-lgN_t 或 $\frac{\sigma_d}{2\sigma_0'}$-lg$N_t$ 关系曲线，用该曲线也可求得不同应变下的动强度。

8.10 尾矿比重实测值

比重是土的物理性质中最基本的指标，一般应采用比重瓶法实测，对于一般黏性土和砂土，其值变化幅度小，在岩土工程实践中，各地区总结出了适宜于本地区的经验公式来计算土粒比重。但对于尾矿而言，其比重受矿物成分、选矿工艺影响较大，而不同矿山企业产生的尾矿其矿物成分与选矿工艺千差万别，故尾矿无法建立经验公式，应采用实测的方法取得尾矿的比重。表 8.10–1 列举了部分尾矿堆积坝比重实测值，从表中可以看出，不同类型尾矿的比重介于 2.62 ~ 3.18，赤泥的比重介于 2.23 ~ 2.90，差别非常大。

表 8.10–1 尾矿库比重统计值

尾矿名称	尾矿类型	比重最大值	比重最小值	比重平均值
菜田沟尾矿库	钒钛磁铁矿	3.18	3.16	3.17
椿树沟尾矿库	银矿	3.03	2.99	3.00
煎茶岭尾矿库	镍矿	3.20	2.97	3.01
量子沟尾矿库	钒矿	2.84	2.77	2.80
马家沟尾矿库	铁矿	3.18	3.02	3.11
木子沟尾矿库	钼矿	2.85	2.68	2.77
陕西钒矿	钒矿	2.81	2.52	2.62
窄巷沟尾矿库	钒矿	2.75	2.54	2.62
银母寺尾矿库	铅锌矿	2.79	2.76	2.73
台马沟尾矿库	赤泥	2.90	2.63	2.78
东沟尾矿库	铅锌矿	2.84	2.76	2.78
辛庄沟尾矿库	赤泥	2.84	2.77	2.80
新疆乌拉根尾矿库	铅锌矿	2.71	2.67	2.68
山西铝业伏伯村灰渣库	赤泥	2.55	2.27	2.31
山西铝业艳掌村沟壑	赤泥	2.50	2.23	2.35
斜沟尾矿库	铅锌矿	2.90	2.78	2.84
略阳县风华矿业火地沟尾矿库	铁矿	2.85	2.79	2.82
略阳县风华矿业辛家沟尾矿库	铁矿	2.86	2.72	2.80

续表 8.10-1

尾矿名称	尾矿类型	比重最大值	比重最小值	比重平均值
略阳县风华矿业木瓜沟尾矿库	铁矿	2.90	2.76	2.80
略阳县风华矿业陈家渠尾矿库	铁矿	2.87	2.76	2.80
黑鱼沟尾矿	铁矿	2.81	2.75	2.79
略阳县老虎嘴尾矿库	铁矿	3.06	2.99	3.01
略阳县金子沟尾矿库	铁矿	2.83	2.78	2.81
略阳县后湾沟尾矿库	铁矿	2.89	2.74	2.82
略阳县大垭湾尾矿库	铁矿	2.82	2.80	2.81
略阳县麦场沟尾矿库	铁矿	2.83	2.79	2.81
北方铜业铜矿峪十八河尾矿库	铜矿	2.79	2.73	2.76
黎城尾矿库	铁矿	3.05	2.72	2.95
小梁家沟尾矿库	铅锌矿	2.72	2.71	2.70
新庄沟尾矿库	赤泥	2.84	2.58	2.75
台马沟尾矿库	赤泥	2.74	2.58	2.66

第 9 章　岩土工程分析

尾矿堆积坝岩土工程分析一般包括渗流计算分析、坝坡稳定性分析及应力变形分析，在进行岩土工程分析前应根据岩土工程勘察资料进行地层概化，建立地质模型，确定模型中尾矿本构模型及计算参数。

尾矿堆积坝岩土工程分析方法包括定性分析与定量分析，定性分析一般采用工程地质类比法和图解法，定量分析一般采用极限平衡法与数值分析法。尾矿堆积坝定量分析一般包括渗流计算分析、坝坡稳定性分析和应力变形分析；当坝坡局部发生管涌、流土时，应进行渗透变形分析。

9.1　地层概化

尾矿堆积有干式堆存和湿式堆存之分，其成层规律是不一样的，对于干式堆存，尾矿堆积无明显规律性；对于湿式堆存，尾矿沉积基本上符合水流沙沉积规律，但由于放矿工艺的影响，堆积体内局部易形成隔水的矿泥状软弱夹层或透镜体，总体表现为水平夹层分布范围广、位置随机性大、长度和厚度变化大等特点。因此，在地层概化时，应遵循以下原则：

（1）以岩土工程勘察资料为基础，对相邻且工程性质相近的尾矿进行并层，确定各地层和剖面上主要的尾矿类型和岩土介质；

（2）对不影响尾矿堆积坝稳定性的夹层可以忽略处理，但对渗流场有影响夹层，不能忽略处理；

（3）保留规模较大的软弱夹层；

（4）概化地层不能改变渗流场的水头分布。

概化地层是对地质剖面的一种提炼，是宏观把握和微观调整的一种结合。只有对勘察资料做深入的理解，对尾矿堆积坝堆存规律有正确的认识，如干式堆存的无规律性、湿式堆存的水流沙规律，才能做到既便于计算又能准确反映尾矿堆积坝的稳定性。

根据概化的地层剖面，选择适宜的本构关系及物理力学性质指标，即可建立尾矿堆积坝稳定性分析二维或者三维地质模型。

9.2　坝坡稳定性分析方法

9.2.1　定性分析方法

定性分析主要通过工程地质勘察，对影响边坡稳定性的主要因素、可能的变形破坏方式及失稳的力学机制等进行分析，对已变形地质体的成因及其演化史进行分析，从而给出被评价边坡现状稳定性及其可能发展趋势的定性说明和解释。其优点是能综合考虑影响边坡稳定性的多种因素，快速地对边坡的稳定状况及其发展趋势做出评价。定性分析主要包括工程地质类比法和图解法等。

1. 工程地质类比法

利用已有的自然边坡或人工边坡的稳定性状况、影响因素和有关设计等方面的经验，并把这些实际经验应用到类似的所要研究边坡的稳定性分析和设计中去的一种方法。工程地质类比法需要在参考已有边坡工程稳定性的基础上，对所需评价工程边坡做充分调查和分析，并根据同类稳定的自然边坡或已有的人工边坡对其进行岩性及其状态的分析研究，通过工程地质条件相对比，拟定出与边坡条件相类似的物理力学性质指标的参考值，进而判断拟评价边坡的稳定性状态。由于影响边坡稳定性的各种因素因工程师的认知不同而所有差异，导致稳定性评价结果受人为因素影响较大。因此，工程地质类比法一般应用于小型边坡，在复杂的中大型边坡中，先用工程地质类比法进行初步稳定性分析。

工程地质类比法一般适用于工程抢险和四等及四等以下的小型尾矿库坝坡的稳定性分析，工程师在进行类比时，要考虑尾矿库等级、尾矿性质及放矿方式，堆积坝的筑坝方式、浸润线埋深；对于抢险工程，要在对险情发生的原因进行调查分析的基础上进行。

2. 图解法

工程界一般采用泰勒图解法，泰勒图解法是通过研究土坡的稳定性与土体的抗剪强度指标 C 和 φ，土体容重 γ 和土坡的极限高度 H_c 和边坡坡度 β 5 个参数的关系，见图 9.2–1。这 5 个参数考虑了均质土坡的所有物理特性，泰勒最后推导出这 5 个参数之间的关系，并用图表达出计算成果。

泰勒图解法的优点是能够直接、快速地确定边坡的稳定状况，缺点是不能适用于复杂地层构成的边坡，与边坡实际稳定性误差较大。

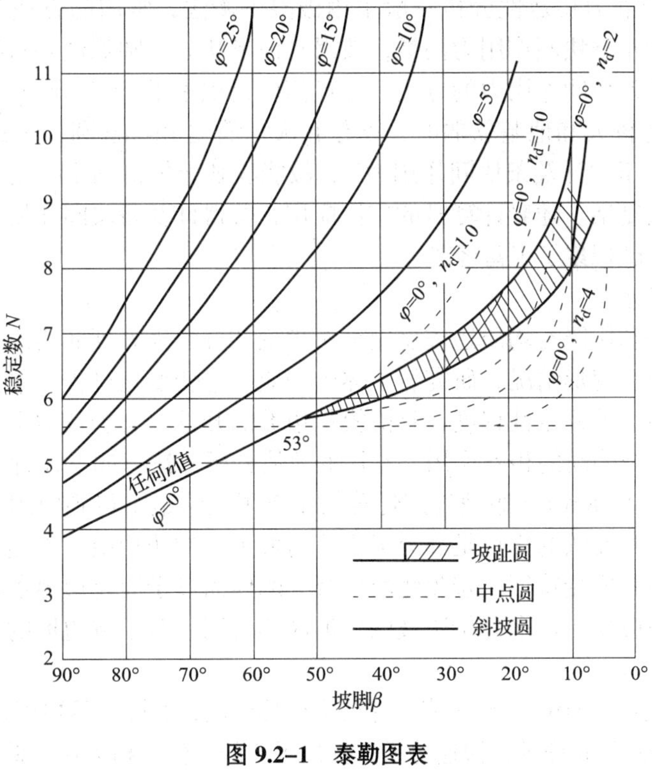

图 9.2–1　泰勒图表

湿式堆存的尾矿堆积坝，由于受放矿工艺的直接影响，尾矿成层除总体符合水流沙规律外，堆积体内局部会形成无规律性的矿泥状软弱夹层或透镜体隔水层，在浸润线以下，这些软弱夹层或透镜体成为控制坝坡稳定性的主要因素之一。因此，对湿式堆存的尾矿堆积坝，工程师要慎用泰勒图解法。而对于干式堆存的尾矿堆积坝，在控制尾矿堆存压实系数的条件下，工程师需要把重点放在如何取得真实的尾矿抗剪强度指标 C、φ 和容重 γ 等上。

9.2.2 定量分析方法

1. 极限平衡法

极限平衡法是目前边坡稳定性分析最常用的方法，其中瑞典条分法和简化毕肖普（Bishop）法是标准规范中推荐的方法。极限平衡法的基本出发点是把土体作为一个刚体，且为方便计算做了一些假定，此法不考虑土体的应力与应变之间的关系，是建立在刚体极限平衡理论上的一种稳定性分析方法。

（1）瑞典条分法：假定边坡稳定为平面应变问题且边坡滑动面为圆弧形，在计算圆弧面安全系数时，将条块重量向垂直于滑动面方向分解以求得法向力。该方法不考虑条间力的相互作用，仅能满足滑动体的力矩平衡条件，因此产生的误差使安全系数偏低。

（2）Bishop 条分法：此法在瑞典条分法的基础上做了改进，假定滑面为滑裂圆弧面、条块之间仅有水平作用力而无垂向作用力，即条块在滑动过程中无垂向的相对运动趋势。该法的安全系数比瑞典条分法的精度较高，适用于圆弧形滑裂面。

（3）摩根斯坦–普赖斯法：分析任意曲线形状的滑面，假设潜在的滑坡体被划分为无限小的条块，基于构建的力和力矩平衡微分方程确定潜在滑移面的法向应力及边坡稳定性安全系数。

尾矿坝坝坡的静力稳定性分析一般采用极限平衡法，常用的方法为条分法，有不计条块间作用力和计及条块间作用力两类，按滑动面形状分为圆弧法和折线法两种。最早的瑞典圆弧法是不计条块间作用力的方法，计算简单，积累了丰富的经验，但理论上存在缺陷，且当孔隙压力较大和地基软弱时，误差较大。简化 Bishop 圆弧法或其他计及条块间作用力的方法，由于“计及条块间作用力”，故能反映土体滑动土条之间的客观状况，但计算较瑞典圆弧法复杂。随着计算机的广泛应用，使得计及条块间作用力方法的计算变得简单，容易实现，已积累了丰富经验。

2. 数值分析法

数值分析法是利用既有均质边坡稳定分析理论和方法来处理非均质、非线性、复杂边界边坡的应力分布和变形情况，研究岩土体中的应力应变变化过程，并据此求得各点上的局部稳定系数判断边坡稳定性程度，且能模拟边坡的开挖、支护及地下水渗流等，以分析岩土体间及与支护结构间的相互作用。常用的数值分析方法有如下几种：

（1）有限元法（FEM）：边坡稳定性分析中有限元法最早得到应用，也是使用最广的一种数值方法。有限元法的优点是部分考虑了边坡土体的非均质、不连续介质特征，并考虑了岩土体的应力和应变特征，避免将坡体视为刚体而过于简化边界条件的某些缺点，更接近实际地从应力应变特征来分析边坡的变形破坏机制，对了解边坡的应力分布及应变位移变化十分有利。

（2）有限差分法（FDM）：对于岩土体的大变形问题，有限元等数值计算方法存在缺陷，人们根据显式有限差分原理进行快速分析，提出了新的数值分析方法。此法将求解域划分为若干差分网格，用有限个网格节点来代替连续的求解域，再将偏微分方程的导数用差商代替，由此推导出离散的、含有限个未知数的差分方程组。该解即为微分方程的数值近似解。该方法考虑材料的非线性和几何上的非线性，适用于求解非线性大变形体系，求解速度较快。

对于Ⅰ级和Ⅱ级尾矿堆积坝，一般采用二维或三维数值模拟结合强度折减法进行安全系数分析，现阶段采取这种数值模拟方法的单位比较多，特别是高等学校的老师在这方面进行了较深入的研究和工程应用，并基于不同的计算方法编写了相应的程序。

9.3　尾矿堆积坝渗流计算分析

尾矿堆积坝中一般饱和区和非饱和区同时并存，并且饱和区与非饱和区是相互联系、相互发生转变，并非单一不变。特别是在降雨、放矿等工况下，饱和区与非饱和区之间有着密切的水力联系。另外，非饱和尾矿中存在着基质吸力，基质吸力变化对坝坡的稳定性有一定影响。

9.3.1　饱和－非饱和土渗流计算理论

1. 达西（Darcy）定律

Darcy（1856）通过大量饱和均质砂土渗透试验总结出了著名的达西定律，其表达式为：

$$q=-k_w \nabla h_w \tag{9.3-1}$$

式中　h_w——总水头，$h_w=z+u_p/\gamma_w$，式中 z 代表该点的位置水头，u_p/r_w 代表该点的压力水头；

k_w——饱和土的渗透系数，对特定的饱和土来说，通常取为常数；

∇h_w——水力梯度矢量（负号表示水沿水头降低的方向流动），可以写成$\nabla h_w=\dfrac{\partial h_w}{\partial x}i+\dfrac{\partial h_w}{\partial y}j+\dfrac{\partial h_w}{\partial z}k$。

对于饱和土壤水，任一点的总水头等于位置水头 z 和压力水头 u_p/γ_w 之和，它们分别由该点相对参考平面的高度和地下水位的深度来确定。

Richards（1931）将达西定律推广到非饱和渗流中。非饱和流动的达西定律可表示为：

$$q=-k_{ws} \nabla h_w \tag{9.3-2}$$

式中　k_{ws}——非饱和土的渗透系数。

式（9.3-2）与表示饱和流动的达西定律的表达式（9.3-1）形式相同。

而对于非饱和土壤水，当不考虑溶质势、温度势以及气压势时，任一点的总水头包括位置水头 z 和基质势 u_s/γ_w，其中，位置水头 z 取决于相对参考平面的高度，基质势 u_s/γ_w 取决于土壤的干湿程度，u_s 为基质吸力。

压力水头和基质势在机理上有着本质区别，压力水头为正值，基质势为负值，但为了分析问题的方便，常常将二者统一起来，用 u_w/γ_w 统一表示。由于压力水头在非饱和区为零，基质势在饱和区为零，在饱和区与非饱和区界面上二者均为零，因此总水头 $h_w=z+u_w/\gamma_w$，在饱和区 $u_w/\gamma_w>0$，在非饱和区 $u_w/\gamma_w<0$，在二者界面上 $u_w/\gamma_w=0$。

非饱和土壤水流动和饱和土壤水流动的另一重要区别在于渗透系数。在饱和土中，渗透系数主要受多孔介质孔隙比与孔隙连通性的影响，当土壤处于饱和状态时，全部孔隙都充满了水，因而具有较高的导水率，为了使问题简化，常常可以将渗透系数假设为常数。

非饱和土壤中部分孔隙为气体所填充，故其导水率低于该土壤的饱和导水率。不仅如此，非饱和土壤水的渗透系数 k_w 一般不能按常数对待，它同时受到土的孔隙比和饱和度变化的影响。但对于某一特定的土体，其孔隙比变化可能较小，它对渗透系数的影响在问题简化的情况下可以忽略不计，而饱和度变化对非饱和渗透系数的影响则是主要因素。因此，常常将渗透系数表达为饱和度 S_r 的单一函数 $k_w=f(S_r)$ 或体积含水率 θ_w 的单一函数 $k_w=f(\theta_w)$。

此外，因为饱和度或含水率是引起基质吸力变化的主要因素，含水率通常被表述为基质吸力的函数（即土 – 水特征曲线）。因此，渗透性函数 $k_w(\theta_w)$ 也可表达为基质吸力的函数，记为 $k_w(u_a-u_w)$ 其中 u_a 为孔隙气压力，u_w 为孔隙水压力，(u_a-u_w) 定义为基质吸力。

2. 渗流计算方程

渗流的连续性方程可从质量守恒定律来建立。在充满液体的渗流区域内取一无限小的平行六面体，见图 9.3–1，研究其水流的平衡关系。设六面体的各边长度为 Δx、Δy、Δz 且和相应的坐标轴平行，沿坐标轴方向的渗透速度分量和液体的密度分别以 v_x、v_y、v_z 和 ρ 来表示。

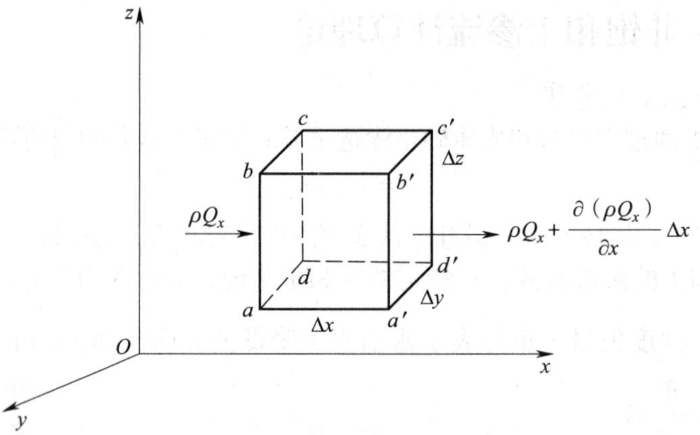

图 9.3–1　渗流区域中的微元体

在 Δt 时间内，流入六面体左边界面 $abcd$ 的液体质量为：

$$\rho Q_x\Delta t=\rho v_x\Delta y\Delta z\Delta t \tag{9.3–3}$$

其中，Q_x 表示沿 x 轴方向进入六面体的流量。而从六面体右边界 $a'b'c'd'$ 流出的液体质量为 $\left[\rho Q_x+\dfrac{\partial(\rho Q_x)}{\partial x}\Delta x\right]\Delta t$。

所以沿 x 轴方向流入和流出六面体的液体质量差为：

$$\rho v_x\Delta y\Delta z\Delta t-\left[\rho v_x\Delta y\Delta z\Delta t+\frac{\partial(\rho v_x)}{\partial x}\Delta x\Delta y\Delta z\Delta t\right]=-\frac{\partial(\rho v_x)}{\partial x}\Delta x\Delta y\Delta z\Delta t \tag{9.3–4}$$

同理，可分别写出沿 y 轴和 z 轴方向流入和流出六面体的质量差为 $-\dfrac{\partial(\rho v_y)}{\partial y}\Delta x\Delta y\Delta z\Delta t$、$-\dfrac{\partial(\rho v_z)}{\partial z}\Delta x\Delta y\Delta z\Delta t$。

因此，在 Δt 时间内，流入和流出平行六面体的总的质量差为 $-\left[\dfrac{\partial(\rho v_x)}{\partial x}+\dfrac{\partial(\rho v_y)}{\partial y}+\dfrac{\partial(\rho v_z)}{\partial z}\right]\Delta x\Delta y\Delta z\Delta t$。

平行六面体内液体质量的变化，是由于流入和流出平行六面体的液体质量差造成的。根据质量守恒定律，两者在数值上应相等，从而有：

$$-\left[\frac{\partial(\rho v_x)}{\partial x}+\frac{\partial(\rho v_y)}{\partial y}+\frac{\partial(\rho v_z)}{\partial z}\right]\Delta x\Delta y\Delta z=\frac{\partial}{\partial t}(\rho n\Delta x\Delta y\Delta z) \tag{9.3-5}$$

式（9.3–5）被称为渗流的连续性方程。

若把渗水假定为不可压缩的均质液体，其密度 ρ 为常数，同时设流入和流出平行六面体的液体总质量差为零，则有：

$$\frac{\partial v_x}{\partial x}+\frac{\partial v_y}{\partial y}+\frac{\partial v_z}{\partial z}=0 \tag{9.3-6}$$

式（9.3–6）为稳定渗流情况的连续方程。它表明，在稳定渗流情况下，同一时间内流入和流出的水量是相等的。

式（9.3–5）中的右端项计算比较困难，具体应用时为了简化计算往往做一些假设，如只有垂直向可压缩的情形。

下面仅考虑垂直方向上的压缩来研究式（9.3–5）右端项的实质。当含水层的侧向受到限制，可假设 Δx、Δy 为常量，于是只有水的密度 ρ、孔隙度 n 和单元体高度 Δz 三个量随压力而变化，式（9.3–5）右端可以改写成：

$$\frac{\partial}{\partial t}(\rho n\Delta x\Delta y\Delta z)=\left[n\rho\frac{\partial(\Delta z)}{\partial t}+\rho\Delta z\frac{\partial n}{\partial t}+n\Delta z\frac{\partial\rho}{\partial t}\right]\Delta x\Delta y \tag{9.3-7}$$

式（9.3–7）右端三项分别代表单元体骨架颗粒、孔隙体积以及流体密度的改变速率，前两项可表示为颗粒之间的有效应力，第三项可表示为流体压力；就是说有效应力 σ' 作用于单元体，孔隙水压力 p 压缩水体。

现在分别确定式（9.3–7）右边括号中的 $\frac{\partial(\Delta z)}{\partial t}$，$\frac{\partial n}{\partial t}$ 和 $\frac{\partial\rho}{\partial t}$ 的表达式。

（1）$\frac{\partial(\Delta z)}{\partial t}$ 的表示方法。

含水层的垂直应变可表示为：

$$\frac{\mathrm{d}(\Delta z)}{\Delta z}=-\frac{\mathrm{d}\sigma_z}{E_s} \tag{9.3-8}$$

式中　σ_z——含水层骨架上的垂直应力；

E_s——含水层垂直方向的压缩模量。

若定义含水层的垂向压缩系数 $\alpha=\frac{1}{E_s}$，则式（9.3–8）可变为：

$$\mathrm{d}(\Delta z)=-\alpha(\Delta z)\mathrm{d}\sigma_z \tag{9.3-9}$$

于是有：

$$\frac{\partial(\Delta z)}{\partial t}=-\alpha(\Delta z)\frac{\partial\sigma_z}{\partial t} \tag{9.3-10}$$

（2）$\frac{\partial n}{\partial t}$ 的表达式。

在所研究的单元体中，由于固体的压缩性比水的压缩性要小得多，所以单元体中固体颗粒体积：

$$\Delta V_s=(1-n)\Delta x\Delta y\Delta z \tag{9.3-11}$$

可以认为是不变的。所以它的全微分为零，即：

$$d(\Delta V_s)=d[(1-n)\Delta x\Delta y\Delta z]=0 \tag{9.3-12}$$

或

$$[\Delta z d(1-n)+(1-n)d(\Delta z)]\Delta x\Delta y=0 \tag{9.3-13}$$

因为 $\Delta x\Delta y\neq 0$，故：

$$\Delta z d(1-n)+(1-n)d(\Delta z)=0 \tag{9.3-14}$$

于是：

$$dn=\frac{1-n}{\Delta z}d(\Delta z) \tag{9.3-15}$$

所以：

$$\frac{\partial n}{\partial t}=\frac{1-n}{\Delta z}\frac{\partial(\Delta z)}{\partial t} \tag{9.3-16}$$

将式（9.3-10）代入式（9.3-16）得到：

$$\frac{\partial n}{\partial t}=-(1-n)\alpha\frac{\partial\sigma_z}{\partial t} \tag{9.3-17}$$

（3）$\frac{\partial\rho}{\partial t}$的表达式。

定义液体的压缩系数 β 为体积压缩模量的倒数，即：

$$\beta=\frac{1}{E_w} \tag{9.3-18}$$

从体积压缩模量的定义可知：

$$\beta=\frac{-\frac{d(\Delta V_w)}{\Delta V_w}}{dp} \tag{9.3-19}$$

式中 ΔV_w——微单元体中水所占的体积；

p——孔隙水压力。

根据质量守恒定律，则 $\rho(\Delta V_w)$ = 常数。

因此，$d(\rho\Delta V_w)=0$，于是有：

$$\rho d(\Delta V_w)+(\Delta V_w)d\rho=0 \tag{9.3-20}$$

将 β 的表达式代入上式得：

$$-\rho(\Delta V_w)\beta dp+(\Delta V_w)d\rho=0 \tag{9.3-21}$$

所以：

$$\frac{\partial\rho}{\partial t}=\rho\beta\frac{\partial p}{\partial t} \tag{9.3-22}$$

对于所研究的情况，存在等式（9.3-23）：

$$d\sigma_z=-dp \tag{9.3-23}$$

将式（9.3-10）、式（9.3-17）、式（9.3-22）代入式（9.3-7）得到：

$$\frac{\partial}{\partial t}(\rho n\Delta x\Delta y\Delta z)=\left[-\rho n\alpha(\Delta z)\frac{\partial\sigma_z}{\partial t}-\rho(\Delta z)(1-n)\alpha\frac{\partial\sigma_z}{\partial t}+n(\Delta z)\rho\beta\frac{\partial p}{\partial t}\right]\Delta x\Delta y \tag{9.3-24}$$

$$\begin{aligned}\frac{\partial}{\partial t}(\rho n\Delta x\Delta y\Delta z) &= [n\rho\alpha+\rho(1-n)\alpha+n\rho\beta]\Delta x\Delta y\Delta z\frac{\partial p}{\partial t} \\ &=(\rho\alpha+\rho n\beta)\Delta x\Delta y\Delta z\frac{\partial p}{\partial t}\end{aligned} \tag{9.3-25}$$

于是，将上式代入式（9.3–5）得连续方程为：

$$-\left[\frac{\partial(\rho v_x)}{\partial x}+\frac{\partial(\rho v_y)}{\partial y}+\frac{\partial(\rho v_z)}{\partial z}\right]=\rho(\alpha+n\beta)\frac{\partial p}{\partial t} \tag{9.3-26}$$

因为水头 $h_w=\frac{p}{\rho g}+z$，则有：

$$\frac{\partial h_w}{\partial t}=\frac{1}{\rho g}\frac{\partial p}{\partial t}+\frac{\partial z}{\partial t} \tag{9.3-27}$$

稳定渗流时位置水头 z 不随时间变化，即：

$$\frac{\partial z}{\partial t}=0 \tag{9.3-28}$$

式（9.3–27）变为：

$$\frac{\partial p}{\partial t}=\rho g\frac{\partial h_w}{\partial t} \tag{9.3-29}$$

将式（9.3–29）代入式（9.3–26）得出：

$$-\rho\left(\frac{\partial v_x}{\partial x}+\frac{\partial v_y}{\partial y}+\frac{\partial v_z}{\partial z}\right)-\left(v_x\frac{\partial \rho}{\partial x}+v_y\frac{\partial \rho}{\partial y}+v_z\frac{\partial \rho}{\partial z}\right)=\rho^2 g(\alpha+n\beta)\frac{\partial h_w}{\partial t} \tag{9.3-30}$$

式（9.3–30）中，左端第二括弧项比第一括弧项要小很多，可以忽略不计，于是得到：

$$-\left(\frac{\partial v_x}{\partial x}+\frac{\partial v_y}{\partial y}+\frac{\partial v_z}{\partial z}\right)=\rho g(\alpha+n\beta)\frac{\partial h_w}{\partial t} \tag{9.3-31}$$

上式为雅可布（1950 年）给出的渗流连续性方程。

根据达西定律，x、y、z 方向的渗流速度可表示为：

$$v_x=-k_x\frac{\partial h_w}{\partial x},v_y=-k_y\frac{\partial h_w}{\partial y},v_z=-k_z\frac{\partial h_w}{\partial z} \tag{9.3-32}$$

将式（9.3–32）代入式（9.3–31），并令 $S_s=\rho g(\alpha+n\beta)$ 得到：

$$\frac{\partial}{\partial x}\left(k_x\frac{\partial h_w}{\partial x}\right)+\frac{\partial}{\partial y}\left(k_y\frac{\partial h_w}{\partial y}\right)+\frac{\partial}{\partial z}\left(k_z\frac{\partial h_w}{\partial z}\right)=S_s\frac{\partial h_w}{\partial t} \tag{9.3-33}$$

当各向渗透性为常数时，就变为：

$$k_x\frac{\partial^2 h_w}{\partial x^2}+k_y\frac{\partial^2 h_w}{\partial y^2}+k_z\frac{\partial^2 h_w}{\partial z^2}=S_s\frac{\partial h_w}{\partial t} \tag{9.3-34}$$

当水和土为不可压缩时，即 $S_s=0$ 时，式（9.3–33）和式（9.3–34）就变为：

$$\frac{\partial}{\partial x}\left(k_x\frac{\partial h_w}{\partial x}\right)+\frac{\partial}{\partial y}\left(k_y\frac{\partial h_w}{\partial y}\right)+\frac{\partial}{\partial z}\left(k_z\frac{\partial h_w}{\partial z}\right)=0 \tag{9.3-35}$$

$$\frac{\partial^2 h_w}{\partial x^2}+\frac{\partial^2 h_w}{\partial y^2}+\frac{\partial^2 h_w}{\partial z^2}=0 \tag{9.3-36}$$

式（9.3–35）就是稳定渗流的基本微分方程，当各向渗透性为常数时，式（9.3–35）就变成式（9.3–36），式（9.3–36）为著名的拉普拉斯（Laplace）方程。上式只包含有一个未知数，结合边界条件就有定解。虽然该式是稳定渗流的微分方程，但对于不可压缩介质和非稳定流，也可以进行瞬时稳定场的计算。

对于平面渗流场，其渗流基本微分方程为：

$$\frac{\partial}{\partial x}\left(k_x\frac{\partial h_w}{\partial x}\right)+\frac{\partial}{\partial z}\left(k_z\frac{\partial h_w}{\partial z}\right)=S_s\frac{\partial h_w}{\partial t} \tag{9.3–37}$$

当各向渗透性为常数时，就变为：

$$k_x\frac{\partial^2 h_w}{\partial x^2}+k_z\frac{\partial^2 h_w}{\partial z^2}=S_s\frac{\partial h_w}{\partial t} \tag{9.3–38}$$

当水和土为不可压缩时，即 $S_s=0$ 时，式（9.3–38）就变为各向异性二维稳定渗流基本微分方程：

$$k_x\frac{\partial^2 h_w}{\partial x^2}+k_z\frac{\partial^2 h_w}{\partial z^2}=0 \tag{9.3–39}$$

对于具有恒定降雨入渗或蒸发量 w 的平面稳定渗流场，其基本微分方程可写作：

$$k_x\frac{\partial^2 h_w}{\partial x^2}+k_z\frac{\partial^2 h_w}{\partial z^2}+w=0 \tag{9.3–40}$$

对于各向同性渗流场，即当 $k_x=k_z=k$ 时，式（9.3–40）变为：

$$\frac{\partial^2 h_w}{\partial x^2}+\frac{\partial^2 h_w}{\partial z^2}=-\frac{w}{k} \tag{9.3–41}$$

式（9.3–41）即为著名的泊松（Poisson）方程。

3. 土非饱和区域水的运动基本方程

在非饱和区，可以假设一个同样的六面体均衡单元。因此，也可得出在 Δt 时间段内，流入与流出这个单位体的总质量为：

$$-\left[\frac{\partial(\rho v_{wx})}{\partial x}+\frac{\partial(\rho v_{wy})}{\partial y}+\frac{\partial(\rho v_{wz})}{\partial z}\right]\Delta x\Delta y\Delta z\Delta t \tag{9.3–42}$$

而与饱和区不同的是在单元体内液体所占的体积不再是 $n\Delta x\Delta y\Delta z$，而是 $\theta_w\Delta x\Delta y\Delta z$，$\theta_w$ 为体积含水率。相应的，单元体内的液体质量为 $\rho\theta_w\Delta x\Delta y\Delta z$。因此，在 Δt 时间内，单元体内液体质量的变化量为：

$$\frac{\partial}{\partial t}(\rho\theta_w\Delta x\Delta y\Delta z)\Delta t \tag{9.3–43}$$

根据质量守恒定律，两者应该相等。因此得到非饱和区土壤水分运动的连续方程：

$$-\left[\frac{\partial(\rho v_{wx})}{\partial x}+\frac{\partial(\rho v_{wy})}{\partial y}+\frac{\partial(\rho v_{wz})}{\partial z}\right]\Delta x\Delta y\Delta z=\frac{\partial}{\partial t}(\rho\theta_w\Delta x\Delta y\Delta z) \tag{9.3–44}$$

同样，在应用时可以做一些假设将式（9.3–44）简化。如把地下水看成是不可压缩的均质液体，$\rho=$ 常数；同时，假设含水层骨架不被压缩，Δx，Δy，Δz 不随时间变化。则式（9.3–44）化简为：

$$-\left(\frac{\partial v_{wx}}{\partial x}+\frac{\partial v_{wy}}{\partial y}+\frac{\partial v_{wz}}{\partial z}\right)=\frac{\partial\theta_w}{\partial t} \tag{9.3–45}$$

9.3.2　非饱和土渗流计算的基本参数

1. 土的基质吸力

水气间的表面张力形成了其表面的收缩膜，它是由收缩膜内水分子受到的不平衡力造成的。在毛细管中由于水气间这种表面张力的作用，毛细区的压力为负值，呈现为吸力。土中的吸力（Suction）包括基质吸力和渗透吸力两部分。基质吸力（Matric Suction）主要是指土中毛细作用；而渗透吸力是由于土中水溶液盐分浓度不同引起的。一般基质吸力在总吸力中占主要部分，通常用毛细管上升来解释。但在非饱和土中，基质吸力不能简单地用毛细管上升模型来分析和解决。非饱和土中基质吸力可表示为：

$$s=u_a-u_w \tag{9.3-46}$$

其中，u_a 是孔隙气压力，当孔隙气体与大气连通时，$u_a=0$。基质吸力也可用水在毛细管中的上升高度 h_{w0} 表示，这时 $s=h_{w0}\gamma_w$。

基质吸力也可用吸力指数 φ 表示：

$$\varphi=\lg h_{w0} \tag{9.3-47}$$

其中，h_{w0} 单位为 cm，φ 一般为 0 ~ 7。在砂土中 h_{w0} 一般不超过 50cm，对应 $\varphi=1.7$。基质吸力与土的饱和度或含水率之间的关系曲线也称为土 – 水特征曲线或称水分特征曲线。

2. 土的土 – 水特征曲线

土 – 水特征曲线是非饱和土中体积含水率、重力含水率 w 或饱和度 S_r 与基质吸力的关系曲线，简称为 SWCC。它反映的是由于毛细管力克服重力而被保持在土壤中的水量，与非饱和土的土体结构、孔隙情况、颗粒组成等因素均有关。土 – 水特征曲线除了可以用来模拟非饱和地下水渗流，还可以用来预测渗透系数函数或抗剪强度函数等其他的非饱和土参数。因此，土 – 水特征曲线是作为一个贯穿非饱和土力学理论的重要函数而存在的。

典型的土 – 水特征曲线上有两个突出的特征点。一个是土体从饱和状态开始脱水时对应的基质吸力值，叫作进气值（u_a-u_w）$_b$，只有土中吸力大于（u_a-u_w）$_b$ 时空气才能进入土体孔隙，挤出孔隙水使含水率下降。另一个是残余含水率 θ_r，当土的含水率低于 θ_r 时，要想排出土体中剩余的水分需要增加很大的吸力。土 – 水特征曲线有水力滞后现象，因此土的吸湿和脱湿过程所对应的土 – 水特征曲线并不一致。目前，非饱和土力学理论中尚未根据土的基本性质分析土的土 – 水特征曲线，非饱和土试验测定又受到很多因素的制约。因此，一般依据经验公式利用有限的实测数据点来推算土 – 水特征曲线。以下是几个经典的土 – 水特征曲线表达式：

（1）van Genuchten 模型。

$$\theta_w=\theta_r+\frac{\theta_s-\theta_r}{\left[1+\left(\frac{u_a-u_w}{a}\right)^n\right]^m} \tag{9.3-48}$$

式中　θ_w——体积含水率；

θ_s——饱和体积含水率；

a、m、n——拟合参数。

（2）Fredlund & Xing 模型。

$$\theta_w = \frac{\theta_s}{\left\{\ln\left[e+\left(\frac{s}{a}\right)^n\right]\right\}^m} \tag{9.3-49}$$

式中 s——基质吸力；

a——土-水特征曲线的反弯点；

m——控制残余含水率；

n——控制曲线斜率。

a、m、n 可由下式确定：

$$a=s_i \tag{9.3-50}$$

$$m = 3.67\ln\left(\frac{\theta_s}{\theta_i}\right) \tag{9.3-51}$$

$$n = \frac{1.31^{m+1}}{m\theta_s}\times 3.72ts_i \tag{9.3-52}$$

式中 θ_i——与 s_i 对应的体积含水率；

θ_s——饱和体积含水率；

t——曲线上通过反弯点的直线段的斜率，$t=\theta_i/(s_p-s_i)$；其中，s_p 为直线段在基质吸力轴上的截距，s_i 为土-水特征曲线第 i 段的平均基质吸力。

研究表明，对于粉土和砂土，土的颗粒粒径分布情况与土-水特征曲线具有很好的相关性，可从土的颗粒粒径分布情况推求土-水特征曲线。对于黏性土，由于受土的结构性影响，难以直接从土的颗粒粒径分布情况推求土-水特征曲线，但这种估算方法对粉土和砂土也是合理、可接受的，得到了许多学者的认可。

3. 非饱和土的渗透系数

饱和土和非饱和土的渗透系数是尾矿坝渗流场数值模拟的关键性参数，其中饱和土的渗透系数易于测定和获得，通过室内试验或室外现场试验确定。非饱和土的渗透系数难以直接测得，一般利用土-水特征曲线确定。其中，非饱和土的渗透系数是研究非饱和土渗流、固结以及污染物运移等问题的重要参数，它的大小主要受到土颗粒的矿物成分、土中孔隙的大小及分布、土中含水率以及水中不同离子浓度的影响。

由于毛细作用的存在，当水在非饱和土中渗流时，一般沿着含有水的孔隙流动。因此即使是同一土样，当具有不同含水率时，孔隙水的连通路径和通道大小也会有很大区别，导致渗透系数的取值发生很大变化。由于非饱和土渗透系数对饱和度的依赖性很大，另外在有些情况下非饱和土的饱和度又易发生改变，故造成测量困难，特别是在低饱和度时，非饱和土的渗透系数测量费时费力。一般情况下，直接测量非饱和土的渗透系数不太容易，因此，常采用间接方法来确定。

土-水特征曲线确定非饱和土渗透系数的基本原理是以哈根-泊肃叶方程和达西定律为基础，利用土-水特征曲线计算土中含水孔隙的相关水力学参数（如水力半径等）或水在不同尺寸孔隙中连通的概率，进而建立起非饱和土渗透系数的计算模型。这类模型以土的饱和渗透系数为基准，通过引入相对渗透系数的概念来考虑非饱和状态对渗透系数取值的影响。

相对渗透系数 k_r 是土在某一含水量时的渗透系数与相应饱和渗透系数的比值，它是含水量（或吸力）的函数，可利用土-水特征曲线计算得到。

非饱和土的渗透系数归纳总结为：

（1）经验模型是指在试验中直接测量不同吸力或含水量的非饱和渗透系数，从而拟合优化非饱和渗透系数 k_{ws} 与基质吸力 s 或体积含水率 θ_w 的曲线关系。

$$k_{ws}=f(s) \tag{9.3-53}$$

$$k_{ws}=f(\theta_w) \tag{9.3-54}$$

应该指出的是，经验方程需要利用大量的试验数据来归纳总结其规律，这个过程非常耗时费力，同时也限制了经验模型的应用和发展。

（2）宏观模型认为土体内部孔隙水的流动可近似由整体的平均流速、平均水力梯度、平均水力半径以及平均渗透系数等宏观变量来描述。其中最具代表性的宏观模型是：

$$k_r=S_e^{(2+3\lambda)/\lambda} \tag{9.3-55}$$

式中 k_r——相对渗透系数；

S_e——有效饱和度，$S_e=(\theta_w-\theta_r)/(\theta_s-\theta_r)$，$\theta_s$、$\theta_w$ 和 θ_r 分别为饱和体积含水率、体积含水率和残余含水率；

λ——孔径分布参数。

此模型先通过模拟得出土 - 水特征曲线，然后求出非饱和渗透系数。由于模型中使用的吸力数值相对较低，故该模型更适用于非饱和渗透系数较大的粗颗粒土。

（3）统计模型是利用土 - 水特征曲线计算土中孔隙的相关水力参数，或利用孔隙水在不同孔隙中连通的概率，建立的非饱和渗透系数计算模型。统计模型归纳为以下三类，一般表达式：

$$k_r=S_e^{\,n}\frac{\int_0^{\theta_w}\frac{d\theta_w}{s^{2+m}}}{\int_0^{\theta_s}\frac{d\theta_w}{s^{2+m}}} \tag{9.3-56}$$

$$k_r=S_e^{\,n}\left(\frac{\int_0^{\theta_w}\frac{d\theta_w}{s^{1+m}}}{\int_0^{\theta_s}\frac{d\theta_w}{s^{1+m}}}\right)^2 \tag{9.3-57}$$

$$k_r=S_e^{\,n}\frac{\int_0^{\theta_w}\frac{(\theta_w-v)}{s^{2+m}}dv}{\int_0^{\theta_s}\frac{(\theta_w-v)}{s^{2+m}}dv} \tag{9.3-58}$$

式中 s——基质吸力；

v——虚拟积分变量；

n、m——常数。

其中应用最为普遍的 Van Genuchten-Mualem 模型，表达式如下：

$$S_e=\frac{1}{(1+|\alpha s|^n)^m} \tag{9.3-59}$$

$$k_{ws}=k_w\frac{\{1-|\alpha s|^{n-1}[1+|\alpha s|^n]^{-m}\}^2}{[1+|\alpha s|^n]^{m/2}} \tag{9.3-60}$$

式中 k_{ws}——非饱和土渗透系数；

k_w——饱和土渗透系数；

α、m、n——水－土特征曲线的拟合参数，其中 $m=1-1/n$。

4. 降雨入渗模型

大量学者通过深入研究降雨入渗过程，提出了许多实用的模型来描述土的入渗，本节介绍几种常见的降雨入渗理论模型或经验模型。

（1）土的降雨入渗理论模型。

Green 和 Ampt 根据土壤物理模型，基于饱和入渗理论，提出了土壤水分入渗方程：

$$i(t)=k_s\frac{Z_f+S_f+H}{Z_f} \tag{9.3-61}$$

式中 $i(t)$——土壤入渗速率（cm/min）；

k_s——饱和导水率（cm/min）；

H——土壤表层积水深度（cm）；

S_f——湿润面吸力（cm）；

Z_f——湿润面深度（cm）。

（2）土的降雨入渗经验模型。

经验模型常用的是方正三公式。其在 Kostiakov 公式的基础上，对大量野外实测资料进行分析，提出如下入渗公式：

$$k_s=k+k_1/t^{\alpha} \tag{9.3-62}$$

式中 k、k_1、α——与土壤质地、含水率及降雨强度有关的参数。

（3）尾矿坝降雨入渗模型。

尾矿坝的降雨入渗是典型的非饱和流固耦合问题，尾矿土渗透系数和饱和度按下列公式计算：

$$\begin{cases}K_w=a_wK_{ws}/[a_w+(b_w\times(u_a-u_w))^{c_w}]\\S_r=S_i+(S_n-S_i)a_s/[a_s+(b_s\times(u_a-u_w))^{c_s}]\end{cases} \tag{9.3-63}$$

式中 K_{ws}——尾矿土饱和时的渗透系数；

u_a、u_w——土体中的气压和水压力；

a_w、b_w 和 c_w——材料系数；

S_r——饱和度；

S_i——残余饱和度；

S_n——最大饱和度；

a_s、b_s 和 c_s——材料常数。

尾矿坝降雨入渗的过程十分复杂，Main 和 Larson 采用降雨强度 q、尾矿土允许入渗的容量 f_p 以及土壤饱和时的水力传导系数 K_{ws} 这 3 个因子描述降雨入渗的过程与行为：

1）当 $q<K_{ws}$ 时，地表径流不会发生，降雨将全部入渗，此时水的入渗率保持不变。

2）当 $f_p>q>K_{ws}$ 时，所有的雨水全部渗入，f_p 随着深度 z 的增加而变小，但此时降雨强度还未达到尾矿土允许入渗的容量，故入渗率并不会降低，且入渗率很高。此时坡面为流量边界。

3）当 $q > f_p$ 时，由于降雨强度大于尾矿土的入渗容量时，部分水不能入渗，产生地表径流，最终形成蓄满产流，尾矿土体基本处于饱和状态，入渗率在降雨达到入渗容量以后逐渐降低。

9.3.3　渗流定解边界条件的数学表达式

边界条件和初始条件合称为定解条件。求解稳定渗流问题只需列出边界条件即可，而求解非稳定渗流问题必须要同时列出边界条件和初始条件。一个或一组数学方程与其定解条件加在一起，构成描述某一实际问题的数学模型。数学方程用来研究地下水的流动规律，而定解条件用来表明所研究实际问题的特定条件，两者缺一不可。

下面分别介绍地下水渗流问题中定解问题的边界条件类型。从描述渗流的数学模型来看，边界条件有下面三类：

1. 第一类边界条件

如果在某一类边界（设为 S_1 或 Γ_1）上，各点在每一时刻的水头都是已知的，此时的边界就称为第一类边界或给定水头的边界，表示为：

$$h(x,y,z,t)\big|_{S_1}=\varphi_1(x,y,z,t),(x,y,z)\in S_1 \tag{9.3-64}$$

或

$$h(x,y,t)\big|_{\Gamma_1}=\varphi_2(x,y,t),(x,y)\in \Gamma_1 \tag{9.3-65}$$

其中，$h(x, y, z, t)$ 和 $h(x, y, t)$ 分别表示三维和二维空间条件下边界 S_1 和 Γ_1 上点 (x, y, z) 和 (x, y) 在 t 时刻的水头；$\varphi_1(x, y, z, t)$ 和 $\varphi_2(x, y, t)$ 分别是 S_1 和 Γ_1 上的已知函数。

2. 第二类边界条件

当知道某一部分边界（设为 S_2 或 Γ_2）单位面积（二维空间为单位宽度）上流入（流出时用负值）的流量 q 时，称为第二类边界或给定流量边界。相应的边界条件表示为：

$$k\frac{\partial h}{\partial n}\bigg|_{S_2}=q_1(x,y,z,t),(x,y,z)\in S_2 \tag{9.3-66}$$

或

$$k\frac{\partial h}{\partial n}\bigg|_{\Gamma_2}=q_2(x,y,t),(x,y)\in \Gamma_2 \tag{9.3-67}$$

其中，n 为边界 S_2 或 Γ_2 的外法线方向，$q_1(x,y,z,t)$ 和 $q_2(x,y,t)$ 为已知函数，分别表示 S_2 上单位面积和 Γ_2 上单位宽度的法向补给量。

3. 第三类边界条件

若某段边界 S_3 或 Γ_3 上 h 和 $\frac{\partial h}{\partial n}$ 的线性组合已知，即：

$$\frac{\partial h}{\partial n}+\alpha h=\beta \tag{9.3-68}$$

其中，α、β 为已知函数，这种类型的边界条件称为第三类边界条件或混合边界条件。

$$h(x,y,z,t)=h_t(x,y,z),(x,y,z)\in S_3 \tag{9.3-69}$$

$$h(x,y,t)=h_t(x,y),(x,y)\in \Gamma_3 \tag{9.3-70}$$

9.3.4 尾矿坝渗流计算流程

影响尾矿坝稳定性的因素多而复杂，大量的理论研究及工程实测统计资料表明，坝体渗流浸润面的位置是影响尾矿坝稳定性的重要因素之一，从理论上分析尾矿库渗流场的基本特性，对尾矿坝进行渗流计算分析，是尾矿坝岩土工程分析首先要进行的工作，并且非常必要。渗流计算流程如下：

（1）依据地形图和地质剖面图，建数值模型。

数值模型的建立首先涉及地形的概化，合理地对地形进行概化处理，依据库区实测的数字地形图，如正射影像图，将地质剖面上的主要控制点通过曲线拟合的方法拟合成曲线或曲面，建立二维或三维数值模型。

（2）尾矿计算参数确定。

依据尾矿堆积坝岩土工程勘察报告，对各地层赋予不同的渗透系数。当考虑降雨对渗流场的影响时，建立非饱和土的渗透系数函数。

（3）划分单元。

对建立的二维或三维数值模型划分单元时，采用和地层形状和模型大小相匹配的单元，在地层变化急剧的地方，适当加密单元，保证计算精度。

（4）设定边界。

尾矿库一般情况下都铺有防渗薄膜，这时只在坝体内根据干滩长度确定上游水位，在模型上加设水头边界。下游根据出流口位置，设置出流自由边界。考虑降雨影响时，在坝体上设置相应的降雨入渗边界。

（5）运行程序，分析计算结果。

尾矿坝渗流计算主要分析浸润面高低、流线特性、渗流坡降和渗流量。探究初期坝类型、尾矿堆积坝干滩长度、坝内不同尾矿层渗透系数、尾矿堆积坝下游坡比等因素对渗流场的影响规律。

李家坝铁矿油坊沟尾矿库为河谷型尾矿库，尾矿库总占地面积 1 150.0 亩，初期坝为透水堆石坝，采用中线式尾矿堆积筑坝。初期坝高 50.0m，滤水拦挡坝高 22.0m，总坝高 127.0m，总库容 $20.457\times10^6\text{m}^3$。尾矿坝下游 800.0m 位置设置事故拦挡坝，坝高 13.0m，坝长 37.4m。尾矿库排洪系统采用排水井加隧洞形式，5 座排水井，主隧洞全长 1 232.38m，支洞总长度 307.91m，竖井总深度 145.06m，陡槽全长 146.73m，削力池长 40.0m。滤水拦挡坝与初期坝之间布置斜槽 – 涵洞式排洪系统，斜槽全长 52.0m，涵洞长 98.0m。尾矿浆通过选矿厂渣浆泵站直接泵送至坝顶，尾矿输送管线全长 3.5km，高差 193.0 ~ 270.0m。尾矿澄清水通过库内排洪系统以及河道自流至事故拦挡坝前，再通过回水管道输送至选矿厂，回水管线全长 2.0km，油坊沟尾矿库平面图见图 9.3-2，剖面图见图 9.3-3。

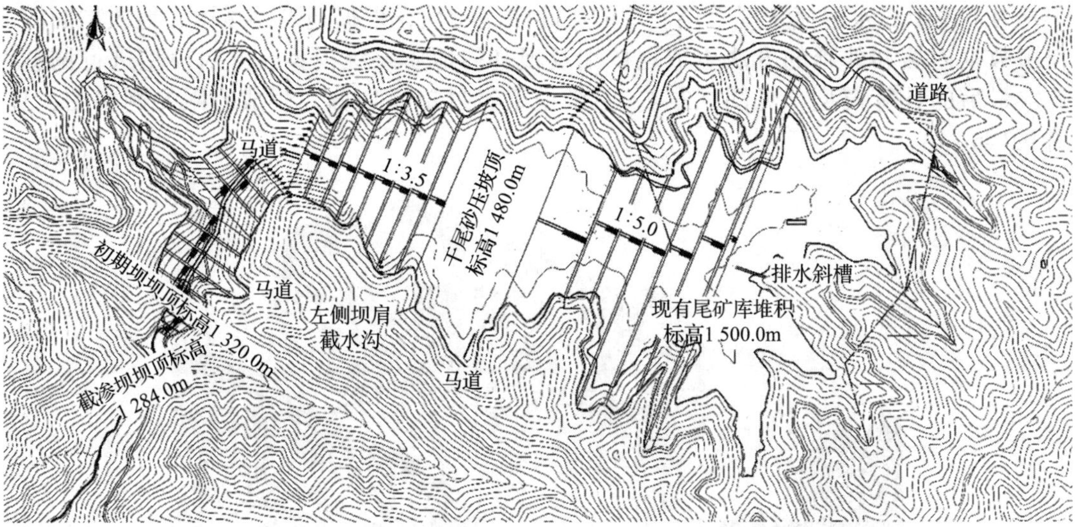

图 9.3–2　油坊沟尾矿库平面图

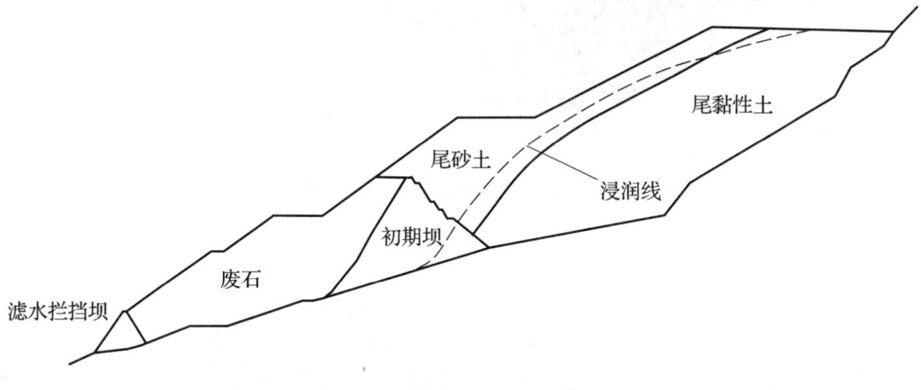

图 9.3–3　油坊沟尾矿库剖面图

1. 渗流计算参数

三维渗流计算模型包括初期坝、溢流区、沉砂区与废石区，堆积坝采用中线式尾矿堆积筑坝工艺，尾矿堆积坝高 127.0m，初期坝高 50.0m。模型材料共分为 6 种，各材料的渗透系数见表 9.3–1。

表 9.3–1　尾矿坝材料渗透系数

材料分类	渗透系数 /（m/s）	材料分类	渗透系数 /（m/s）
溢流区尾矿土	3.0×10^{-6}	废石材料	1.4×10^{-5}
沉砂区尾矿土	9.8×10^{-6}	滤水拦挡坝	1.0×10^{-3}
初期坝、子坝	9.0×10^{-4}	基岩	2.0×10^{-8}

2. 三维模型及网格划分

为了模拟稳定渗流工况下尾矿库的实际渗流特性，根据地形测量图、地质剖面图，利用数据内插和外延的方法生成尾矿坝及坝基的地质三维模型，并对模型进行调整，确定最后的计算模型，见图 9.3-4。三维模型经过单元划分，生成有限元网格图，见图 9.3-5。

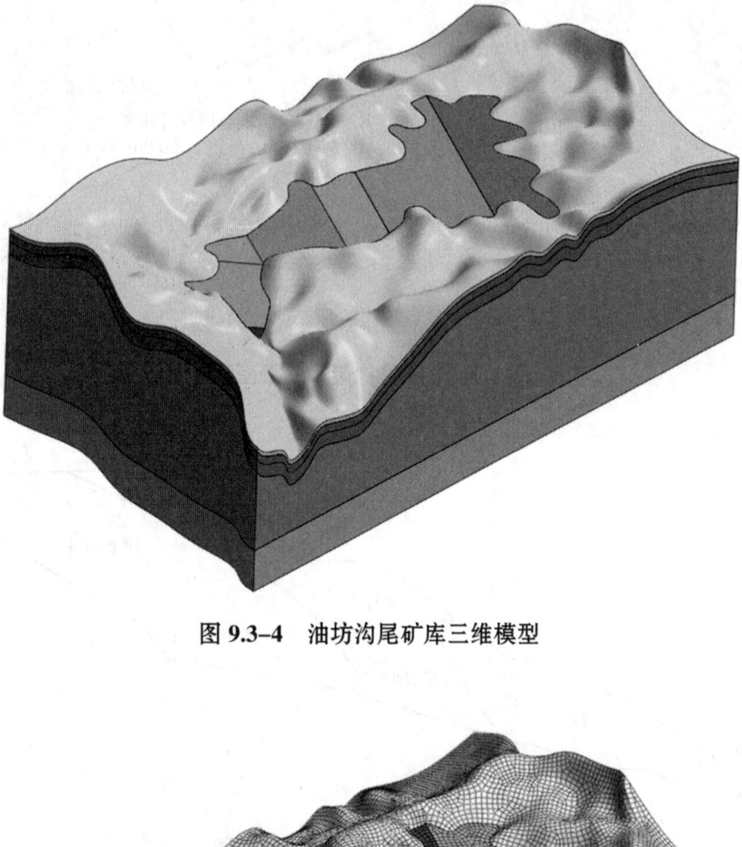

图 9.3-4　油坊沟尾矿库三维模型

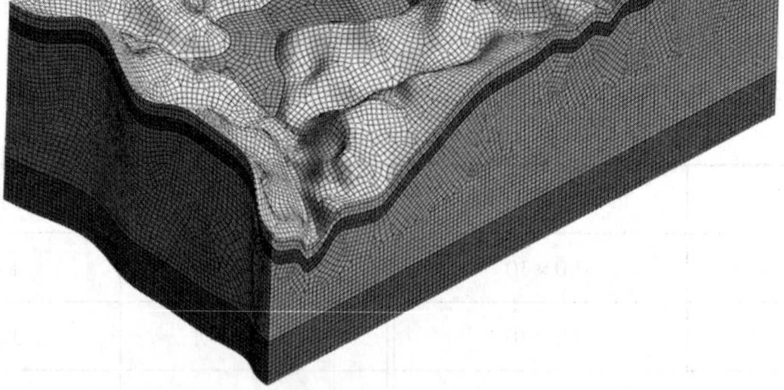

图 9.3-5　油坊沟尾矿库三维单元网格模型

3. 计算边界和结算结果

尾矿坝是不同于水库的一种拦蓄矿渣的结构物，其干滩长度对浸润面的高低敏感，而浸润面的高低决定坝坡的安全稳定性，所以计算不同干滩长度下的尾矿坝浸润面是尾矿坝渗流分析的关键。在稳定渗流工况下，上游边界在尾矿坝储水区域加设水头边界，下游出水区域加设自由出流边界，降雨条件下则同时加水头边界和入渗流量边界。尾矿坝正常运行时的渗流流线图见图 9.3–6，总水头云图见图 9.3–7，孔压云图见图 9.3–8。对计算结果进行综合性分析，确定渗流量、渗流范围和渗透破坏发生的概率。

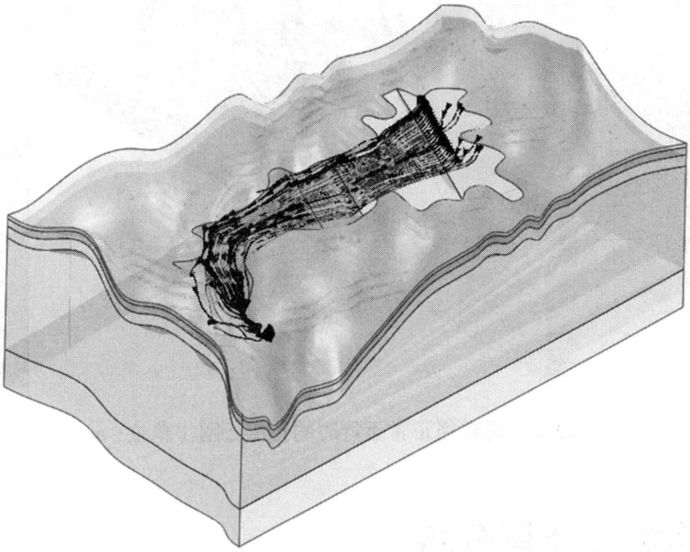

图 9.3–6　尾矿坝正常运行时的渗流流线场

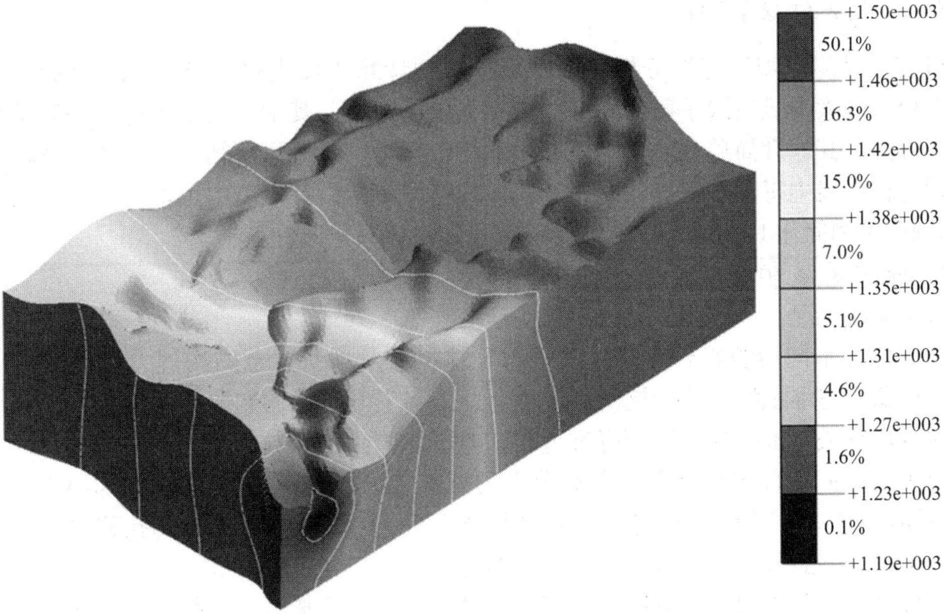

图 9.3–7　尾矿坝正常运行时的总水头云图（单位：m）

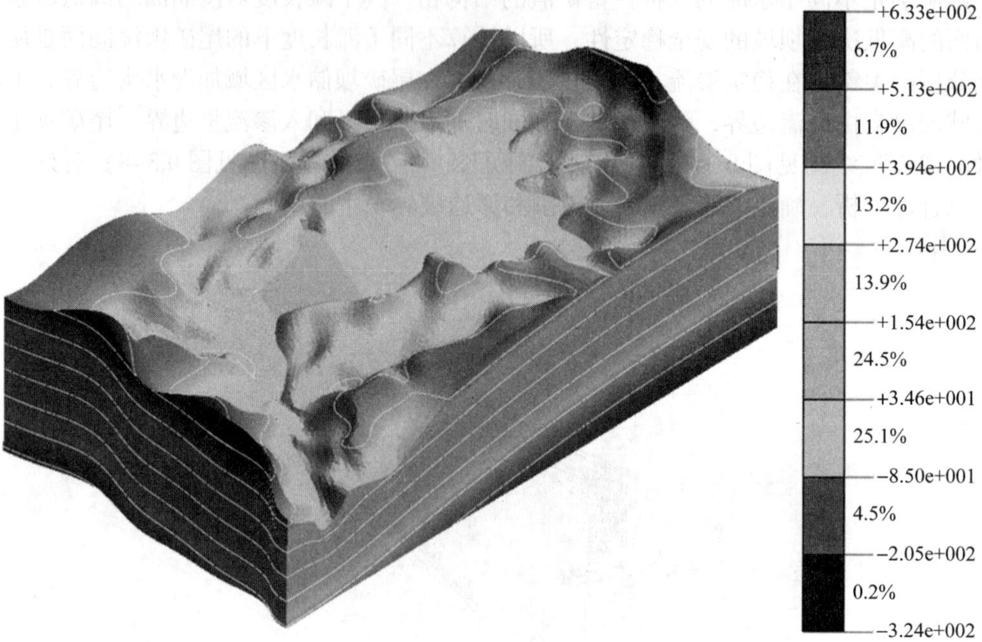

图 9.3–8　尾矿坝正常运行时的孔压云图（单位：m）

9.4　坝坡稳定性计算分析

9.4.1　计算方法简介

目前，对尾矿坝稳定性分析一般采用传统的计算边坡或水坝稳定性的分析方法，主要可以分为两大类：极限平衡（条分）法和数值模拟法。其中，极限平衡法是最经典的定量分析方法，其原理简单且能够为尾矿坝的稳定性提供定量评价结果。因此，极限平衡法在我国工程实践中得到了很好的应用，我国现行尾矿库设计规范中也推荐采用极限平衡法（瑞典圆弧法和简化 Bishop 法）进行尾矿坝稳定性计算与评价。

1. 规范对尾矿坝抗滑稳定性的相关要求

（1）荷载工况。

考虑各种不同荷载组合形式，并根据坝体材料及坝基岩土的物理力学性质，计算确定尾矿初期坝与堆积坝坝坡的抗滑稳定性。此外，安全系数的选取还与稳定性计算时的荷载工况直接有关，根据现行国家标准《尾矿堆积坝岩土工程技术标准》GB/T 50547—2022 中的要求，尾矿坝稳定性计算的荷载分下列五类，可根据不同情况按表 9.4–1 进行组合：①运行期正常库水位的稳定渗透压力；②坝体自重；③坝体及坝基中的孔隙水压力；④设计洪水位时有可能形成的渗透压力；⑤地震荷载。

坝坡稳定性分析和评价应按正常运行、洪水运行和特殊运行三种条件分别计算，不同计算条件下的荷载组合应根据运行情况按表 9.4–1 采用。

表 9.4–1　不同计算条件的荷载组合

运行条件	计算方法	荷载类别				
		1	2	3	4	5
正常运行	总应力法	有	有	—	—	—
	有效应力法	有	有	有	—	—
洪水运行	总应力法	—	有	—	有	—
	有效应力法	—	有	有	有	—
特殊运行	总应力法	有	有	—	—	有
	有效应力法	有	有	有	—	有

稳定性计算方法宜采用瑞典圆弧法。但当坝基或坝体内含有软弱土层时，可采用圆弧法的改良方法。

（2）安全系数。

采用简化 Bishop 法和瑞典圆弧法计算时，坝坡抗滑稳定最小安全系数应符合表 9.4–2 的规定。分析评价现状尾矿坝体稳定性时，坝坡抗滑稳定最小安全系数宜根据现状总库容及现状坝高确定尾矿坝的级别。

表 9.4–2　坝坡抗滑稳定最小安全系数

计算方法	计算条件	尾矿堆积坝级别			
		Ⅰ	Ⅱ	Ⅲ	Ⅳ、Ⅴ
瑞典圆弧法	正常运行	1.30	1.25	1.20	1.15
	洪水运行	1.20	1.15	1.10	1.05
	特殊运行	1.10	1.05	1.05	1.05
简化 Bishop 法	正常运行	1.50	1.35	1.30	1.25
	洪水运行	1.30	1.25	1.20	1.15
	特殊运行	1.20	1.15	1.15	1.10

2. 计算断面选择

计算断面的选择对坝坡稳定性分析非常重要。尾矿堆积坝岩土工程勘察是坝体稳定性分析的组成部分，为稳定性分析提供详尽的基础资料。为保证所选计算断面为稳定性最不利的断面，保证稳定分析的可靠性，在进行尾矿堆积坝岩土工程勘察剖面布置时，根据现行国家标准《尾矿堆积坝岩土工程技术标准》GB/T 50547—2022 中的规定，尾矿堆积坝运行期勘察垂直主坝轴线的勘探线数量不应少于 3 条，其中 1 条应沿沟谷谷底且垂直主坝轴线布置，其余勘探线尚应根据尾矿堆积情况，在最不利于主坝稳定的剖面布置。这样，就可以避免由于断面选择不当漏掉最危险的断面，从而降低计算风险。

9.4.2 静力边坡稳定性分析方法

1. 极限平衡法原理

极限平衡法以莫尔－库仑的抗剪强度理论为基础，假定分析的滑体为刚体，将滑体垂直划分成若干条块，划分的条块之间不会有变形，通过条块的受力平衡分析，建立作用在这些垂直条块上的力的平衡方程式来计算求解坝体或边坡的稳定系数。

（1）瑞典圆弧法。

瑞典圆弧法是极限平衡理论的一种，是条分法中最为经典和简洁的分析方法。其假定条间力合力平行于土条底面，且大小相等，方向相反，因此在考虑力和力矩平衡时可相互抵消。根据实际观察，对于比较均质的土质边坡，其滑裂面近似为圆弧面，因此瑞典圆弧法可以较好地解决这类问题。一般来说，条分法在实际计算中要做一定的假设：①假定问题为平面应变问题；②假定危险滑动面（即剪切面）为圆弧面；③假定抗剪强度全部得到发挥；④不考虑各分条之间的作用力。

瑞典圆弧法采用力矩平衡方法，计算安全系数 K：

$$K=\frac{M_r}{M_s} \tag{9.4-1}$$

式中 M_r——剪切面所能提供的抗滑力矩；

M_s——滑动力矩，滑动中心为圆弧面的圆心。

在计算之前将土坡滑动部分划分为若干土条，一般来说划分 8 根土条即可满足计算精度要求。考虑简单受力情况，作用在第 i（i=1，2，…，n）根土条上的力有重力 W_i、土条底面的支撑力 N_i、剪切力 S_i，如图 9.4-1 所示。在后面讲述的普遍条分法中，除了前述这些力之外，还有作用在土条侧面的剪切力 T_i 和推力 E_i。

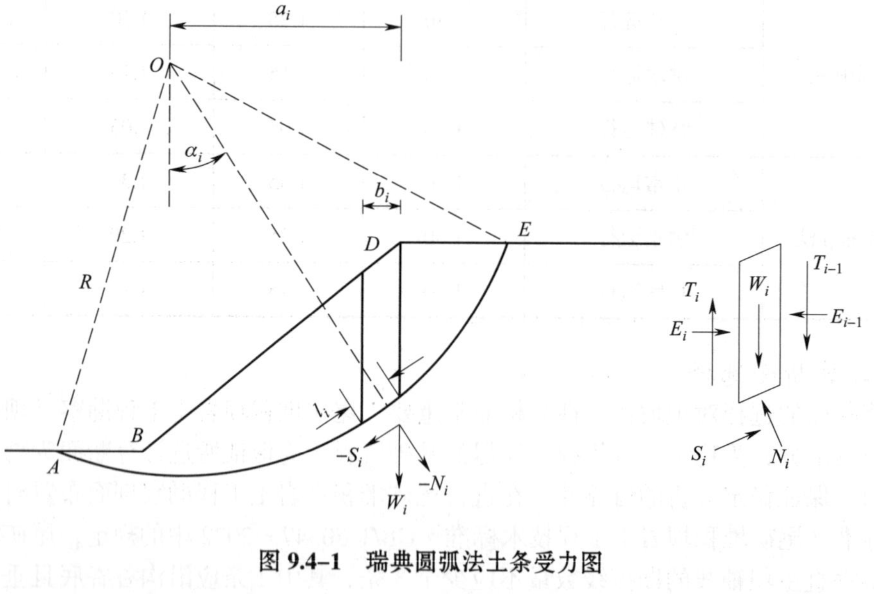

图 9.4-1 瑞典圆弧法土条受力图

根据力平衡条件，可得 $N_i=W_i\cos\alpha_i$，$S_i=W_i\sin\alpha_i$。

于是滑动面上的抗剪强度为：

$$\tau_{fi}=\sigma_i\tan\varphi_i+C_i=\frac{1}{l_i}(N_i\tan\varphi_i+C_il_i)=\frac{1}{l_i}(W_i\cos\alpha_i\ \tan\varphi_i+C_il_i) \tag{9.4-2}$$

其中，l_i 为土条底面的长度，$l_i=b_i/\cos\alpha_i$，b_i 为土条宽度。

可得抗滑力矩：

$$M_{ri}=\tau_{fi}l_iR=(W_i\cos\alpha_i\tan\varphi_i+C_il_i)R \tag{9.4-3}$$

滑动力矩：

$$M_{si}=T_iR=W_i\sin\alpha_i\ R=W_ix \tag{9.4-4}$$

土坡安全系数：

$$K=\frac{\sum M_{ri}}{\sum M_{si}}=\frac{\sum(W_i\cos\alpha_i\ \tan\varphi_i+C_il_i)}{\sum W_i\sin\alpha_i} \tag{9.4-5}$$

由此可见，在最后的计算公式中，圆弧滑动面半径被约掉。对于抗剪强度指标为 C、φ 的均质土坡有滑动力矩：

$$M_{si}=T_iR=W_i\sin\alpha_i\ R=W_ix \tag{9.4-6}$$

土坡安全系数：

$$K=\frac{\sum M_{ri}}{\sum M_{si}}=\frac{\sum(W_i\cos\alpha_i\ \tan\varphi_i+C_il_i)}{\sum W_i\sin\alpha_i} \tag{9.4-7}$$

$$K=\frac{\tan\varphi\sum W_i\cos\alpha_i+CL}{\sum W_i\sin\alpha_i} \tag{9.4-8}$$

式中　L——滑动面长度。

瑞典圆弧法在计算时首先需要确定滑动面，然后确定滑动体，接着对滑动体进行条分。对每根土条按所处土层计算其重量 W_i，土条底面倾角 α_i，土条底面长度 l_i，根据土条底面所在土层确定其强度参数指标，最后利用计算公式计算安全系数，由于事先不知道危险滑动面的位置（实际上这也是边坡稳定分析的关键问题），需要试算多个滑动面。

（2）简化 Bishop 法。

瑞典圆弧法作为条分法计算中的最简单形式在工程中得到广泛应用，但实践表明，该方法计算出的安全系数偏低。实际上土体是一种松散的聚合体，若不考虑土条之间的作用力，肯定无法满足土条的稳定要求，即土条无法自稳。随着边坡稳定分析理论与实践的发展，如何考虑土条间的作用力成为边坡稳定分析的发展方向之一，并形成了一些较为成熟并便于工程应用的分析方法，简化 Bishop 法就是其中代表性的方法之一。

简化 Bishop 法在分析土坡稳定时认为土条之间的作用力不可忽略，土条之间的相互作用力包括土条两侧的竖向剪切力和土条之间的推力。取第 i 根土条进行分析，作用在其上的力如图 9.4-1 所示，在土条受力中不考虑土条之间的竖向剪切力。

根据土条 i 的竖向力平衡条件可得：

$$W_i-X_i+X_{i+1}-S_i\sin\alpha_i-N_i\cos\alpha_i=0 \tag{9.4-9}$$

$$N_i\cos\alpha_i=W_i-(X_i-X_{i+1})-S_i\sin\alpha_i \tag{9.4-10}$$

假定土坡稳定安全系数为 K，土条底面的极限抗剪强度只发挥了一部分，即切向力：

$$S_i=\tau_{fi}l_i=\frac{1}{K}(\sigma_i\tan\varphi_i+C_i)l_i=\frac{1}{K}(N_i\tan\varphi_i+C_il_i) \tag{9.4-11}$$

从而得知：

$$N_i=\frac{W_i-(X_i-X_{i+1})-\frac{1}{K}C_il_i\sin\alpha_i}{\cos\alpha_i+\frac{1}{K}\tan\varphi_i\sin\alpha_i} \tag{9.4-12}$$

于是得出土坡稳定的安全系数：

$$K=\frac{\sum M_{ri}}{\sum M_{si}}=\frac{\sum(N_i\tan\varphi_i+C_il_i)}{\sum W_i\sin\alpha_i}=\frac{\sum\frac{[W_i-(X_i-X_{i+1})]\tan\varphi_i+C_il_i\cos\alpha_i}{\cos\alpha_i+\frac{1}{K}\tan\varphi_i\sin\alpha_i}}{\sum W_i\sin\alpha_i} \tag{9.4-13}$$

若令$m_{\alpha_i}=\cos\alpha_i+\frac{1}{K}\tan\varphi_i\sin\alpha_i$，并忽略土条两侧的剪切力，可得安全系数$K$的新形式为：

$$K=\frac{\frac{\sum W_i\tan\varphi_i+C_il_i\cos\alpha_i}{m_{\alpha_i}}}{\sum W_i\sin\alpha_i} \tag{9.4-14}$$

对于均质土坡，有：

$$K=\frac{\frac{\sum W_i\tan\varphi_i+C_il_i\cos\alpha_i}{m_{\alpha_i}}}{\sum W_i\sin\alpha_i} \tag{9.4-15}$$

与瑞典圆弧法一样，给定滑动面，对滑动体进行条分，确定土条参数（含几何尺寸、物理参数等）。首先假定一个安全系数K_0，代入计算公式得出安全系数K，若K与假设的K_0很相近，说明得出的即为合理的安全系数，若两者差别较大，即用得出的新安全系数再进行计算，又得出另一安全系数，再进行比较，一般经过 3 ~ 4 次循环之后即可求得合理的安全系数。

（3）Janbu 条分法。

瑞典圆弧法和简化 Bishop 法均是基于圆弧滑动面假设而提出的计算公式。为了扩大这两种方法的应用范围，有些学者尝试将其应用于非圆弧滑动面计算中，但缺乏力学意义上的合理性。针对实际工程中常遇到的非圆弧滑动面问题，Janbu 于 1954 年提出了普遍条分法的概念，其主要特点在于：其并不假定土条竖直分界面上剪切力T的大小、分布形式，而是假定土条分界面上推力作用点的位置，认为大致在土条侧面高度的下 1/3 位置处，具体位置的变化与土体强度特性和土条所处位置有关；当黏聚力C=0 时，可取推力E的作用点位于土条侧面高度的下 1/3 位置处；若C>0，则在被动区，位置稍高于 1/3 位置处，主动区则稍低于 1/3 位置处，从而可得推力线分布图。

在 Janbu 条分法中，可以完全考虑土条的力学平衡条件，因此可将其称为普遍条分法，取滑动体中的一个土条进行分析，如图 9.4-2 所示。

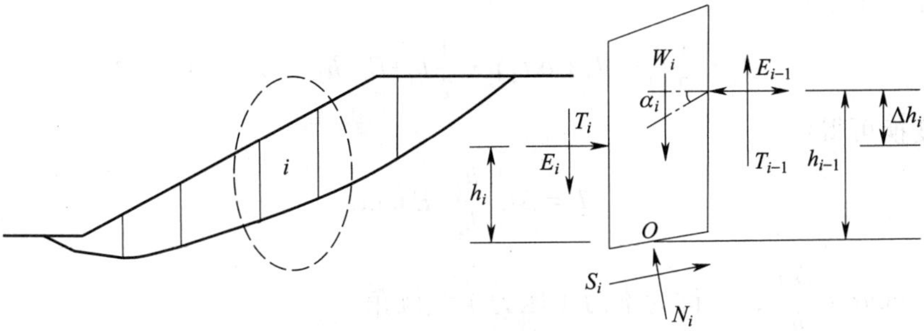

图 9.4–2　Janbu 条分法土条受力图

根据图所示土条，建立土条两个方向的力平衡条件，在土条底面并建立力矩平衡方程。

$$\begin{cases} \sum F_x = 0: E_i - E_{i-1} + N_i \sin\alpha_i - S_i \cos\alpha_i = 0 \\ \sum F_y = 0: W_i + T_i - T_{i-1} - N_i \cos\alpha_i - S_i \sin\alpha_i = 0 \end{cases} \tag{9.4–16}$$

并记：$\Delta E_i = E_{i-1} - E_i$，$\Delta T_i = T_{i-1} - T_i$，于是可得：

$$\Delta E_i = N_i \sin\alpha_i - S_i \cos\alpha_i \tag{9.4–17}$$

$$N_i = (W_i + \Delta T_i)\sec\alpha_i - S_i \tan\alpha_i \tag{9.4–18}$$

从而可得：

$$\Delta E_i = (W_i + \Delta T_i)\tan\alpha_i - S_i \sec\alpha_i \tag{9.4–19}$$

根据 Janbu 条分法的假设，可知：

$$S_i = \frac{1}{K}(N_i \tan\varphi_i + C_i l_i) \tag{9.4–20}$$

从而：

$$S_i = \frac{1}{K}[(W_i + \Delta T_i)\tan\varphi_i + C_i b_i]\frac{1}{m_{\alpha_i}} \tag{9.4–21}$$

其中，$m_{\alpha_i} = \cos\alpha_i + \frac{1}{K}\tan\varphi_i \sin\alpha_i$。

从而有：

$$\Delta E_i = (W_i + \Delta T_i)\tan\alpha_i - \frac{1}{K}[(W_i + \Delta T_i)\tan\varphi_i + C_i b_i]\frac{1}{m_{\alpha_i}\cos\alpha_i} \tag{9.4–22}$$

令$A_i = [(W_i + \Delta T_i)\tan\varphi_i + C_i b_i]\frac{1}{m_{\alpha_i}\cos\alpha_i}$，$B_i = (W_i + \Delta T_i)\tan\alpha_i$。

对整个土坡来说，有$\sum \Delta E_i = 0$，于是有：

$$\mathrm{K} = \frac{\sum A_i}{\sum B_i} \tag{9.4–23}$$

该式中安全系数 K 和土条两侧剪切力的差值 ΔT_i 未知，其中安全系数 K 可以通过迭代方式求得，关键在于确定剪切力 ΔT_i。

取土条底面中心为矩轴进行力矩平衡分析，可知$\sum M = 0$，计算时假设土条重心通过土条底面中点，于是有：

$$T_i \cdot \frac{1}{2}b_i+(T_i+\Delta T_i)\cdot\frac{1}{2}b_i+E_{i-1}h_{i-1}-E_i\,h_i=0 \tag{9.4-24}$$

经过变换可得：

$$T_i=\Delta E_i\,\frac{h_i}{b_i}-E_i\tan\alpha_i \tag{9.4-25}$$

其中，$\tan\alpha_i=\dfrac{\Delta h_i}{b_i}$，$\alpha_i$ 称为推力（压力）线倾角。

上式中 E_i 和 ΔE_i 未知，实际上 ΔE_i 可由 E_i 求出，此时问题归结到求解推力 E_i，由前述可知，E_i 和 T_i 存在互相耦合的关系，在计算时需要解耦。显然水平推力存在明显的规律性，在滑坡入口处和出口处均为 0，在计算时首先假定 T 为 0，计算出安全系数 K 后，然后得出 ΔE_i，从而计算出 ΔT_i，再计算安全系数，该过程只能通过迭代完成。

Janbu 条分法在计算时，首先假设土条间竖向剪切力为 0，此时安全系数计算公式变为：

$$K=\frac{A_i}{B_i}=\frac{\sum\left[(W_i+\Delta T_i)\tan\varphi_i+C_i\,b_i\right]\dfrac{1}{m_{\alpha_i}\cos\alpha_i}}{\sum(W_i+\Delta T_i)\tan\alpha_i} \tag{9.4-26}$$

与简化 Bishop 法公式类似，考虑土条间的竖向剪切力进行计算时，首先用不考虑剪切力时得出的安全系数 K_0。求出 ΔE_i 和 E_i 值（此时 A_i 和 B_i 用不考虑竖向剪切力的情况下得出的值计算），然后求出 ΔT_i 和 T_i 值，并假定一个试算安全系数 K。计算 m_{α_i}（为方便计算，可采用按简化 Bishop 法得出的安全系数），考虑 ΔT_i 影响求得 A_i 和 B_i，从而求得新的安全系数 K_1，若 K_1 和 K_0 相差不大，可停止试算，从而得出最终的安全系数，否则进行下一次迭代。

极限平衡方法没有很好的考虑土体内部应力 - 应变关系，而且工作状态也是虚拟的，所以求出的土体间内力以及滑移面底部反作用力等并不表示土体产生滑移变形时真实存在的力，根据计算结果无法分析破坏发生和发展过程等。

2. 有限元法

目前常用的稳定性分析数值方法主要是有限元法。有限元法是从土体的本构关系出发，求解土体内真实的应力分布，通过计算塑性区开展过程，进行各种工况环境下的边坡稳定性分析。近年来随着计算机技术的不断进步和数值分析方法的发展，边坡稳定性计算的有限元法也不断的发展。有限元法考虑了介质的变形特征，真实地反映了边坡的受力状态。利用有限元法，考虑土体的非线性本构关系，求出每一计算单元的应力及变形，根据不同的强度指标确定破坏区的位置及破坏范围扩展情况，并设法将局部破坏和整体破坏联系起来，求得合适的临界滑裂面的位置，再根据土坡在正常工作状态和整体失稳下土体内力分布状况，确定一个破坏准则，以此来衡量土坡的安全程度，这就完全脱离了极限平衡这个范畴，是土坡稳定性分析的新途径。其优点主要有：①考虑了岩土的应力 - 应变关系，求出每一单元的应力与变形，反映了土体结构真实工作状态。②与极限平衡法相比，不需要进行条间力的简化，土体自始至终处于平衡状态。③不需要像地质力学方法和极限平衡法一样事先假定边坡的滑动面，边坡的变形特性、塑性区形成都根据实际应力应变状态“自然”形成。④若岩土体的初始应力已知，可以模拟构造应力下边坡的受力状态。⑤不但能像极限平衡法一样模拟边坡的整体破坏，还能模拟边坡的局部破坏，把边坡的整体破坏和局部破坏纳入统一体系。

有限元分析中，通常都是根据边坡的位移场、应力场以及塑性区来间接评价边坡稳定性，或利用有限元计算出应力分布后再利用极限平衡法来计算安全系数指标，该法十分繁琐且结果往往难以解释，也很难被工程技术人员所接受，而强度折减法（Shear Strength Reduction Technique）通过有限元法分析获得安全系数，不仅保持了有限元在模拟复杂问题上的优点，而且概念明确、结果直观，在工程中有越来越多的应用。

（1）强度折减法。

强度折减法最早由 Zienkiewicz 等提出并应用于边坡稳定性分析。抗剪强度折减系数定义为：在外荷载保持不变的条件下，边坡内土体所能提供的最大抗剪强度与外荷载在边坡内所产生的实际剪应力之比。这里定义的抗剪强度折减系数，与极限平衡分析中所定义的土坡稳定安全系数在本质上是一致的，它符合滑坡极限分析的两条基本原理——极大和极小值原理。折减后的抗剪强度参数可分别表达为：

$$\begin{cases} C_{\mathrm{m}}=\dfrac{C}{F_{\mathrm{r}}} \\ \varphi_{\mathrm{m}}=\arctan\left(\tan\dfrac{\varphi}{F_{\mathrm{r}}}\right) \end{cases} \tag{9.4-27}$$

式中　C、φ——土体所能提供的抗剪强度；

C_{m}、φ_{m}——维持平衡所需要的或土体实际发挥的抗剪强度；

F_{r}——强度折减系数。

计算中假定不同的强度折减系数 F_{r}，根据折减后的强度参数进行有限元分析，观察计算是否收敛。在整个计算过程中不断增加 F_{r}，达到临界破坏时的强度折减系数 F_{r} 就是边坡的稳定安全系数 F_{s}。目前判断土坡达到临界破坏的评价标准主要有：①以数值计算是否收敛作为评价标准，与有限元的算法无关；②以特征部位的位移拐点作为评价标准；③以是否形成连续的塑性贯通区作为评价标准。

（2）有限元法结合极限平衡法。

有限元法结合极限平衡法的基本思路是通过计算土体连续变形，得出土体内的应力分布，然后再引入圆弧滑动面的概念，验算滑动体的抗滑稳定性。一般采用圆弧法，利用圆弧和有限元单元相交弧长上的应力积分，通过改变圆心和不同半径搜索法确定最小的安全系数。此时滑动面上不同单元处的法向应力 σ'_n 和切向应力 τ'_n 分别为：

$$\begin{cases} \sigma'_n=\dfrac{1}{2}(\sigma_x+\sigma_y)+\dfrac{\sigma_x-\sigma_y}{2}\cos2\beta-\tau_{xy}\sin2\beta \\ \tau'_n=\dfrac{1}{2}(\sigma_x-\sigma_y)\sin2\beta+\tau_{xy}\cos2\beta \end{cases} \tag{9.4-28}$$

式中　σ_x、σ_y、τ_{xy}——坝体填筑到设计高程后的有效应力；

β——相应单元滑动面切向与水平向的夹角。

安全系数为：

$$F_s=\sum(\sigma'_{ni}\times\tan\varphi'_i L_i+C'_i l_i)/\sum\tau_{ni}l_i \tag{9.4-29}$$

式中 C'_i、φ'_i 和 l_i——滑动面上第 i 单元的有效黏聚力、有效内摩擦角和滑动面通过 i 单元的长度。

9.4.3 动力边坡稳定性分析方法

动力稳定性分析方法主要有：拟静力法、Newmark 法、动力有限元法和规范法。拟静力法是工程上常用的方法，它是将边坡受到的地震力用等价的常静力代替，假设地震过程中边坡一直受到水平向加速度的作用，而且作用方向不变。常静力值等于地震系数与土体重量之积，然后按静力方法分析。这一方法没有考虑地震作用过程，不能充分反映土边坡的动力性能，所以拟静力法所表达的地震作用概念不准确。Newmark 法是通过假定滑移面并确定其上的屈服加速度值，然后通过动力分析判定是否产生滑移，并可估计其永久滑移位移。这一方法是刚块模型假定，比较简单，不适用于尾矿坝边坡。有限元法是工程分析中的常用方法，它适用于复杂的地质和地形条件，因此，在土坡的稳定性分析中得到了广泛应用。

1. 拟静力法

拟静力法是传统的土坝地震稳定性分析方法，它是把地震惯性力当作静力作用于坝体上，以此来计算坝体抗滑稳定安全系数的方法，也称为拟静力平衡分析法。在对尾矿坝进行分析时，首先假设剪切破坏面为圆弧面，并将圆弧面上的滑体分成若干个条块，在条块重心处将地震惯性力分为水平及垂直两个方向的惯性力。

考虑地震作用力时坝体的安全系数为：

$$F_s=\frac{\sum\{C_i l_i+[(W_i+Q_{iv})\cos\alpha_i-u_i l_i-Q_{ih}\sin\alpha_i]\tan\varphi_i\}}{\sum\left[(W_i+Q_{iv})\sin\alpha_i+\dfrac{M_c}{R}\right]} \tag{9.4-30}$$

式中 F_s——安全系数；

W_i——存在渗透压力的土条重量，计算过程中取值为：浸润线以上取天然容重，水位以下取浮容重；

Q_{iv}——作用在滑坡上某一土条重心处的水平惯性力；

Q_{ih}——竖向惯性力；

M_c——土条水平惯性力对滑动中心的力矩；

R——滑弧半径。

水平向的地震荷载对边坡安全稳定性的影响比垂直向的地震荷载明显。计算地震对边坡安全稳定性的影响时，利用拟静力法来分析坝体地震作用效应，一般沿构筑物高度方向作用在质点 i 上的水平向地震惯性力代表值应按照下式计算：

$$F_i=\alpha_h\xi G_{Ei}\alpha_i/g \tag{9.4-31}$$

式中 F_i——作用在质点的水平向地震惯性力代表值；

α_h——水平方向设计地震加速度代表值，按表 9.4-3 取值；

ξ——地震作用下的效应折减系数，一般取 0.25；

G_{Ei}——集中在质点的重力作用标准值；

α_i——质点 i 的动态分布系数，按表 9.4–3 和图 9.4–3 取值；

g——重力加速度。

利用拟静力法对坝坡进行抗震计算时，质点 i 的动态分布系数 α_i 应按照图 9.4–3 的中的方法计算。图 9.4–3 中水平方向设计地震加速度 α_h 代表值及最大动态分布系数 α_m 按照表 9.4–3 取值。

表 9.4–3　水平方向设计地震加速度 α_h 代表值和最大动态分布系数 α_m

设计地震烈度	水平方向设计地震加速度代表值	最大动态分布系数
7 度	0.1	3.0
8 度	0.2	2.5
9 度	0.4	2.0

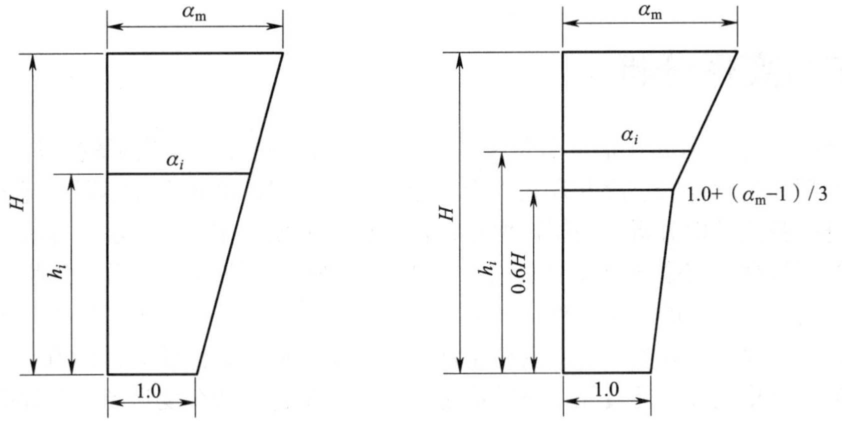

（a）坝高≤40m　　（b）坝高>40m

图 9.4–3　质点动态分布系数

2. 有限元法

进行边坡地震稳定性动安全系数分析时，首先要做边坡地震反应分析（包括静力和动力非线性反应分析），得到潜在滑动带内滑动单元的初始应力和动应力时程，然后计算滑坡体的动力安全系数，最后根据评价指标进行边坡稳定性分析。

边坡的动力安全系数计算是在地震反应分析的基础上进行的。若用 $F(t)$ 表示边坡的安全系数，则其表达式为：

$$F(t)=\frac{\int\tau_f(t)\,\mathrm{d}A}{\int\tau(t)\,\mathrm{d}A} \tag{9.4–32}$$

其中，$\tau_f(t)$、$\tau(t)$ 分别为滑动面上一点在 t 时刻的抗滑力和下滑力，用数值方法计算时，须对计算区域进行离散化，式（9.4–32）可以写成：

$$F(t)=\frac{\sum\{C_i+[\sigma_{si}+\sigma_{di}(t)]\tan\varphi_i\}A_i}{\sum[\tau_{si}+\tau_{di}(t)]A_i} \tag{9.4-33}$$

式中 C_i、φ_i——第 i 种岩土体的黏聚力和内摩擦角；

A_i——离散的潜在滑动面面积；

σ_{si}、τ_{si}——重力作用下的正应力和剪应力，用静力有限元计算；

$\sigma_{di}(t)$、$\tau_{di}(t)$——地震作用下 t 时刻的附加正应力和附加剪应力，用动力有限元计算。

动力安全系数法明确地表达了潜在滑动面安全系数随时间的变化关系，为边坡动力稳定性判别奠定了基础。一般按照面积相等原则初步提出动力安全系数的评价方法，即：

$$F=\frac{1}{T}\int_0^T F(t)\,\mathrm{d}t \tag{9.4-34}$$

其中，T 为动力持续时间，$F(t)$ 为动力安全系数。

3. 规范法

尾矿坝的地震稳定性分析中，可根据国家标准《构筑物抗震设计规范》GB 50191—2012 进行尾矿坝抗滑移安全系数的计算。

9.5 应力变形分析

近年来，土体应力和变形的数值模拟分析有了很大进步，积累了较丰富的经验和资料，利用大型商用软件的二次开发和岩土专业软件，对尾矿堆积坝在不同工况下的应力场和变形场进行数值模拟分析，为尾矿库建设提供科学依据。尾矿坝的静力分析要充分反映出尾矿坝筑坝过程中安全稳定性的演化规律，通过数值模拟的方法，分析筑坝过程中应力场、变形场和应力水平的变化特性，为工程实际的设计运行提供依据。尾矿库闭库后，尾矿的蠕变特性或浸润线改变都会对其稳定性产生影响，通过数值计算，模拟发生这些状况时尾矿库的安全稳定性。地震作用下的稳定性分析结果包括残余变形场、有效应力场、孔压比、液化区域和塑性区范围。其中残余变形主要是评价地震后坝顶变形与否、坝体发生漫顶或干滩长度不满足最小干滩长度要求对坝坡安全稳定的影响；有效应力场分布决定了坝坡的安全稳定性，其直接用于计算整个地震过程中的安全系数变化；孔压比分布场可反映坝坡和坝基发生液化破坏的可能性。液化区分布特性为工程设计和运行提供坝坡马道宽度和干滩长度的指标，塑性区的范围反映了地震过程中坝体和坝基变形持续增加的范围，为尾矿坝的安全稳定性评价提供依据。

9.5.1 应力应变数值分析中的基本问题

1. 边界条件

尾矿坝静动力数值分析中，边界条件有位移边界条件和孔隙水压力边界条件。位移边界条件分为四种形式：①完全约束条件，即位移等于零；②在一定的约束条件下，结点位移等于某一已知值；③没有约束条件，结点可以产生自由位移；④介于完全约束和没有约束，处于半约束条件。相对于位移边界条件，孔隙水压力边界条件也分为四种形式：①完全透水的边界条件，结点的孔隙水压力等于零，例如处于坝坡和坝顶的坝体浸润面及浸润面以上的结点；②结点的孔隙水压力等于某一已知值，如库中自由水面以下坝体的结点，结点位移等于某一已知值；③完全不透水边界条件，例如坝体底部的岩石地层界面上的结点；④介于完全透水和完全不透水，称为半透水边界。

在分析尾矿坝的地震稳定性时，边界条件可选取黏滞边界条件。黏滞边界条件通过在边界的法线方向和水平方向设置独立的粘壶得以实现，以便吸收来自模型内部的入射波。法向黏滞力和剪切黏滞力的计算式为：

$$f_n = -\rho C_{\rm P} v_n \tag{9.5-1}$$

$$f_s = -\rho C_{\rm S} v_s \tag{9.5-2}$$

式中　v_n、v_s——边界上的法向和切向速度分量；

ρ——材料密度；

$C_{\rm P}$——介质的 P 波波速；

$C_{\rm S}$——介质的 S 波波速。

2. 地震波的确定

目前在数值模拟中，地震波的获取主要来源于场地实测或者采用类似场地的地震记录，但是在一些地区，地震记录资料比较缺乏，所以可以采用人工合成的方式获得地震波，一般根据《水工建筑物抗震设计标准》GB 51247—2018 和《中国地震动参数区划图》GB 18306—2015 来确定地震强度幅值，地震震动持续时间与相应的震级 M 大小有关，地震持续时间可由下式估算得到：

$$t_{\rm d} = 11.5M - 53 \tag{9.5-3}$$

式中　$t_{\rm d}$——地震持续时间；

M——震级。

3. 数值计算采用的本构模型

尾矿堆积坝应力和变形的静力数值计算中采用较多的本构模型有：非线性弹性、弹塑性、粘弹－塑性模型，最常用的非线性弹性模型是邓肯－张等人提出的非线性弹性（E–B）模型，弹塑性模型主要是沈珠江提出的双屈服面弹塑性模型，非线性弹性修正的 K–G 模型。

其中静力计算中广泛应用的邓肯－张（E–B）模型采用切线弹性模量 $E_{\rm t}$ 和体积模量 B 来描述土体的应力应变关系，相应的弹性矩阵［D］形式如下：

$$[D] = \frac{3B}{9B-E_{\rm t}} \begin{bmatrix} 3B+E_{\rm t} & 3B-E_{\rm t} & 3B-E_{\rm t} & 0 & 0 & 0 \\ 3B-E_{\rm t} & 3B+E_{\rm t} & 3B-E_{\rm t} & 0 & 0 & 0 \\ 3B-E_{\rm t} & 3B-E_{\rm t} & 3B+E_{\rm t} & 0 & 0 & 0 \\ 0 & 0 & 0 & E_{\rm t} & 0 & 0 \\ 0 & 0 & 0 & 0 & E_{\rm t} & 0 \\ 0 & 0 & 0 & 0 & 0 & E_{\rm t} \end{bmatrix} \tag{9.5-4}$$

确定 $E_{\rm t}$ 和 B 的主要公式如下：

$$E_{\rm t} = KP_{\rm a}\left(\frac{\sigma_3}{P_{\rm a}}\right)^n (1-R_{\rm f}S_{\rm L})^2 \tag{9.5-5}$$

$$B=K_b P_a\left(\frac{\sigma_3}{P_a}\right)^m \tag{9.5-6}$$

$$E_{ur}=K_{ur} P_a\left(\frac{\sigma_3}{P_a}\right)n \tag{9.5-7}$$

其中，K_{ur} 为体积回弹系数，P_a 为标准大气压力，S_L 为应力水平，R_f 为破坏比。其中：

$$S_L=\frac{(1-\sin\varphi')(\sigma_1-\sigma_3)}{2C'\cdot\cos\varphi'+2\sigma_3\cdot\sin\varphi'} \tag{9.5-8}$$

$$R_f=\frac{(\sigma_1-\sigma_3)_f}{(\sigma_1-\sigma_3)_{ult}} \tag{9.5-9}$$

将式（9.5–8）和式（9.5–9）代入式（9.5–5），可以得到不同应力水平的切线模量 E_t：

$$E_t=\left[1-\frac{R_f(1-\sin\varphi')(\sigma_1-\sigma_3)}{2C'\cos\phi'+2\sigma_3\sin\varphi'}\right]^2 KP_a\left(\frac{\sigma_3}{P_a}\right)^n \tag{9.5-10}$$

由上述可见，E–B 模型共有 8 个参数：C' 、φ' 、K，K_{ur}、n、R_f、K_b、m，这些参数可由固结排水（CD）试验确定。

为了定义加卸荷判别准则，引入应力状态函数 $SS=S_l\cdot(\sigma_3/P_a)^{\frac{1}{4}}$，如果将土在历史上曾经受到的最大 SS 值记为 SS_m，按如下方法来判断加卸荷状态并计算土的实际切线弹性模量 E_t'：

（1）当 $SS\geqslant SS_m$ 时，为加荷，取 $E_t'=E_t$；

（2）当 $SS\leqslant 0.75\,SS_m$ 时，为卸荷，取 $E_t'=E_{ur}$；

（3）当 $SS_m>SS>0.75\,SS_m$ 时，为加荷，E_t' 按下式计算：

$$E_t'=E_t+\frac{SS_m-SS}{0.25SS_m}(E_{ur}-E_t) \tag{9.5-11}$$

地震反应分析中一般采用等效粘弹性模型，为了计算地震过程中的残余变形和残余孔压，还需要配备残余变形模型和孔压模型。其中等效粘弹性模型的表达式如下：

$$G_d=\frac{k_2 p_a(\sigma_m/p_a)^{1/2}}{1+k_1\gamma_c} \tag{9.5-12}$$

$$\lambda/\lambda_{max}=\frac{k_1\gamma_c}{1+k_1\gamma_c} \tag{9.5-13}$$

其中：

$$\gamma_c=\frac{\gamma_d^{3/4}}{\sigma_m^{1/2}} \tag{9.5-14}$$

$$N_e=\frac{\xi}{\gamma_d} \tag{9.5-15}$$

$$\Delta N_e=\frac{\Delta\xi}{\overline{\gamma}_d} \tag{9.5-16}$$

式中 G_d——动剪切模量；

λ——阻尼比；

γ_c——修正的动剪应变幅值；

γ_d——动剪应变；

σ_m——有效平均应力；

N_e——有效荷载次数；

ΔN_e——有效荷载次数增量；

ξ——剪应变累加值，$\xi=\sum|\Delta\gamma|$，其中 $\Delta\gamma$ 为振动 ΔN_e 次产生的剪应变；

$\Delta\xi$——Δt 时间段内的剪应变累加值；

$\bar{\gamma}_d$——某一时段 Δt 内的平均剪应变幅值，$\bar{\gamma}_d=0.65(\gamma_d)_{max}$。

4. 阻尼的确定

目前主要阻尼形式有瑞利阻尼、局部阻尼和滞后阻尼。经过实践验证，瑞利阻尼与实际动力状态及加速度响应规律相符，一般选用瑞利阻尼对尾矿坝进行动力计算研究。

在计算时需要假设动力方程中的阻尼矩阵 $[C]$ 与刚度矩阵 $[K]$ 和质量矩阵 $[M]$ 有关，表式为：

$$[C]=\alpha[M]+\beta[K] \tag{9.5-17}$$

其中，α、β 为阻尼常数，其计算方式由下式求得：

$$\begin{cases}\alpha=\xi_{min}\cdot\omega_{min}\\ \beta=\xi_{min}/\omega_{min}\end{cases} \tag{9.5-18}$$

其中，ξ_{min}、ω_{min} 分别表示最小临界阻尼比和最小中心频率。

5. 动孔压模型

土的等效粘弹性模型无法反映土体动力作用下的孔隙水压力变化，为了计算动力作用下孔隙水压力增长直至土体液化过程中的孔隙水压力变化，需建立一个动孔压模型，该动孔压模型与土体动力作用下产生的残余变形相关，一般用土的回弹模量乘以残余体积应变增量获得孔隙水压力增量。

在不排水条件下，孔隙水压力增量 Δu 的表达式为：

$$\Delta u=\bar{E}_r\Delta\varepsilon_{vd} \tag{9.5-19}$$

其中，$\bar{E}_r$为尾矿土的回弹模量，$\Delta\varepsilon_{vd}$ 为塑性体积应变增量。回弹模量$\bar{E}_r$的表达式为：

$$\bar{E}_r=\frac{(\sigma'_v)^{1-m}}{mk_2(\sigma'_{v0})^{n-m}} \tag{9.5-20}$$

式中　σ_v'——土体有效应力；

m、n、k_2——常数。

动力作用下残余体积应变增量 $\Delta\varepsilon_{vd}$ 由 Finn 模型或 Byme 模型计算：

（1）Finn 模型。

该模型是 Martin 根据试验研究提出来的，表明循环剪应变幅值与残余体积应变之间的关系和固结压力无关，$\Delta\varepsilon_{vd}$ 是总体积应变 ε_{vd} 和剪应变 γ 的函数：

$$\Delta\varepsilon_{vd}=C_1(\gamma-C_2\varepsilon_{vd})+\frac{C_3\varepsilon_{wd}^2}{\gamma+C_4\varepsilon_{vd}} \tag{9.5-21}$$

其中，C_1、C_2、C_3 和 C_4 为模型常数，其最佳取值为：$C_1=0.80$、$C_2=0.79$、$C_3=0.45$、$C_4=0.73$。

（2）Byme 模型。

该模型是 Byme 于 1991 所提出，是 Finn 模型的简化形式，其 $\Delta\varepsilon_{vd}$ 的表达式为：

$$\frac{\Delta\varepsilon_{vd}}{\gamma}=C_1\exp\left(-C_2\frac{\varepsilon_{vd}}{\gamma}\right) \tag{9.5-22}$$

其中，C_1 和 C_2 为试验参数，两者存在如下关系：

$$C_2=\frac{0.4}{C_1} \tag{9.5-23}$$

试验参数 C_1 与砂土的相对密度 D_r 和标准贯入锤击数 N 有关：

$$C_1=7\,600\ (D_r)^{-2.5} \tag{9.5-24}$$

或者：

$$C_1=8.7\,N^{-1.25} \tag{9.5-25}$$

其中，$D_r=15\,N^{1/2}$。

PL-Finn 模型可用来计算土体液化后的应力状态。砂土液化后会存在两种不同的应力状态，即零有效应力状态和非零有效应力状态，对于零有效应力状态，可以用幂函数表达其剪应力和剪应变率的关系：

$$q_0=k_0\dot{\varepsilon}_0^{\,n_0} \tag{9.5-26}$$

式中 q_0——零有效应力状态下的广义剪应力；

$\dot{\varepsilon}_0$——零有效应力状态下的应变率；

k_0、n_0——拟合参数。

在非零有效应力状态下，由试验可得在一定应变速率下，可以得出其表观动力黏度和超孔压比之间的关系：

$$\log\left(\frac{q_1}{\dot{\varepsilon}_1}\right)=k_1\ (1-r_u)^{n_1} \tag{9.5-27}$$

式中 q_1——非零有效应力状态下的广义剪应力；

$\dot{\varepsilon}_1$——非零有效应力状态下的应变率；

r_u——超孔压比；

k_1、n_1——拟合参数。

6. 残余变形分析

尾矿坝体各单元在地震力作用下，会产生残余应变势，其结果通过动三轴试验得到。尾矿材料的残余应变势可采用沈珠江模型：

$$\Delta\varepsilon_v=C_1\ (\gamma_d)^{C_2}\exp(-C_3S_1^2)\frac{\Delta N_e}{1+N_e} \tag{9.5-28}$$

$$\Delta\gamma=C_4\ (\gamma_d)^{C_5}S_1^2\,\frac{\Delta N_e}{1+N_e} \tag{9.5-29}$$

式中 $\Delta\varepsilon_v$、$\Delta\gamma$——动力残余体积应变增量和残余剪切应变增量；

N_e、ΔN_e——总振动次数及其时段增量；

C_1、C_2、C_3、C_4 和 C_5——5 个试验参数。

9.5.2 地震反应计算程序

当地震反应采用等效粘弹性模型及循环荷载作用下砂土变形的平均过程理论时，计算方法如下：

一个由弹簧和阻尼器支持的质点运动方程式可表示为下列二阶常微分方程：

$$m\ddot{u}+\eta\dot{u}+ku=f \tag{9.5-30}$$

式中　u、$\dot{u}$ 和 $\ddot{u}$——质点的位移、速度和加速度；

k——弹簧系数；

η——黏滞系数；

m——质量；

f——外力。

对于连续介质，考虑黏滞项以后，方程为：

$$[M]\{\ddot{u}\}+[C]\{\dot{u}\}+[K]\{u\}=\{F\} \tag{9.5-31}$$

其中，$[M]$、$[C]$ 和 $[K]$ 分别表示质量矩阵、阻尼矩阵和劲度矩阵。用有限元离散后，质量矩阵 $[M]$ 和劲度矩阵 $[K]$ 的一般表达式如下：

$$[M]=\int_{\Omega}[N]^{T}\rho[N]\mathrm{d}\Omega \tag{9.5-32}$$

$$[K]=\int_{\Omega}[B]^{T}[D][B]\mathrm{d}\Omega \tag{9.5-33}$$

其中，$[B]=[L][N]$ 的 $[L]$ 矩阵形式为：

$$[L]=\begin{bmatrix} \frac{\partial}{\partial x} & 0 & 0 & \frac{\partial}{\partial y} & 0 & \frac{\partial}{\partial z} \\ 0 & \frac{\partial}{\partial y} & 0 & \frac{\partial}{\partial x} & \frac{\partial}{\partial z} & 0 \\ 0 & 0 & \frac{\partial}{\partial z} & 0 & \frac{\partial}{\partial y} & \frac{\partial}{\partial x} \end{bmatrix} \tag{9.5-34}$$

阻尼矩阵 [C] 常按照 Rayleigh 理论由两部分组成，一部分与单元的应变速率成正比，另一部分则与结点的变位速率成正比，表达式为：

$$[C]=\sum_{e=1}^{Ne}\left(\lambda\omega[M]^{e}+\frac{\lambda}{\omega}[K]^{e}\right) \tag{9.5-35}$$

式中　Ne——单元数；

$[M]^{e}$、$[K]^{e}$——各单元的质量和劲度矩阵；

λ——阻尼比；

ω——振动体系的圆频率，一般取第一圆频率 ω_1。

在地震荷载下，设 $\{\ddot{u}_0\}$ 为基岩传入的地震波加速度，则荷载项可以写为：

$$\{F\}=-[M]\{\ddot{u}_0\} \tag{9.5-36}$$

式（9.5-31）可以用积分法求解。设 $\{u\}_n$ 和 $\{\dot{u}\}_n$ 为某一时段 δt 开始时的结点位移和速度，时段结束时的相应值可由下式积分：

$$\{\dot{u}\}_{n+1}=\{\dot{u}\}_{n}+\int_{0}^{\delta t}\{\ddot{u}\}\mathrm{d}t \tag{9.5-37}$$

$$\{u\}_{n+1}=\{u\}_{n}+\int_{0}^{\delta t}\{\dot{u}\}\mathrm{d}t \tag{9.5-38}$$

设 $\{\ddot{u}\}$ 在 δt 时段内线性变化，上式积分后可得：

$$\{\dot{u}\}_{n+1}=\{\dot{u}\}_n+\frac{1}{2}\delta t\{\ddot{u}\}_n+\frac{1}{2}\delta t\{\ddot{u}\}_{n+1} \tag{9.5-39}$$

$$\{u\}_{n+1}=\{u\}_n+\delta t^2\{\dot{u}\}_n+\frac{1}{3}\delta t^2\{\ddot{u}\}_n+\frac{1}{6}\delta t^2\{\ddot{u}\}_{n+1} \tag{9.5-40}$$

由上式可以解出：

$$\{\ddot{u}\}_{n+1}=\frac{6}{\delta t^2}\{u\}_{n+1}-\{A\}_n \tag{9.5-41}$$

$$\{\dot{u}\}_{n+1}=\frac{3}{\delta t}\{u\}_{n+1}-\{B\}_n \tag{9.5-42}$$

其中，$\{A\}_n=\frac{6}{\delta t^2}\{u\}_n+\frac{6}{\delta t}\{\dot{u}\}_n+2\{\ddot{u}\}_n$，$\{B\}_n=\frac{1}{\delta t}\{u\}_n+2\{\dot{u}\}_n+\frac{1}{2}\delta t\{\ddot{u}\}_n$。

把式（9.5–41）和式（9.5–42）代入式（9.5–31）可得：

$$[\bar{K}]\{u\}_{n+1}=\{\bar{F}\} \tag{9.5-43}$$

其中，$[\bar{K}]=[K]+\frac{3}{\delta t}[C]+\frac{6}{\delta t^2}[M]$、$[\bar{F}]=[F]+[M]\{A\}_n+[C]\{B\}_n$，即为常规的代数方程组，解出 $\{u\}_{n+1}$ 后代回到式（9.5–41）和式（9.5–42）中，即可得出时段末的 $\{\ddot{u}\}_{n+1}$ 和 $\{\dot{u}\}_{n+1}$。但以上解法为有条件稳定，为了达到无条件稳定，Wilson 把时段 δt 延长为 $h=\theta\cdot\delta t$，按照上述方法解出延长后 h 时段末的 $\{\ddot{u}\}_h$，然后从 $\{\ddot{u}\}_h$ 和 $\{\ddot{u}\}_n$ 内插得到 $\{\ddot{u}\}_{n+1}$：

$$\{\ddot{u}\}_{n+1}=\{\ddot{u}\}_n+\frac{1}{\theta}(\{\ddot{u}\}_h-\{\ddot{u}\}_n) \tag{9.5-44}$$

计算过程中 θ 应大于 1.37，常取 $\theta=1.4$

具体计算过程如下：

（1）先进行震前静力分析，并根据静应力分布按式（9.5–45）算出各单元初始动剪切模量 G_{d0}，各单元的初始阻尼比 λ 假定为 0.05，并估计一个主频 ω_1 初值。

$$G_{d0}=k_2P_a\left(\frac{\sigma_m}{P_a}\right)^{1/2}(OCR)^{k_1} \tag{9.5-45}$$

式中 k_1、k_2——经验常数。

（2）把整个地震过程分成 10 个左右的时段 Δt，每个 Δt 再分成 50 ~ 100 个 δt，按照 Wilson-θ 法进行数值积分。

（3）从每一时段的动力分析结果可以得出每一时段峰值动应变 $(\gamma_d)_{max}$ 和最大阻尼比 λ_{max}，取 $\gamma_d=0.65(\gamma_d)_{max}$，按照式（9.5–46）和式（9.5–47）计算下一迭代过程中单元的动剪切模量 G_d 和阻尼比 λ。

$$G_d=\frac{k_2P_a\left(\frac{\sigma_m}{P_a}\right)^{\frac{1}{2}}}{1+k_1\gamma_d} \tag{9.5-46}$$

$$\lambda=\lambda_{max}\frac{k_2\gamma_d}{1+k_1\gamma_d} \tag{9.5-47}$$

（4）按照新的 G_d 和 λ 重新进行数值积分，一般这个过程要迭代 2 ~ 3 次。

（5）按照式$N_e=\dfrac{\xi}{\gamma_d}$和式$\Delta N_e=\dfrac{\xi}{\gamma_d}$计算该 Δt 内的有效振动次数 N_e 和 ΔN_e，并代入式（9.5–28）和式（9.5–29）计算 $\Delta\varepsilon_v$ 和 $\Delta\gamma$ 或按照式（9.5–19）计算 Δu。

（6）把 $\Delta\varepsilon_v$ 和 $\Delta\gamma$ 作为初应变，或把 Δu 作为初应力，按照 Biot 固结理论进行静力计算，得出 Δt 时段内残余变形和残余孔隙压力的增长。

（7）如此一个时段接着一个时段进行，直到地震结束。

（8）地震结束后再按照 Biot 固结理论进行静力分析以模拟孔隙压力消散过程。

9.5.3　尾矿坝动力反应过程分析方法

如果将上述某个环节采用的某种简化处理或某种特定土性模型、准则均作为不同的方法，那么尾矿动力反应过程分析方法就有很多。从计算体系（动力反应计算与动力固结计算相分离还是耦合）、计算前提（总应力法还是有效应力法、考虑消散还是不考虑消散、孔压长消分离还是长消耦合、要孔压模型还是不要孔压模型）、迭代计算（时程迭代计算、时段迭代计算、时步迭代计算）、计算目的（只确定液化区还是确定应力场、应变场、孔压场的时程变化）上的差异来区分不同的方法，现有的动力反应过程分析方法可以大致归纳为以下几种：

（1）总应力的液化分析法。

先计算静应力场（常采用邓肯 – 张本构模型），再将地震视为垂直向上传递的水平剪切波，并将全时程等效为一定幅值（地震最大加速度幅值的 65%）、一定振次（与地震震级相联系）的等幅循环荷载，由土体基岩边界输入，并由采用的初始模量和阻尼比分时步开始动力反应计算，在全时程内按平均动剪应变（各时步最大值的 65%）下对应的动模量和阻尼比进行迭代，至每次迭代采用的初始值和计算值间满足容许的相对误差时，得到地震全程引起的平均剪应变场和平均动剪应力场。然后，将此动剪应力场与静应力场和动三轴试验计算得出的抗液化剪应力（对应于地震的等效振次）场进行比较，最后将前者大于后者的单元作为液化单元，由它们定出液化区的范围（对每次迭代中出现的液化单元，继续迭代计算时应取接近于零的模量）。有时，为了得到液化发展的过程，也可不对动力过程做等效处理，选定一个地震波输入，并将其分为若干个时段，将地震全时程对应的等效振次分配给各个时段，得到各时段的等效振次，在各时段内按时步计算的基础上进行迭代，并对比各时段内的地震剪应力和抗液化剪应力，从而得到动力全过程中各时段液化的发展特性。

（2）无孔压消散的有效应力分析法。

先采用实际选定的地震不规则波，将地震时程划分为几个时段，再依次在各个时段内按时步计算得到平均动应变对应的模量和规定的检验标准进行迭代，得到时段末的平均动剪应变场和平均动剪应力场。再取用一个孔压模型，按时段的等效振次和平均动剪应变场，或平均动剪应力场计算出时段末的孔隙水压力（由计算时段以前各时段孔隙水压力的增量累计而成）和有效应力。一方面，可用此有效应力修正迭代完成时的模量并将其作为下一个时段内计算的初始值。另一方面，用此孔隙水压力按孔压等于固结围压的液化准则确定液化单元，该单元在下一个时段计算时取接近于零的模量值。上述计算步骤重复进行，直至地震结束为止。

（3）孔压先长后消的有效应力分析法。

如果用无孔压消散的有效应力分析法得到时段末的孔隙水压力（由计算时段以前各时段孔隙水压力的增量累计而成）和有效应力后，将此孔隙水压力作为本时段的初始孔压，用土体静力固结理论计算孔压的消散，得到时段末的孔隙水压力，并将其作为下一个时段内计算的初始（残余）孔压，它与下一时段计算的新增孔压一起参与静力固结消散，如此计算到地震结束，则可以得到以孔压长消过程，即先增长（动力下）后消散（静力下）为基础的有效应力分析法。此时，可用消散得到孔压对应的有效应力来修正模量作为下一个时段内计算的初始值，也可用消散得到的孔压来判断时段末发生液化的可能性。

9.5.4 尾矿坝动力稳定性研究及液化判别

尾矿坝在受到动力作用时，坝体内的饱和砂土、粉土将受到反复剪切和振动，土体会发生变形，坝体内的砂土颗粒重新排列，导致土体压密、孔隙变小，颗粒之间的作用力发生转移，一部分由孔隙内的水来承担，使孔隙中孔隙水压力增大，从而使土体中的有效应力减小，随着孔隙水压力的增大，有效应力越来越小，逐渐变为0时，土体的抗剪强度就会丧失，此时饱和砂土、粉土就会发生液化，将会影响尾矿坝的稳定性，可能带来严重的溃坝危险。因而需要对尾矿坝的动力稳定性进行评价，防止灾害发生。

目前常用的液化判别方法主要有抗液化剪应力法、循环应变法、剪切波速法、临界孔隙比法、标准贯入锤击数法和振动稳定密度法等。根据有效应力原理可知，当有效应力值为0时，饱和砂土将会发生液化，即发生液化的条件为超孔隙水压力大于或等于此时的有效应力。

尾矿坝坝体液化的判别可根据国家标准《构筑物抗震设计规范》GB 50191—2012第23.2.6条的规定，依据剪应力比、孔压比、超孔压比和动剪应力来判别坝体液化区域。在数值模拟计算中多采用孔压比或超孔压比的概念来描述砂土的液化。超孔压比的定义为：

$$r_u = 1 - \frac{\sigma'_{\mathrm{m}}}{\sigma'_{\mathrm{m0}}} \tag{9.5–48}$$

式中　σ'_{m}——动力计算过程中的有效应力；

σ'_{m0}——动力计算前的有效应力。

液化或破坏的检验应根据任一点算得的动剪应力时程曲线，找出峰值，将峰值动剪应力的65%作为地震应力的等效应力，即$\bar{\tau}_{\mathrm{d}} = 0.65\tau_{\mathrm{dmax}}$，将此地震等效剪应力$\bar{\tau}_{\mathrm{d}}$和相同初始静应力状态（初始剪应力比$\tau_0/\sigma_0$，初始有效主应力$\sigma'_3/\sigma'_1$）下往返荷载作用$\bar{N}$次（称为等效循环次数）引起的液化或破坏（破坏标准可为不同的应变标准或孔压标准）剪应力$(\tau_{\mathrm{dl}})_{\bar{N}}$和$(\tau_{\mathrm{df}})_{\bar{N}}$作对比，如符合式（9.5–49）则满足要求，否则在该点可能发生液化或破坏。由一系列液化或破坏点所形成的区域为不稳定区（液化区或破坏区）。

$$(\tau_{\mathrm{dl}})_{\bar{N}} > \bar{\tau}_{\mathrm{d}} \text{ 或 } (\tau_{\mathrm{df}})_{\bar{N}} > \bar{\tau}_{\mathrm{d}} \tag{9.5–49}$$

某矿业有限责任公司晒裙岭沟尾矿库为山谷型尾矿库，采用上游式堆存。设计总坝高 140.0m，设计全库容为 1 561.4 万 m^3，有效库容为 1 327.2 万 m^3。初期坝为透水碾压堆石坝，设计坝高为 40.0m，坝顶标高 950.0m，坝基标高 910.0m，坝顶宽度为 5.0m，坝顶长度约 120.89m，坝底宽度约 163.90m；初期坝下游坝面 935.0m 和 920.0m 高程处分别设置 2.0m 宽的马道；上游坝坡坡比为 1∶1.6，下游马道之间的坝坡坡比为 1∶2.0，包括马道在内的平均下游坝坡为 1∶2.13。后期堆积坝堆积高度为 100.0m，最终堆积坝顶高程为 1 050.0m，最终坝顶宽度为 10.0m；堆积坝下游坡每隔 10.0m 高差设一级马道，马道宽 5.0m。

1. 计算模型及尾矿坝材料参数

根据实际测绘的晒裙岭沟尾矿库平面布置图生成三维模型，见图 9.5–1 ~ 图 9.5–3，对模型地层进行概化处理，并采用六面体单元对三维实体模型进行有限元离散分析，生成有限元网格图，见图 9.5–4。其中模型在上、下游端部为侧向约束，左、右侧及底部为全约束。

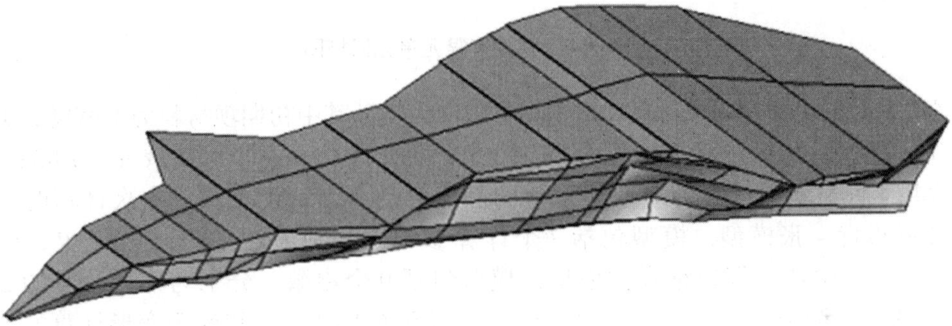

图 9.5–1　实体模型图

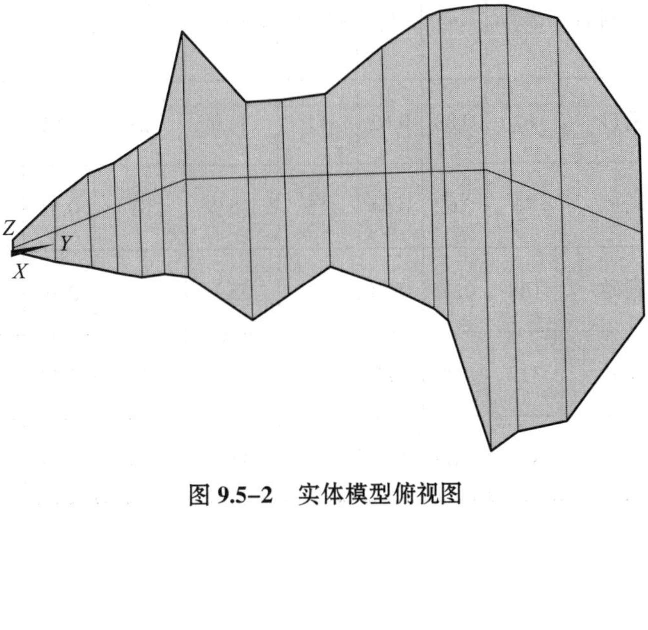

图 9.5–2　实体模型俯视图

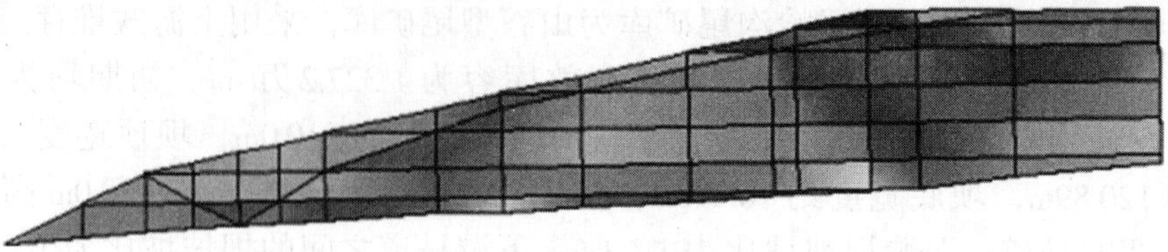

图 9.5-3 实体模型侧视图

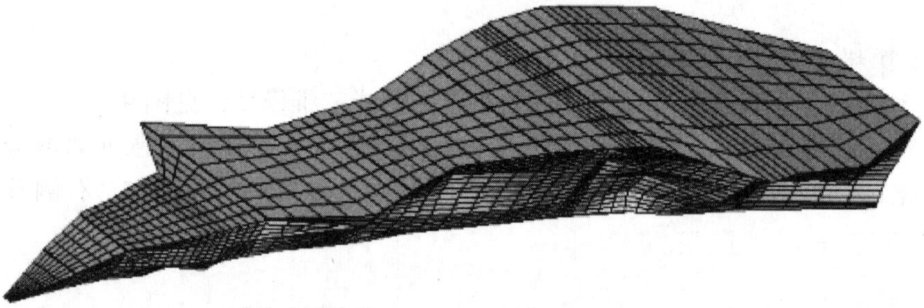

图 9.5-4 模型有限元单元网格图

尾矿坝材料包括初期坝材料和堆积坝材料两大类，其中初期坝材料为干密度 2.20g/cm^3 的块石，堆积坝材料包括干密度分别为 1.55g/cm^3、1.65g/cm^3、1.75g/cm^3、1.85g/cm^3 的尾粉砂共 4 种材料，计算前应取得材料的静力、动力学特性参数。本次计算时，静力计算采用邓肯－张模型，模型包括 7 个计算参数，分别为 C'，φ'，K，n，R_f，K_b，m；动力计算采用沈珠江等效粘弹性模型，模型包括 9 个参数，分别为模量计算的 2 个参数（K_1、K_2）、阻尼计算的 1 个参数（λ_{max}）、动泊松比（μ_d）和残余变形计算的 5 个参数（C_1、C_2、C_3、C_4、C_5）。静力分析和动力分析的计算参数各材料的渗透系数分别见表 9.5-1 ~ 表 9.5-3。

表 9.5-1 材料的静力特性计算参数

从下向上分层编号		坝体材料名	K/kPa	n	R_f	C'/kPa	φ'/（°）	K_b/kPa	m	γ/（kN/m^3）	γ_{sat}/（kN/m^3）
堆积坝	6、7	尾粉砂	62	0.83	0.62	11	34.9	27	0.87	17.8	20.8
	4、5	尾粉砂	73	0.62	0.64	15	35.2	31	0.51	18.9	21.2
	2、3	尾粉砂	168	0.32	0.78	13	35.3	48	0.46	19.1	21.3
	1	尾粉砂	317	0.28	0.87	9	36.9	50	0.44	20.0	21.8
初期坝		碾压堆石	800	0.60	0.65	0	34.0	80	0.42	21.1	22.9

表 9.5-2　材料的动力特性计算参数

从下向上分层编号		坝体材料名	K_2	λ_{max}	μ_d	K_1	C_1	C_2	C_3	C_4	C_5
堆积坝	6、7	尾粉砂	405	0.16	0.5	7.7	0.002	0.75	1.2	0.8	1
	4、5	尾粉砂	455	0.16	0.5	7.7	0.002	0.75	1.2	0.8	1
	2、3	尾粉砂	625	0.17	0.5	8.2	0.002	0.75	1.2	0.8	1
	1	尾粉砂	658	0.19	0.5	8.0	0.002	0.75	1.3	0.7	1
初期坝		碾压堆石	950	0.21	0.5	12.6	0.002	0.75	1.3	0.8	1

表 9.5-3　各材料的渗透系数

材料	材料名称	干密度 / (g/cm^3)	渗透系数 / (cm/s)
堆积坝	尾粉砂	1.55	1.13×10^{-3}
	尾粉砂	1.65	2.88×10^{-4}
	尾粉砂	1.75	3.61×10^{-4}
	尾粉砂	1.85	5.84×10^{-4}
初期坝	碾压堆石	2.20	1.00×10^{-2}

2. 输入地震时程

根据《中国地震动参数区划图》GB 18306—2015 的划分，工程所在地的地震动峰值加速度为 0.15g，对应的地震烈度为Ⅶ度，输入的地震加速度时程曲线根据坝区设计地震加速度时程中 50 年超越概率 10% 设防概率水平下的合成场地基岩地震动加速度时程确定，具体的地震加速度时程曲线由陕西大地地震工程勘察中心提供，见图 9.5-5。计算时，不仅考虑了垂直方向的地震加速度输入，也考虑了水平沿河流方向的地震加速度输入。

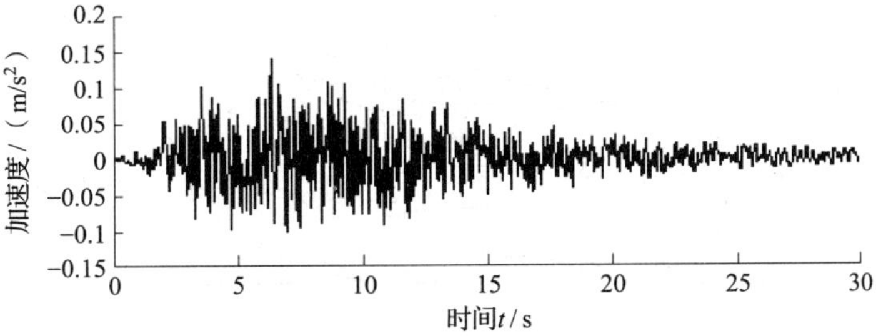

图 9.5-5　输入地震时程曲线

3. 三维静力、动力计算与分析

（1）三维静力计算结果及分析。

为了从不同角度反映坝体的应力和变形，在坝体不同部位选择3个横断面和4个纵断面来分析坝体不同部位的应力场和变形场特性，见图9.5–6。静力计算一般分为正常运行工况和降雨条件下的洪水位运行工况，本例中，坝坡的安全稳定性分析重点关注了正常运行工况下坝体填筑到设计标高时的坝坡安全系数。主要绘制了尾矿坝填筑到设计标高时横断面 H_1（X=–100m）上水平变形 U_y（见图9.5–7）、竖向变形 U_z（见图9.5–8）、小主应力 σ_3（见图9.5–9）和静应力水平 d_H（见图9.5–10）的等值线分布图；纵断面 Z_2（Y=596m）上的竖向变形 U_z（见图9.5–11）、小主应力 σ_3（见图9.5–12）和静应力水平 d_Z（见图9.5–13）的等值线分布图，坝坡的安全系数（见图9.5–14）。静力计算各个指标的特征值见表9.5–4。

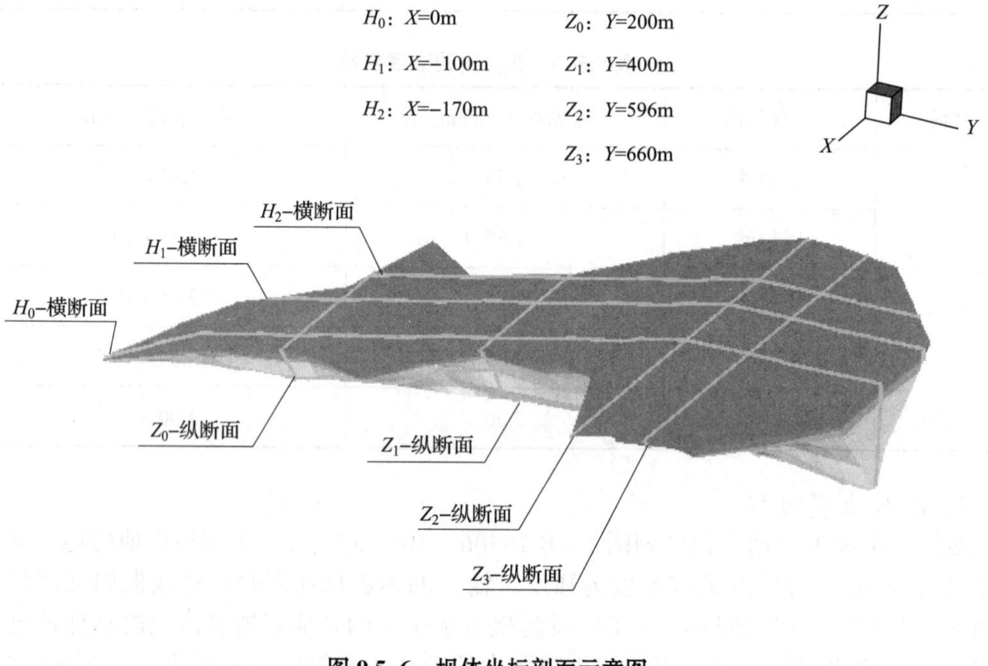

图9.5–6 坝体坐标剖面示意图

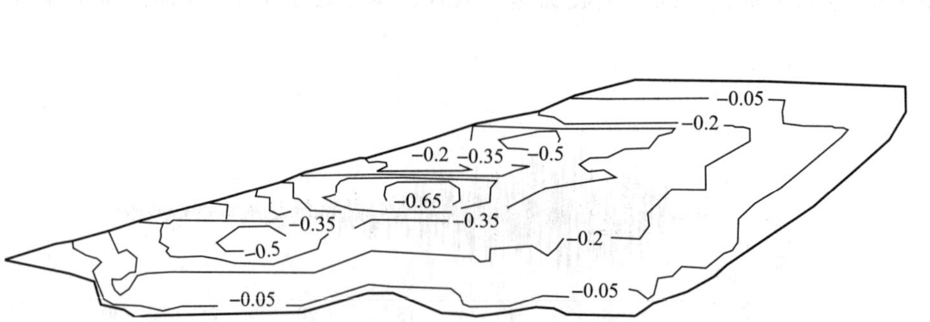

图9.5–7 横断面 H_1 的 Y 方向位移等值线（U_y）（单位：m）

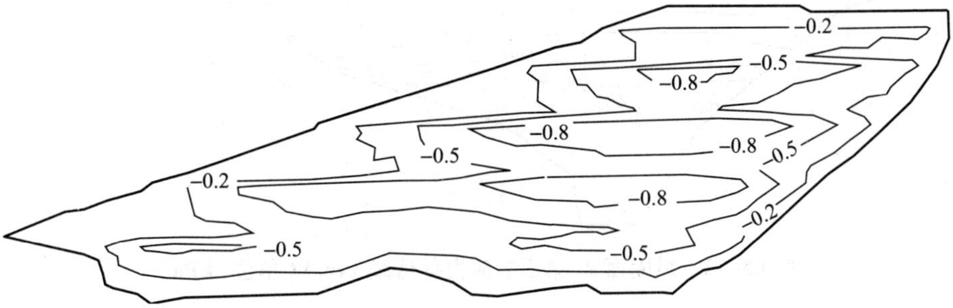

图 9.5-8　横断面 H_1 的 Z 方向位移等值线（U_z）（单位: m）

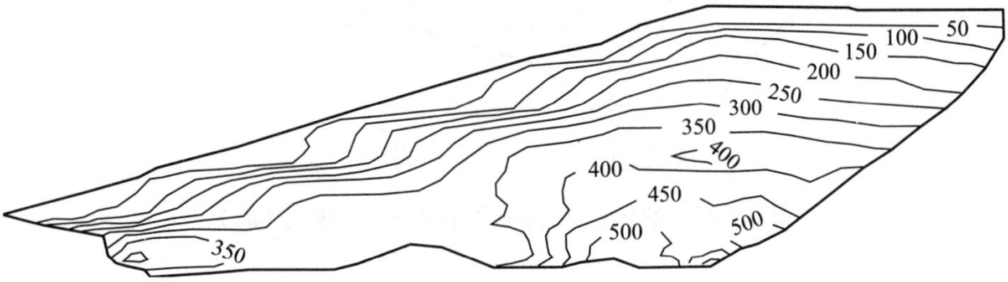

图 9.5-9　横断面 H_1 第三主应力等值线（σ_3）（单位: kPa）

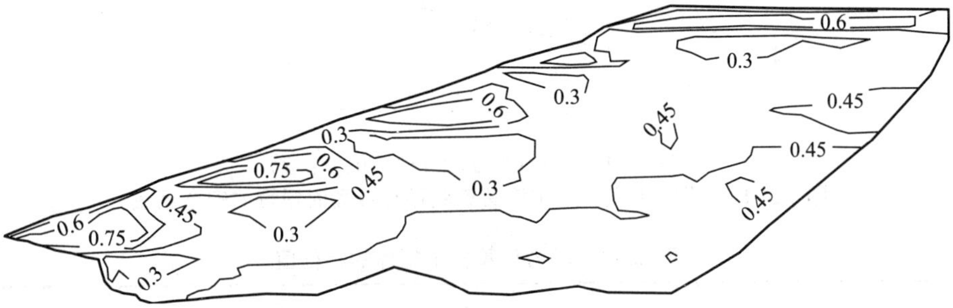

图 9.5-10　横断面 H_1 静应力水平方向等值线（d_H）

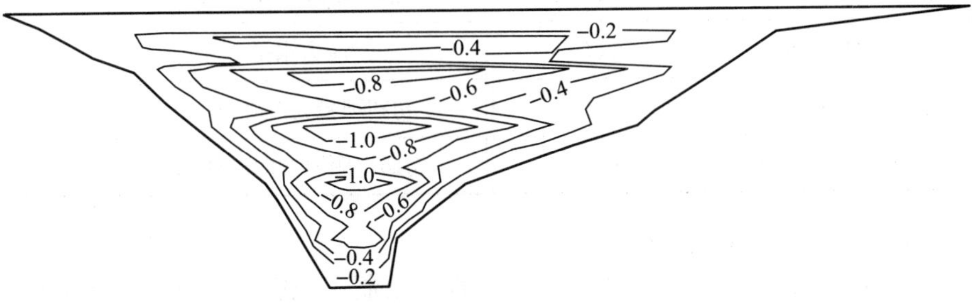

图 9.5-11　纵断面 Z_2 的 Z 方向位移等值线（U_z）（单位: m）

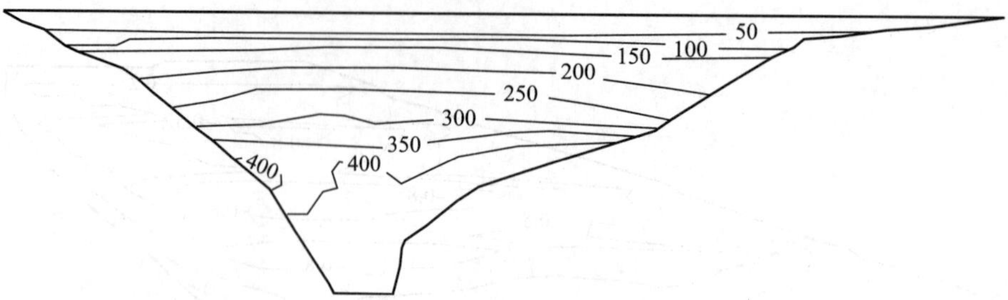

图 9.5–12　纵断面 Z_2 第三主应力等值线（σ_3）（单位：kPa）

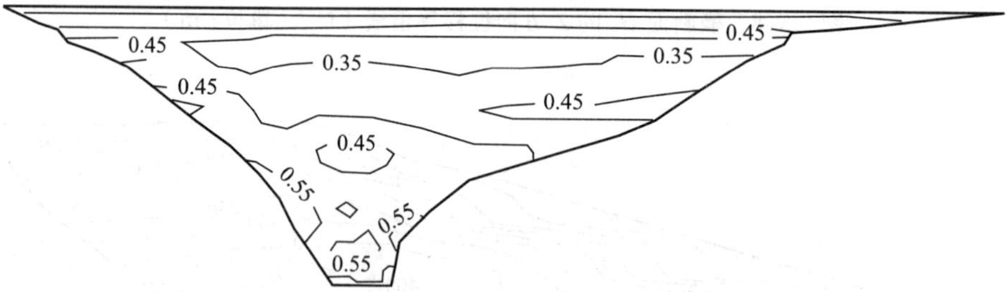

图 9.5–13　纵断面 Z_2 静应力水平方向等值线（d_Z）

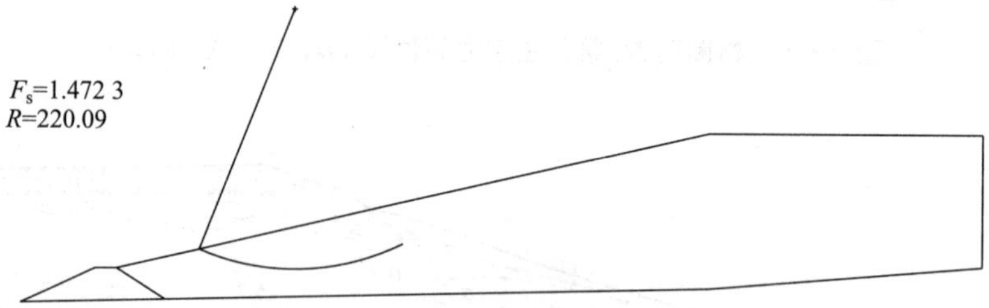

圆心坐标：Y=239，Z=1 153（单位：m）

图 9.5–14　正常工况下尾矿坝填筑到设计标高时坝坡的安全系数

表 9.5–4　静力计算各个指标的特征值

指标	特征值	指标	特征值
边坡安全系数 F_s	1.47	最大主应力 σ_1/MPa	1.20
坝体最大沉降量 /m	0.9	最小主应力 σ_3/MPa	0.50
坝坡顺河方向位移 /m	0.65	应力水平	0.75
坝水平向河谷位移 /m	0.09	初期坝最大沉降量 /m	0.09
垂直方向有效应力 σ_z/MPa	1.10	初期坝顺河方向位移 /m	0.08

（2）三维动力计算结果及分析。

为了分析地震振幅最大时尾矿坝的动力特性，绘制了地震 8s 时尾矿坝横断面 H_1（X=–100m）的动剪应力场 τ_d（见图 9.5–15）、Y 方向的地震反应加速度场（见图图 9.5–16）、动孔隙水压力场（见图 9.5–17）、孔压比（见图 9.5–18）和纵断面 Z_2（Y=596m）上的水平方向与竖直方向的位移等值线图（见图 9.5–19、图 9.5–20）；动力计算各个指标的特征值见表 9.5–5。

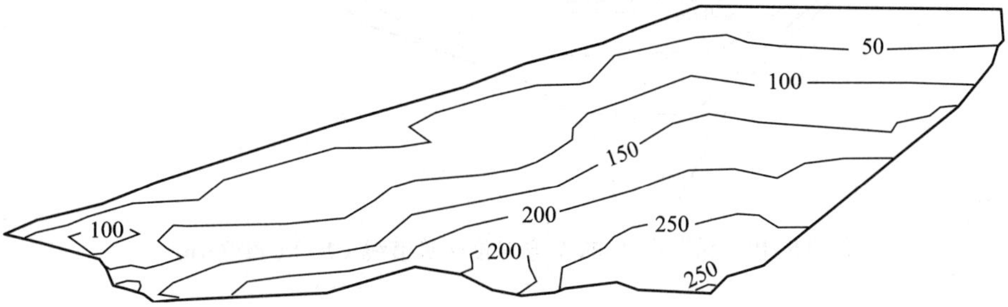

图 9.5–15　地震 8s 时横断面 H_1 动剪应力（τ_d）等值线（单位：kPa）

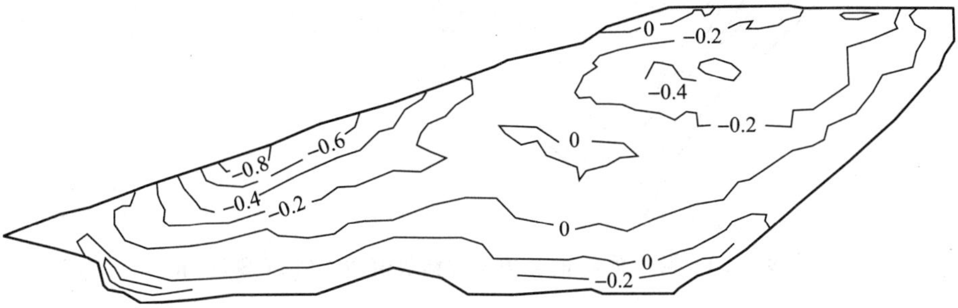

图 9.5–16　地震 8s 时横断面 H_1 的 Y 方向加速度等值线（单位：m/s²）

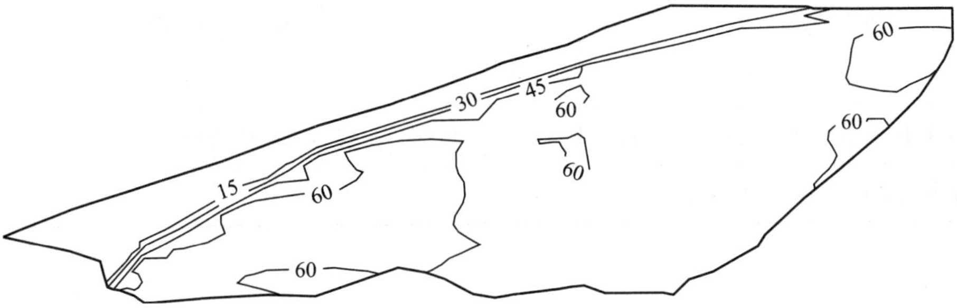

图 9.5–17　地震 8s 时横断面 H_1 动孔隙水压力等值线图（单位：kPa）

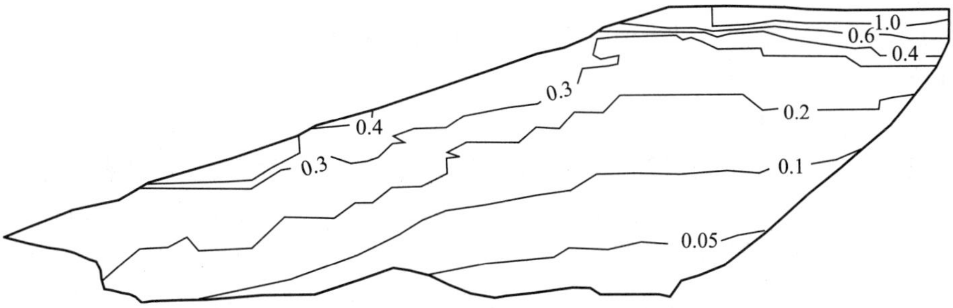

图 9.5–18　地震 8s 时横断面 H_1 孔压比等值线图

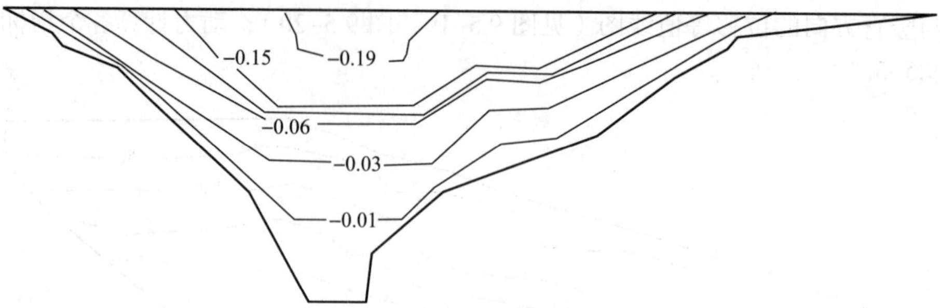

图 9.5-19 纵断面 Z_2 的 X 方向位移等值线（U_x）（单位：m）

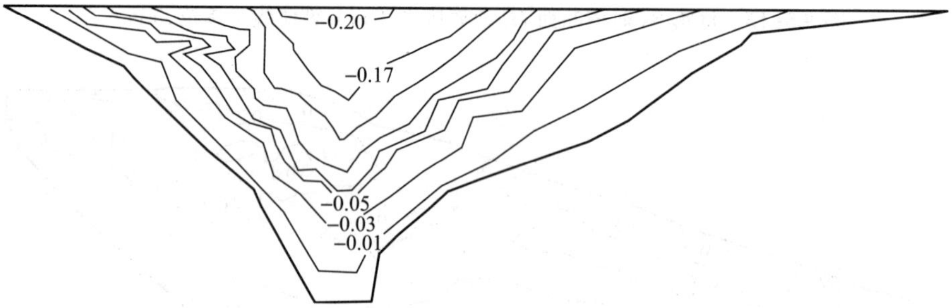

图 9.5-20 纵断面 Z_2 的 Z 方向位移等值线（U_z）（单位：m）

表 9.5-5 动力计算各个指标的特征值

指标	特征值	指标	特征值
边坡安全系数 F_s	1.18	动孔隙水压力 /MPa	0.11
动剪应力 /MPa	0.30	水平方向残余变形 /m	0.17
最大断面水平方向地震反应加速度 /（m/s^2）	0.70	竖直方向残余变形 /m	0.18
最大断面竖直方向地震反应加速度 /（m/s^2）	0.55	—	—

1）动剪应力场。

依据动剪应力的等值线分布特点，动剪应力最大为 0.30MPa，发生在坝体中下部，动剪应力随坝体高程的增加逐渐很小。

2）地震反应加速度。

坝体地震反应加速度的最大值都发生在堆积坝坝顶处，竖向加速度反应均明显小于水平向加速度反应。

3）动孔隙水压力和孔压比。

由动孔隙水压力分布场可知，动孔隙水压力随地震历时的增长，动孔隙水压力在前 20s 内一直持续增长，20s 后变化缓慢，地震结束时动孔隙水压力最大值为 0.11MPa。坝体孔压比分布场表现出下部小，上部大的特性，符合实际的地震反应规律。随着地震时长的增长，坝体沉积区靠近水面附近孔压比最大值等于 1.0，说明地震过程中靠近水面附近沉积滩的尾矿发生了液化，但其远离坝顶，且只发生在沉积滩靠近水面附近上部，对尾矿坝的稳定性影响不大。

4）残余变形场。

各断面的残余变形分布规律都相似，水平方向残余变形最大值发生在坝坡靠近坝顶处，竖直方向残余变形最大值发生在坝顶靠近坝坡处。水平向最大残余变形为 0.17m，竖直向最大残余变形为 0.18m，不影响坝体整体安全稳定性。

5）坝坡动力稳定性。

因地震持续时间较短，且为往复振动荷载，故在有限元计算出的坝体静动力耦合应力场的基础上，利用危险滑弧搜索法确定地震结束时刻坝坡最小的安全系数、最危险滑弧，来评价地震作用下尾矿坝坝坡的稳定性，见图 9.5–21，计算得到的坝坡最小的安全系数 F_s 约为 1.18。

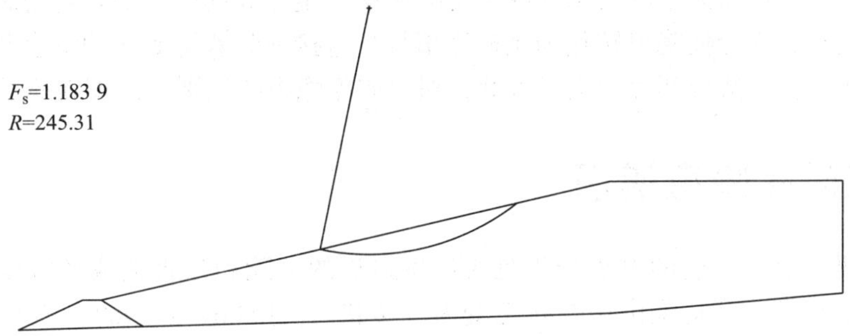

圆心坐标：Y=354，Z=1 224（单位：m）

图 9.5–21　地震结束时刻坝坡的安全系数

尾矿坝数值模拟分析的目的是对拟建或已建尾矿坝的安全稳定性做出评判，主要是研究重力、渗流和地震作用下坝体的稳定性。其中，重力作用下主要分析筑坝过程中坝坡安全系数的演变特性。地震对尾矿坝的影响关键在于探究坝体发生液化的位置和范围、坝体的沉降变形大小及所处的区域、坝坡在地震期间和地震后安全系数的发展规律。本例主要分析了自重和地震作用下坝坡的安全系数及沉降变形。

第 10 章　尾矿库隐患与治理

尾矿库在建设期可能会存在坝基处理不满足规范要求、工程质量控制不严格等工程隐患，在尾矿库运行期间可能存在排洪系统破损或堵塞、子坝修筑不符合设计要求、坝坡拉沟或浸润线抬高、坝坡出现液化、库内或坝坡坍陷、坝面出现裂缝、尾矿流失等尾矿库隐患，在闭库阶段可能出现排洪构筑物破损、沉积滩面干裂出现裂缝等隐患，在尾矿库复垦阶段可能出现复垦技术落后、植被枯干死亡、管理不到位致使白蚁等动物洞穴对坝体的破坏等自然隐患。上述所列举的隐患存在于尾矿库整个生命周期内，如果对隐患识别不到位或认知程度不够，就会使隐患转化为尾矿库事故，直接威胁着尾矿库的安全和下游人民群众的生命财产安全或造成环境污染。因此，对尾矿库隐患的识别与治理就显得尤为重要。

10.1　尾矿库隐患辨识

一般来讲，事故发生的过程分为是否产生迫近的危险和是否造成伤害或损坏两个阶段，即形成潜在危险和危险由潜在状态变为现实状态。J.Slldy 在 1969 年提出了瑟利事故模型，见图 10.1–1。

瑟利事故模型把人、机、物、环境组成的一个系统整体概化为人（主体）与环境（客体）两个方面，来解释事故是否发生取决于人与环境的相互作用。

通过对我国部分典型尾矿库事故的统计分析，可以总结出隐患与事故的相互关系：

（1）尾矿库事故是许多相互联系的事件顺序发展的结果。当人的不安全行为（如人员的责任心、技术水平）、机的不安全运行（如监测设备、排水设备）、物的不安全状态（如尾矿坝、排洪设施、尾矿软弱夹层等）、环境的不安全条件（如暴雨、地震）出现时，他们各自发展、相互作用，导致事故隐患的发生。

（2）尾矿库生命周期过程中发生的事故，一般都是由事故隐患发展为事故而造成的。事故隐患是引起事故的征兆，它是由物的不安全状态和环境的不安全条件相互作用而形成的。

（3）当出现事故隐患时，如果能认识到危险，采取相应的措施，就能避免事故的发生。

因此，在尾矿堆积坝岩土工程勘察过程中，正确地识别隐患、辨识尾矿库隐患，是勘察工作中需要重点解决的岩土工程问题之一。

为确保尾矿库安全，按隐患的直接危害程度将尾矿库隐患划分为预防性隐患和事故隐患两类。所谓预防性隐患，是指在人、机、物、环境不安全因素的单一或共同作用下，尾矿库中形成的潜在的安全隐患，该隐患的存在将对尾矿库安全造成潜在风险，但可通过人为预防或对潜在隐患的加固治理，消除隐患的存在，从而确保尾矿库处于安全状态；所谓事故隐患，是指人、机、物、环境不安全因素的单一或共同作用，使尾矿库出现不安全状态，表现为尾矿库系统由危险状态朝着破坏状态快速发展，导致尾矿库事故的发生，见图 10.1–2。

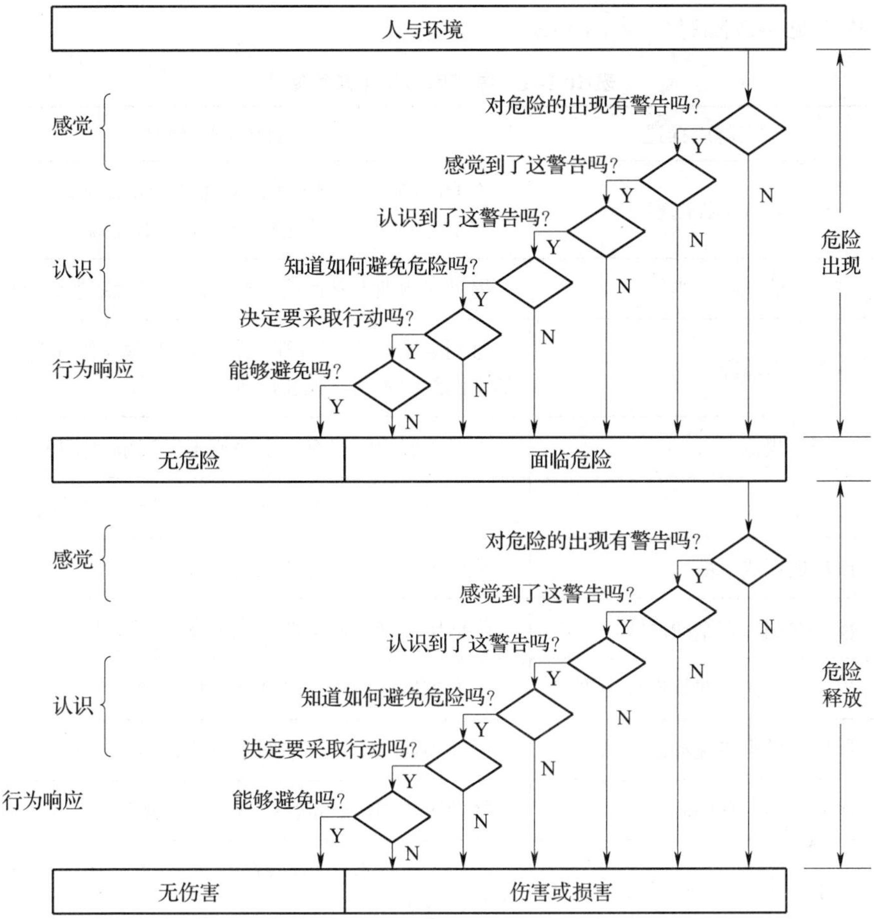

图 10.1–1　瑟利事故模型

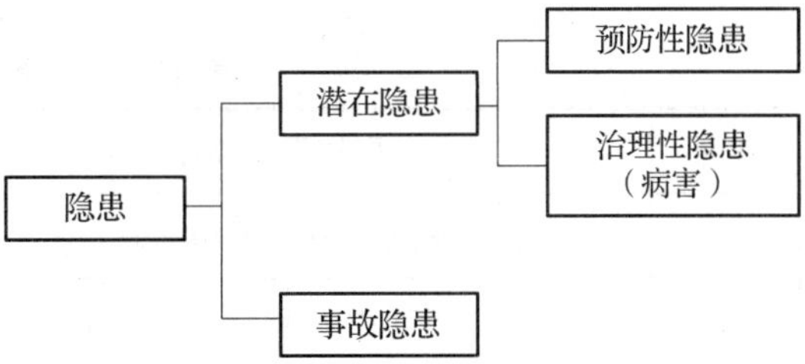

图 10.1–2　隐患分类

尾矿库隐患存在于尾矿库生命周期内的各个阶段，包括建设期、运行期、闭库和复垦阶段，勘察时从人、机、物、环境四个方面辨识尾矿库隐患。

（1）人的方面，在进行尾矿库隐患辨识时，要考虑人的受教育程度、工作经验、技术水平、勘探方法、管理能力等因素；

（2）机的方面，在进行尾矿库隐患辨识时，要考虑监测设备的可靠度和精度、排水设备质量及使用状况、勘探设备的先进性、试验仪器精度等因素；

（3）物的方面，在进行尾矿库隐患辨识时，要考虑初期坝建设质量及反滤层的透水情况、排水排洪设施的完好情况、尾矿的性质及沉积规律、干滩长度、浸润线等因素；

（4）环境方面，在进行尾矿库隐患辨识时，要考虑地形地貌及汇水面积、植被发育情况、尾矿排放情况、水文气象情况、地震及暴雨的概率及强度等因素。

尾矿库常见预防性隐患见表 10.1–1。

尾矿库常见事故隐患见表 10.1–2。

表 10.1–1 尾矿库常见预防性隐患

序号	潜在隐患描述	可能造成的后果
1	未进行岩土工程勘察	不能准确查明场地的工程地质与水文地质条件，地质模型与实际差别大，稳定性分析结果出现偏差
2	试验方法选择不当	提供的物理力学性质指标不能满足稳定性分析的需要
3	监测设备故障	监测数据失真或者缺失，不能准确反映尾矿库的现状，如浸润线位置、干滩长度等
4	管理不规范	不能按照规定巡查、上报或未发现事故隐患
5	泥石流	影响尾矿输送系统、排水回水系统、上库道路等的安全
6	岸坡坍塌或滑坡	减少干滩长度，降低调洪库容
7	浸润线超出控制浸润线	降低尾矿坝体稳定性，或引发渗透破坏
8	尾矿坝体出现非贯通性短裂缝	引发贯通性裂缝、降低尾矿坝体稳定性
9	尾矿坝发生渗漏涌砂	引起坝面塌陷，淤堵回水设施，污染下游
10	尾矿坝体出现塌陷	降低尾矿坝体稳定性，或引发渗透破坏
11	最小干滩长度不满足设计要求	减少调洪库容，抬高浸润线，降低尾矿坝体稳定性，或引发渗透破坏
12	坝坡拉沟	堵塞排水、排洪设施、降低尾矿坝体稳定性

表 10.1–2 尾矿库常见事故隐患

序号	事故隐患描述	可能造成的后果
1	排水、排洪设施失效	造成浸润线急剧升高，可能造成溃坝
2	尾矿坝体出现贯通性裂缝	显著降低坝体稳定性，可能发生溃坝
3	坝坡出现大面积沼泽化	显著降低坝体稳定性，可能发生溃坝
4	岩溶发育区的尾矿库底防渗措施失效	尾矿大规模渗漏、污染环境
5	无干滩长度	显著降低坝体稳定性，可能造成溃坝
6	洪水漫顶	溃坝
7	坝坡失稳	溃坝
8	坝基失稳	溃坝

10.2 隐患治理

尾矿堆积坝的隐患治理常采用土质边坡和地基加固处理的岩土工程技术措施以及水工构筑物防渗和排水的工程技术措施。边坡治理和加固的措施很多，岩土工程实践证明，减载、边坡开挖和压坡、排水和防渗等常规治理措施，对于提高边坡自身的稳定性非常有效，应当优先考虑，若仍不能满足边坡稳定要求，再考虑采用其他加固措施。这一原则对于尾矿堆积坝的治理和加固同样适用。针对尾矿堆积坝实际存在的问题，合理选择相应的治理与加固措施，充分发挥不同措施的作用，可以使采用的隐患治理措施达到技术可行和经济合理的目的。

尾矿堆积坝在隐患治理前，一般要进行专项勘察和方案论证，通过调查和勘察，查找分析隐患原因，针对隐患类型确定治理方案，并进行论证。尾矿堆积坝隐患治理，是在分析隐患形成原因的基础上，根据隐患的规模、发展过程及危害程度，采取相应的治理措施，以确保尾矿库安全运行。

10.2.1 浸润线控制措施

尾矿堆积坝浸润线高低是直接影响坝体渗透稳定和坝坡稳定的重要因素之一，当浸润线埋深小于控制浸润线埋深，或直接表现为渗透水高位出逸，在坝坡面形成沼泽湿地，对尾矿堆积坝的稳定极为不利，常用的降低浸润线的方法包括：贴坡排渗、排渗管排渗、管井排渗、垂直－水平联合排渗、虹吸排渗、辐射井排渗。主要措施及适用条件见表 10.2–1。

表 10.2–1　尾矿堆积坝浸润线降低措施及适用条件

控制措施	实施要点	适用条件
贴坡排渗	在尾矿堆积坝坡面上设置反滤层进行滤砂排水，防止渗流出逸处尾矿遭受渗透变形和破坏以及坡面冲刷破坏	适用于尾矿堆积坝渗流出逸段的防护，但不能有效降低坝体内浸润线
排渗管排渗	通过在尾矿堆积坝体内设置前段为滤水管、后段为导水管的排渗管，汇集坝体内渗流水并将其导出坝外	单层水平排渗管适用于坝高小于或等于 30m 的尾矿堆积坝，多层水平排渗管适用于分布不均匀的多层渗流水以及坝高大于 30m 的单层渗流水； 弧形排渗管适用于降排分布不均匀的多层渗流水；单管对浸润线的降深幅度和范围相对较小，施工设备对作业面要求较高
管井排渗	在尾矿堆积坝体内设置垂直管井至浸润线以下，用管井内设置的抽水泵抽排渗流水	适用于尾矿堆积坝中渗透系数 $k \geq 6 \times 10^{-3}$cm/s 的尾细砂和尾中砂等砂性尾矿
垂直－水平联合排渗	在尾矿堆积坝体内设置垂直排渗体和集水设施（管井、大直径砂砾井、小直径袋装砂砾井或塑料排水板等），通过与其下部连接或贯通的水平排渗管，将汇集的地下水导出坝外	适用于降排分布不均匀的多层渗流水，浸润线的降深幅度较大

续表 10.2-1

控制措施	实施要点	适用条件
虹吸排渗	在尾矿堆积坝体内设置垂直集水井至浸润线以下，通过水源井内虹吸排水装置抽排渗流水	适用于控制浸润线埋深在 4 ~ 8m 内且渗流量稳定的尾矿堆积坝
辐射井排渗	用设置在尾矿堆积坝体内单层或多层辐射状排渗管使渗流水自流汇入集水井内，再通过设于集水井下部的导水管将汇水排出坝体以外	适用于降排分布不均匀的多层渗流水，浸润线的降深幅度和范围较大

10.2.2 尾矿坝体裂缝治理措施

坝体裂缝是尾矿堆积坝常见隐患之一，研究表明，非贯通性断裂缝可以明显降低尾矿坝体的稳定性，当一些非贯通性裂缝族相互贯通形成一条或几条主裂缝时，可能成为管涌的通道或者使坝体发生滑坡，若任其发展，就会造成尾矿库事故。因此，对坝体裂缝的治理，一经发现，刻不容缓。尾矿坝体裂缝种类及特征见表 10.2-2。

表 10.2-2 裂缝种类及特征

种类	裂缝名称	裂缝特征
按裂缝部位	表面裂缝	裂缝暴露在坝体表面，缝口较宽，深处变窄逐渐消失
	内部裂缝	裂缝隐藏在坝体内部，水平裂缝常呈透镜状，垂直裂缝多为下宽上窄的形状
按裂缝走向	横向裂缝	裂缝走向与坝轴线垂直或斜交，一般出现在坝顶，严重的发展至坝坡，近似铅垂或稍有倾斜
	纵向裂缝	裂缝走向与坝轴线平行或接近平行，多出现在坝坡浸润线出逸点的上下
	龟纹裂缝	裂缝呈龟纹状，没有固定的方向，纹理分布均匀，一般出现在坝体表面或子坝漫滩放矿处附近，缝口较窄，深度为 10 ~ 20cm
按裂缝成因	沉陷裂缝	多发生在距离初期坝较近的子坝附近，多为坝体坍陷引起
	滑坡裂缝	裂缝段接近平行于坝轴线，缝两端逐渐向坝脚延伸，在平面上略呈弧形，缝较长；多出现在坝顶、坝肩及外坝坡
	干缩裂缝	多出现在坝体浅层或子坝漫滩放矿处附近，密集交错，没有固定方向，分布均匀，有的呈龟纹裂缝形状，降雨后裂缝变窄或消失；有的也出现在防渗体内部，其形状呈薄透镜状
	振动裂缝	在经受强烈振动或烈度较大的地震后产生纵横向裂缝，横向裂缝的缝口，随时间延长逐渐变小或弥合，纵向裂缝缝口没有变化

裂缝的种类很多，如果不了解裂缝的性质，就不能正确的处理，特别是滑动性裂缝和非滑动性裂缝，只有通过系统的巡查和对观测数据的分析研究，才能正确判断裂缝的性质。

滑坡裂缝与沉陷裂缝的发展过程不同，滑坡裂缝初期发展较慢而后期突然加快，而沉陷裂缝的发展过程则是缓慢的，达到一定程度会停止。

内部裂缝一般发育于坝体内部，可结合坝基、坝体情况进行分析判断。在进行钻探时，孔口无回水或钻杆突然掉落、浸润线出现异常凹凸情况、相邻坝段沉陷相差较大等都可能预示有内部裂缝产生。

发现裂缝后都应采取临时防护措施，以防止雨水或冰冻加剧裂缝的发展和延伸。对滑动性裂缝的处理，应结合坝坡稳定性分析统一考虑，而对非滑动性裂缝可采取以下措施进行处理。

（1）采用开挖回填的方法，适用于不太深的表层裂缝及防渗部位的裂缝。处理方法有梯形楔入法和梯形十字法等。梯形楔入法适用于裂缝不深的非防渗部位，梯形十字法适用于处理坝体或坝端的横向裂缝。

裂缝的开挖长度应延伸至裂缝两端 1.0m，开挖深度应超过裂缝低端 0.5m，开挖坑槽的底部宽度不少于 0.8m。开挖前应向裂缝内灌入白灰水或有颜色的液体作为印记，以确定开挖边界。挖出的土料不要大量堆积在坑边，不同土质应分区存放。对于砂性尾矿土，当开挖深度超过 1.0m 时，应采取支护措施。

回填的土料应遵循就地选材的原则，一般选用裂缝处坝体尾矿作为回填材料。

回填应分层夯实，回填厚度以 30 ~ 50cm 为宜。压实工具视工作面大小，可采用人工夯实或机械碾压。一般要求压实厚度为填土厚度的 2/3。回填土料的重度，应与裂缝两边的土体相一致。回填时，应将开挖坑槽的阶梯逐层削成斜坡，并进行刨毛，要特别注意坑槽边角处的夯实质量。

（2）对内部裂缝、很深的非滑动性表面裂缝，由于开挖回填处理工程量较大，一般采用注浆或灌浆方法。灌浆后，浆液中的水分向裂缝两侧土体渗入，坝体含水率增高，构筑物自身强度降低，因此采用灌浆处理时，要密切注意坝坡稳定情况，防止浆液堵塞滤层或进入测压管等观测设备中，以免影响观测工作。在灌浆过程中，要加强坝体沉陷、位移和测压管的观测工作，发现问题，及时处理。

（3）对于中等深度的裂缝，因库水位较高不宜采用开挖回填法处理的部位或开挖困难的部位可采用开挖回填与灌浆相结合的方法进行处理。裂缝的上部采用开挖回填法，下部采用灌浆处理法。

10.2.3　尾矿坝渗漏涌砂治理措施

尾矿库在初期使用阶段，会在初期坝坝脚附近渗漏涌砂，这种情况往往是初期坝内坡面反滤层设计与尾矿相互渗透融合的过程，随着放矿量的增加，初期坝坝脚附近渗漏涌砂现象逐渐减小直至消失。若渗漏涌砂现象没有减小的迹象或在运行过程中发现新的渗漏涌砂现象，则应分析渗漏涌砂产生的原因，采取相应的措施，包括停止放矿，对尾矿进行颗粒分析和反滤层粒径对比分析，重新设置反滤层等措施。

当尾矿堆积坝形成第 1 道子坝后，随着尾矿堆积坝逐渐加高，在初期坝坝脚附近出现渗漏涌砂现象时，往往伴随着子坝或沉积滩出现塌陷坑的现象，处理的措施包括：①对塌陷坑进行回填处理；②在初期坝前或塌陷坑前进行反滤墙处理措施；③在水流逸出处铺设一定厚度的透水尾矿或碎石进行反压处理；④采用反滤池处理措施；⑤上述措施联合处理法。

10.2.4 尾矿坝体塌陷处理措施

尾矿坝体的塌陷和渗透破坏相关，表现为面积较大但陷坑较浅，或陷坑面积较小但陷坑较深，这与渗透破坏的类型和尾矿堆积坝层位组合有关。对陷坑一般结合渗漏涌砂进行处理，单独处理时，一般采用碎石回填法、尾矿回填法、袋装尾矿回填法等。

对于岩溶渗漏隐患，可采取袋装粗尾矿封堵、开挖回填混凝土塞、自流灌水泥砂浆或注浆法封堵等方法。

10.2.5 最小干滩长度控制措施

尾矿库最小干滩长度不满足设计要求，主要原因为：①未按设计要求放矿；②洪水和暴雨降水的影响。对于第一种情况，加强放矿管理，严格按照设计要求放矿，同时采取降低浸润线的治理措施；对于第二种情况，会同时伴有库内水位超过警戒水位且安全超高和最小干滩长度不满足设计要求、存在洪水漫顶可能，尾矿库隐患性质发生质的转化，由预防性隐患发展为事故性隐患，应立即采取应急处理措施，以确保尾矿库的安全。

10.2.6 坝坡拉沟治理措施

当发生暴雨、洪水等极端天气时，尾矿库坝坡可能会出现拉沟，影响坝体的稳定性，拉沟还可能导致尾矿堵塞排水、排洪设施，抬高坝体浸润线，进一步降低坝体稳定性。若尾矿库出现拉沟，需要及时处理，常用的处理措施包括：①采用不透水材料覆盖拉沟坝坡，防止拉沟进一步扩大，此措施适用于应急处置；②采用尾矿分层夯实回填，表面覆盖片石或者覆土种植；③优化坝坡排水沟与截水沟设计，减少对坝坡的集中冲刷。第二和第三种措施适用于应急处置后的修复治理。

10.3 尾矿库安全检查

10.3.1 安全检查的内容

尾矿库安全检查主要通过查阅资料和现场检查的方式，检查内容包括尾矿库安全管理、库区周边环境、坝体工程、排水排洪系统、安全监测系统、输送及回水设施六个方面，具体检查内容见表 10.3–1。

表 10.3–1 尾矿库安全检查内容

检查项目		检查内容	检查方法
尾矿库安全管理	相关证照	持有有效工商营业执照、安全生产许可证	查阅资料
	安全管理机构	设置安全生产管理机构，或按规定配备专职安全生产管理人员	查阅资料

续表 10.3–1

检查项目		检查内容	检查方法
尾矿库安全管理	人员能力	主要负责人和安全生产管理人员须具备相应能力	现场询问
		特种作业人员经有关业务主管部门考核合格，取得特种作业操作资格证	现场检查
	责任制	按照《中华人民共和国安全生产法》的要求明确主要负责人、分管负责人、安全生产管理人员职能部门、岗位安全生产责任制，并上墙	现场检查
	管理规章制度及台账	建立并及时修订以下安全管理制度且有相应的记录台账：①安全检查制度；②安全教育培训制度；③“双重预防机制”建设及管理制度；④安全投入制度；⑤安全办公会议制度。其余制度及台账也应齐全完善并归档管理	现场检查和查阅资料
	操作规程	制定并执行作业安全规程和各工种操作规程	现场检查
	事故隐患排查与处理记录	尾矿库是否发生过事故隐患，隐患的详细描述、影像资料，隐患原因及治理措施，建立专门的记录并归档管理	查阅资料及现场询问
	教育培训	按规定组织开展相应的安全教育培训，并如实填写记录	现场检查
	值班管理	建立领导值班制度和记录台账	现场检查
	安全投入	安全投入符合安全生产要求，依照国家有关规定足额提取安全生产费用，严格专项使用管理，建立月度费用台账	查阅相关凭证
	工伤保险	依法参加工伤保险，为从业人员缴纳保险费	查阅相关凭证
	个体防护	为从业人员提供符合国家标准和行业标准的劳动防护用品，防护用品须有个体防护相关合格证	查阅相关凭证
		现场作业人员必须按要求佩戴劳动防护用品	现场检查
	“三同时”管理	新建、扩建和改建工程项目应严格履行建设项目安全及环保“三同时”手续。尾矿库弃用应严格履行闭库安全“三同时”手续	查阅资料
	应急管理	按要求制订事故应急救援预案并按规定评审和备案	查阅资料
		按要求对工人及涉及的人员进行应急逃生教育培训	查阅资料
		按要求对事故应急救援预案进行演练	查阅资料
		按要求及时对事故应急救援预案进行修订	查阅资料
		尾矿库防暴雨、防山洪措施，应急物资储备情况等	现场检查

续表 10.3-1

检查项目		检查内容	检查方法
尾矿库安全管理	设备检测	危险性较大的设备、设施按照国家有关规定进行定期检测检验	查阅资料
	安全文化	建设符合本矿实际的安全文化，以深入人心的安全理念方针指导尾矿库运行与管理	现场检查和询问
	工程档案	建立尾矿库地形测量、工程地质及水文地质勘察、设计、施工、监理、安全预评价、安全验收评价及审批文件等工程建设档案	查阅资料
		尾矿库闭库及闭库后的再利用档案包括安全评价、闭库设计、施工及闭库后再利用、审批文件等	查阅资料
		尾矿库生产运行档案包括：放矿年度计划、生产记录（入库尾矿量、堆坝高程、库内水位）、尾矿库现状稳定性评价、度汛分析报告、尾矿堆积坝定期检查与维护记录、坝体位移及浸润线观测记录、安全隐患检查记录、事故处理记录等	查阅资料
		具备库区总平面布置图、尾矿坝剖面图、排渗系统图、排洪系统图、安全监测监控系统图	查阅资料
	现场管理	建立值班室并派专人负责管理	现场检查
		库区入口、库区周边、放矿点等应按照要求设置警示标志	现场检查
		管理制度、操作规程等应上墙	现场检查
		子坝堆筑、放矿方式、滩面形态、坡面覆土、排水沟的清理维护	现场检查
		尾矿库坝体位移、库内水位、浸润线等参数进行日常巡查和定期观测，并如实完整填写相关记录	现场检查
		坝上通信、照明是否正常，道路是否完好，防洪抢险人员是否在岗，物资运送道路是否畅通	现场检查
库区周边环境	环境风险分析	尾矿坝上和库区周边严禁乱采、滥挖和在安全距离范围内进行爆破作业	现场检查
		库岸山体是否有滑坡、崩塌、泥石流等不良地质发育	现场检查
		库区下游 1.0km 范围内人员、设施分布，是否为“头顶库”	现场检查
		库区是否位于水源涵养地、其他保护区或生态红线范围内	查阅资料

续表 10.3–1

检查项目		检查内容	检查方法
坝体工程	初期坝、拦洪坝及副坝	坝体高度、坡比等参数是否与设计相符合	查阅资料
		筑坝方式及材料是否与设计相符合，坝体无重大隐患	查阅资料
	堆积坝	堆积坝坡比、筑坝方式、最终坝高是否与设计符合	查阅资料
		坝体是否出现裂缝、管涌、流土、坝面沼泽化、坝体塌陷、坝体拉沟、坝体滑动等预防性隐患	现场检查
		尾矿坝坡面覆石覆土及植被情况	现场检查
		尾矿堆积坝上升速率是否与设计堆积上升速率一致	查阅资料
		浸润线埋深、安全超高和干滩长度是否满足设计要求的控制指标及规范规定	查阅资料及现场检查
	排放筑坝	是否存在超排，设计以外尾矿、废料及废水进库等	查阅资料
		尾矿库放矿过程是否严格按照设计要求、坝体较长时是否采用分段交替作业使坝体均匀上升、是否在库后或一侧岸坡放矿，放矿位置、放矿方式及筑坝过程是否符合设计要求，每期子坝堆筑完毕后是否进行质量检查并做好记录	现场检查
	排渗设施	排渗设施是否进行了设计，排渗设施布设高程、布设形式、布设材料是否与设计符合	查阅资料
排水排洪系统	排洪构筑物	排水井（竖井）、隧洞（涵洞）、排洪明渠（溢洪道）、截排水沟等排洪构筑物是否与设计相符合	查阅资料
	水位标尺	在排水构筑物上或尾矿库内适当地点，设置清晰醒目的水位标尺，标明正常运行水位和警戒水位	现场检查
	超高及干滩长度	根据设计或度汛专题报告，保证在洪水来临并达到最高洪水位时，滩顶安全超高和干滩长度满足安全规程和设计要求	查阅资料及现场检查
	汛期、汛后检查维护	汛期前是否对排洪设施进行检查、维修和疏浚，排洪设施是否畅通，洪水过后是否对排洪构筑物进行全面认真的检查与清理，发现问题及时修复并采取措施降低尾矿库水位，防止连续降雨对坝体的影响	查阅资料及现场检查
	构筑物封堵	尾矿库排水构筑物停用后，是否严格按设计要求及时封堵，并确保施工质量	查阅资料及现场检查
	排水井	排水井的内径、窗口尺寸及位置，井壁剥蚀、脱落、渗透、最大裂缝开展宽度，井身倾斜度和变位，井、管联结部位，进水口水面漂浮物，停用井封盖方法等应符合规定要求	查阅资料及现场检查

续表 10.3–1

检查项目		检查内容	检查方法
排水排洪系统	排水井拱板	拱板强度是否满足设计要求，施工是否按照设计规定，拱板架设、固定是否满足安全规程要求	现场检查
	隧洞	断面尺寸、洞内塌方，衬砌变形、破损、断裂、剥落和磨蚀，最大裂缝开展宽度，伸缩缝、止水及充填物，排水孔工况等是否符合要求，出入口是否有滑坡、崩塌等不良地质发育	查阅资料及现场检查
	涵洞（涵管）	断面尺寸、变形、破损、断裂和磨蚀，最大裂缝开展宽度，管间止水及充填物是否符合要求，出入口是否有滑坡、崩塌等不良地质发育	查阅资料及现场检查
	排水斜槽	断面尺寸、槽身变形、损坏或坍塌，盖板放置、断裂，最大裂缝开展宽度，盖板间以及盖板与槽壁之间的防漏充填物，漏砂应符合要求	查阅资料及现场检查
安全监测系统	监测设施	监测设施是否齐备、监测内容是否满足规范要求、三等及以上尾矿库是否设置在线监测系统并能正常使用、监测系统数据是否真实可靠	现场检查
输送及回水系统	输送方式	尾矿水力输送系统或尾矿车辆运输系统是否满足设计要求	现场检查
	回水设施	尾矿回水泵站、回水管道和回水池等是否满足设计要求，是否有滑坡、崩塌、泥石流等不良地质发育	现场检查
	水处理设施	尾矿水处理站、截渗、回水设施等是否满足设计要求	现场检查
	截渗设施	尾矿库防渗及截渗处理是否满足设计要求	现场检查
	输送设施	尾矿输送是否有跑、冒、滴、漏现象，管线沿线是否有违章建筑、采石、废弃物，是否有滑坡、崩塌、泥石流等不良地质发育	现场检查

10.3.2 尾矿库安全检查中的常见问题

尾矿库安全检查工作是落实安全生产的六大要点，加强矿山企业矿山安全管理、环境保护工作监管力度，提高矿山企业矿山安全管理水平，对发现尾矿库隐患，保证尾矿库的安全运行具有重要的意义。通过对某集团公司权属矿山企业 51 座尾矿库的安全检查情况进行总结与分析，尾矿库常见的安全管理问题及隐患如下：

（1）安全生产许可证不合规。

因延续手续未及时办理、闭库工程滞后、已停用但保留库容等原因，导致安全生产许可证过期或者灭失。

（2）尾矿库安全管理组织机构不健全。

尾矿库安全管理因涉及日常排放运行、安全管理、技术管理、设备管理、物资供应、工程建设等多个职能部门，部分企业未明确尾矿库安全管理责任部门，组织机构不健全或管理责任不具体，导致管理主体不清甚至安全管理缺位。

（3）日常安全检查任务不明确、内容不规范。

安全检查内容及记录不规范，安全管理人员对尾矿库安全风险分级管控内容不清楚，安全检查专业化程度不足。

（4）安全管理文件针对性不强。

安全管理文件时效性、契合度不高，未编制尾矿库年度、季度作业计划和运行图表或与实际生产不符。

（5）尾矿库年度排放计划及运行管理档案不健全。

未按照尾矿库安全管理规定编制尾矿库年度、季度作业计划和详细运行图表，尾矿沉积滩面上升及筑坝上升速度不够明确；生产运行期间的入库尾矿量、含水率或浓度、堆坝高程、库内水位、监测记录、安全隐患检查记录及处理、事故及处理等档案不全。

（6）尾矿工配置不足且部分人员缺乏特种作业资质。

尾矿工为特殊工种，一般要求尾矿库现场每班最低配置 2 名尾矿工。部分企业尾矿库现场尾矿工配置不足，或者未取得特种作业资质。

（7）人工监测工作不到位。

人工监测及设施设备管理不到位，系统误差未及时调校和标定，“红、黄、绿”干滩预警等安全警示标志不符合要求。

（8）在线安全监测系统运行和管理不规范。

在线安全监测系统数据采集和监测缺项、失真或不能正常运转，各级安全管理人员对系统操作不熟练，未发挥在线安全监测系统实时监控作用，未及时对在线监测数据与人工监测数据进行比对。

（9）未按照设计建设运行或未履行变更设计程序。

部分尾矿库未按照设计建设运行，存在未按照设计超坝高、超计划排放尾矿，工程变更但未及时履行变更审批程序等问题。

（10）拱板及盖板安装质量标准低。

排洪井拱板和排洪斜槽盖板预制施工缺乏质量监管，拱板和盖板长期在尾矿现场无序堆存，养护不到位、排水井封堵不规范、间隙砂浆填塞质量差；破损预制块违规使用，拱板和盖板强度不能满足设计要求。

（11）排洪系统质量缺陷未及时处理。

尾矿库排洪隧洞等构筑物存在混凝土冲蚀、露筋、渗水、裂缝、脱落等质量缺陷，未及时处理。

（12）在排水、排洪设施或回水设施附近存在弃渣。

尾矿库建设期间的部分弃渣堆存于排水、排洪设施或回水设施的上游，在暴雨或洪水等极端天气条件下，可能诱发泥石流，淤堵排水、排洪设施或冲毁回水设施。

第11章 尾矿库抢险

尾矿库是具有高势能的危险源和污染源，尾矿库一旦发生溃坝或泄漏事故，会造成下游人民生命财产的巨大损失和自然环境的严重污染，同时会导致矿山企业造成财产损失甚至造成人员伤亡。近年来，国内外尾矿事故时有发生，如2015年11月，巴西淡水河谷公司在米纳斯吉拉斯州的一座尾矿库溃坝，6 000万 m^3 废料泄漏，19人死亡，2019年1月，该公司在米纳斯吉拉斯州的又一尾矿库发生溃坝，致使1 170万 m^3 废料泄漏，超过250人死亡。2014年8月，加拿大Mount Polley金铜矿尾矿坝发生溃坝，约2 500万 m^3 尾矿及废水瞬间倾出并冲入周边森林与湖泊，对生态环境造成了严重污染。2006年陕西省商洛市黄金矿业有限公司尾矿库发生“4・30”溃坝事故，2007年辽宁省鞍山市海城西洋鼎洋矿业公司尾矿库发生“11・25”溃坝事故，以及2008年山西省临汾市新塔矿业公司980平硐尾矿库发生“9・8”溃坝事故，均造成重大人员伤亡和财产损失，如山西临汾市的“9・8”特别重大尾矿库溃坝事故，造成277人死亡、4人失踪，直接经济损失9 619.2万元，产生了极其不良的社会影响。为了减少灾害的直接损失和次生灾害的发生，减少人员伤亡，降低财产损失，减轻环境污染，维护社会安定，必须进行尾矿库抢险。

11.1 尾矿库抢险工作的特点

当尾矿库的事故隐患没有得到及时治理，事故隐患的进一步发展可能会导致尾矿库出现险情或事故。例如，坝体出现裂缝、管涌或流土，坝体有滑塌的迹象或垮塌的危险；库内洪水位接近设计洪水位，干滩长度已严重不满足设计要求，有洪水漫坝的危险；排水隧洞、涵洞、管道结构开裂，排水井位移等造成尾矿泄漏等。当出现洪水漫坝、地震溃坝、坝体滑塌、排水构筑物倒塌或岸坡滑塌造成尾矿库失去或部分失去使用功能，灾害已经形成，而采取的救援、防止灾害扩大的工作属于尾矿库抢险。

尾矿库抢险工作具有以下特点：

（1）抢险具有紧急性。抢险有别于尾矿库病害的治理和灾后治理，尾矿库险情具有突发性的特点。当险情发生时，为了减少灾害的直接损失和次生灾害的发生，应立即组织相关人员进行抢险工作。

（2）抢险具有针对性。尾矿库的险情或事故隐患具有不确定性，如坝体出现裂缝、管涌或流土、滑塌的迹象，有垮塌的危险，在雨季有洪水漫坝的危险，排水隧洞、涵洞、管道堵塞等都会导致尾矿库出现险情，每种险情的形成原因及危害不尽相同，因此要针对每种险情采取不同的抢险措施。

（3）抢险具有长期性。国家对尾矿库的安全十分重视，针对尾矿库的安全管理已经取得明显的成效，但由于以下原因，尾矿库安全事故还有发生的可能性。

1）尾矿库多处于地质环境复杂的区域，暴雨、洪水和地震对其产生的破坏性很大，但由于暴雨、洪水和地震存在不确定性，目前人类对暴雨、洪水不能完全控制，对地震不能准确预测。

2）目前尾矿库的设计中，大多参考水利行业的暴雨等值线图和经验公式作为计算依据，而水利行业的经验公式所依据的流域面积要比尾矿库的流域大得多。且水利行业实测资料不足 50 年，尾矿库设计中防护标准的计算频率外延到百年以上，其结果误差较大，这个也不是短期能解决的问题。

3）尾矿库的防洪标准是按等级划分的，一 ~ 三等尾矿库防洪标准高，设计洪水出现的概率小，而四 ~ 五等尾矿库防洪标准低，设计洪水出现的概率要大。而目前我国四 ~ 五等尾矿库数量很大，多数尾矿库的防洪标准较低，另外对于高坝尾矿库，其干滩长度较短，防洪标准也很难控制，因此出现危险的概率较大。

4）尾矿库在使用过程中仍然存在管理不到位的问题，如在暴雨洪水期前，对排洪设施的排查和排洪沟的清淤工作，都会导致尾矿库出现险情。

11.2　尾矿库险情类型

根据国内尾矿库事故的统计资料分析，导致尾矿库事故的因素主要有洪水漫顶、坝基渗漏、坝体破坏、排洪设施失效、不良地质作用和其他等，其中洪水漫顶占 28%，坝基渗漏占 22%，坝体破坏占 19%，排洪设施破坏占 16%，不良地质作用占 10%，其他原因占 5%。

按照尾矿库事故的直接原因分析，可以将尾矿库险情归纳为以下四种类型：

（1）洪水及排水系统引起的险情；

（2）坝体破坏及坝基渗漏引起的险情；

（3）不良地质作用引起的险情；

（4）其他原因引起的险情。

11.3　抢险的实施及技术措施

11.3.1　抢险工作的内容和程序

险情出现后，企业应在 1h 内向上级主管部门和政府主管部门报告，并迅速启动应急预案，需要开展的工作主要有两项：一项是险情区域的防治和抢险工作；另一项是库区下游为防止和减小危害而实施的拦蓄工程以及可能受灾区居民的安置工作。

对于险情区域的防治主要考虑的是延缓灾情，甚至使灾情不再发生，例如尾矿库在汛期库水位已不满足干滩长度的要求水位时，还在上涨，通过拦挡引流等措施，使库水位不再上升，以避免溃坝的危害；对于排洪构筑物损坏而发生的尾矿泄漏，采用抢修损坏的排洪构筑物和封堵技术使其不再泄漏。类似这样的治理是消除险情的治理。当险情突然发生，如洪水漫顶，坝体突然滑塌、地震溃坝等，应主要查清出险的部位、尾矿库各个使用功能部位的现状情况、险情对尾矿库使用的影响、险情发生的原因、可能造成的危害以及采取的抢险措施等。

对于抢险措施，主要考虑的是采取有效措施对已出现的险情进行快速而有效的控制，采用的技术措施要因地制宜，便于操作，施工快捷。抢险的物料就地取材，物资准备充分，所用的施工力量要打过“硬仗”，具有能打“硬仗”的能力，抢险措施的制订应请设计单位参加，方案制订后宜组织“专家审查”使方案更完整，先进合理、适用性强。道路交通、通信、水、电等系统应该在抢险开始前到位，满足抢险工程施工的需要。抢险工作若涉及土地占用及影响施工的构筑物拆迁，应及早做好群众工作，不能因这些问题影响抢险工程进度。

抢险工作要在抢险指挥部领导下进行，抢险工作要符合相应的施工技术规范，保证工程质量，同时要执行安全施工的各项要求。抢险工程实施结束后，按工序及时组织质量验收和安全检查，并组织专家进行论证分析，对存在的隐患进行治理。

库区的下游是险情造成的受害区域，为防止和减少危害，尾矿库施工时应在其下游设置沉砂池、拦渣坝等构筑物，以确保泄露的尾矿不流入下游居民区或农田。灾情发生后，企业应在政府的统一领导下成立专门的机构负责处理受灾居民的安置、灾后重建及赔偿等相关工作。

11.3.2 抢险技术措施

1. 干滩长度控制措施

在雨季，持续的降雨会造成尾矿库水位上涨，尾矿库沉积滩的干滩长度不满足设计要求，为了防止溃坝，采取沉积滩堆堤、引水，控制滩面水位等措施，在沉积滩上可以平行水面线筑堤，也可以在岸边开沟，把库内洪水引出库外。

袋装尾砂临时防洪堤结构一般采用土袋装尾砂码砌，逐步加高，上游坡面采用彩条布防渗，彩条布的搭接长度不小于 1m，接缝处用土袋压实，沉积滩砌筑的临时防洪堤结构见图 11.3–1。岸坡引水渠结构一般是在引水渠铺设不少于 2 层的彩条布，在靠岸坡和靠尾砂一侧，用土袋装土或尾砂护岸来固定彩条布；渠堤的连接，堤端做成斜坡，彩条布沿迎水面裹到渠内，岸坡引水渠结构见图 11.3–2。

陕西山阳县 2020 年 8 月 6 日特大暴雨发生时，某矿业山塘尾矿库的干滩长度只有 10m，水位还在上涨，抢险中采用了上述方法，把库内洪水引到下游的溢洪道，使库水位不再上涨，尾矿库安全度汛，没有把险情变成灾害事故。

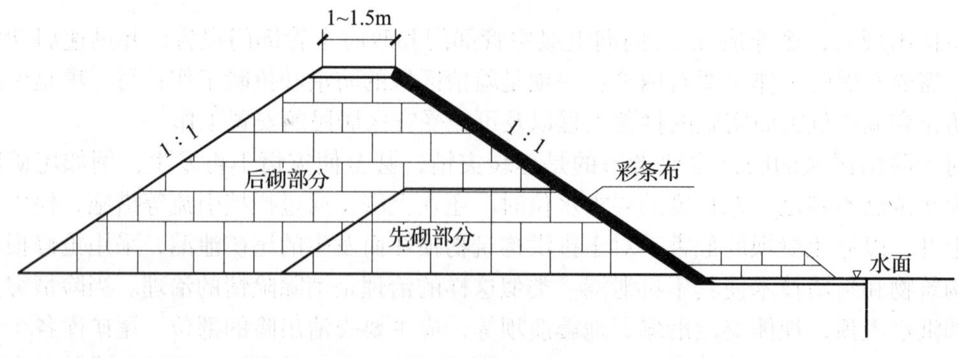

图 11.3–1 袋装尾砂临时防洪堤结构图

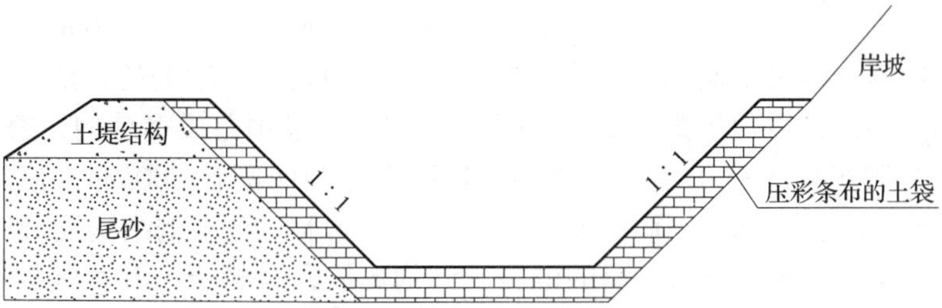

图 11.3–2　引水渠结构图

2. 坝面滑塌的处理

坝面滑塌往往与洪水漫坝相伴随，当发生洪水漫坝时，洪水从坝面通过，从坝顶到坝脚水流流速越来越快，从坝面拉出一道或几道冲沟。随着沿途水流的向下冲刷，两岸和沟底高差也越来越大，有的冲沟高度达数十米，冲沟两岸发生塌岸，水流冲刷的过程，把大量的坝体材料带到坝体以外的冲沟或河道，形成泥沙流。由于坝面冲沟外的沟道或河道坡度远比坝面小，大量泥沙流物质会在沟道或河道形成淤积。

治理滑塌的原则是上部减载，下部压重，严禁在坡脚挖土。从整个尾矿坝体来看，初期坝起着下部压重的作用，首先对初期坝部分进行治理，清理覆盖在初期坝面尾砂和淤泥，对破损进行修补，必要时对初期坝进行贴坡加固或坡脚加固，加固材料主要为透水好的砂石料。若有表面水流冲刷坝体，离散砂石料抗冲击不足，需选用铅丝石笼加固，后加的堆石体和先前的排水棱体相连接使排水通畅。反滤层要根据具体情况确定是否设置。

对于堆积坝上的冲沟，可以采用尾砂回填，也可采用土石料回填，回填前先铺设土工布并埋设排渗管，做法同一般堆积坝的排渗管，防止坝体细颗粒被尾矿水带出。在回填前对两侧进行削坡，坡度不能陡于 1∶1，填土应分层压实，冲沟回填完后，应恢复坝面排水沟和植被。削坡可以边填边削，也可以用削坡土做回填土源。

除了冲沟回填外，还有冲坑，冲坑的回填要做好周边削坡，回填应分层夯实。

同时，对坝下的沟道、河道的淤积物也要进行清理。对于沟道先要疏通水路，河道疏通后，妥善处理两岸堆积物和淤积物，做好防护，防止二次污染。

3. 尾矿泄漏的处理

溃坝会形成尾矿库尾矿泄漏。除此之外，尾矿泄漏还会发生在断裂的隧洞、涵洞、管道中，在实际工作中这种事故更多，其危害和溃坝类似，有的比溃坝的影响范围更大，这类泄漏往往伴随着库面出现塌坑的现象。抢险工作面临的问题是在最短时间内制止泄漏，分两种情况：第一种情况，隧洞、涵洞、管道在以后的运行中不再使用；第二种情况，隧洞、涵洞、管道还要继续使用或部分继续使用。

针对第一种情况，采用的办法就是从洞口或洞身有塌坑处大量投土石料，其原理是用土石料堵塞洞口或洞身，在洞口或洞身靠水力的自然分选作用来形成堵塞体，一般情况下是先投石块等大骨料，形成骨架后，再投混合土石料。从工程实践来看，约 2 ~ 3d 的时间就能形成阻塞，使尾矿不再泄漏，抢险结束后用混凝土进行永久堵漏。抢险工程实践中，双河钒矿尾矿库的斜井，用这种堵漏方法处理后泄漏点不再有水漏出，洋钒砭家沟尾矿库用这种方法堵漏处理后泄漏点只有清水渗出，上述两个尾矿库采用该方法均取得了成功。

第二种情况在两个尾矿库中进行了实践，一是金堆城钼业公司栗西沟尾矿库的排洪隧洞，隧洞断面尺寸 2.0m × 2.5m，隧洞塌陷长度达 200m，另有约 500m 可以利用。为了利用未塌陷的隧洞，解决汛期库水位升高的问题，采用钢堵头堵漏的方法。钢堵头位于未塌陷隧洞与塌陷隧洞接触位置的较完整基岩处，钢堵头采用叠梁钢结构，叠梁钢选用 45b 型槽钢，槽钢之间采用毛毡止水，叠梁钢结构嵌入隧洞两侧各 500mm，在叠梁钢结构下部设置直径 600mm 的导水管，排出塌陷隧洞内的地下水。叠梁钢结构安装完成后，在叠梁钢结构未塌陷隧洞一侧浇筑 4m 厚的混凝土结构形成永久封堵，并在其施工完成 7d 后，开始向库内排送尾矿。另一工程实例是金堆城钼业公司的木子沟尾矿库，尾矿库库面以下 12m 回水钢管断裂，尾矿泄漏，在库面形成直径 30m 的塌坑。回水钢管直径为 450mm，钢管断裂情况不详。抢险采用沉砾排砂方法，以砾石充填沉砂漏斗和断裂钢管周围，再用水玻璃和水泥的混合浆液对回填的砂砾石进行灌浆，用砂砾石置换尾砂，解决了水玻璃和水泥的混合浆液在尾砂中的可灌性问题和回填砂砾石孔隙大滤不住尾砂的问题。灌浆效果采用在回水钢管出口检测 pH 值来控制，开始灌浆时，pH 值大于 7，当连续检测到的 pH 小于或等于 7 时就达到了抢险施工控制的要求。

4. 渗透变形问题的处理

尾矿库渗透变形的发生很突然，特别是在高水位时，应特别注意，这也是坝体汛期巡查的重点。如在某尾矿库的抢险中，库水位的干滩长度只有 10m，当时在下游坡面出现了 2 个直径 3m 的塌坑。其中一个塌坑位于坝体内埋设的 ϕ300 管道的出口处，管道未见流水，渗透破坏是沿管道外壁发生的；另一个塌坑位于坝内埋设的排渗管出口处。抢险采用在坑底铺设土工布，再在土工布上铺设排渗管，并用装有尾矿的砂袋对塌坑进行填埋，阻止了渗透变形破坏的进一步发展。

5. 尾矿库泄漏期间下游作业的安全问题

尾矿库发生泄漏后，库内表面尾矿水流失，受尾矿沉积规律的影响，当库内存在临空面时，尾矿中孔隙水会逐渐析出和上层滞水突然涌出，且尾矿水的析出或涌出是不连续的，有突发性特点，因此，抢险期间尾矿库下游的作业必须谨慎。如某尾矿库部分坝体垮塌后，在下游沟道修路，作业设备放在沟底而没有放在相对安全的岸边，上游尾矿泥突然流下来，致使 3 人死亡。

11.4 抢险后的处理

按照《生产安全事故报告和调查处理条例》(国务院令第 493 号)第三条，根据生产安全事故造成的人员伤亡或者直接经济损失，事故一般分为特别重大事故、重大事故、较大事故、一般事故。

抢险是生产安全事故应急处理的一个重要环节，抢险过程中应按照国家相关条例要求立即启动相应的事故应急程序，如尾矿库生产安全事故报告、事故调查以及事故处理等程序，具体程序可参考国家及各级人民政府主管部门颁发的条例，如《生产安全事故报告和调查处理条例》(国务院令第 493 号)、原国家安全生产监督管理总局关于修改《〈生产安全事故报告和调查处理条例〉罚款处罚暂行规定》部分条款的决定（国安家全生产监督管理总局令第 42 号)、原国家安全生产监督管理总局关于修改《〈生产安全事故报告和调查处理条例〉罚款处罚暂行规定》等四部规章的决定（国家安全生产监督管理总局令第

77 号）、《生产安全事故应急条例》（国务院令第 708 号）、应急管理部关于修改《生产安全事故应急预案管理办法》的决定（应急管理部令第 2 号）。

11.5 尾矿库事故案例

11.5.1 洪水及排水系统险情导致的事故

1. 牛角垅尾矿库

该尾矿库位于湖南省郴州地区，山谷型尾矿库。初期坝坝高 16m，坝顶宽度 3m，坝长 92m。采用上游式水力冲填筑坝，尾矿堆积坝坝高 41.5m，库容 $1.5\times10^6m^3$。库内设有断面为 1.2m × 1.9m 的排水涵洞，长度约 570m，库尾设有断面为 4.0m × 2.9m，长度 222.7m 的截洪沟，将库区洪水排入东河。溃坝前该库已堆尾矿约 $110\times10^4m^3$，1985 年 8 月 25 日连降暴雨，雨量达到 429.8mm，属于数百年不遇的特大洪水（郴州地区最大降水量为 180mm）。由于洪水超标，加之暴雨时大量泥石流下泄，上游洪水越过截水沟进入尾矿库，超标洪水致尾矿库水位上涨，造成洪水漫顶冲垮坝体，形成近 60m 长的缺口，导致尾矿堆积坝全部冲溃，尾矿流失量达 $100\times10^4m^3$ 左右，见图 11.5–1。本次超标洪水灾害造成 49 人死亡，冲毁房屋 39 栋，输电、通信线路被毁近 8km，公路损坏 7.3km，直接经济损失达 1 300 多万元。

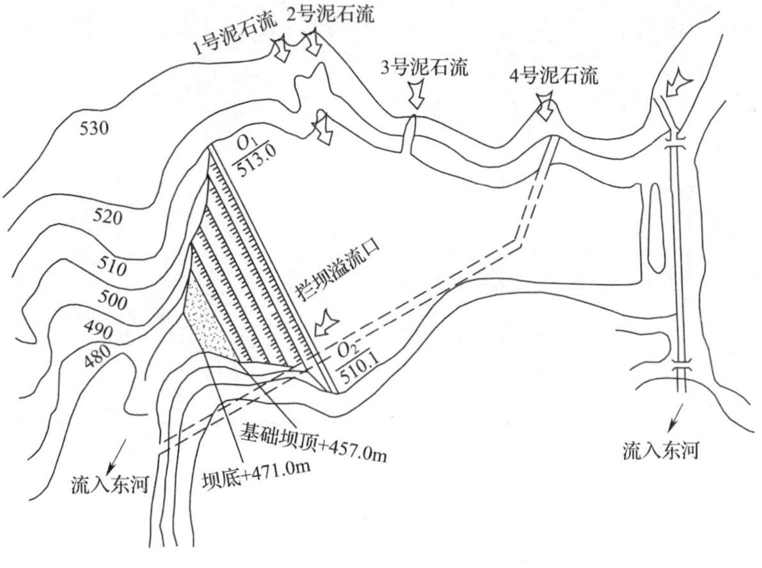

图 11.5–1　尾矿堆积坝及泥石流作用示意图

类似洪水漫顶溃坝事故实例还有：1962 年 7 月 2 日，银山铅锌矿尾矿坝因洪水造成初期坝决口溃坝，致部分尾矿泄漏造成环境污染；1994 年 7 月 12 日，新冶铜矿龙角山尾矿坝因发生超标洪水，造成洪水漫顶导致溃坝，造成 26 人死亡、2 人失踪和重大经济损失。

2. 洛南县 8.6 特大暴雨尾矿库事故

2020 年 8 月 5 日 20 时至 8 月 6 日 2 时，洛南县石门镇区域普降特大暴雨，6h 降雨量达 204.8mm，洪水造成石门河多处桥梁坍塌、公路冲毁、部分民房进水或倒塌，供电、通信中断，部分尾矿库出现了不同程度的险情，其中有 5 座尾矿库出现了不同程度的事故，部分尾矿泄漏造成环境污染，共流失尾矿及水体约 $100 \times 10^4 m^3$，造成下游石门河、洛河（部分）范围内河道严重污染，直接经济损失 1.5 亿元。

通过对事故的分析，受灾严重的尾矿库设计防洪标准均为 200 年一遇，设计 200 年一遇 6h 降雨量为 167mm。而在这次事故中，收集相关资料后分析得知，此次洛南县石门镇区域普降特大暴雨，6h 降雨量达 204.8mm，因此，本次特大暴雨已超过设计防洪标准。

在本次降雨过程中，事故尾矿库均是因为暴雨引发泥石流造成库内排洪系统淤堵，影响泄流能力，导致洪水冲刷堆积坝坡面，造成堆积坝体冲刷破坏或初期坝局部被冲刷导致滑塌。应急抢险主要采取疏通或增设库内排水系统和坝体加固措施。

（1）排水系统的应急措施。

疏通和恢复库内已有排洪系统，包括疏通岸边和马道排水沟，库内有积水的采用机械方式抽排降低库水位，如队伍沟由于泥石流使尾矿库排洪涵洞淤堵，导致库内水位骤升，尾矿堆积坝坝体出现拉沟，抢险采用 2 台清污泵先连续抽排库内尾矿水，降低库内水位，为涵洞清淤创造条件，见图 11.5–2。

（a）排洪涵洞淤堵

（b）坝体拉沟

图 11.5–2 队伍沟尾矿库受灾情况

对堆积坝坡面有不同程度冲沟的尾矿库，为了防止冲沟的继续扩大而影响坝体稳定，采取尾砂回填和彩条布覆盖的综合应急措施，见图 11.5–3。

小沟尾矿库的尾矿堆积坝坝体及滩面形成长 120 ~ 160m、宽 20 ~ 30m、深 20 ~ 30m 的“倒三角”型大冲沟，由于坝坡排水系统失效，为了防止冲沟坡面雨水再次无规则泄洪影响初期坝的安全，应急措施采取土石堤坝、铺设彩条布的临时导排方式将库内雨洪水导排至初期坝一侧截洪沟或邻沟，见图 11.5–4；同样在东林沟尾矿库、王扒沟尾矿库和队伍沟尾矿库均采取了相同的措施进行应急抢险。

（a）库水位漫顶及尾砂回填　　（b）坝顶回填后铺设彩条布

图 11.5-3　队伍沟尾矿库应急措施

（a）初期坝土石压坡　　（b）岸边临时导排明渠

图 11.5-4　小沟尾矿库应急措施

（2）坝体加固的应急措施。

初期坝出现险情时，为了防止初期坝再次滑塌，在初期坝的下游坡脚采取块石回填和铺设彩条布的处置方案，如东林沟尾矿库和小刺沟尾矿库，见图 11.5-5、图 11.5-6。

图 11.5–5 东林沟尾矿库初期坝滑塌及坡脚加固

（a）坝面回填土石

（b）坝面铺设彩条布

图 11.5–6 小刺沟尾矿库应急处置

3. 紫金矿业银岩锡矿高旗岭尾矿库

2010 年 9 月 21 日，受台风“凡亚比”带来的罕见特大暴雨影响，茂名市信宜紫金矿业有限公司银岩锡矿高旗岭尾矿库发生溃坝事件，共造成 22 人死亡，房屋全倒户 523 户、受损户 815 户。受溃坝影响，下游流域范围内交通、水利等公共基础设施以及农田、农作物等严重损毁。

调查发现，该尾矿库设计水文参数和汇水面积取值不合理，致使该尾矿库实际防洪标准偏低。具体原因为：①原设计 200 年一遇标准降雨量取值不合理；经复核，银岩锡矿区 200 年一遇降雨量应为 424mm，而原设计选取 200 年一遇降雨量为 379.5mm，偏差 44.5mm；②尾矿库汇水面积设计取值存在较大误差；原设计采用的尾矿库汇水面积为 2.503km^2，而经省国土资源测绘院重新测量，高旗岭尾矿库的总汇水面积实际应为 3.743km^2，设计取值比实际值小 1.24km^2，导致排洪压力比原设计的大；③原设计未考虑设置应急排洪设施；尾矿库安全预评价报告提出，按 200 年一遇暴雨洪水标准，调洪水位距坝顶仅 0.03m，不满足

1.0m 的规范要求，有洪水漫坝可能，现场勘察时没有发现应急排洪设施。

另外，企业对尾矿库运行管理安全责任落实不到位。尾矿库排水井在施工过程中进水口标高被擅自抬高。经查，该尾矿库 1 号排水井最低进水口原设计标高为 749m，但实际标高为 751.597m，被擅自修改抬高了 2.597m，严重影响了排水井的泄洪能力。按规定，在汛期来临前，企业要把 1 号排水井下部 6 个进水孔拱板全部打开，将尾矿库区水位降到最低。但经现场核查，1 号排水井下部 6 个进水孔基本被拱板挡住，造成超蓄而降低排洪能力。

4. 栗西沟尾矿库

栗西沟尾矿库位于陕西省华县，隶属于金堆城钼业集团有限公司。栗西沟属于黄河水系的南洛河的四级支流，栗西沟水流入麻坪河经石门河进入南洛河中。栗西沟尾矿库汇水面积 10km^2，尾矿库洪水经排洪隧洞排入邻沟中再进入麻坪河。尾矿库初期坝为透水堆石坝，坝高 40.5m，上游式筑坝，尾矿堆积坝高 124m，总坝高 164.5m，总库容 1.65×10^8m^3。尾矿库排洪系统设于库区左岸，原设计由排洪斜槽、两座排洪井（1 号排洪井、2 号排洪井）、排洪涵管及排洪隧洞组成。排洪隧洞断面为宽 3.0m、高 3.72m 的城门洞形，底坡 1.25%，全长 848m，其中进口高 30m 为马蹄形明洞，隧洞中 614m 长洞段拱顶未进行衬砌，后因排洪涵管基础存在不均匀沉陷等问题，在原设计排洪系统使用 3 ~ 5 年后，另外建新排洪系统。

新建排洪系统除利用原排洪隧洞外，另新建 1 条排洪隧洞和两座排洪井（新 1 号排洪井、新 2 号排洪井），并在距原排洪隧洞进口的 49.5m 处新建一座内径 3.0m 的排洪竖井（新 3 号排洪井），排洪隧洞断面同原排洪隧洞断面尺寸，排洪隧洞长 471.6m，排洪系统平面位置见图 11.5–7。

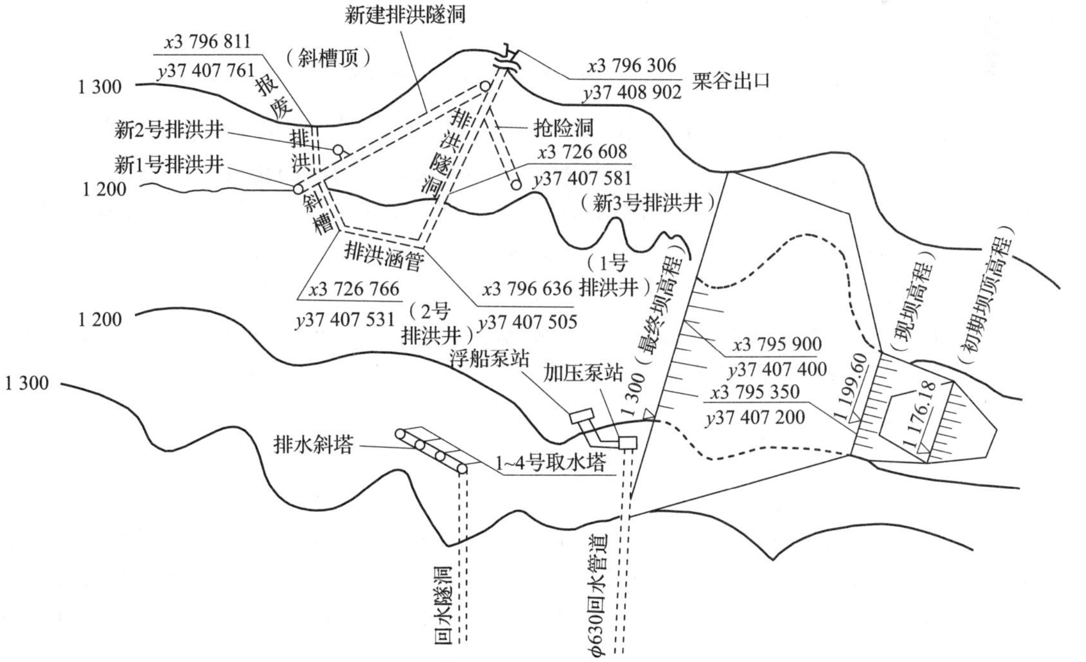

图 11.5–7　排洪系统平面位置图

该库于1983年10月投入运行，排洪隧洞于1984年7月起开始排洪。随着生产运行，库内尾矿堆积逐年增高，隧洞内漏水量也相应增大，至1988年4月6日漏水量已达332.3m^3/h，库内水位高程1 189m。

1988年4月13日23时左右在距新3号排洪井43 ~ 45m处，隧洞上方距轴线约1.5m水面发生漩涡，水面开始下降，至4月14日凌晨3时30分左右，库内水位已下降1m多，库内尾矿水已基本泄尽。此时，库面发现第一塌陷区，长约26.5m、宽约42m、深约27m、塌陷体约为1.8×10^4m^3。至晚上9时左右又发生第二塌陷区、长约14m、宽约27m、深约48m、塌陷体约为1.5×10^4m^3，两塌陷体总体积达3.3×10^4m^3。栗西沟尾矿库排洪隧洞塌陷段纵断面见图11.5-8。

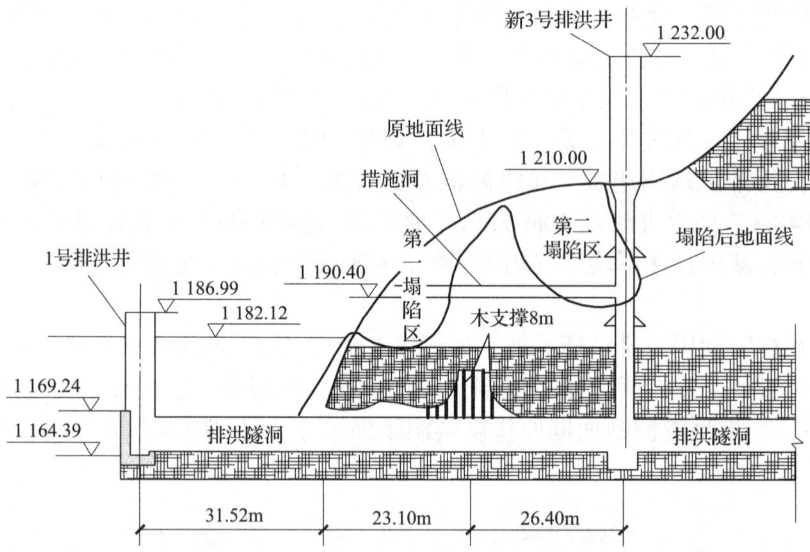

图11.5-8 栗西沟尾矿库排洪隧洞塌陷段纵断面图

本次排洪隧洞塌落事故共流失尾矿及尾矿水1.36×10^6m^3，造成栗西沟下游的栗峪沟、麻坪河、石门河、洛河、伊洛河及黄河沿线长达440km范围内河道受到严重污染。本次事故造成736亩耕地被淹没，危及树木235万株、水井118眼，冲毁中小型桥梁132座、涵洞14个，公路8.9km被毁，受损河堤长度18km，经济损失近3 000万元。

产生这一事故的主要原因是在排洪隧洞施工过程中未及时处理塌落的临空区（高达19m）而造成隐患。当库内堆存尾矿达到一定厚度时，临空区上部承载力失衡造成突然塌落，从而导致排洪隧洞塌落事故。

5. 木子沟尾矿库

该库位于陕西省华县金堆城镇，隶属于金堆城钼业集团有限公司。木子沟为文峪河支流，文峪河水直接流入南洛河。

该库为山谷型尾矿库，汇水面积为5km^2。初期坝为透水坝，筑坝材料为采矿废石，坝高61m，坝长160m，坝顶宽度40m，内坡比1∶1.66，外坡比1∶1.68。由于坝体不均匀沉陷，曾进行了加固处理，处理后坝顶宽度30m，外坡比调整为1∶3 ~ 1∶3.5。尾矿堆积坝采用上游式筑坝，最终堆积标高1 240.5m，尾矿堆积坝高61.5m，总坝高122.5m，总库容2.2×10^7m^3。尾矿库排水设施平面位置见图11.5-9。

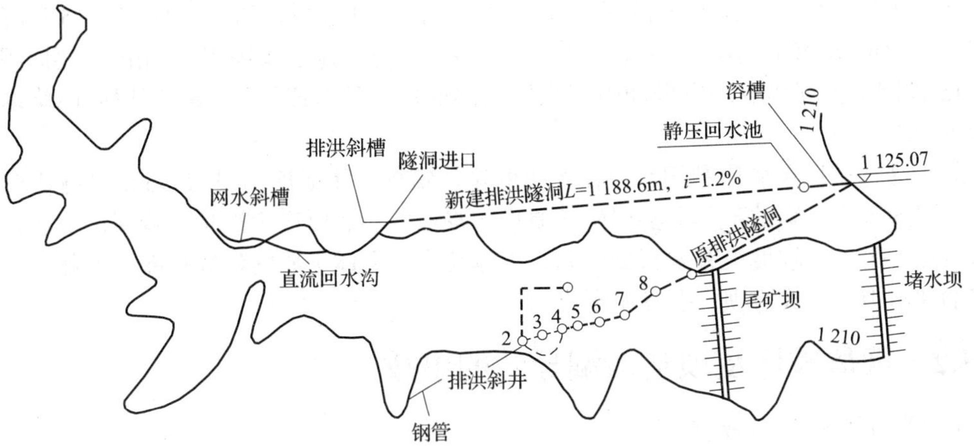

图 11.5–9　尾矿库排水设施平面位置图

尾矿库排洪系统由排水斜槽（双格 0.8m × 0.8m，长 50m）、涵洞（断面为 $2m^2$ 的椭圆形钢筋混凝土结构，长 317.07m）及隧洞（断面为 $4m^2$，长 604.2m）所组成。

该库于 1970 年投入运行，运行前 10 年情况基本正常。但在 1980 年底以后，先后多次发现尾矿库内沉积滩面发生塌陷，经检查发现在 3 号井与 4 号井之间涵洞产生横向断裂，裂缝呈左宽右窄、上宽下窄形状，为环向贯通裂缝，裂缝宽度最小 20mm，最大 180mm，裂缝深度达 250mm 以上。分布钢筋全部断开，在裂缝两边各 3m 范围尚有 10 余处小裂缝，裂缝宽度 2 ~ 8mm 不等。在距主裂缝 6m 处原施工沉降缝有较大开裂，由原设计缝宽 30mm 发展为 120mm，并在底部错开形成上高下低的台阶状。

经洞内衬砌封堵处理后，仍不能正常运行，在洞顶水头 27.67m 的条件下，尾矿间歇式大量泄漏，泄漏在裂缝处呈喷射状，射距达 4m。二次处理采用封闭灌浆方案，在断裂处经聚氨酯灌浆进行固砂封闭，达到了预期的目的，未再发生新的泄漏事故。

排洪涵洞断裂是基础不均匀沉降和侧向位移所致。该处工程地质资料表明：断裂地段涵洞地基为淤泥质粉质黏土与基岩，地基的不均匀沉降导致了涵洞产生沉降断裂。本次涵洞断裂事故对木子沟及文峪河造成了污染，经济损失达 450 万元。

6. 山西省太原市娄烦县“8.15”尾矿库溃坝事故

2006 年 8 月 15 日晚 22 时左右，位于太原市娄烦县的银岩选矿厂和新阳光选矿厂相继发生尾矿库溃坝事故，事故造成 6 人死亡、1 人失踪、21 人受伤。

娄烦县银岩选矿厂位于娄烦县马家庄乡蔡家庄村随羊沟内，建于 2005 年 4 月，尾矿库库容约为 $2.4 \times 10^5 m^3$。

娄烦县新阳光选矿厂位于银岩选矿厂尾矿坝下游 350m 处，距下游的蔡家庄村 600 余米，建于 2004 年 3 月 8 日，尾矿库库容约为 $7.0 \times 10^5 m^3$。

2006 年 8 月 15 日晚 21 时 30 分左右，随羊沟内上游的娄烦县银岩选矿厂尾矿库溃坝，尾矿及尾矿水涌入下游的新阳光选矿厂尾矿库，造成该库坝体垮塌。大量的尾矿浆掺着虚土形成泥石流沿着河道直冲入下游，造成 22 人受伤，一个加油站被淹没，大量房屋、商铺被冲毁，高压电线杆倾倒后产生的电火花引发储油罐着火。

事故发生的原因：银岩选矿厂尾矿库坝体为黄土堆筑不透水坝，库内长期单侧集中放矿，而且未设置任何排渗排水设施，致使库内水位长期过高，加之 8 月 13—15 日降雨相对集中，使坝体浸润线在短期内急剧升高，是造成银岩选矿厂尾矿库垮塌的主要原因。另外，15 日铲车上坝作业产生振动引起坝体局部液化，是造成银岩选矿厂尾矿库垮塌的直接原因。

新阳光选矿厂尾矿库利用旋流器产生的尾砂筑坝，尾矿库内设有 $\phi500$ 的排洪管及排洪井，但库容小，容纳不了上游尾矿库溃坝的浆液，必然要产生漫顶，现场的痕迹也证实了这一点。另外，坝坡没有做石砌加固，坝体及周边山体土质的稳固性差，不能有效阻挡尾浆的冲击力，造成垮坝，引发泥石流。

11.5.2 坝体破坏及坝基渗漏导致的事故

1. 鸿图选矿厂尾矿库

鸿图选矿厂位于广西壮族自治区南丹县大厂镇，设计生产规模 120t/d。1999 年建成投产，实际处理能力为 200t/d，为山谷型尾矿库，未进行正规设计，初期坝为浆砌石不透水坝，坝顶宽 4m，坝长 25.5m，地上部分高 2.2m，埋入地下约 4m，堆积坝采用集中放矿上游式筑坝，堆积坝总高 9m，库容 $2.74 \times 10^4 m^3$，未设置排洪设施。

2000 年 10 月 18 日上午 9 时 50 分，尾矿堆积坝中部底层首先垮塌，随后整个堆积坝全面垮塌，尾砂和尾矿水直冲坝下游被对面山坡反弹后，再沿坝侧 20m 宽的山谷向下游冲出 700m，共冲出尾矿和尾矿水 $1.43 \times 10^4 m^3$。此次垮坝事故造成 28 人死亡，56 人受伤，直接经济损失 340 万元。

事故的直接原因是初期坝为不透水坝，坝体处于饱和状态，尾矿库长期高水位运行，干滩长仅 4m，坝面沼泽化严重，造成坝体失稳。

2. 镇安金矿尾矿库

镇安金矿尾矿库位于陕西省商洛市镇安县，为山谷型尾矿库，原设计初期坝高 20m，堆积坝采用上游式尾矿筑坝，尾矿较细，粒径小于 0.074mm 的占 90% 以上。堆积坡比 1∶5，并设排渗设施。堆积高度 16m，总坝高 36m，总库容 $2.8 \times 10^5 m^3$。1993 年投入运行，在生产中改为土石料堆筑子坝至标高 735m 时，已接近设计最终堆积标高 736m，下游坡比为 1∶1.5。此后，未经论证、设计，擅自进行加高扩容，采用土石料按 1∶1.5 坡比向上游推进实施了三次加高增容工程，总坝高 50m，总库容约 $1.05 \times 10^6 m^3$。2006 年 4 月又开始进行第四次加高扩容，采用土石料向库内推进 10m 加筑 4m 高子坝一道，至 4 月 30 日 18 时 24 分子坝施工至最大坝高处突发坝体失稳溃决，流失尾矿浆约 $1.5 \times 10^5 m^3$，造成 17 人失踪，5 人受伤，摧毁民房 76 间，见图 11.5-10 和图 11.5-11。经采取应急措施，控制含有超标氰化物的尾矿浆对环境的污染。

据调查，该尾矿库 1992 年 12 月由兰州有色冶金设计研究院提供初步设计，初期坝坝顶标高 720m，坝高 20m，坝顶长 56m；二期坝坝顶标高 735m，坝高 34m，坝顶长 68m，总库容为 $2.711 \times 10^5 m^3$；1997 年 7 月、2000 年 5 月、2002 年 7 月，在二期坝坝顶标高 735m 的基础上，镇安黄金矿业公司又分别三次对尾矿库坝体进行加高扩容，简称为三期坝、四期坝和五期坝，三次坝体加高扩容使尾矿库实际库容达到 $1.05 \times 10^6 m^3$，坝高达到 50m，坝顶长 164m，坝顶标高 750m。2006 年 4 月，镇安黄金矿业公司第四次对尾矿库坝体进行加高扩容，简称为六期坝，子坝高 4m，见图 11.5-12。

图 11.5-10　尾矿堆积坝溃决

图 11.5-11　溃坝后的灾害情景

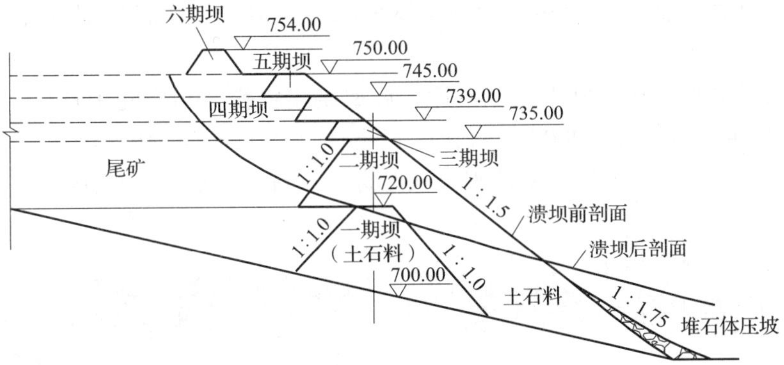

图 11.5-12　镇安金矿尾矿坝筑坝示意图

事故原因分析：

（1）多次违规加高扩容，尾矿库坝体超高并形成高陡边坡。1997 年 7 月、2000 年 5 月和 2002 年 7 月，镇安黄金矿业公司在没有勘察资料、没有进行安全条件论证、没有进行正规设计的情况下擅自实施了三期坝、四期坝和五期坝加高扩容工程；使得尾矿库实际坝顶标高达到 750m，实际坝高达 50m，均超过原设计坝高 16m；下游坡比实为 1∶1.5，低于安全稳定的坡比，形成高陡边坡，造成尾矿库坝体处于临界危险状态。2006 年 4 月，镇安黄金矿业公司又在未报经安监部门审查批准的情况下进行六期坝加高扩容施工，总坝顶标高达到 754m，实际坝高达 54m，使坝体失稳。

（2）尾矿库最小干滩长度和最小安全超高不符合安全规定。该矿山矿石属氧化矿，经选矿后，尾矿渣颗粒较细，在排放的尾矿渣粒度发生变化后，镇安黄金矿业公司没有采取相应的筑坝和放矿方式，并且超量排放尾矿渣，造成库内尾矿渣升高过快，尾矿渣固结时间缩短，坝体稳定性变差。

（3）当坝体下滑力大于极限抗滑强度时，导致圆弧型滑坡破坏。与溃坝事故现场目测的滑坡现状吻合。同时由于垂直高度达 54m，势能较大，滑坡体本身呈饱和状态，加上库内水体的迅速下泄补给，滑坡体迅速转变为黏性泥石流，形成冲击力，导致尾矿库溃坝。

造成此次尾矿库特大溃坝伤亡事故的直接原因是：镇安黄金矿业公司在尾矿库坝体达到最终设计坝高后，未进行安全论证和正规设计，而擅自进行三次加高扩容，形成了实际坝高 50m、下游坡比为 1∶1.5 的临界危险状态的坝体。更为严重的是在 2006 年 4 月，该公司未进行安全论证、环境影响评价和正规设计，又违规组织对尾矿库坝体加高扩容，致使坝体下滑力大于极限抗滑强度，导致坝体失稳，发生溃坝事故。

3. 9·8 山西襄汾新塔矿业尾矿库溃坝事故

2008 年 9 月 8 日 7 时 58 分，山西省襄汾县新塔矿业有限公司新塔矿区 980 平硐尾矿库发生特别重大溃坝事故。事故造成尾矿和尾矿水泄漏 $2.68\times10^5m^3$，泥沙流面积 $3.02\times10^5m^2$，冲毁下游 500m 处的矿区办公楼、集贸市场和部分民宅，造成 277 人死亡、4 人失踪、33 人受伤，直接经济损失达 9 619.2 万元。

1992 年尾矿库被封闭，先后采取碎石填平、黄土覆盖坝顶、植树绿化、库区上方建设排洪明渠等闭库处理措施。新塔矿业公司通过拍卖购得铁矿产权，因擅自在旧库上挖库排尾，从而造成尾矿库大面积液化，坝体失稳，并引发了这起特别重大溃坝事故，见图 11.5–13。

发生事故的新塔矿区 980 平硐尾矿库，原属临汾钢铁公司塔儿山铁矿，建于 20 世纪 80 年代，1992 年停止使用。2005 年由新塔矿业有限公司继续使用，因矿下需要通风，所以需要经常从矿下抽水，被抽出来的水直接经选矿厂排入尾矿库，见图 11.5–14。

图 11.5–13　980 平硐尾矿库溃坝后现场照片

图 11.5–14　980 平硐尾矿库溃坝前现场照片

从图 11.5–14 可以看出，尾矿库内无干滩长度，在高浸润线的情况下，尾矿库水对坝体的长期浸泡使其抗剪强度降低，尾矿库水对坝体的渗透破坏力增强，直接导致尾矿库溃坝。

尾矿库溃坝事故发生后，国家安监总局在尾矿库排查中发现其临近的利明尾矿库无干滩长度，初期坝坝顶沼泽化严重，见图 11.5–15，有发生溃坝的风险，将其列为险库并组织进行抢险。

利明尾矿库始建于 2004 年 6 月，为傍山型尾矿库，坝高约 34.0m，初期坝底宽 15.0m，初期坝坝高约 7.0m，初期坝外坡比 1∶1，黄土筑坝；堆积坝为上游式冲积筑坝。本书作者参与了该尾矿库的抢险工作，采取在坝面布置降水井，从井内抽水至排水渠以降低坝

图 11.5–15　利明尾矿库初期坝坝顶沼泽化现象

体浸润线和增加库内干滩长度的抢险措施，降水井平面布置见图 11.5–16，降水井结构见图 11.5–17，抢险现场施工情况见图 11.5–18，完成后的降水井见图 11.5–19。通过抢险施工降水，有效降低了浸润线的埋深，消除了初期坝坝面沼泽化隐患，保证了该尾矿库的安全。

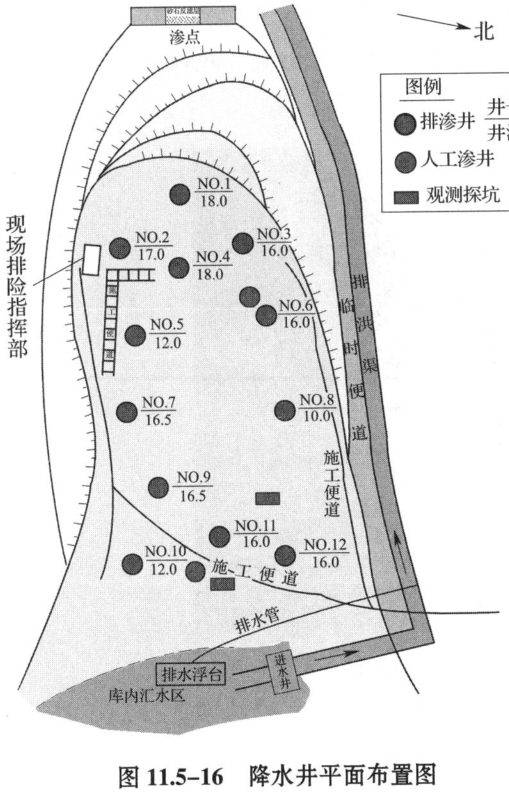

图 11.5–16　降水井平面布置图

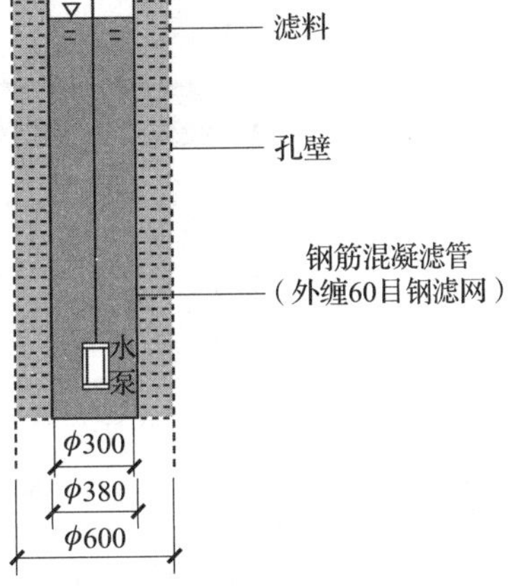

图 11.5–17　降水井结构

图 11.5–18 抢险作业现场

图 11.5–19 完成后的降水井

11.5.3 不良地质作用导致的事故

1. 煎茶岭黄家沟尾矿库

煎茶岭黄家沟尾矿库位于陕西略阳县境内，初期坝采用黏土心墙土石混合坝，坝顶标高 967m，上下游坡比均为 1∶2；堆积坝采用上游式冲积筑坝，设计最终坝顶标高 996m。地震前，运行标高为 996m，堆积坝高 29m，库内干滩长度 120m 左右，库内已堆存尾矿 $1.1\times10^6m^3$。

2008 年 5 月 12 日 14 点 30 分，四川省汶川发生了 7.8 级地震，黄家沟尾矿库所处的略阳地区震感强烈，强烈地震导致黄家沟尾矿库四、五期子坝发生局部坍塌，尾矿库发生溃坝事故，约 $3.0\times10^4m^3$ 尾矿下泄，下游 4 户村民 20 间房屋被毁，见图 11.5–20。经省、市、县专家组调查分析认定，该事故为地震引起的自然灾害事故。

图 11.5–20 五期子坝局部坍塌

2. 楠木树大石板沟尾矿库

2011 年 6 月 18 日晚 22：00 时，汉中市天鸿基矿业有限公司大石板沟尾矿库出现尾矿渗漏污染下游河流。

2011 年 6 月 19 日，中国有色金属工业西安勘察设计研究院有限公司工程技术人员在现场进行了调查了解，该尾矿库初期坝工程施工已结束，排洪隧洞正在进行衬砌工作，库区局部地段正在进行防渗措施施工，尾矿库未进行竣工验收。天鸿基矿业有限公司于 2011 年 4 月 17 日进行试生产，在尾矿库初期坝上游约 130.0m 处排放了约 $1.0 \times 10^4 m^3$ 尾矿，排放尾矿的库段未进行清底，未对库区做防渗处理，导致大量尾矿沿灰岩层面、裂隙、岩溶溶隙和岩溶溶蚀凹槽下渗，并与尾矿库下方的溶洞连通，该溶洞与尾矿库下游约 2.7km 处东玉河左岸岩溶裂隙通道连通。2011 年 6 月 15 日至 6 月 17 日，当地突降暴雨，洪水冲刷存储在裂隙、岩溶溶隙、岩溶溶蚀凹槽内的尾矿与尾矿库下方溶洞贯通，造成尾矿外泄约 8 000m^3，污染了东玉河河水。

楠木树大石板沟尾矿库岩土工程详勘工作由中国有色金属工业西安勘察设计研究院有限公司于 2009 年 7 月至 2009 年 11 月完成。在外业作业过程中，根据工程地质测绘，尾矿库范围内出露的主要岩性为白云质灰岩，白云质灰岩层理和节理裂隙发育见图 11.5–21，在沟谷底部基岩出露地段存在较为明显的岩溶痕迹，见图 11.5–22。在初期坝轴线上游约 600.0m 左岸坡发现岩溶裂隙 1 条，走向近南北，与沟谷走向近垂直，出露处缝宽 0.50 ~ 1.50m；钻探过程中，又在多个勘探孔发现冲洗液突然减少或漏失的现象，且钻探所取岩芯上具有溶蚀痕迹，部分钻孔裂隙中充填黏性土。

图 11.5–21　白云质灰岩层理及节理

图 11.5–22　白云质灰岩溶蚀现象

在库区进行了工程物探工作，根据物探成果并结合钻探验证，认为该区域具有岩溶现象，岩溶主要为溶蚀凹槽及岩溶裂隙，岩溶发育程度为弱发育，但层面裂隙、顺层裂隙广泛分布于库内。

根据上述情况，在勘察报告中建议：对库区内已发现的岩溶裂隙用混凝土或细粒砂浆进行封堵，也可采取其他有效的防渗措施，如铺设防渗薄膜，以防止上述裂隙连通形成导水通道使尾矿渗漏造成周边环境污染。

该事故给我们的教训是，要重视岩土工程勘察查明的不良地质现象和提出的有效措施建议。该事故正是由于没有重视勘察报告的建议、未采取有效的防渗措施而发生，使岩土工程勘察失去了意义。

11.5.4 其他原因导致的事故

除上述洪水及排水系统险情、坝体破坏及坝基渗漏和不良地质作用引起的尾矿库事故外，管理制度不健全或违规作业都可能导致尾矿库安全事故的发生。如 1993 年 6 月 13 日潘洛铁矿尾矿库因人为在尾矿库上游左岸山坡乱采滥挖，造成山体失衡，导致山体滑坡，造成尾矿库排洪系统受损、泵房破坏、库区下游水系污染、14 人死亡；1994 年 5 月 7 日已闭库的永福锡矿尾矿库因在尾矿库坝下挖取尾矿，引发大面积坍塌，造成 13 人死亡；2006 年 4 月 23 日已闭库的庙岭沟铁矿尾矿库因临近露天采场违章作业，致使尾矿库副坝发生溃坝，造成 2 人死亡、4 人失踪。

第 12 章 尾矿库闭库工程

尾矿库堆积坝高程达到最终设计高程，或尾矿堆积坝高程虽未达到最终设计高程，但由于尾矿库存在安全隐患、环境保护或其他原因不能继续使用，尾矿库应进行闭库工作。闭库宣告了尾矿库消纳选矿废物使命的终结，也是尾矿库整个生命周期的终结。尾矿库作为矿山三大控制工程之一，是矿山长期存在的重大危险源，闭库后其危险程度可能会有所降低，但如果疏于管理或者管理不善，依然会造成溃坝、泄漏等重特大安全事故。因此，对于拟闭库的尾矿库，在闭库前应进行一次安全现状评价，并进行闭库设计，对存在的隐患进行治理，并进行复垦工作，以保证尾矿库的长期安全稳定。这些工作都建立在闭库前对闭库尾矿库勘察的基础上，其目的是为安全评价和闭库设计提供基础资料。

12.1 尾矿库闭库程序

尾矿库停运并不等于闭库，停运后的尾矿库必须经过闭库前勘察、安全现状评价、闭库设计、施工及验收、报应急管理部门审批等一系列的程序后，才是真正意义上完成了尾矿库的闭库。尾矿库闭库必须符合《尾矿库安全监督管理规定》《尾矿库安全规程》GB 39496—2020、《一般工业固体废物贮存和填埋污染控制标准》GB 18599—2020 等法律法规及技术标准的规定。

尾矿库闭库通常要按照以下程序进行：

（1）闭库前进行一次全面勘察，以查明尾矿库及周边影响尾矿库安全的不良地质作用，并对尾矿坝进行稳定性分析计算；

（2）对拟闭库的尾矿库进行安全现状评价，分析影响尾矿库安全的因素，查明可能存在的安全隐患并提出相应的对策，对闭库设计提出意见和建议，同时将安全评价报告上报应急管理部门备案；

（3）根据岩土工程勘察及安全现状评价结果，进行闭库设计，闭库设计文件及图纸需报经应急管理部门审批后方可实施；

（4）按照闭库设计进行治理工程施工，闭库治理施工过程必须有监理单位进行工程监理，并保存相关的施工及监理资料；

（5）矿山企业组织相关单位进行闭库治理工程竣工安全验收。竣工安全验收除相关责任主体外，应报请应急管理部门参加；

（6）矿山企业向应急管理部门提交闭库申请并获得批准。

12.2 闭库前安全现状评价

尾矿库闭库前，矿山企业应委托具有相应资质的安全评价机构进行一次全面的安全现状评价，为闭库设计提供依据。闭库前的安全现状评价内容应包括尾矿库自然条件及设计情况说明、尾矿坝安全评价、尾矿库防洪能力安全评价、尾矿库安全监测设施评价、尾矿库与周边环境相互安全影响评价和安全隐患治理措施建议等内容。具体分析评价内容如下：

（1）尾矿库自然条件及设计情况说明，主要包括以下内容：

1）尾矿库的自然条件：包括地理位置、周边人文环境、库区形态、汇水面积、库底与周边山脊的高程、工程地质概况等；

2）尾矿库设计情况包括：尾矿库等别、防洪标准、暴雨总量、洪峰流量、排洪系统、尾矿坝结构类型及尺寸、筑坝方式、堆积标高及库容等。

（2）尾矿坝安全评价内容：

1）地质构造及不良地质作用对尾矿坝安全的影响分析；

2）坝体结构、构造对坝体稳定性的影响分析；

3）坝体沉陷、裂缝及位移情况；

4）坝面渗透破坏的情况；

5）尾矿坝安全超高和沉积滩长度是否满足设计要求；

6）尾矿堆积坝坝面形态及防护情况；

7）尾矿坝排渗设施及浸润线观测情况；

8）尾矿坝渗流稳定性分析及静力、动力稳定性分析。

（3）尾矿库防洪能力安全评价内容：

1）尾矿库防洪标准；

2）尾矿库调洪库容与排洪能力验算；

3）排洪设施的完好程度及可靠性。

（4）尾矿库安全监测设施评价内容：

1）安全监测设施的监测项目、数量及布置是否符合设计要求；

2）安全监测设施运行状态是否正常。

（5）尾矿库与周边环境相互安全影响评价内容：

1）对尾矿库周边存在的威胁尾矿库安全的因素进行分析评价；

2）尾矿库对周边环境产生的安全威胁进行分析评价。

（6）尾矿库安全隐患及治理措施建议：

1）对尾矿库存在的安全隐患和不满足法律法规的事项进行分析；

2）对安全隐患提出治理措施建议。

12.3 尾矿库闭库设计

尾矿库闭库设计是指根据尾矿库闭库前勘察及安全现状评价结果，对尾矿库进行的专项治理设计。闭库设计应在充分掌握停运尾矿库存在的不符合国家有关环保、安全要求的各种隐患和风险的基础上进行。闭库设计的目标，是经过治理后尾矿库安全和环保标准能达到正常库标准，确保尾矿库长期稳定和安全。

按照《尾矿库安全监督管理规定》，企业应当在堆积坝高程到达设计高程前 12 个月内进行闭库前的安全现状评价和闭库设计。闭库设计须报经应急管理部门或其他有关部门审批。

尾矿库闭库设计一般要包括以下内容：

（1）初期坝、副坝及堆积子坝整治。

1）对稳定性不满足要求的隐患进行整治；

2）对坝面排水沟、坝肩截水沟及坝面监测设施进行整治修复；

3）对坝面出现的裂缝、塌陷及渗透变形破坏部位，进行整治处理；

4）对坝面进行修整、防护。

（2）尾矿库排洪系统整治。

重点是按照规定的防洪标准对尾矿库防洪能力进行复核，如果防洪能力达不到要求，应采取扩大调洪库容或增加排洪能力等措施。其次，对于原排洪设施进行修缮和加固处理，确保其足够的排洪能力，必要时可新建永久性排洪设施。

（3）周边环境整治。

1）安全整治，包括尾矿库周边乱采乱挖、向尾矿非法排水排渣等不安全因素；

2）环境整治，包括尾矿库的复垦复绿、尾矿库对下游的污染及监测系统的完整性。

（4）完善尾矿监测设施。

1）尾矿库闭库后仍应对其坝体位移、浸润线等进行长期监测；

2）对于三等及以上的尾矿库进行在线监测；

3）闭库设计应对监测设施进行补充完善。

（5）闭库后尾矿库的管理要求。

1）尾矿库闭库后，后续仍需要对其进行管理和维护，确保尾矿库长期安全稳定；

2）闭库设计需要结合尾矿库及所属企业的实际情况，对管理提出要求，主要应包括长期监测、巡视巡查及安全设施维护等方面的要求。

12.4　闭库治理工程施工及验收

1. 闭库治理工程施工

（1）企业应按照建设程序规定，分别委托具有相应资质的单位承担闭库工程施工和施工监理工作；

（2）闭库工程施工应严格按照批准的闭库设计进行施工，如需修改设计须经闭库设计单位认可，重大修改必须报经应急管理部门批准；

（3）尾矿库闭库工程施工应建立施工技术档案，并做好施工记录、试验记录、隐蔽工程记录和质量检查记录等；

（4）隐蔽工程必须在隐蔽前进行施工质量验收，合格后方可隐蔽；

（5）企业及监理单位应对施工全过程进行监督检查，确保施工质量；

（6）闭库工程竣工后应进行安全验收评价。

2. 闭库治理工程验收

尾矿库闭库治理工程竣工后，应由应急管理部门负责验收工作，验收工作一般以专家审查会议的形式进行。验收工作应符合现行国家标准《尾矿设施施工及验收规程》GB 50864 的相关规定。

尾矿库闭库工程验收结论分为以下三种：

（1）完全符合已批准的闭库设计文件规定和施工验收规程要求的，应评定为合格；

（2）基本符合已批准的闭库设计文件规定和施工验收规程要求，但仍有局部需要完善的，应评定为基本合格；

（3）与已批准的闭库设计文件有较大出入，或者施工质量未达到施工验收规程要求的，应评定为不合格。

应急管理部门对闭库工程安全验收结论为合格的尾矿库，可向其所属企业颁发闭库批准书；对于验收结论为基本合格的尾矿库，应监督其对局部工程完善后颁发闭库批准书；对验收结论为不合格的尾矿库，应督促其所属企业限期整改并重新组织验收，验收合格后方可向企业颁发闭库批准书。

12.5 尾矿库复垦

1. 相关政策、法律法规要求

矿山企业开采选矿活动一般都要占压、损毁大量土地，特别是尾矿库占压、损毁面积较大，对区域自然环境及生态系统都具有很大的破坏性。根据《土地复垦条例》（国务院令第 592 号）的要求，依照“谁损毁、谁复垦”的原则确定土地复垦义务人，矿山企业理所当然地要担负起损毁土地的复垦义务。《矿山地质环境保护规定》（2009 年 3 月 2 日国土资源部令第 44 号，2019 年第三次修订）规定，采矿权申请人申请办理采矿许可证时，应当编制矿山地质环境保护与土地复垦方案（简称“两案编制”）。

2016 年 12 月国土资源部制定了《矿山地质环境保护与土地复垦方案编制指南》，将由矿山企业分别编制的《土地复垦方案》和《矿山地质环境保护与治理恢复方案》合并编制。

所以，一般的矿山企业对于尾矿库的复垦工作都要提前考虑、提前安排，而并非是等到尾矿库闭库才考虑其复垦问题。

2019 年 12 月 17 日自然资源部发布《自然资源部关于探索利用市场化方式推进矿山生态修复的意见》（以下简称《意见》）。《意见》坚持“谁破坏、谁治理”“谁修复、谁受益”原则，推行市场化运作、科学化治理的模式，加快推进矿山生态修复。《意见》强调，要强化国土空间规划管控和引领，坚持“宜农则农、宜建则建、宜水则水、宜留则留”原则，优化国土利用格局，为合理开发和科学利用创造条件。

可见，对闭库的尾矿库进行隐患整治和土壤改良复垦工程，本身就属于矿山生态修复工作的重要组成部分。

尾矿库复垦设计应在矿山地质环境保护及土地复垦方案的基础上，结合矿山生态修复规划设计进行。

2. 复垦利用方向

土地复垦的目的是将占压、损毁的土地尽可能地修复到可供利用的状态，尾矿库也不例外。尾矿库复垦应该因地制宜，根据尾矿库地形特点、当地的气候气象条件、适宜的植物及农作物种类、土壤条件、经济性及生态效益等因素综合考虑复垦利用方向，“宜耕则耕、宜林则林、宜草则草、宜建则建”。

现阶段，我国尾矿库复垦利用主要为以下三个方向：

（1）复垦为农业用地。

作为农业用地时，一般要对覆盖的表土施肥，或前期种植豆类作物来改良尾矿土壤化学性质。

（2）复垦为林业用地。

尾矿坝坡面、尾矿库表面经过整平，均可用于林木种植，坝坡一般种植小灌木、草藤类植物，库内一般种植乔木或者经济果木等。

（3）复垦为建设用地。

在尾矿库地理位置、环境条件与城镇建设规划相协调的原则下，可以复垦为建设用地。复垦为建设用地时，库区范围内不宜建设超过 5 层的建筑，否则用于地基处理的费用过高，不符合经济性原则。

3. 主要工程措施

尾矿库复垦的核心工程是表土覆盖。表土覆盖前应先根据尾矿库地形地貌特点，划分不同的区域对场地进行平整、碾压，确保地形平坦，适于种植。然后根据事先确定的复垦利用方向确定土源类别及覆土厚度。表土覆盖应充分利用预先收集剥离的种植熟土层。覆盖厚度应当根据当地土质情况、气候条件、种植的植物种类确定。一般种植农作物时覆土 50cm 以上，耕作层不小于 20cm；用于林业种植时，可先覆盖 1m 厚土岩混合物，然后再覆土 30cm 以上，可以大面积覆土，土源不够时也可只在植树的坑内覆土；种草时需大面积覆土，覆土厚度一般为 20 ~ 50cm；复垦为建筑场地时，其采用的土源及覆土厚度可不做限制，但应满足地基承载力及变形的要求，必要时应进行地基处理或采用桩基础。同时，修复后的尾矿库作为建筑场地应保证尾矿满足相关环保要求，不至于影响人的健康。

用表土覆盖后，还应修筑适当的排水灌溉设施，以便后期对所种植的作物进行管理，实践证明，排水灌溉设施对于保证种植物的存活率具有重要的作用。

4. 复垦后的管护措施

复垦土地上的植被保护管理工作是复垦工作的最后工序，往往被人们忽视，导致复垦工程达不到预期的效果。后期管护的目的，是为了尾矿库复垦后能够长期保持植被茂盛。

后期的管护措施应与复垦利用方向及植被种类相适应，并充分考虑地区的气候、土壤物理化学性质等因素做出适宜的安排，主要包括水分管理、养分管理、病虫害防治等。植被管护时间一般为 3 ~ 5 年，生态脆弱区一般为 6 ~ 10 年。

第 13 章　尾矿库安全监测与水环境监测

随着我国经济的发展和技术的进步，尾矿库作为具有潜在重大风险的构筑物，国家行政管理部门对其监测管理工作也在不断深化。2000 年，原国家经济贸易委员会颁布了《尾矿库安全管理规定》(国家经济贸易委员会令第 20 号)，受限于当时的技术发展水平和认识水平，仅要求对尾矿库尾矿沉积滩的干滩长度和尾矿坝的安全超高进行监测。2006 年，原国家安全生产监督管理总局相继制定颁布了《尾矿库安全技术规程》AQ 2005—2006 及《尾矿库安全监督管理规定》(安全生产监督管理总局令第 6 号)，对尾矿库安全监测的要求做了进一步细化，对加强尾矿库的安全运行和监督管理、防范和减少尾矿库生产安全事故的发生，起到了重要的作用。但是在执行过程中也出现了一些问题，特别是山西襄汾“9·8”特别重大尾矿库溃坝事故的发生，反映出了我国尾矿库监测技术的要求还不能完全适应尾矿库安全监督管理工作的需要。随着监测、通信技术的不断发展及对尾矿库安全管理工作认识的不断深化，2011 年，原国家安全生产监督管理总局修订颁布了《尾矿库安全监督管理规定》(国家安全生产监督管理总局令第 38 号)，规定中对安全生产先进适用技术做出明确的要求：鼓励生产经营单位应用尾矿库在线监测、尾矿充填、干式排尾、尾矿综合利用等先进适用技术。一等、二等、三等尾矿库应当安装在线监测系统。对尾矿库的监测工作提出了更高的要求。2012 年，原国家安全生产监督管理总局、国家发展和改革委员会、工业和信息化部、国土资源部、环境保护部五部委联合发布《关于进一步加强尾矿库监督管理工作的指导意见》(安监总管一〔2012〕32 号)进一步提出：大力推进尾矿库先进适用技术的应用及研发。要积极引导各地区和尾矿库企业应用在线监测、尾矿充填和干式排尾等先进适用技术。2015 年，原国家安全生产监督管理总局颁布了进一步修订的《尾矿库安全监督管理规定》(国家安全生产监督管理总局令第 78 号)，2020 年国家应急管理部等八部委联合印发了《关于印发防范化解尾矿库安全风险工作方案的通知》(应急〔2020〕15 号)。针对目前尾矿库在线监测系统存在的监测内容不全、运行不稳定、仅有数值显示而无实际的预警功能等弊端，结合《防范化解尾矿库安全风险工作方案》，从三个方面对尾矿库在线监测系统提出了要求，一是要求所有尾矿库必须建设在线监测系统，二是对系统的预警功能进行了规定，三是要求接入到地方应急管理部门的尾矿库安全风险监测预警信息平台。

长期以来，自然气候原因导致黄河流域降水减少、河流水量偏小，水体稀释和降解污染物能力下降，导致整个黄河流域的水质不断变差。但在当前，随着我国生态文明建设全面推进，加快绿色发展给黄河流域带来新机遇，特别是加强生态文明建设、加强环境治理已经成为新形势下经济高质量发展的重要推动力。为此，2021 年 10 月 8 日，中共中央、国务院印发了《黄河流域生态保护和高质量发展规划纲要》，其中对沿黄流域的尾矿库环境污染风险防范提出了专门要求，因此加强尾矿库环境监测工作刻不容缓。

从上述各项政策及管理规定的发展趋势来看，尾矿库的安全监测和环境监测已经成为政府、企业等相关部门保证尾矿库安全运行的重要手段。

13.1　尾矿库安全监测

13.1.1　监测目的及意义

通常情况下，尾矿库的稳定性状态是通过尾矿库稳定性评价来确定的，而尾矿库的实际工作状态一般是通过尾矿库的变形、应力、渗透、几何尺寸及气象水文等监测指标及现场巡查状况进行综合分析判定的。因此，尾矿库安全监测是揭示尾矿库实际工作状态、降低尾矿库安全运行风险、减少事故发生概率、实现尾矿库防灾减灾的重要技术途径，在尾矿库安全管理工作中的重要性日益凸显。

动态设计和信息化施工已经成为现代建设工程的主要特点，工程监测是动态设计和信息化施工的重要组成部分。与一般的水工构筑物不同，尾矿库是在一个相当长的时期内边建设（堆积筑坝）、边运营的特殊构筑物，一旦其建设期结束，也就意味着其运营期同时结束，其一直处于动态变化过程中。基于尾矿库的建设特点，监测工作应一直贯穿于尾矿库建设的始终，尾矿库的长期及系统监测可以实现以下目的：

（1）监测信息可以实时反映尾矿库各类设施的工作状态，为尾矿库日常运行提供依据；

（2）指导管理人员及时发现尾矿库各类安全隐患，为原因分析、隐患排查及处置提供基础数据；

（3）对监测数据的分析及反算，可以验证尾矿库设计方案中的边界条件、计算参数及计算模型的可靠性与适用性，为动态设计及信息化施工提供依据；

（4）对长期积累的监测资料进行分析，掌握其变化规律，对尾矿库未来运行状态提前做出判断，对尾矿库险情发出及时有效的预警信息，预防可能发生的风险事故。

13.1.2　监测项目

根据工程实践及研究结果表明，能够直接影响尾矿库安全状态的因素繁多，其中最主要的有尾矿的排放及堆积工艺、尾矿的堆积规律、尾矿的物理力学性质、库区降水量、尾矿库排洪设施运行状态、浸润线、尾矿库几何形态、库区岸坡的稳定状态等，但以上因素大多数难以直接监测或者难以形成可量化指标。在实际工作中可以表征尾矿库安全状态的主要监测指标有：尾矿坝外坡比、库水位、干滩长度及坡度、位移、孔隙水压力、尾矿水渗流状况等，根据监测类型可以分为变形监测、应力监测、渗透监测、几何尺寸监测及其他监测五类，其主要监测指标分别包括：

（1）变形监测：表面位移、内部位移、裂缝等；

（2）应力监测：孔隙水压力、土压力等；

（3）渗透监测：浸润线、渗透压力、渗流量、渗流水浑浊度等；

（4）几何尺寸监测：外坡比、干滩长度及坡度、库水位等；

（5）其他监测：降水量、排水量等。

监测方法可采用巡视检查、人工监测、在线监测等。

根据《尾矿库在线安全监测系统工程技术规范》GB 51108—2015、《尾矿库安全监测技术规范》AQ 2030—2010 及相关技术标准的要求，尾矿库的安全监测项目应根据设计等别、尾矿坝筑坝方式按照表 13.1–1 和表 13.1–2 确定。

表 13.1–1 湿式堆存尾矿库安全监测项目

监测对象	监测项目	筑坝工艺、尾矿库等别及主要构筑物级别			
		尾矿堆积坝		初期坝、一次筑坝的土石坝	
		一～三等	四、五等	一～三等	四、五等
		1～3 级	4、5 级	1～3 级	4、5 级
尾矿坝	巡视检查	应测	应测	应测	应测
	表面位移	应测	应测	应测	应测
	内部位移	应测	可测	应测	宜测
	外坡比	应测	宜测	—	—
	浸润线	应测	应测	应测	应测
	渗流压力	可测	—	宜测	可测
	渗流量	宜测	可测	宜测	可测
	渗流水浑浊度	宜测	可测	宜测	可测
	干滩长度及坡度	应测	应测	宜测	可测
	视频	应测	应测	宜测	可测
库区	巡视检查	应测	应测	应测	应测
	库水位	应测	应测	应测	应测
	降水量	应测	宜测	应测	宜测
	视频	应测	应测	宜测	可测
	库区地质滑坡体表面位移	应测	应测	应测	应测
	库区地质滑坡体内部位移	宜测	宜测	宜测	宜测
排洪设施	巡视检查	应测	应测	应测	应测
	视频	宜测	可测	宜测	可测
	管、涵排水量	宜测	可测	宜测	可测
	表面位移	宜测	宜测	宜测	宜测

表 13.1-2　干式堆存尾矿库安全监测项目

监测对象	监测项目	筑坝工艺、尾矿库等别及主要构筑物级别			
		尾矿堆积坝		初期坝、一次筑坝的土石坝	
		一～三等	四、五等	一～三等	四、五等
		1 ～ 3 级	4、5 级	1 ～ 3 级	4、5 级
尾矿坝、尾矿堆积体外坡	巡视检查	应测	应测	应测	应测
	表面位移	应测	应测	应测	应测
	内部位移	宜测	可测	宜测	可测
	外坡比	应测	宜测	—	—
	浸润线	宜测	可测	宜测	可测
	视频	宜测	可测	宜测	可测
尾矿堆场	巡视检查	应测	应测	应测	应测
	降水量	应测	宜测	应测	宜测
	视频	宜测	可测	宜测	可测
排洪设施	巡视检查	应测	应测	应测	应测
	视频	宜测	可测	宜测	可测
	管、涵排水量	宜测	可测	宜测	可测
	表面位移	宜测	宜测	宜测	宜测

排洪设施的变形监测实施难度较大，工程实践较少，但排洪设施对于保证尾矿库的正常运行非常重要，近年来，由于排洪设施失效导致的尾矿库安全事故时有发生。因此，《尾矿堆积坝岩土工程技术标准》GB/T 50547—2022 中对排洪设施的监测做了具体规定，其中监测项目包括：①进水口堰顶高程、出水口水深和浑浊度；②排洪构筑物进水口和出水口进流状况、杂物堵塞、截水沟损坏情况；③溢洪塔倾斜度；④对于使用期设计等别为一等和二等的尾矿库，监测项目包括排洪设施的变形；⑤排洪斜槽盖板、溢洪塔拱板强度。

13.1.3　监测剖面及监测点布置原则

尾矿库的监测内容和要求是根据尾矿库的规模、筑坝方式、工程环境和运行状况等因素综合确定的，各类监测剖面及监测点的布置原则如下：

（1）尾矿坝体表面位移监测。

尾矿坝体表面位移是尾矿库稳定状态最直观的反应指标，能够有效掌握尾矿库的稳定状态，从而降低尾矿库发生溃坝的可能性。因此，对于尾矿坝表面位移监测就显得尤为重要。当发现尾矿坝变形量和变形速率超出一定范围，运营管理人员可以据此预判出灾情，及时做出科学决策并采取应急措施，从而避免灾害的发生或者降低对人民群众和财产安全的危害。

坝体表面位移监测点及监测剖面布置应符合以下原则：

1）监测横剖面宜垂直于坝轴线布置，其中一个监测横剖面应沿沟谷谷底布置，其余监测横剖面应根据尾矿堆积情况，布置在最大坝高、堆积体内排水管通过处或隐患地段等不利于堆积坝稳定的剖面处。

2）初期坝顶和后期坝顶宜各布设 1 条监测纵剖面，且每 30 ~ 60m 高差宜布设 1 条监测纵剖面，监测纵剖面不宜少于 3 条。

3）监测纵剖面的测点间距，坝长小于 300m 时，宜取 20 ~ 100m；坝长为 300 ~ 1 000m 时，宜取 50 ~ 200m；坝长大于 1 000m 时，宜取 100 ~ 300m。

比较适合进行坝体表面变形位移监测的技术手段主要包括智能全站仪技术、GNSS 监测技术，见图 13.1–1、图 13.1–2。智能全站仪技术，也称测量机器人或测地机器人，可以进行自动搜索、跟踪、辨识和精确找准目标并获取角度、距离、三维坐标以及影像等信息；该方式管理维护简便，监测精度高，但缺点是系统布设受地形、气候等条件的影响，不能完全实现通视测量，且与传统测量方法相比，前期安装成本相对较高。GNSS 变形监测技术是基于全球卫星定位系统进行坝体的变形监测，该技术具有全天候监测、抗干扰强、精度高等特点。目前，GNSS 监测技术进行坝体表面位移监测有两种方式：一是单机单天线方式，即一个天线（监测点）对应一台接收机；二是一机多天线方式，即一台接收机对应多个天线。前种方式虽费用较高，但是稳定可靠，且每台接收机可以实现同步监测；而后种方式则通过一台接收机控制多个天线（监测点），费用相对较低，但该方式的各个位移监测点不能实现同步监测，有一定的监测周期，时效性较差。另外，通过多天线控制器来控制多个测点天线，系统的可靠性较差，系统维护量较大。再者，由于多天线控制器的费用也较大，其节省的费用一般也有限。

图 13.1–1 智能全站仪位移监测

图 13.1-2　GNSS 位移监测

（2）坝体内部位移监测。

尾矿是一种特殊的土，具有孔隙和塑性特征，当尾矿坝内部发生位移时，不能直接表现在尾矿坝表面，而是需要一个过程。因此，为了及早发现尾矿坝存在的隐患，有必要对高等级的尾矿库进行坝体内部位移监测。

坝体内部位移监测点及监测剖面布置应符合以下原则：

1）监测横剖面宜选在最大坝高、地层及水文地质条件变化较大的地段及尾矿库隐患点。

2）每个尾矿坝可布置 1 ~ 3 条监测横剖面，每个监测横剖面上可布置 1 ~ 3 条监测垂线，其中 1 条宜布置在最大坝高处。

3）每条监测垂线上不应少于 3 个监测点，监测点的间距应根据地层分布、水文地质条件及隐患点的埋深设置，一般不大于 10m，最下一个监测点宜设置于稳定的原始地层，最上一个监测点宜与坝体表面位移监测点重合。

尾矿坝体内部位移监测主要选择固定式测斜仪。固定测斜仪一般适用于长期监测大坝、高边坡、支护结构等的内部变形，也可以用来监测尾矿坝体内部水平位移变化。其基本原理是使用测斜仪准确测量被测结构钻孔的局部倾斜度。仪器安装于带定位装置的导槽测斜管中，通过测量滑轮的倾斜长度以及角度计算出横向和纵向水平位移。当计算出的位移值超出预警阈值时，应能进行预警。

（3）堆积坝坡比监测剖面与监测点。

与一般的水工构筑物不同，尾矿库尤其是水力输送堆积的尾矿库，其依靠尾矿堆积体来抵抗变形以保证尾矿库的稳定，因此，尾矿堆积坝坡比是尾矿库设计中的一项重要控制指标。在尾矿堆积过程中，由于放矿工艺、库区地形地貌等因素的影响，当堆积坝坡比缓于设计值时，会造成土地资源浪费，尾矿库难以达到设计库容；当堆积坝坡比陡于设计值时，会显著降低尾矿库的稳定性，增加溃坝风险。

尾矿堆积坝坡比是一个间接监测指标，一般是通过监测堆积坝高度与堆积坝退坡距离计算得到。在尾矿坝子坝堆积过程中，为了控制坝坡比，一般采用人工监测方法；当子坝堆积完成后，在子坝设置表面位移监测点，进行在线监测，监测尾矿坝在运营及闭库后坡比的变化，保证尾矿库安全。

堆积坝坡比监测剖面与监测点宜符合以下规定：

1）监测横剖面宜布设在尾矿坝最大坝高处及堆积坝外坡最大坡度地段，其中一条应与监测沟谷谷底的表面位移监测横剖面一致。

2）每 100m 坝长不应少于 2 条监测横剖面。

3）监测点应布置在各变坡点处，且监测点间距不应大于 10m。

（4）坝体渗流监测。

尾矿坝体渗流监测包括浸润线、渗流压力、渗流量及渗流水浑浊度等项目的监测。尾矿坝浸润线是指尾矿坝体内渗流的自由水面线，浸润线的高低直接影响尾矿坝体的稳定，因此浸润线是尾矿库的生命线。尾矿坝浸润线埋深受尾矿堆积规律、尾矿渗透性、干滩长度、排洪构筑物运行状况、降水、库水位等多重因素影响。对于不同堆积高度的尾矿坝，浸润线的最小埋深除应满足坝坡抗滑稳定的条件外，尚应满足表 13.1–3 的要求，并结合使用期及各运行条件下的临界浸润线确定控制浸润线。大多数尾矿库溃坝事故表明，尾矿坝浸润线超出控制浸润线时，浸润线出逸点处容易出现尾矿坝面拉沟、坝面沼泽化或坝面塌陷等隐患，严重的会造成尾矿渗漏涌砂，直接威胁尾矿库的安全。此外，由于浸润线的抬高，尾矿坝体大部分处于饱和状态，重度增加，抗剪强度降低，坝体稳定性也明显降低。

表 13.1–3　尾矿堆积坝浸润线最小埋深

堆积高度 H/m	最小埋深 /m	堆积高度 H/m	最小埋深 /m
$H \geqslant 150$	10 ~ 8	$60>H \geqslant 30$	4 ~ 2
$150>H \geqslant 100$	8 ~ 6	$30>H$	2
$100>H \geqslant 60$	6 ~ 4		

尾矿坝体浸润线监测剖面与监测点布置宜符合以下规定：

1）浸润线监测横剖面宜选在能反映整体渗流情况的坝体剖面上及渗流异常剖面上，宜与表面位移监测横剖面相结合，横剖面不宜少于 3 条。

2）监测孔布置应根据坝型结构、筑坝材料和渗流场特征确定。应在堆积坝坝顶、初期坝上游坡底、下游排水棱体前缘各布置 1 个监测孔，且根据各勘察阶段或在线监测专项勘察的浸润线勘察成果，浸润线突变处、地层渗透性差异较大处等位置均应布置浸润线监测孔，监测孔间距宜为 20 ~ 40m。每条横剖面的监测孔不应少于 3 个，监测孔深度应大于设计控制浸润线一定深度。

3）浸润线监测孔内监测点应根据勘察报告提供的浸润线埋深，在勘察期浸润线的位置及上下位置分别布置。浸润线监测点应能反映一定时期内浸润线的变化，同一监测孔内的监测点不宜少于 3 个。

目前多采用光纤光栅水位计和振弦式水位计来实现坝体浸润线的在线监测，其原理是通过监测水压力来实现对尾矿坝浸润线的监测，这两种传感器都是测量监测孔内水压力，再通过传感器回归曲线或方程计算孔内水位，根据剖面上各监测孔水位埋深，自动绘制出该剖面浸润线图形。光纤光栅水位计和振弦式水位计，其耐腐蚀性、耐久性、精度较高，性能指标均能满足国家相关技术标准要求。

部分情况下，尾矿库某些地段的渗流压力会成为影响尾矿库稳定性的重要因素，渗流压力监测一般使用孔隙水压力计来进行，渗流压力监测剖面与监测点布置宜符合以下规定：

1）尾矿坝的渗流压力监测，宜沿流线方向或渗流较集中的透水层布置 1 ~ 3 条监测横剖面，每条横剖面上宜设 3 ~ 4 个监测孔，每个监测孔内的监测点宜根据地层结构和渗透性布置。

2）尾矿坝与刚性构筑物接合部位的渗流压力监测，应在接触轮廓线的控制处设置监测孔。

3）分层监测时，应做好层间止水。

渗流量的大小可以反映尾矿排渗设施运行的状态，当尾矿库放矿工艺及回水措施等没有大的改变而渗流量突然变化时，表明尾矿的排渗出现了异常，进而会导致浸润线发生变化，影响尾矿库的稳定性。此外，当尾矿库发生管涌、流砂等渗透破坏时，尾矿水浑浊度必然会发生大的变化。

一般采用量水堰法配合自动水位计进行渗流量监测，采用浊度仪进行渗流水浑浊度监测，尾矿库渗流量及渗流水浑浊度监测点布置宜符合以下规定：

1）监测点应布置在渗漏水出流处。

2）坝体渗流、绕渗及导渗的渗流量应分区、分段监测。

3）当坝体下游有渗漏水出逸时，应在坝趾下游设导渗沟，应在导渗沟出口处设置监测点。

（5）库水位监测。

调洪库容是尾矿库设计首先要考虑的问题之一，要求在设计最高洪水位时，同时满足设计规定的最小安全干滩长度和最小安全超高，库水位的监测可以在汛期到来之前预测现有库容是否满足防汛要求，提前为度汛做好调洪准备，避免汛期尾矿库发生洪水漫坝等重大安全事故。因此，尾矿库库水位监测也是尾矿库安全监测的重点之一。库水位监测点应设置在能代表库内平稳水位的位置，宜布置在库内排洪构筑物上，要求监测设备应不产生沉降，故大多数在库内溢流塔上设置。

目前库水位在线监测一般采用超声波液位计和渗压计进行。超声波液位计是利用超声波反射原理测得水面和液位计之间的距离，再通过超声波液位计安装位置的高程，换算出水面的高程，受天气影响较大，一般雾天和粉尘严重的位置不适用；渗压计设备同浸润线监测，但一般选择通气型渗压计，通过通气型线缆进行数据传输。近年来，随着图形图像识别技术的发展，也有部分尾矿库库水位监测采用在溢流塔上设置水位标尺进行自动识别的监测案例。

（6）干滩长度监测。

尾矿库最小安全干滩长度是衡量尾矿库是否运行正常的一项重要指标，也是尾矿库安全设计的一项重要内容。干滩监测横剖面与监测点的布置宜符合下列规定：

1）滩顶高程监测点应沿滩顶方向布置，每100m坝长应布置1个监测点，监测点总数不应少于3个，且应保证在滩顶较低处有监测点。

2）干滩长度监测应根据坝长及水边线弯曲情况，在干滩长度较短处布置监测横剖面，监测横剖面不应少于3条。

3）干滩坡度监测应结合干滩长度的监测横剖面进行布置，监测点间距宜为10 ~ 20m，坡度变化处应布置监测点。

目前干滩长度监测方式主要有三种：①通过尾矿库内坡坡比、坝顶高程及库水位计算得出尾矿库实际的干滩长度，其中坡比、坝顶高程及库水位可以通过测量或监测获取；②通过视频中水面与干滩颜色反差确定干滩边界，识别出干滩长度；③在干滩上设立标识，通过视频观测标识监测干滩长度。

（7）降水量监测。

尾矿库区降水量的大小直接影响库水位，进而影响尾矿库干滩长度、安全超高等关键安全指标，因此对于高等级的尾矿库，降水量监测也是必须的。

降水量监测一般采用雨量监测仪，根据尾矿库周边地形条件，在尾矿库便于观测与维护的地点布置1个降水量监测点。

（8）排洪设施监测。

排洪设施对于降低尾矿库库水位，保证安全的干滩长度及安全超高具有重要的意义。当排洪设施出现隐患或者非正常运行时，直接影响尾矿库的排洪能力，导致尾矿库稳定性的降低，甚至出现险情。因此，现阶段对于尾矿库排洪设施的监测越来越得到各方的重视。

受限于排洪设施运行的特殊性及隐蔽性，排洪设施一般采用人工现场巡查、视频监控、高程测量及应变监测相结合的方式。根据尾矿库的等别不同，监测内容主要包括：进水口堰顶高程，出水口水深和浑浊度、进水口和出水口进流状况、杂物堵塞、截水沟损坏情况，溢洪塔倾斜度，排洪设施的变形，排洪斜槽盖板、溢洪塔拱板强度等。近年来，在尾矿库的安全巡查工作中，排洪斜槽盖板、溢洪塔拱板强度不满足设计要求的现象较为普遍，且有个别尾矿库因盖板强度不足，发生断裂而造成排洪斜槽失效，因此，排洪斜槽盖板、溢洪塔拱板强度监测应引起高度重视。

（9）视频监测。

通过视频监测可以直观地观察到尾矿库各个关键环节的运行状况，及时发现尾矿库隐患并采取治理措施。

视频监测点宜布置在尾矿库重点区域、初期坝、堆积坝、尾矿排放口及排洪系统进、出口处。

随着无人机技术发展与应用的普及，无人机成本低、时效性好的优点越来越突出，特别是在人力难以到达的地点，其优势越发明显。近年来，矿山企业在尾矿库的安全监测中逐步普及无人机，且部分尾矿库已经实现了无人机根据预设程序，定时、定路线进行自动视频采集与监测。

（10）不良地质作用监测。

尾矿库的不良地质作用主要包括滑坡、崩塌、泥石流、岩溶、坝面塌陷、坝面沼泽化、坝体裂缝及坝面冲沟等，目前在尾矿库的安全监测工作中主要监测对象为危及库区、排洪构筑物及附属设施安全和运行的新老滑坡体或潜在滑坡体。

滑坡体监测剖面与监测点的布置宜符合下列规定：

1）滑坡体位移监测应沿滑动方向布置，监测剖面不宜少于 3 条，且每个监测剖面不宜少于 3 个监测点。

2）滑坡体位移监测包括表面位移监测与内部位移监测，且内部位移监测最深的一个监测点应位于滑面以下。

13.2 尾矿库水环境监测

尾矿库排放的废水及尾矿自身含有的重金属引起土壤、水体污染甚至生态破坏已得到越来越多的关注。

尾矿中的硫化物在堆存过程中会产生酸性物质，酸性矿山废水可直接污染矿区和周边地区，同时也可使矿石中重金属的释放速度大大快于自然的风化过程，在较低 pH 值条件下，水体富集的可溶性重金属元素造成水体重金属污染。

选矿过程中添加的氰化物、氯化物、表面活性剂等有毒有害药剂也不可避免地累积在尾矿中，经淋滤作用后有害物质会溶解到尾矿水中，如果不能及时回收利用或者进行无害化处理，会导致尾矿水中富集上述有害物质，成为周边环境的重大污染源之一。因此，在对尾矿库安全指标实时监测的同时，实时监测尾矿水质变化状况，对经济有效地处理利用尾矿水，保证尾矿库周边及下游流域水质安全具有重要的环境意义，也能为选矿生产提供稳定、合格的回用水。

根据当前的环保要求，尾矿水应做到零排放，但在种种因素的作用下，仍有可能产生库区渗漏和坝前渗漏。库区渗漏主要产生在库区周边岩体的结构裂隙、层面甚至岩溶通道中，而坝前渗漏主要通过坝底绕流或初期坝渗流、坝前沉淀池失效产生。库区渗漏的监测一般是在出现隐患时进行，故本节主要讨论针对坝前渗漏进行的尾矿水环境监测。

13.2.1 监测项目

尾矿库水环境监测项目应根据矿石的种类，采、选矿工艺，尾矿库址的水文地质条件及尾矿堆存条件综合确定，一般尾矿库水环境监测项目可参考表 13.2–1 确定。

表 13.2–1　尾矿库水环境监测项目

尾矿类别	必测项目	选测项目
黑色金属	pH 值、浊度、重金属	S^{2-}
有色金属	pH 值、浊度、重金属、COD、CN^-	S^{2-}、Be

注：重金属指 Hg、Cr、Cd、Pb、Cu、Zn、Mn、Ni 及 Cr（Ⅵ）等，应根据矿石类型、选矿添加剂等确定具体类型。

13.2.2 监测点布置

我国尾矿库一般以山谷型尾矿库为主，其次为傍山型尾矿库、围地筑坝型尾矿库及河谷型尾矿库，其中山谷型尾矿库、傍山型尾矿库及河谷型尾矿库常与河流、溪水、泉水等地表水相伴，尾矿水渗漏会造成地表水与地下水环境污染。

尾矿水环境监测的背景值应选择尾矿库上游不受渗漏影响的地段，如拦洪坝、河流上游等。同时，应采取尾矿库内的尾矿水进行检测，作为污染分析的样本。

当尾矿库下游有河流时，应对河流水质进行监测，应在河流不同地段选择监测点，且不少于 3 个。

地下水监测井一般沿地下水径流方向、在尾矿库下游尾矿水影响的范围内布置，作为监视污染的监测井，监测井的数量一般不少于 3 个。

地表水是一个相对开放的系统，其发生物质交换的强度相对较高，每月应该至少监测 1 次；与地表水相较而言，地下水的环境相对封闭，与外界的物质交换强度相对较低，因此，堆存一般工业固体废物的尾矿库，其监测频次为每季度 1 次，每两次监测的间隔时间不少于 1 个月，并保证在每年的枯水期、平水期和丰水期监测 1 次地下水水质；但堆存危险废物的尾矿库，其监测频次要加密到每月 1 次；当尾矿库的放矿、排洪、排渗等工况发生重大变化或尾矿库出现可能产生污染水泄漏的情况时，应根据实际情况加密监测。

13.2.3 监测方法

随着社会经济技术的不断进步及环境保护认识水平的不断提高，我国水环境监测技术取得了快速发展，当前我国水环境监测方法以理化监测为主，包括化学法、电化学法、原子吸收分光光度法、离子选择电极法、离子色谱法、气相色谱法、电感耦合等离子体原子发射光谱（ICP-AES）法等。随着仪器设备的不断创新和发展，在线监测以其快速实时、人为因素影响小、工作效率高等优势在水环境监测中得到了广泛应用，本文重点介绍了几种常用的在线监测方法，对于人工监测在此不做赘述。

1. pH 值

pH 值是水分析中最重要和最经常进行的分析项目之一，是评价水质的重要参数。pH 值反映了水的相对酸碱性强弱，但并不能直接表明水样的具体酸度或碱度，pH 值小于 7 表示溶液呈酸性而 pH 值大于 7 则表示溶液呈碱性。因尾矿多含硫矿物，其经空气氧化，并与水化合成硫酸后使尾矿库水呈现酸性。

pH 值的监测可采用比色法或电位计法。比色法用材简单、方便快捷，但易受干扰、主观影响大，在线监测工作中一般选用电位计法作为标准方法。

电位计有多种型号，仪器精度可分为 0.1 级、0.02 级和 0.01 级等。电位计采用直流放大器，将电极产生的电动势经仪器放大，由数字显示出 pH 值。电位计通常装有温度补偿装置，用以校正温度对电极的影响。

2. 浊度

浊度是由水中含有的泥沙、黏土、有机物、无机物、浮游生物和微生物等悬浮物质造成的，可使光发生散射或被吸收。当尾矿库发生管涌、接触流失等渗透破坏时，泄漏的尾矿会显著改变尾矿库水的浊度。

浊度的监测可采用分光光度法、目视比浊法或浊度计法。分光光度法及目视比浊法适用于人工采样监测，尾矿库水环境在线监测中一般采用浊度计法。

浊度计有透射式及表面散射式两种，透射式浊度计采用仪器发射单色光，其穿过水样遇到水中微小颗粒产生散射而衰减，通过测量透射光强计算光强衰减率进而计算浊度，适用于浊度高的环境；表面散射浊度计通过发射高强度单色光，其穿过水样遇到水中微小颗粒产生散射，通过测量垂直于单色光方向的散射光强度计算水样的浊度，此方法灵敏度较高，适用于浊度较低的环境。

3. 重金属

在尾矿中常常伴随大量的重金属矿物，在采矿、选矿及尾矿堆存过程中，这些重金属矿物由于物理、化学和生物等作用，在尾矿堆积体及尾矿水中迁移、积累、释放，从而严重破坏生态环境平衡，污染环境。

重金属的监测一般采用分光光度法及电极法。

Cu 的监测一般采用 2，9- 二甲基 -1，10 菲啰啉分光光度法，Zn 的监测一般采用双硫腙分光光度法，Cr（Ⅵ）的监测一般采用二苯碳酰二肼分光光度法，Cd 及 Pb 的监测一般采用电极法。

4. COD

COD 即化学需氧量，是指水体中易被强氧化剂氧化的还原性物质所消耗的氧化剂的量，其量值反映了水中受还原性物质污染的程度，水中还原性物质主要包括有机物、亚硝酸盐、亚铁盐、硫化物等。

COD 的监测可采用重铬酸盐法、电化学氧化法及相关系数法等，均可以实现在线监测功能。

相关系数法是利用水样其他物理、化学性质与 COD 之间的相关性，通过检测吸光度、TOC（总有机碳）等指标，间接测量水样 COD 的方法。

5. CN^-（氰化物）

金矿的选矿工艺一般采用氰化浸出工艺，浸出尾矿中残留的氰化物和重金属含量较高，尽管后期经解毒处理降低氰化物和重金属的含量，其尾矿中氰化物含量仍然远高于环境允许值，因此，氰化物是金矿等尾矿库水环境重点监测项目。

氰化物的监测通常采用硝酸银滴定法、异烟酸 – 吡唑啉酮分光光度法、吡啶 – 巴比妥酸分光光度法和电极法。

6. S^{2-}（硫化物）

含有硫化矿物的尾矿在露天堆放时与空气和水接触被氧化的过程中以及矿石加工和添加酸性药剂的选矿过程中，均会产生大量有害物质和酸性废水，其扩散性强，对环境的影响大且影响时间长。

硫化物监测通常采用亚甲蓝比色法（对氨基二甲基苯胺分光光度法）、碘量滴定法和电极电位法。根据一般尾矿库水硫化物含量的特点，通常选用亚甲基蓝比色法监测尾矿库水环境中的硫化物。

13.3 某尾矿库在线安全监测系统概况

某尾矿库位于河南省焦作市太行山南麓，场地为中低山地貌，场地地形总体上三面环山，沟口段东西走向，后部折向北偏西，地势总体呈西高东低，内高外低形态，总高差约为470m。

尾矿库初期坝高62.0m，堆积坝高80.5m，总坝高约142.5m，库内堆积尾矿体积约为3 230×$10^4$$m^3$。根据国家标准《尾矿堆积坝岩土工程技术标准》GB/T 50547—2022第3.0.1条判定该尾矿库等别为二等，尾矿堆积坝级别为Ⅱ级，根据国家标准《尾矿库在线安全监测系统工程技术规范》GB 51108—2015表3.3.2判定监测等级为Ⅰ级。

13.3.1 监测剖面及监测点布置

根据尾矿库的特点，从南至北依次布置1—1′、2—2′、3—3′共3条监测横剖面，见图13.3–1。其中2—2′监测剖面是垂直于坝轴线沿沟谷谷底布置的主监测剖面，1—1′监测剖面与2—2′监测剖面近似平行，间距约105m，3—3′监测剖面与2—2′监测剖面近似平行，间距约130m。

1—1′监测剖面是长度仅次于2—2′监测剖面的监测横剖面。1—1′监测剖面共布置坝体表面位移监测点4个，监测点间距介于140 ~ 165m；浸润线监测点5个，监测点间距介于80 ~ 135m。

2—2′监测剖面为尾矿库在线安全监测主监测横剖面。2—2′监测剖面共布置坝体表面位移监测点4个，监测点间距介于130 ~ 160m；浸润线监测点6个，监测点间距介于75 ~ 160m；坝体内部位移监测点3个，监测点间距介于165 ~ 185m。

受地形条件限制，3—3′监测剖面为长度最短的一条监测横剖面。3—3′监测剖面共布置坝体表面位移监测点2个，监测点间距约160m；浸润线监测点3个，监测点间距介于75 ~ 85m。

其余监测项目的布置分述如下：

（1）干滩长度监测：在尾矿库岸布置监测点4个，其中尾矿库北岸和尾矿库南岸分别布置监测点2个；在堆积坝顶靠近坝轴线中点位置布置监测点1个。

（2）视频监测：在尾矿库岸布置监测点4个，其中尾矿库北岸和尾矿库南岸分别布置监测点2个；在堆积坝顶靠近坝轴线中点位置布置监测点1个，在初期坝顶南侧山体布置监测点1个。

（3）库水位监测：在库内靠近上游部位布置监测点1个。

（4）渗流监测：在初期坝坝脚及排洪隧道出口处分别布置监测点各1个。

（5）降水量监测：在尾矿库北岸靠近堆积坝顶处布置监测点1个。

（6）水环境监测：在尾矿库上游尾矿影响范围之外布置监测点1个，在尾矿库南岸淹没区内布置监测点1个，在初期坝坝趾下游30m处布置监测点1个。

全库共布置表面位移监测点10个、坝体内部位移点3个、浸润线监测点14个、干滩长度监测点5个、视频监测点6个、库水位监测点1个、降水量监测点1个、渗流监测点2个、水环境监测点3个，满足了尾矿库日常生产的需要，各监测横剖面及监测点的平面布置见图13.3–1。

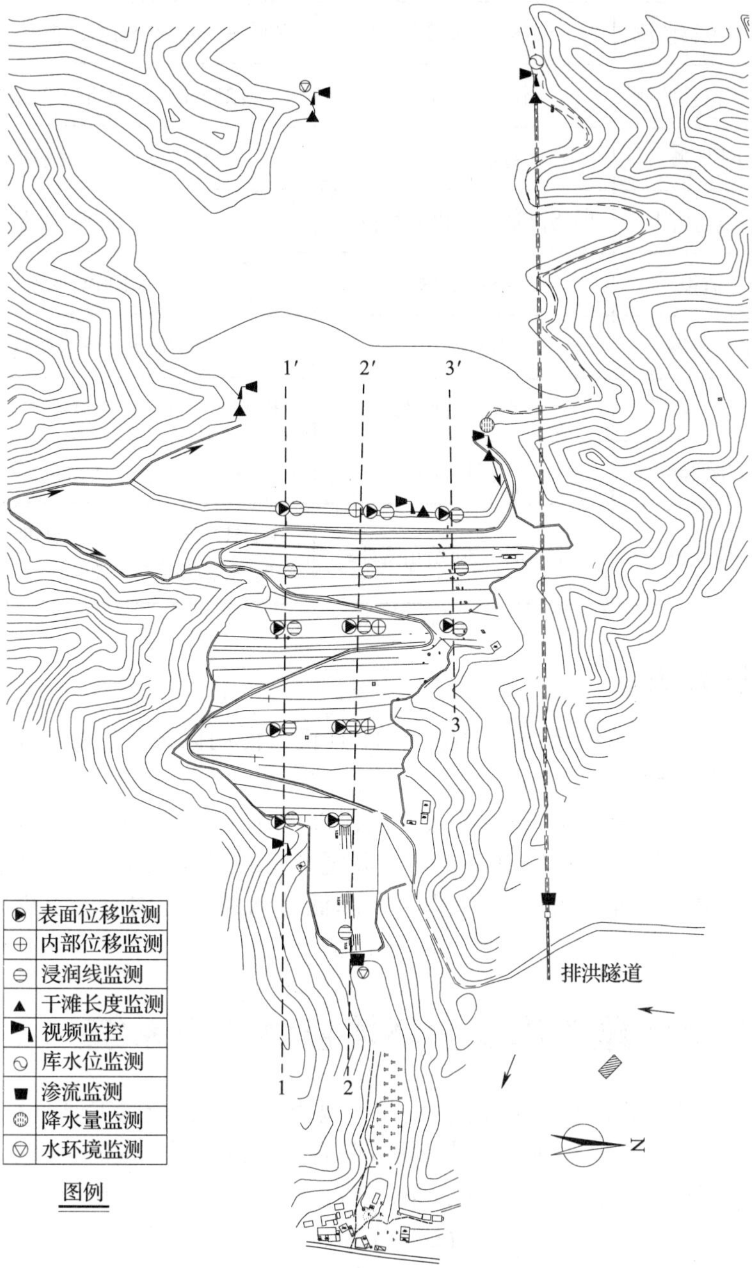

图 13.3-1　各监测横剖面及监测点的平面布置图

注：库区上游水环境监测点因距离较远，未在图中体现。

13.3.2　监测设备及精度

根据尾矿库的监测项目要求，在线安全监测系统的监测设备及精度见表 13.3-1：

表 13.3-1　监测设备及监测精度

序号	监测项目	监测设备	监测精度
1	坝体表面位移监测	GNSS 卫星接收器	水平 ±3mm+0.5ppm，垂直 ±5mm+0.5ppm
2	坝体内部位移监测	滑轮式测斜仪	0.25mm/m，分辨率 0.02mm/500mm
3	浸润线监测	智能渗压计	0.5%F.S，分辨率 0.2%F.S
4	干滩长度监测	网络高清摄像机 + 物位计	1 000W 像素
5	视频监控	网络高清球机	100W 像素
6	库水位监测	物位计	0.5%F.S，分辨率 0.2%F.S
7	渗流监测	量水堰 + 浊度计	渗流量为 1mm，浊度小于测量值的 ±5%
8	降水量监测	雨量计	0.2mm
9	水环境监测	电位计 + 分光光度计	0.1pH，分光光度计光度准确度为 ±0.2%T，光度重复性≤ 0.1%T

13.3.3 实施效果

该尾矿库在线安全监测系统自 2019 年 11 月投入使用以来，监测、采集、传输、存储、数据分析等各子系统运行正常。

该尾矿库在线安全监测系统的投入使用，极大地提高了尾矿库安全管理的工作效率，各层级的管理人员可以通过系统实时掌握尾矿库的运行状况，并根据监测数据的变化趋势指导尾矿库安全管理的日常工作，在降低劳动强度的同时，也提高了安全管理水平。

13.4 陕西有色尾矿库安全环境监测信息系统

“陕西有色尾矿库安全环境监测信息系统”是由中国有色金属工业西安勘察设计研究院有限公司与中国有色金属长沙勘察设计研究院有限公司共同开发的，该系统整合了陕西有色集团公司权属矿山企业尾矿库在线监测平台，建立了集团公司层级的尾矿库安全、环境信息大数据平台，通过工程师的后台技术支撑、矿山企业的现场管理和公司管理层的统一协调，在一定程度上解决了现有尾矿库在线监测系统流于形式，不能真正为企业安全生产发挥作用的问题，该信息系统实现了以下目的：

（1）提高了陕西有色集团公司对权属矿山企业尾矿库安全管理、环境保护工作的日常监管效率，降低了监管成本；

（2）实现了陕西有色集团公司对权属矿山企业尾矿库安全、环境数据的收集整合，建立了自主大数据平台；

（3）为陕西有色集团公司在尾矿库生产运行、防灾减灾等方面的监督检查及处置、决策提供了技术支撑；

（4）促进陕西有色集团公司技术进步，为建立数字矿山、智慧矿山系统提供了技术和人才储备。

13.4.1　系统设计原则

系统在设计时遵循了以下原则：

（1）系统实现了体系结构上的可扩展性和灵活性，包括采集设备、网络架构、软件架构等，应用功能有良好的实用性和可操作性。

（2）系统能够对单个尾矿库的监测数据进行分析，也能实现对所有尾矿库某一类型的数据进行整合分析。

（3）系统充分考虑了网络、操作系统、数据库和应用程序的安全性，保证系统安全运行。针对不同的用户赋予不同的访问权限，能为各级安全生产管理提供实时信息服务。

（4）系统能帮助集团公司对各权属矿山企业的尾矿库进行实时巡查管理和应急决策。

系统运行环境见表 13.4–1。

表 13.4–1　系统运行环境

类型	推荐配置	数量
数据库服务器	标 E7–4820 × 2，32GB 内存，2 × 2TB 硬盘	1
应用服务器	E7–4820 × 2，32GB 内存，1TB 硬盘	1
流媒体服务器	E3–1225/8GB ECC/320GB SATA	1
采集服务器	E7–4820 × 2，32GB 内存，500GB 硬盘 SSD	1
操作系统	Windows Server 2012 R2 企业版	4
数据库	SQL Server 2012	1
流媒体服务平台	EasyGBS	1
数据库热备	服务器数据和数据库数据同时往 2 台或多台服务器写入	1

13.4.2　系统结构设计

系统主要由运行支撑层、数据服务层、管理业务层、业务服务层和应用层五部分组成，见图 13.4–1。

（1）运行支撑层。

运行支撑层是由硬件、网络、系统软件、标准体系和法律法规等各种资源组成。具体包含服务器、交换机、防火墙、VPN 专网、互联网、DBMS 数据库、操作系统、遥感影像处理、标准体系、法律法规等。

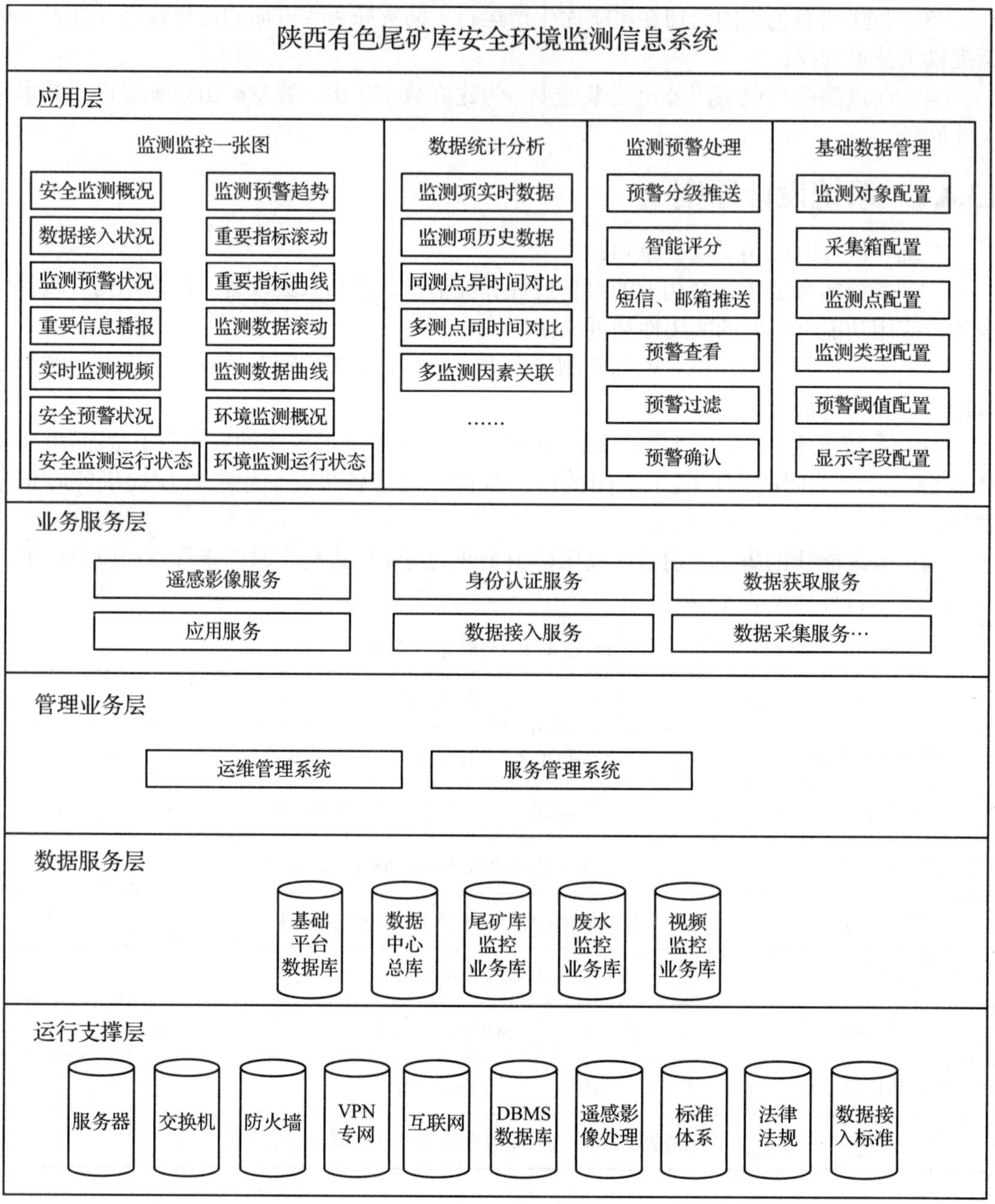

图 13.4–1 陕西有色尾矿库安全环境监测信息系统

（2）数据服务层。

数据服务层是对平台所有数据的组织管理，由各种数据资源组成。包括基础平台数据库、数据中心总库、尾矿库监控业务库、废水监控业务库、视频监控业务库，其中基础平台数据库、数据中心总库是平台的数据主体。

（3）管理业务层。

管理业务层是日常业务系统运行中基础数据和功能的支撑。管理业务层包括运维管理系统和服务管理系统。包括机构、用户、权限设置、日志记录和工作流引擎配置以及服务管理。

（4）业务服务层。

业务服务层主要提供各类业务功能接口和基于地理信息资源数据库的数据接口，通过组合和封装业务服务层提供的各类服务接口资源，可以快速搭建各种部门应用系统，实现地理信息和监测数据的分布式共享交换服务。主要包括遥感影像服务、身份认证服务、数据获取服务、应用服务、数据接入服务、数据采集服务、定制服务、数据发布服务和二次开发服务。

（5）应用层。

应用层是直接面向用户的应用平台，由尾矿库安全环境监测统一门户平台、数据采集与分析平台组成。统一门户平台是平台的总窗口和总入口，主要包括监测监控一张图；数据采集与分析平台是用来实时采集安全环境监测数据，主要包括数据统计分析、监测预警处理、基础数据管理。

13.4.3　系统技术特点

（1）多源、多级数据共享。

系统设计基于 SOA（Service-Oriented Architecture）架构理念、C/S 和 B/S 应用架构，支持 XML 和 WebService，支持各种主流操作系统、数据库。

利用 SOA 架构，实现了各类安全环境监测信息和管理信息访问接口，形成了更有效的服务发布，实现了多种客户端跨平台、跨网络、跨语言的调用以及陕西有色集团公司管理层、各生产单位和基层单位对安全环境与应急决策的在线共享服务。

（2）重要信息统一查询、集中操作。

支持系统各功能模块一体化操作和数据共享，对重要信息实现了统一查询、集中操作，尽量减少系统中同类业务操作频繁切换操作界面的现象。

系统提供了强大的结构化数据、非结构化数据的在线申请与审核功能、查询统计功能、数据分析功能等。

（3）综合查询与统计报表生成。

系统能够提供数据综合查询与统计报表工具，能够自定义综合查询和统计报表，各种指标数据可以报表、曲线、图形等多种形式呈现，支持报表打印。

（4）组织结构分层级架构与授权。

系统能够柔性设置组织结构层级，满足现有管理体系的要求。

（5）平台运维简便高效。

平台提供管理和监督工具，能够配置系统的基础数据、记录并查看系统日志情况；记录用户登录及操作信息，可查询系统当前用户在线情况和对系统的操作情况；能够统计系统各个事务的活动状态，为系统管理员了解系统运行状况提供数据支持。

（6）系统扩展性强。

系统基于组件理念开发，内部逻辑紧密，能对外提供丰富的二次开发接口，提高工具化的业务和数据扩展能力。如自定义存储过程、工具插件接口、表单接口、客户端开发接口、组件开发接口等，用户可以根据新的需求综合应用这些接口进行拓展，因此具有很强的系统扩展能力。

（7）安全保障机制健全。

通过对安全监测与监控、身份认证、数据备份、数据加密、访问控制等的统一管理，为应用系统开发提供调用接口与控制机制，使整个陕西有色尾矿库安全环境监测信息系统基于统一的安全体系。一方面避免了每个业务应用系统都需要开发安全管理模块的情况，另一方面也有效集中了安全出入口，便于应用系统的安全控制，实现单点登录。

（8）海量数据高速浏览。

系统能够实现数据的分区操作和分批处理，建立了广泛的索引及缓存机制，加大了虚拟内存；使用了临时表和中间表，利用文本格式对复杂数据进行处理，定制了强大的数据清洗规则和出错处理机制，建立了视图或物化视图；使用了数据仓库和多维数据库存储等技术，建立了高效的、能分布式部署的海量数据发布引擎，实现了空间数据的快速浏览。

13.4.4 系统主要功能

1. 系统管理

（1）对监控设备进行远程智能控制与管理。

在监测信息系统的发布和浏览终端，授权用户可以通过对话窗口掌握和控制现场监测监控设备的性能参数、工作状态、数据采样周期等，见图 13.4–2。

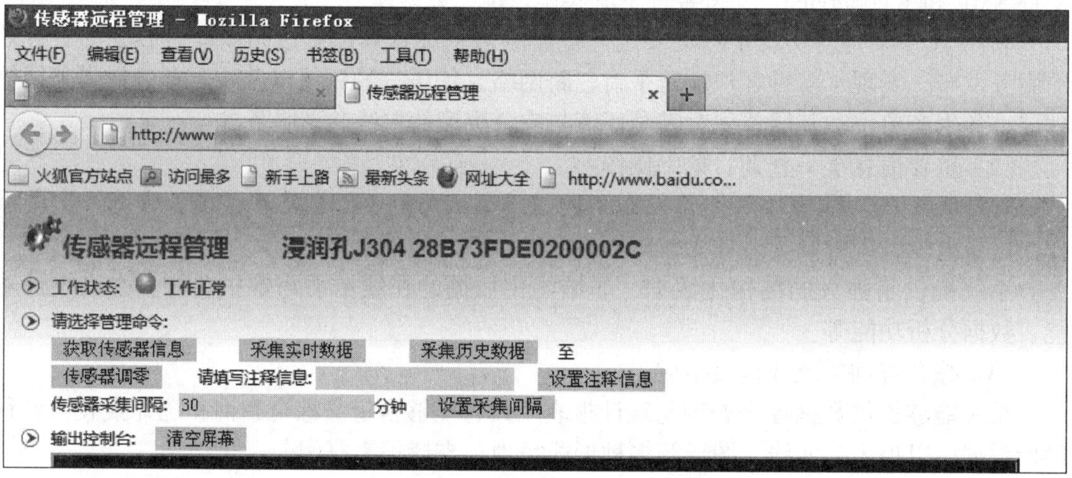

图 13.4–2 监测信息系统的发布和浏览终端

（2）数据建库与储存。

在系统中建立原始数据库和成果数据库。原始数据库，包括尾矿库勘测设计资料、安全管理资料、在线监测系统采集的原始数据信息、现场巡查信息、库区仿真建模数据等；成果数据库，包括监测数据平差计算资料、数据分析资料、监测成果及图表、预警信息、事故处置信息等。采用双备份方式进行数据储存，数据保存时间不低于 10 年。

（3）人工监测与验证监测。

系统的信息浏览终端提供了人工监测数据接口，授权用户能够通过登录系统上传人工监测数据，系统对人工上传数据自动进行建库和统一管理。同时，系统自动实现同名监测点数据的比对功能，通过比对监测数据可以判断二者的差异，见图 13.4–3。

图 13.4–3　信息浏览终端的人工监测数据

2. 数据处理

（1）监测数据粗差剔除。

系统对入库的监测数据采用了粗差剔除、二次采集确认、自动预警、应急管理系统交互等一整套完整的数据智能入库技术，确保在线监测数据库准确、可靠和有效。

（2）监测数据平差计算。

系统自动对每个监测设备采集的数据进行计算处理。对于 AUTO DEM 观测数据、测量机器人观测数据、静力水准仪测量数据、测斜仪观测数据按照严密平差法计算各个监测数据的平差值，统计其测量中误差，并自动解算为尾矿坝坐标系中的坐标。

（3）预警分析。

当系统采集到异常变化监测数据并经分析判断无误后，能够自动进行预警等级的判别，并根据预警级别进行不同形式不同人员范围的预警。对于日常巡查信息、人工上传监测信息、人工输入预警信息，系统也能够自动实现相应级别的预警。

3. 监测信息在线发布

（1）监测监控一张图。

在基于 GIS 平台的搜索引擎下，系统通过加载民用地图以“一张图”形式，直观地展现出区域内所有尾矿库和其地理位置。对尾矿库的安全监测预警状况、环境监测预警状况、安全监测设施运行状态、环境监测设施运行状态进行统计生成对应柱状图。在一张图界面上也可以查看到各公司尾矿库的安全环境实时监测视频，其中主要包括：安全监测概况、环境监测概况、数据接入状况、监测预警状况、监测设施通信状态、实时监测视频、重要指标滚动显示、重要信息播报等内容，见图 13.4–4。

（2）监测项目及监测点位置。

当预先在系统中输入某尾矿库的正射影像图时，可以通过放大或缩小功能查看该尾矿库监测点的位置及该位置处的监测项目，见图 13.4–5。

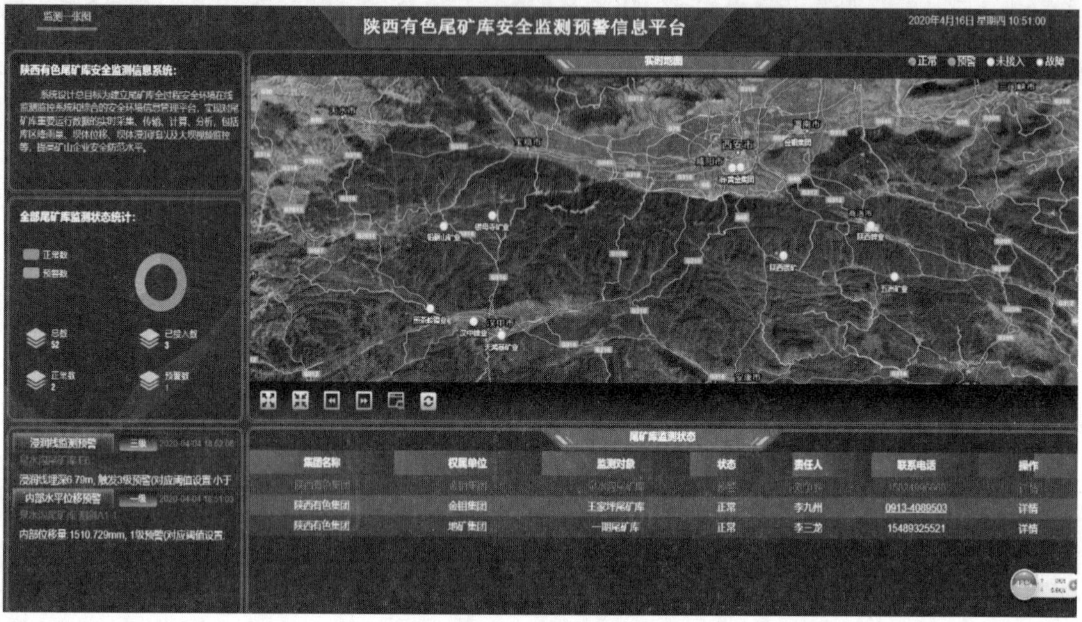

图 13.4–4　监测一张图

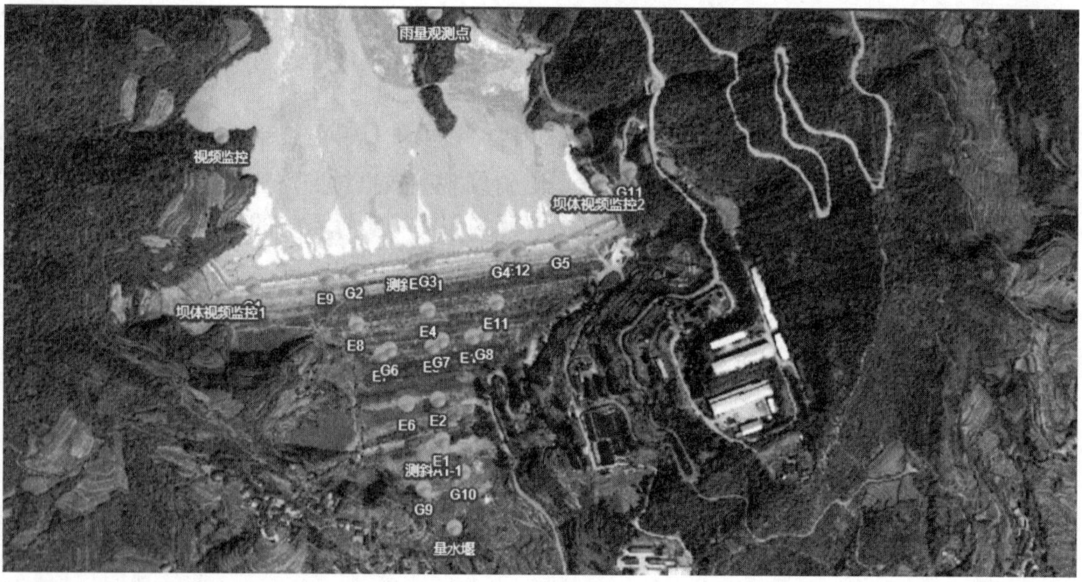

图 13.4–5　监测项目及监测点位置

（3）监测项目实时数据。

监测项目实时数据主要来源于预警记录、位移监测、浸润线监测。预警记录是通过在线监测系统采集到异常变化监测数据并经分析判断无误后，自动记录异常项目的监测值、异常发生位置及异常发生时间，自动进行预警等级的判别，并根据预警等级的不同进行分类汇总。位移监测通过对监测点的实时监测，记录监测点的水平位移累计变化量、监测时间、累计位移阈值、水平位移变化速率以及安全状况。浸润线监测通过对监测点的实时监测，记录监测点的监测时间、浸润线埋深、埋深阈值、水平高度以及安全状况，见图 13.4–6。

图 13.4–6　监测项目实时数据

（4）监测项目历史数据。

选择尾矿库、坝体、监测类型、监测点、预警情况，以及时间段进行监测点的实时查询，查询后可以得到不同时间段各尾矿库监测点的水平位移累计变化量、监测时间、累计位移阈值、水平位移变化速率及安全状况等，见图 13.4–7。

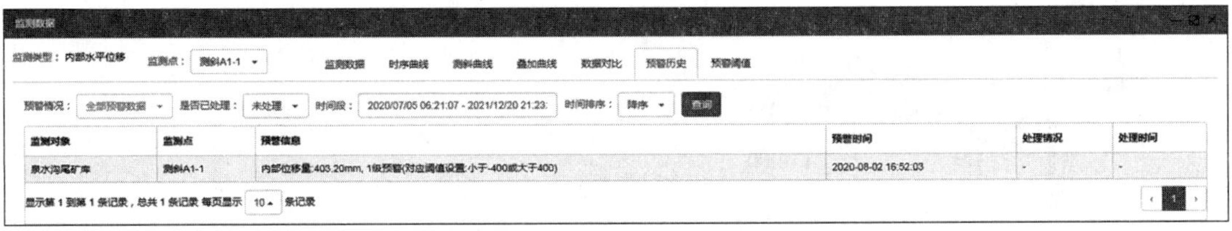

图 13.4–7　监测项目历史数据

（5）同测点时序曲线。

通过对同一监测点不同时间段监测数据的累计查询，可得到该监测点不同时间段的监测值随时间变化的曲线，见图 13.4–8。

（6）多测点对比曲线。

对多个监测点同一时间段的监测数据进行查询，然后对数据进行分析解算，再将解算结果值、数据变化量、变化曲线等信息以数据和曲线方式直观呈现在监控平台，见图 13.4–9。

（7）多元数据融合。

通过多监测因素关联进行多元数据融合分析，对数据进行分析解算，再将各监测数据

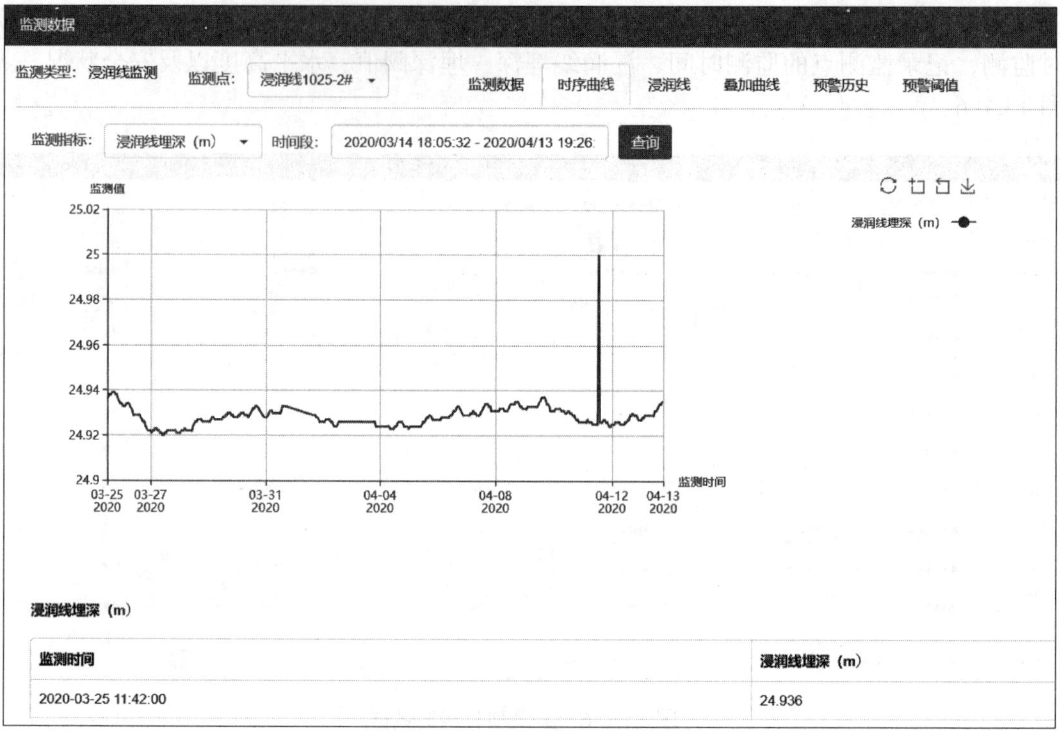

图 13.4-8 同测点时序曲线

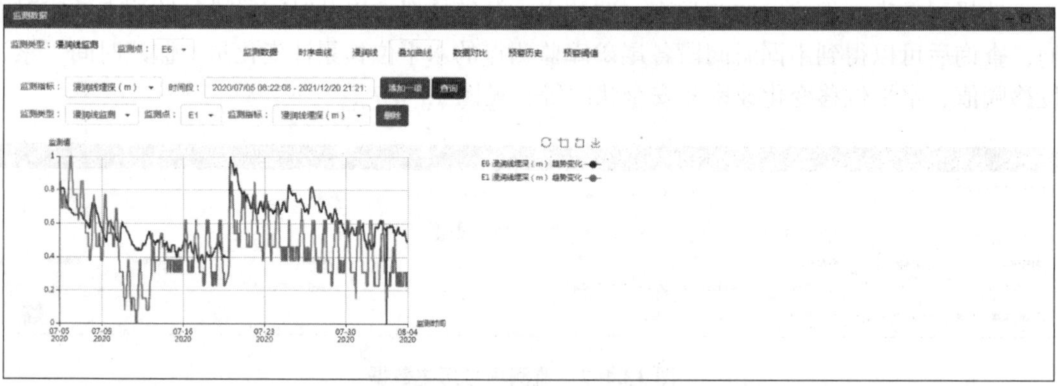

图 13.4-9 多测点对比曲线

的解算结果值、数据变化量、时序曲线、测斜曲线、叠加曲线、预警历史及预警阈值的变化曲线等信息以数据和图示方式直观呈现在监控平台，进行预警分析。

（8）自动生成浸润线。

通过某日期尾矿库的浸润线监测剖面，后台查询相应的监测数据，根据数学模型自动绘制浸润线断面图，见图 13.4-10。

4. 监测预警处理

（1）分级预警：系统可以设置不同级别的预警阈值，自动按照报警的级别进行短信发送，见图 13.4-11。

（2）实时预警：当尾矿库安全超高、浸润线位置、最小干滩长度等参数超出设置范围时，系统会实时以短信、报表、声光报警等形式进行预警。

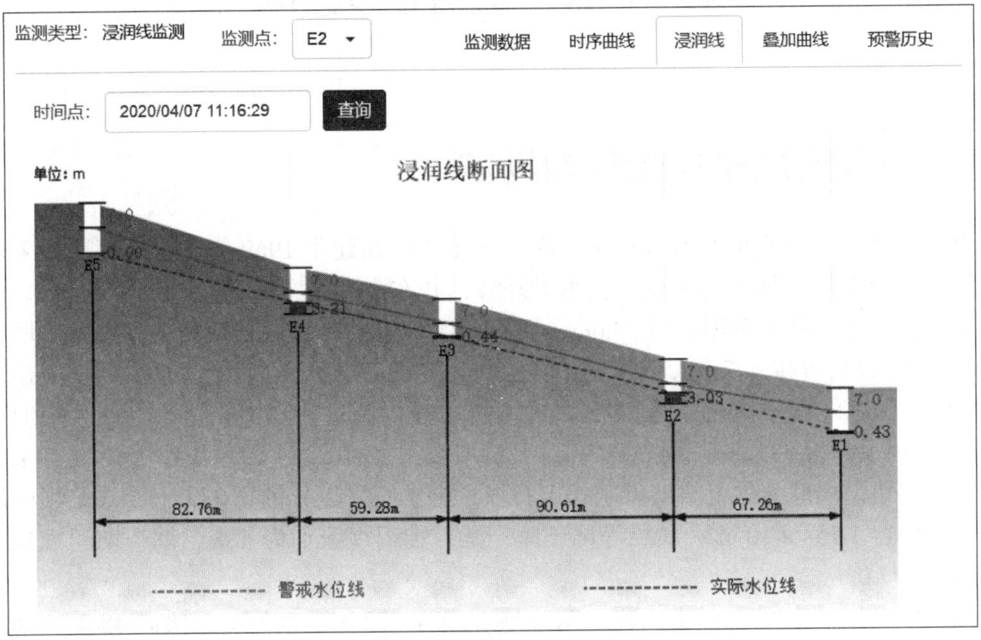

图 13.4–10　自动绘制浸润线断面图

图 13.4–11　分级预警

第14章　工 程 实 例

14.1　十八河尾矿库运行期勘察

十八河尾矿库为典型的河谷型尾矿库，该尾矿库始建于1969年，尾矿库选址采用在十八河上游建造拦水坝使河流改道至东梁外坡，并在十八河下游修筑初期坝的建库方案。原初期坝由黏性土碾压筑坝，高23.0m，坝顶高程509.0m，后期初期坝在库内尾矿堆积至高程509.0m后又增高了7.0m，现初期坝高30.0m，坝顶高程516.0m；原拦水坝坝顶高程约571.0m，2012年因尾矿库加高需要，在原拦水坝内侧进行加高扩建，将拦水坝加高了14.0m，现坝顶高程585.0m，坝顶宽5m，上游坝坡比1∶2.5，下游坝坡比1∶2.75，采用下游贴坡法筑建，坝型为黏土斜墙碾压式土石坝；尾矿库采用分散排矿、上游式筑坝的运行方式，总库容$1.754 \times 10^9 m^3$，属二等尾矿库，尾矿堆积坝级别为Ⅱ级，勘查期间堆积坝坝顶高程约587.0m。

尾矿库左岸的东梁为黄土山梁，东梁顶部高程572.0 ~ 589.0m，梁高48.0 ~ 50.0m，尾矿库堆积至高程570.0m时，在东梁的内侧另起子坝进行退坝加高，形成新的堆积子坝；采取退坝加高方案时，先对东梁进行局部开挖和回填，平整出较为顺直的570m高程平台，再利用尾矿平地筑坝，堆积坝坝底铺设排渗褥垫或设排水棱体，加高过程中在坝体内埋设横、纵向排渗盲沟或暗管。堆积坝外坡坝脚处修砌排水明渠将堆积坝内渗水和东梁内坡雨水导走。尾矿库右岸为低山丘陵地貌，岩性为前震旦纪安山岩，节理裂隙不发育，地质构造较简单。尾矿库地形地貌见图14.1–1，拦水坝及导水渠见图14.1–2。

14.1.1　东梁稳定性分析与评价

1. 基本情况

20世纪90年代初，东梁外坡脚发现多处渗水，至2008年勘察期间渗水还在继续，经工程地质测绘与调查，东梁山体沟谷较发育，边坡较陡，梁体可见两条规模较大的黄土冲沟。其中1#冲沟位于东梁西南坡，走向SE31°，至沟口转至SW36°，长约280m，最大深度约13m，宽35 ~ 74m，从东梁向库区逐渐变宽，伸入库区；2#冲沟位于东梁东北坡，走向NE25°，长约160m，宽22.4 ~ 36.5m，最深处约18m，与1#冲沟方向相反，伸向东梁外坡清源河。两沟相距较近，在东梁顶部形成了宽约45m的相对薄弱地带。东梁与尾矿库位置关系见图14.1–3，两条冲沟的平面位置见图14.1–4。

东梁外坡脚至溢洪渠北岸，有3处小规模滑坡，滑坡高度4 ~ 8m，滑坡体长度20 ~ 30m，滑坡规模较小，不会对东梁的整体稳定性产生影响。

2. 勘察目的及工作量布置

（1）查明东梁及其附近区域的不良地质作用，并对不良地质作用的类型、分布范围、发展趋势及其对东梁整体稳定性的影响程度进行分析评价。

（2）查明东梁的地层岩性、埋藏条件及其物理力学性质指标。

（3）查明东梁与库区的水力联系，浸润线位置及其变化规律；对东梁外坡脚渗水情况进行重点调查，查明其形成机理，并提出防治措施建议。

（4）评价东梁现状及东梁段尾矿堆积坝高程达到 575m 时的稳定性。

在研究前期勘察资料的基础上，勘探线的布置：选择东梁较薄弱、外坡较陡的断面布置 4 条勘探线，一般勘探点间距约 54.0 ~ 77.0m，最大为 150.6m，共布置勘探点 21 个。勘探点平面位置见图 14.1–4。

图 14.1–1　尾矿库地形地貌图

图 14.1-2 拦水坝及导水渠

图 14.1-3 东梁与尾矿库位置关系

3. 地层及土的物理力学性质指标

（1）地层。

勘探揭露，尾矿库内地层主要由尾粉土及尾粉砂（Q^{ml}）组成，东梁地层主要由第四系上更新统风积黄土（Q_3^{eol}）、中更新统风积黄土（Q_2^{eol}）、冲、洪积卵石及粉质黏土（Q_2^{al+pl}）构成，各层土的野外特征及成层规律如下：

①层尾粉土与尾粉砂互层（Q^{ml}）：灰色，水平层理发育，呈薄层互层状，湿～很湿，松散～稍密。层厚 1.90 ～ 12.80m，层底高程 543.31 ～ 558.72m。

②层黄土（Q_3^{eol}）：黄褐色，大孔结构，含少量钙质结核，可塑。底部可见不连续分布的古土壤。该层仅在东梁最高处出露，层厚 2.30 ～ 9.00m，层底高程 555.85 ～ 580.94m。

③层黄土（Q_2^{eol}）：黄褐色，具针状孔隙，含少量钙质结核，可塑。层厚 2.70 ～ 25.10m，层底高程 553.15 ～ 557.55m。

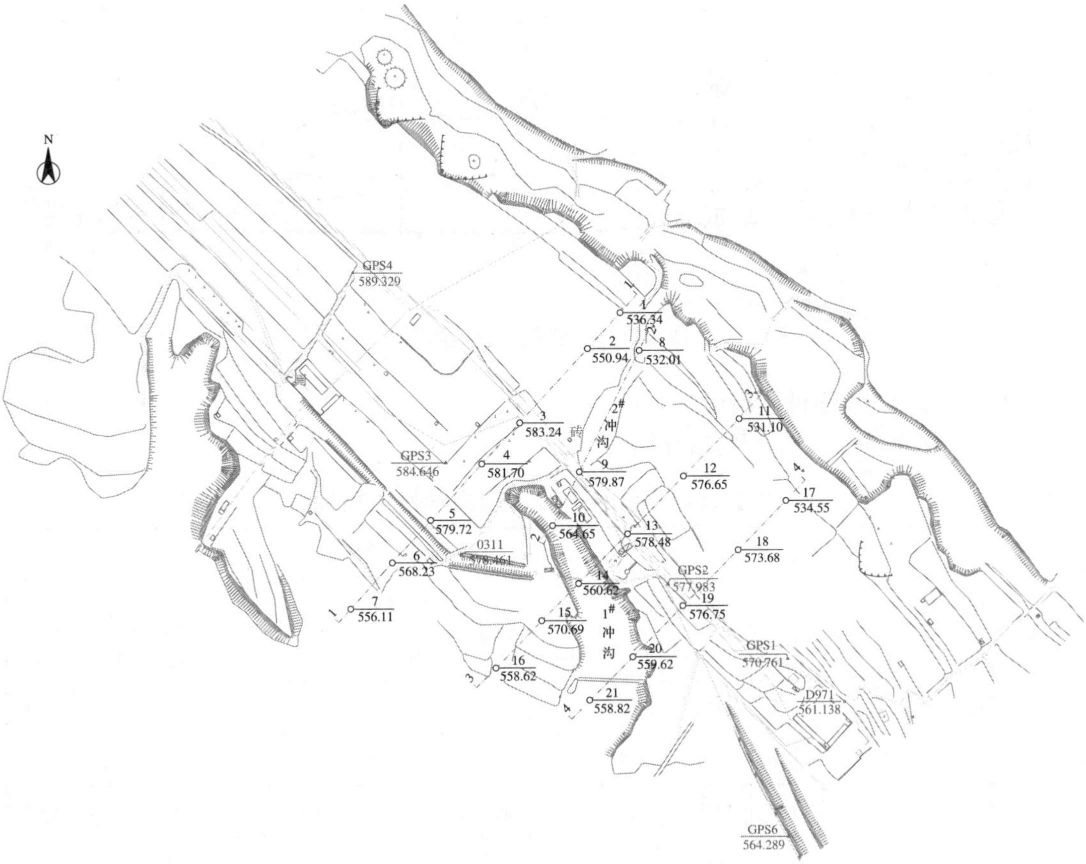

图 14.1–4　勘探点平面位置及冲沟图

④层黄土（Q_2^{eol}）：黄褐色，具针状孔隙，含少量钙质结核，局部钙质结核富集，可塑。可见不连续分布的古土壤。层厚 5.40 ~ 23.80m，层底高程 530.12 ~ 539.25m。

⑤层黄土（Q_2^{eol}）：黄褐 ~ 浅红褐色，具针状孔隙，含少量钙质结核，局部钙质结核富集，可塑。局部夹有不连续分布的古土壤。层厚 1.80 ~ 12.00m，层底高程 524.32 ~ 536.88m。

⑥层卵石（Q_2^{al+pl}）：亚圆形，主要由安山岩碎块组成，岩性坚硬，一般粒径 40 ~ 70mm，最大 150mm，充填约 15% 砂及黏性土，局部夹粗砂薄层，密实。层厚 3.80 ~ 8.60m，层底高程 518.65 ~ 524.70m。

⑦层粉质黏土（Q_2^{al+pl}）：黄褐色 ~ 褐黄色，可见黑色铁锰质斑点，含少量圆砾，可塑。层厚 3.60 ~ 8.80m，层底高程 515.90 ~ 518.65m。

⑧层卵石（Q_2^{al+pl}）：亚圆形，主要由安山岩碎块组成，岩性坚硬，一般粒径 20 ~ 100mm，最大 180mm，充填约 15% 砂及黏性土，局部夹粗砂薄层，密实。层厚 3.30 ~ 5.80m，层底高程 510.10 ~ 515.35m。

⑨层粉质黏土（Q_2^{al+pl}）：黄褐色，土质均匀，局部相变为黏土，可塑。该层未穿透，最大揭露厚度 7.60m。

各层土的埋藏条件及层位组合关系见图 14.1–5。

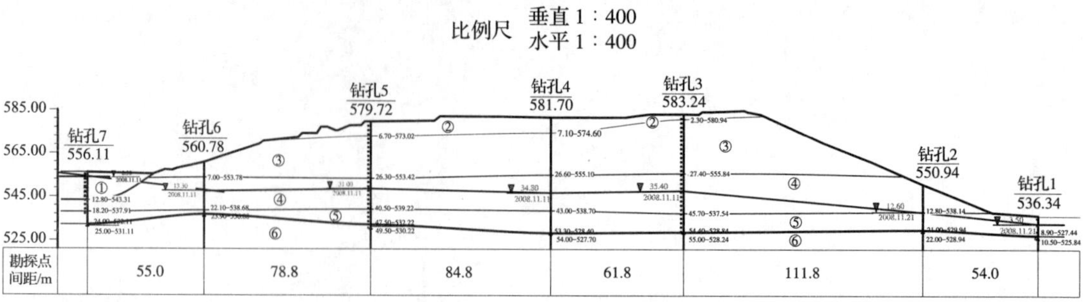

图 14.1–5 典型地质剖面图

（2）土的物理力学性质指标。

1）土的一般物理力学性质指标见表 14.1–1。

表 14.1–1 土的一般物理力学性质指标

统计指标		地层								
		①尾粉土			②黄土			③黄土		
		n	范围值	ϕ_m	n	范围值	ϕ_m	n	范围值	ϕ_m
天然含水率 w/%		8	13.3 ~ 44.7	31.4	16	19.5 ~ 31.4	25.2	43	18.1 ~ 31.7	23.6
天然重度 γ/（kN/m³）		8	17.1 ~ 19.5	18.5	16	17.1 ~ 19.7	18.3	43	16.1 ~ 20.4	18.5
干燥重度 γ_d/（kN/m³）		8	11.8 ~ 15.2	14.1	16	13.1 ~ 16.0	14.7	43	12.8 ~ 17.0	15.0
孔隙比 e		8	0.722 ~ 1.245	0.881	16	0.664 ~ 1.049	0.826	43	0.579 ~ 1.100	0.788
饱和度 S_r/%		8	49.0 ~ 100.0	90.3	16	65.3 ~ 98.8	83.3	43	62.0 ~ 98.5	82.0
液限 w_L/%		7	29.6 ~ 38.1	35.8	16	29.3 ~ 37.7	33.6	43	28.7 ~ 37.5	32.9
塑限 w_P/%		7	20.1 ~ 29.1	26.7	16	17.7 ~ 22.2	20.0	43	17.3 ~ 22.1	19.6
液性指数 I_L		7	0.00 ~ 1.86	0.81	16	0.00 ~ 1.02	0.39	43	0.00 ~ 0.96	0.32
液限 / 孔隙比 w_L/e		—	—	—	16	30.9 ~ 51.1	41.2	43	29.0 ~ 64.1	42.7
天然含水率 / 液限 w/w_L		—	—	—	16	0.58 ~ 1.01	0.75	43	0.49 ~ 0.98	0.72
压缩系数 a_{1-2}/MPa⁻¹		8	0.14 ~ 0.53	0.22	15	0.16 ~ 0.46	0.33	43	0.06 ~ 0.47	0.22
压缩模量 /MPa	E_{s1-2}	8	4.3 ~ 13.3	9.9	16	2.1 ~ 11.5	5.9	41	3.8 ~ 17.9	8.8
	E_{s2-3}	—	—	—	—	—	—	27	4.0 ~ 12.1	8.1
	E_{s3-4}	—	—	—	—	—	—	9	4.6 ~ 12.9	9.3
	E_{s4-5}	—	—	—	—	—	—	—	—	—
	E_{s5-6}	—	—	—	—	—	—	—	—	—
	E_{s6-7}	—	—	—	—	—	—	—	—	—
	E_{s7-8}	—	—	—	—	—	—	—	—	—

续表 14.1–1

统计指标		地层								
		④黄土			⑤黄土			⑦粉质黏土		
		n	范围值	ϕ_m	n	范围值	ϕ_m	n	范围值	ϕ_m
天然含水率 w/%		66	16.3 ~ 30.4	23.1	32	20.6 ~ 30.3	24.2	5	22.7 ~ 24.4	23.8
天然重度 γ/（kN/m^3）		65	17.7 ~ 20.7	19.2	31	17.2 ~ 20.4	19.4	5	18.6 ~ 19.9	19.4
干燥重度 γ_d/（kN/m^3）		66	13.2 ~ 17.4	15.6	32	13.1 ~ 16.9	15.5	5	15.0 ~ 16.1	15.7
孔隙比 e		65	0.539 ~ 0.887	0.708	32	0.577 ~ 1.034	0.721	5	0.660 ~ 0.778	0.699
饱和度 S_r/%		66	70.8 ~ 100.0	88.2	31	77.3 ~ 100.0	92.7	5	84.6 ~ 99.4	92.9
液限 w_L/%		63	28.6 ~ 36.7	32.9	32	26.3 ~ 36.5	31.4	5	27.6 ~ 33.8	31.9
塑限 w_P/%		63	17.3 ~ 21.7	19.6	32	16.0 ~ 21.6	18.8	5	16.7 ~ 20.1	19.1
液性指数 I_L		66	0.00 ~ 0.94	0.30	32	0.04 ~ 1.24	0.45	5	0.19 ~ 0.71	0.38
液限 / 孔隙比 w_L/e		66	32.3 ~ 61.5	46.9	32	29.7 ~ 58.4	44.8	5	38.3 ~ 51.2	45.9
天然含水率 / 液限 w/w_L		66	0.44 ~ 0.98	0.71	32	0.61 ~ 1.09	0.78	5	0.67 ~ 0.88	0.75
压缩系数 a_{1-2}/MPa^{-1}		65	0.06 ~ 0.43	0.24	31	0.11 ~ 0.43	0.25	5	0.11 ~ 0.28	0.22
压缩模量 /MPa	E_{s1-2}	61	2.7 ~ 13.7	7.3	31	2.6 ~ 12.6	7.0	5	6.0 ~ 14.7	8.4
	E_{s2-3}	65	4.0 ~ 17.6	9.3	27	6.3 ~ 18.7	10.9	4	6.5 ~ 10.8	8.3
	E_{s3-4}	54	5.3 ~ 22.6	12.2	23	8.8 ~ 21.3	13.9	1	12.0	—
	E_{s4-5}	36	9.0 ~ 25.5	14.4	23	9.5 ~ 26.3	15.5	1	11.7	—
	E_{s5-6}	36	10.2 ~ 27.8	16.3	23	10.3 ~ 26.3	17.2	1	13.2	—
	E_{s6-7}	10	11.6 ~ 23.2	16.8	12	14.4 ~ 26.7	19.2	1	15.4	—
	E_{s7-8}	10	13.6 ~ 25.8	19.7	12	17.4 ~ 28.0	22.2	1	18.5	—

注：n 为频数，ϕ_m 为平均值。

2）土的抗剪强度指标见表 14.1–2。

表 14.1–2 土的抗剪强度指标

地层	固结快剪		饱和固结快剪		三轴固结不排水剪	
	C/kPa	φ/（°）	C/kPa	φ/（°）	C_{cu}/kPa	φ_{cu}/（°）
①尾粉土	29.3	22.0	26.0	21.5	—	—
②黄土	38.5	23.1	—	—	36.0	15.9
③黄土	35.4	23.1	—	—	43.8	19.6
④黄土	46.8	20.8	33.9	21.8	60.8	17.4
⑤黄土	24.5	20.5	29.7	21.1	56.0	19.6
⑦粉质黏土	—	—	28.0	21.2	—	—

4. 黄土湿陷性评价

东梁②层黄土湿陷系数 $\delta_{s2.0}$ 为 0.000 ~ 0.026，湿陷性轻微；自重湿陷系数 δ_{zs} 为 0.001 ~ 0.018，自重湿陷量计算值小于 70mm，东梁场地为非自重湿陷性黄土场地。湿陷量的计算值 Δs 为 76.5 ~ 175.2mm，地基湿陷等级为Ⅰ级（轻微）。

5. 地下水的补给与排泄条件

（1）地下水的补给与排泄。

勘探过程中，各钻孔均遇到地下水，实测地下水位埋深介于 0.25 ~ 35.50m，高程介于 529.25 ~ 553.81m，当钻进到⑥层卵石层后，钻孔内地下水位均不同程度上升，这是赋存于⑥层卵石中的地下水属微承压水所致。

地下水位变化的总体趋势为：库区水位最高，由库内向东梁外坡脚逐渐降低。根据尾矿库及东梁的地形、地质条件及勘察期间实测的地下稳定水位可以做出以下判断：

东梁及尾矿库内地下水的最大补给源是尾矿库内的尾矿水，其次是大气降水。尾矿水及大气降水进入尾矿库后，大部分由尾矿库及堆积坝体内的排渗、排洪设施排出库区，一部分下渗至库底的卵石层，还有一小部分由侧面渗入东梁。渗入卵石层中的地下水具有一定的承压性，流向东侧并在东梁坡脚逸出，黄土层中的地下水为尾矿水的直接渗入和⑥层卵石层中承压水向上补给，见图 14.1–6。

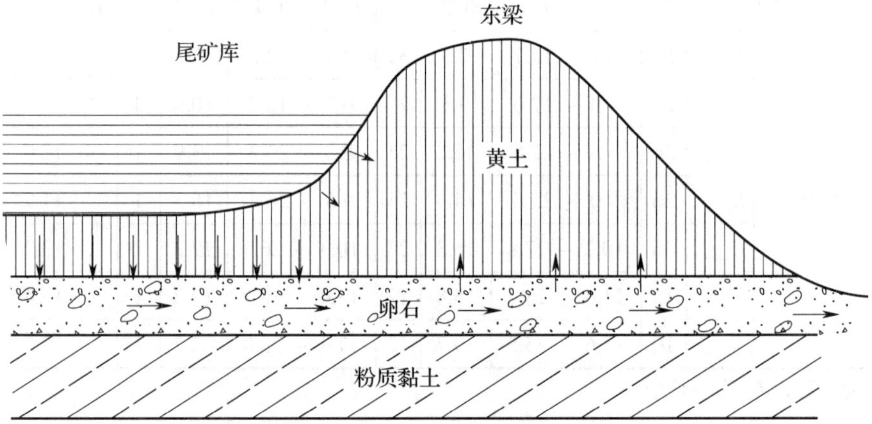

图 14.1–6 地下水的补给与排泄

勘察期间，经现场实地测绘，十八河尾矿库东梁外坡脚出现多处渗水。南部渗水点多集中在 534.0m 标高以下，北部渗水点多集中在 541.0m 以下，渗水点沿东梁外坡脚呈带状分布，长约 1km，不连续。图 14.1–7 为东梁外坡的一处渗水点，渗水点的黄土受水浸泡后产生塌陷，形成拱形渗坑；图 14.1–8 为东梁外坡渗水点积水渠，渗水通过积水渠排至清源河。

根据上述地下水的补给及排泄关系，东梁外坡脚出现大面积渗水，正是库内尾矿水渗入卵石层后，向东梁外坡流动，在外坡脚卵石层埋藏较浅或直接出露的地段逸出所致。

（2）地层渗透性。

室内试验测得的东梁黄土渗透系数为 1.88×10^{-7} ~ 2.27×10^{-5}cm/s，属微透水层。根据工程经验，室内渗透试验比现场渗透试验所测得的渗透系数小 1 ~ 2 个数量级；埋藏于尾

图 14.1–7 东梁外坡拱形渗坑

图 14.1–8 东梁外坡积水渠

矿库及东梁底部的卵石层，属强透水层；库内尾矿渗透系数在 1.35×10^{-5} ~ 5.43×10^{-5}cm/s，属弱透水层。

6. 稳定性分析与评价

（1）渗透变形分析。

根据《水利水电工程地质勘察规范》GB 50287—99 第 M.0.3 条，东梁黄土的临界水力比降 J_{cr} 计算如下：

$$J_{cr}=(G_s-1)(1-n) \tag{14.1-1}$$

取 G_s=2.72，n=42%，计算结果 J_{cr}=2.97。

根据《水利水电工程地质勘察规范》GB 50287—99 第 M.0.4 条，对于级配连续的卵石层允许水力比降为 0.15 ~ 0.25。

东梁坡脚处的地下水水力比降介于 0.07 ~ 0.10 之间，远小于黄土的临界水力比降和卵石层允许水力比降，因此东梁黄土不会发生流土型破坏和管涌型破坏。

随着尾矿库的继续使用，东梁地下水位将进一步抬升。经计算，当尾矿库运行至堆积坝高程 575m 时，东梁的水力比降不会超过 0.10。因此，尾矿库的后续运行虽会导致东梁地下水位抬升，但并不会使东梁发生流土、管涌渗透变形破坏。

（2）稳定性验算。

选取东梁 4 条代表性剖面，作为稳定性计算剖面。稳定性计算采用简化 Bishop 圆弧法，见公式（14.1–2）：

$$\begin{cases} F_s=\dfrac{\sum[C_i l_i\cos\alpha_i+(W_i+W_{qv}-\mu_i l_i\cos\alpha_i)\cdot\tan\varphi_i]\cdot m_{\alpha_i}}{\sum W_i\sin\alpha_i+W_{qh}(Y_{ed}+Y_c)} \\ m_{\alpha_i}=\cos\alpha_i+\tan\varphi_i\sin\alpha_i/F_s \end{cases} \tag{14.1-2}$$

式中 F_s——最小稳定系数；

C_i——第 i 条块滑面黏聚力（kPa）；

φ_i——第 i 条块滑面内摩擦角（°）；

α_i——第 i 条块滑面与水平线夹角（°）；

l_i——第 i 条块滑面长度（m）；

W_i——第 i 条块滑面的土体重量（kN）；

W_{qh}——水平地震惯性力（kN）；

W_{qv}——垂直地震惯性力（kN）；

μ_i——垂直作用于第 i 条块滑面上的孔隙水压力（kN）；

Y_{ed}——圆心至水平地震力作用线的垂直距离（m）；

Y_c——圆心纵坐标（m）。

各尾矿土的天然重度 γ、饱和重度 γ_{sat}、黏聚力 C 和内摩擦角 φ 见表 14.1–3。

表 14.1–3 稳定性计算参数

地层名称	天然重度 γ/（kN/m³）	饱和重度 γ_{sat}/（kN/m³）	黏聚力 C/kPa	内摩擦角 φ/（°）	黏聚力 C/kPa	内摩擦角 φ/（°）
			天然状态		饱和状态	
①尾粉土	18.0	18.6	22.0	19.8	15.0	18.0
②黄土	18.3	18.9	28.0	20.8	20.0	16.0
③黄土	18.5	19.1	27.5	21.0	20.0	18.0
④黄土	19.2	19.6	35.0	18.7	25.0	18.5
⑤黄土	19.4	19.5	25.0	19.0	25.0	19.0
⑥卵石	21.0	21.0	0.0	40.0	0.0	40.0
⑦粉质黏土	19.4	19.4	21.0	19.0	21.0	19.0

计算边界条件按照东梁现状边坡及尾矿库运行至堆积坝高程 575m（滩面高程 570m）时边坡两种情况考虑。

计算采用总应力法进行，并考虑地下水渗流作用。计算时尾矿库运行工况按照正常运行、洪水运行及特殊运行 3 种工况考虑。

正常运行时浸润线采用钻孔实测浸润线，洪水运行及特殊运行时浸润线根据渗流计算结果确定。渗流计算采用有限元法进行，洪水运行及特殊运行渗流计算时，假定库内水位抬升至现状尾矿库表面，出逸点在东梁坡脚。

尾矿库现状滩面 1—1 剖面和 3—3 剖面稳定性计算图见图 14.1–9 和图 14.1–10，稳定性计算结果见表 14.1–4。

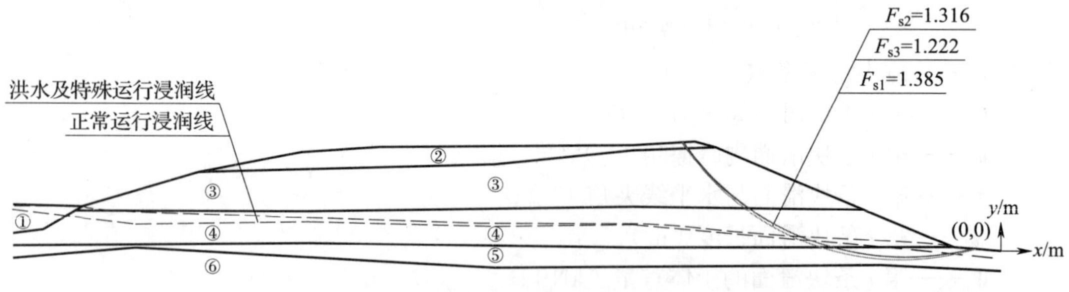

图 14.1–9 尾矿库现状滩面 1—1 剖面稳定性计算图

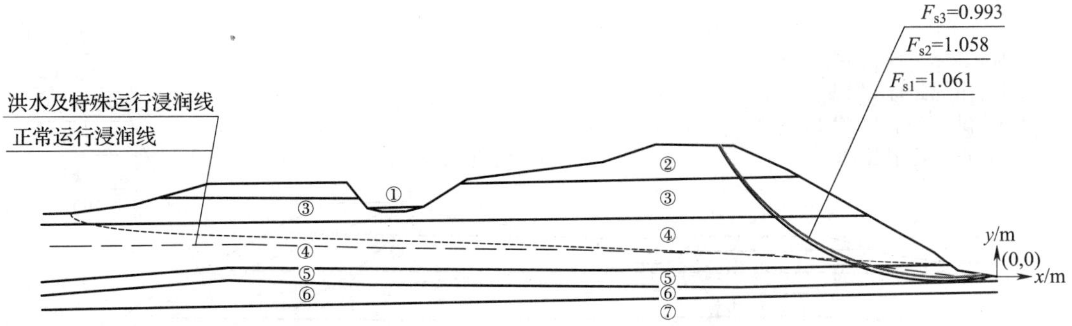

图 14.1–10　尾矿库现状滩面 3—3 剖面稳定性计算图

表 14.1–4　稳定性计算结果

计算条件	尾矿库运行工况	1—1 剖面		2—2 剖面		3—3 剖面		4—4 剖面	
		稳定系数 F_s	稳定性评价	稳定系数 F_s	稳定性评价	稳定系数 F_s	稳定性评价	稳定系数 F_s	稳定性评价
尾矿库现状滩面	正常运行	1.385	满足	1.589	满足	1.061	不满足	1.143	不满足
	洪水运行	1.316	满足	1.526	满足	1.058	不满足	1.082	不满足
	特殊运行	1.222	满足	1.411	满足	0.993	不满足	1.017	不满足
运行至高程 570m 滩面	正常运行	1.351	满足	1.407	满足	1.043	不满足	1.069	不满足
	洪水运行	1.256	满足	1.360	满足	1.027	不满足	1.054	不满足
	特殊运行	1.170	满足	1.265	满足	0.964	不满足	0.991	不满足

注：表中“满足”“不满足”依据《碾压式土石坝设计规范》SL 274—2001 表 8.3.10，正常运行条件抗滑稳定最小安全系数为 1.35，洪水运行条件抗滑稳定最小安全系数为 1.25，特殊运行条件抗滑稳定最小安全系数为 1.15。

表 14.1–4 计算结果表明：在现状条件及东梁段尾矿库堆积坝高程达到 575m（滩面高程 570m）时，相对薄弱的 1—1 剖面及 2—2 剖面在尾矿库正常运行、洪水运行及特殊运行工况下最小稳定系数均满足规范要求，而相对薄弱且外坡较陡峭的 3—3 剖面及 4—4 剖面在尾矿库各种运行工况下最小稳定系数均不满足规范要求。对于 3—3、4—4 剖面，最危险滑弧均位于东梁外坡边缘，滑弧并未贯穿整个东梁。因此可以得出结论，东梁整体处于稳定状态，尾矿库目前的运行状况不会导致东梁整体滑移，不稳定地段仅限于东梁外坡边缘较陡的地段。

根据东梁的地形地貌特征及岩土工程条件分析，3—3 剖面及 4—4 剖面最小稳定系数不满足规范要求，其主要原因是该地段东梁外坡边缘较陡。因此，建议对该地段边坡进行削坡、反压处理，以减小边坡坡度，增加其稳定性。

当采取削坡、反压处理后，3—3、4—4 剖面外坡坡度为 22°时，对边坡稳定状况进行计算，削坡后 3—3 剖面稳定性计算图见图 14.1–11，计算结果见表 14.1–5。

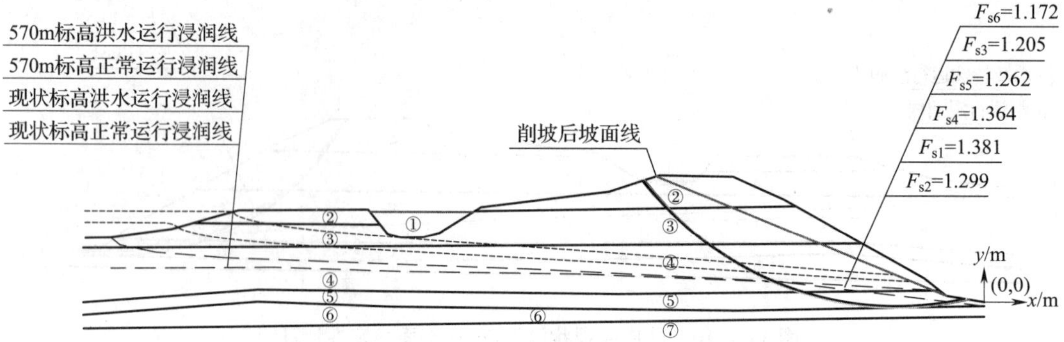

图 14.1–11　削坡后 3—3 剖面稳定性计算图

表 14.1–5　削坡后稳定性计算结果

计算条件	尾矿库运行工况	3—3 剖面		4—4 剖面	
		稳定系数 F_s	稳定性评价	稳定系数 F_s	稳定性评价
尾矿库现状滩面	正常运行	1.381	满足	1.383	满足
	洪水运行	1.299	满足	1.290	满足
	特殊运行	1.205	满足	1.199	满足
运行至高程570m 滩面	正常运行	1.364	满足	1.361	满足
	洪水运行	1.262	满足	1.260	满足
	特殊运行	1.172	满足	1.171	满足

由表 14.1–5 可以看出，当采取削坡处理后，边坡坡度控制在 22° 以内时，在尾矿库各种运行工况下，3—3、4—4 剖面的最小稳定系数均满足规范要求，边坡均处于稳定状态。

7. 东梁整治措施建议

综上所述，为确保东梁的长期稳定及东梁段尾矿库堆积坝高程达到 575m（滩面高程 570m）时，建议对东梁采取综合治理措施。

（1）对东梁外边坡较陡的地段进行削坡、反压处理以增加其稳定性。经计算，当东梁外坡坡度保持在 22° 以内时，尾矿库在各种运行工况条件下，东梁外坡的最小稳定系数均能满足规范要求。

（2）建议在东梁尾矿库一侧铺设防渗膜，防止尾矿库在后续使用过程中，库内地下水位抬升后向东梁侧向渗透，使东梁地下水位大幅抬升，软化东梁黄土，导致东梁外坡的稳定状况发生变化。

（3）建议在东梁外坡脚出现渗流的地段，修筑排水盲沟，使地下水沿盲沟排出，以遏制东梁外坡沼泽化发展趋势，使东梁生态环境得到有效改善。排水盲沟宜深入外坡脚的卵石层中。

（4）建议在东梁设置永久位移监测点，对东梁位移进行监测。

14.1.2　尾矿坝稳定性分析与评价

1. 基本情况

2010 年，尾矿堆积坝已筑 12 级子坝，坝顶高程 564.2 ~ 570.8m，坝高约 80.0m，坝顶长 1714.8m，坝体总体外坡比约为 1 : 6，见图 14.1–12。

前期完成的工作：① 2005 年，十八河尾矿库尾矿堆积坝稳定性评价；② 2008 年，十八河尾矿库稳定性分析；③ 2008 年，十八河尾矿库渗流控制及稳定性分析评价动力特性试验；④ 2009 年，十八河尾矿库初期坝稳定性分析。

图 14.1–12　尾矿库初期坝及堆积坝

2. 勘察目的及工作量布置

勘察工作的主要目的是验算当前尾矿库的稳定性，评价尾矿堆积坝加高至 585m 高程的稳定性和适宜性；并研究其继续加高时浸润线控制方法，为尾矿库加高提供依据及设计参数。本次勘察工作是在 2005—2009 年完成的大量勘察工作的基础上进行的。勘察工作沿垂直于坝轴线方向布置勘探线 4 条，见图 14.1–13，其中 7—7 剖面通过初期坝，勘探点间距一般为 56.0 ~ 63.4m。采用三维有限元法对尾矿堆积坝进行应力应变及渗流分析计算，最终分析评价尾矿堆场的渗流稳定性及坝坡稳定性。

3. 地层及土的物理力学性质指标

（1）地层。

勘探揭露，尾矿堆积坝地层主要由尾粉土和尾粉砂组成，各尾矿层的野外特征如下：

① –1 层尾粉土与尾粉砂互层（Q^{ml}）：灰色，水平层理发育，呈薄层互层状，湿 ~ 很湿，松散 ~ 稍密，以松散为主。层底高程 531.15 ~ 534.23m。

① –2 层尾粉砂（Q^{ml}）：灰色，水平层理发育，夹薄层尾粉土，饱和，松散 ~ 稍密，以松散为主。层底高程 539.11 ~ 547.14m。

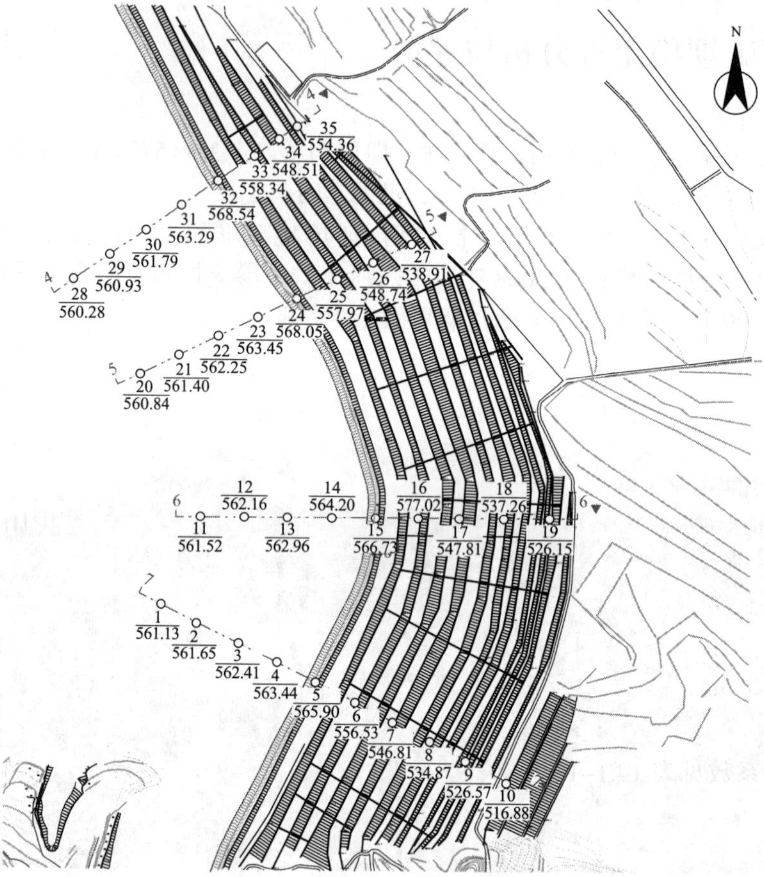

图 14.1–13 勘探点平面位置

②–1 层尾粉土（Q^{ml}）：灰～深灰色，水平层理发育，夹泥状砂薄层，岩芯较完整。很湿，中密。层底高程 515.01 ～ 522.27m。

②–2 层尾粉砂（Q^{ml}）：灰～深灰色，水平层理发育，层间夹砂状尾粉土薄层，岩芯较完整。饱和，中密。该层主要以透镜体形式赋存于②–1 层中。

③–1 层尾粉土（Q^{ml}）：灰～灰白色，水平层理发育，夹尾粉砂薄层或透镜体，岩芯完整。很湿，密实。该层分布于库区及坝体底部。层底高程 485.57 ～ 497.01m。

③–2 层尾粉砂（Q^{ml}）：灰色，水平层理发育，岩芯较完整。饱和，密实。该层不连续，以透镜体形式赋存于③–1 层中。

⑨层粉质黏土（Q_1^{al+pl}）：黄褐色，土质均匀，局部相变为黏土，可塑。该层分布于库底。

各层尾矿的层位组合关系见图 14.1–14。

（2）尾矿的物理力学性质指标。

1）尾矿一般物理力学性质指标。

根据室内土工试验成果及中国有色金属工业西安勘察设计研究院 2005 年 7 月完成的《北方铜业股份有限公司十八河尾矿库尾矿堆积坝及东梁稳定性评价岩土工程勘察报告》、

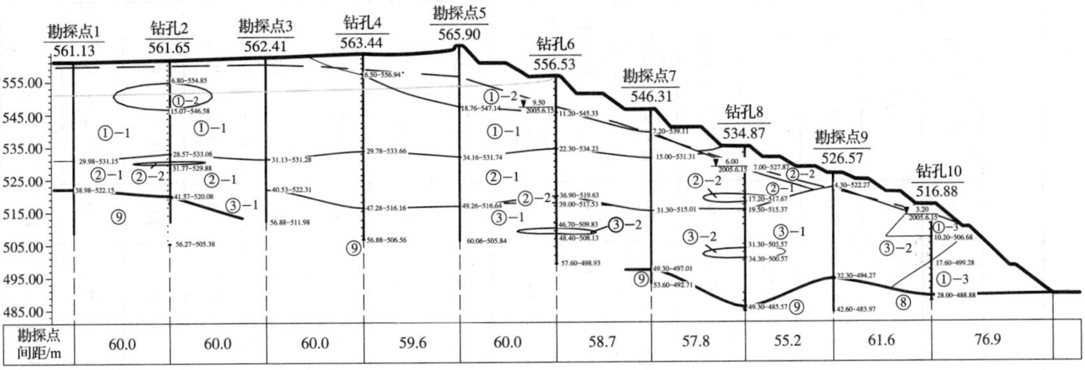

图 14.1-14　典型工程地质剖面图

2008 年 11 月完成的《北方铜业股份有限公司十八河尾矿库东梁稳定性评价岩土工程勘察报告》，将各层土的一般物理力学性质指标进行了统计，其结果见表 14.1-6。

2）尾矿抗剪强度指标见表 14.1-7。

3）静力触探试验指标见表 14.1-8。

4）标准贯入试验锤击数见表 14.1-9。

5）土的渗透性指标。

室内渗透系数见表 14.1-10。

现场单环注水试验的渗透系数见表 14.1-11。

4. 尾矿库地震效应

十八河尾矿库库容大于 $1.0\times10^8\mathrm{m}^3$，按《尾矿堆积坝岩土工程技术规范》GB 50547—2010 和《尾矿库安全技术规程》AQ 2006—2005 的规定，该尾矿库等别为二等，尾矿堆积坝级别为Ⅱ级；按《构筑物抗震设计规范》GB 50191—93 附录 F 的有关规定，该尾矿坝抗震等级为二级，尾矿库属抗震危险地段；按《中国地震动参数区划图》GB 18306—2001 附录 A、附录 B，十八河尾矿库所在地区地震动峰值加速度为 0.10g，相应地震基本烈度为 7 度。

根据室内土工试验成果，构成坝体的尾矿主要由尾粉土及尾粉砂组成，尾矿土黏粒含量及特征粒径见表 14.1-12。

由表 14.1-12 可看出，尾矿土的黏粒含量平均值一般小于 10%，无明显固化或胶结现象。按《构筑物抗震设计规范》GB 50191—93 规范规定，Ⅱ级及其以上尾矿坝的设计地震动参数，宜专门研究确定。

5. 尾矿库渗流场数值模拟及分析

（1）模拟方案的选择。

为模拟堆积坝坝体加高至 585m 高程后的地下水流场变化及渗流稳定性状况，采用数值分析方法构建堆积坝的地下水渗流模型，对各种工况下的地下水流场分布进行模拟计算，计算工况为：①正常工况下，入渗点高程 581m，堆积坝正常运行过程中的流场分布；②洪水工况下，入渗点高程 583m，堆积坝洪水期的流场分布。

表 14.1–6 尾矿一般物理力学性质指标

统计指标		地层											
		① –1 尾粉土			① –2 尾粉砂			① –3 素填土			② –3 尾粉土		
		n	范围值	ϕ_m	n	范围值	ϕ_m	n	范围值	ϕ_m	n	范围值	ϕ_m
天然含水率 w/%		99	7.0 ~ 42.8	25.0	77	3.2 ~ 27.7	15.8	10	17.3 ~ 32.6	24.3	76	12.9 ~ 42.6	26.6
天然重度 γ/（kN/m^3）		95	16.5 ~ 21.1	18.8	75	13.6 ~ 21.1	17.6	10	18.2 ~ 20.8	19.2	76	17.4 ~ 20.9	19.1
干燥重度 γ_d/（kN/m^3）		98	12.3 ~ 18.2	15.0	75	12.7 ~ 17.9	15.1	10	14.0 ~ 17.7	15.5	76	12.2 ~ 18.5	15.2
孔隙比 e		98	0.491 ~ 1.235	0.815	75	0.484 ~ 1.103	0.800	10	0.505 ~ 0.908	0.729	76	0.500 ~ 1.272	0.822
饱和度 S_r/%		93	58.6 ~ 100.0	87.0	75	9.8 ~ 99.8	59.0	10	81.0 ~ 98.9	90.9	75	66.5 ~ 100.0	90.2
液限 w_L/%		36	20.5 ~ 43.7	29.4	5	23.5 ~ 25.3	24.5	10	30.2 ~ 34.3	32.4	23	22.5 ~ 48.3	34.0
塑限 w_P/%		36	13.4 ~ 25.0	17.1	5	14.5 ~ 15.5	15.0	10	17.9 ~ 20.0	19.0	23	14.5 ~ 23.6	19.1
液性指数 I_L		63	<0 ~ 1.68	0.46	15	<0 ~ 0.76	0.22	10	<0 ~ 0.88	0.41	46	<0 ~ 1.78	0.40
压缩系数 a_{1-2}/MPa^{-1}		93	0.10 ~ 0.35	0.20	61	0.10 ~ 0.38	0.20	10	0.07 ~ 054	0.35	74	0.12 ~ 0.46	0.22
压缩模量 /MPa	E_{s1-2}	92	5.0 ~ 14.2	9.4	63	2.9 ~ 16.6	9.6	10	3.2 ~ 22.0	6.6	76	1.4 ~ 14.3	8.8
	E_{s2-3}	77	7.7 ~ 20.2	13.3	38	7.3 ~ 20.4	12.8	6	5.4 ~ 7.1	6.4	73	5.0 ~ 20.4	12.8
	E_{s3-4}	61	9.0 ~ 25.3	16.2	33	10.1 ~ 21.5	15.5	5	6.8 ~ 10.1	8.3	66	8.3 ~ 27.4	16.5
	E_{s4-5}	67	11.4 ~ 29.7	19.1	33	12.7 ~ 26.1	18.2	5	8.5 ~ 11.0	9.8	66	9.2 ~ 30.3	18.7
	E_{s5-6}	66	12.5 ~ 35.9	22.6	33	16.0 ~ 33.1	22.0	5	10.0 ~ 14.3	12.2	66	9.7 ~ 33.9	21.6

续表 14.1–6

统计指标		地层											
		②–2 尾粉砂			③–1 尾粉土			③–2 尾粉砂			⑨粉质黏土		
		n	范围值	ϕ_m	n	范围值	ϕ_m	n	范围值	ϕ_m	n	范围值	ϕ_m
天然含水率 w/%		32	4.5 ~ 27.1	18.6	71	14.1 ~ 44.1	28.0	9	12.5 ~ 25.9	19.5	51	20.1 ~ 32.0	25.1
天然重度 γ/（kN/m^3）		32	12.9 ~ 20.6	17.8	68	17.5 ~ 21.1	19.2	9	17.3 ~ 20.7	19.5	51	17.7 ~ 20.2	19.4
干燥重度 γ_d/（kN/m^3）		32	12.2 ~ 17.6	15.0	70	11.9 ~ 17.9	15.0	9	14.9 ~ 17.6	16.3	51	13.5 ~ 16.6	15.5
孔隙比 e		31	0.563 ~ 1.238	0.849	70	0.519 ~ 1.327	0.849	9	0.559 ~ 0.832	0.691	50	0.609 ~ 0.930	0.726
饱和度 S_r/%		32	10.9 ~ 98.8	66.8	65	83.1 ~ 100.0	94.3	9	44.7 ~ 93.7	79.3	50	80.4 ~ 99.9	94.4
液限 w_L/%		1	29.4	—	34	24.3 ~ 41.8	35.1	6	0.00 ~ 0.00	0.00	50	27.3 ~ 46.7	34.4
塑限 w_P/%		1	17.6	—	34	14.3 ~ 22.3	19.2		—	—	49	16.7 ~ 24.4	19.8
液性指数 I_L		10	<0 ~ 0.68	0.07	36	<0 ~ 1.28	0.47		—	—	50	<0 ~ 1.07	0.38
压缩系数 a_{1-2}/MPa^{-1}		32	0.12 ~ 0.58	0.25	70	0.12 ~ 0.51	0.23	9	0.11 ~ 0.29	0.17	50	0.08 ~ 0.44	0.21
压缩模量 /MPa	E_{s1-2}	32	3.8 ~ 13.8	8.6	70	4.2 ~ 15.3	9.0	9	6.1 ~ 14.7	10.8	51	2.7 ~ 21.1	9.8
	E_{s2-3}	21	7.6 ~ 18.5	13.7	70	5.3 ~ 23.8	13.1	8	8.4 ~ 19.2	14.5	51	6.1 ~ 26.0	12.8
	E_{s3-4}	20	8.5 ~ 22.2	16.9	70	6.7 ~ 27.8	16.4	5	10.8 ~ 22.2	17.2	49	7.6 ~ 33.9	15.2
	E_{s4-5}	20	12.0 ~ 25.6	19.5	70	7.3 ~ 31.3	18.8	5	13.2 ~ 26.0	19.8	46	8.6 ~ 32.4	16.0
	E_{s5-6}	20	14.4 ~ 30.9	22.9	70	9.3 ~ 35.7	21.6	5	15.9 ~ 31.3	23.3	47	9.1 ~ 39.7	18.7

表 14.1-7 尾矿抗剪强度指标

地层	快剪		现场原位直剪试验	
	黏聚力 C/kPa	内摩擦角 φ/（°）	黏聚力 C/kPa	内摩擦角 φ/（°）
① -1 尾粉土	17.6	32.8	47.7	7.4
① -2 尾粉砂	17.1	33.6	37.1	10.9
② -1 尾粉土	20.3	32.3	—	—
② -2 尾粉砂	9.3	31.9	—	—
③ -1 尾粉土	16.7	31.8	—	—
③ -2 尾粉砂	34.3	35.4	—	—

表 14.1-8 静力触探试验指标

地层	统计指标	统计值	
		范围值	平均值
① -1 尾粉土	侧摩阻力 f_s/kPa	5.658 ~ 58.281	27.243
	锥尖贯入阻力 q_c/MPa	0.112 ~ 7.219	2.526
① -2 尾粉砂	侧摩阻力 f_s/kPa	9.903 ~ 61.928	29.358
	锥尖贯入阻力 q_c/MPa	0.963 ~ 6.721	3.309
② -1 尾粉土	侧摩阻力 f_s/kPa	25.562 ~ 100.007	60.516
	锥尖贯入阻力 q_c/MPa	1.240 ~ 9.315	5.733
② -2 尾粉砂	侧摩阻力 f_s/kPa	26.534 ~ 75.236	49.958
	锥尖贯入阻力 q_c/MPa	2.430 ~ 8.520	5.497
③ -1 尾粉土	侧摩阻力 f_s/kPa	42.288 ~ 176.946	100.829
	锥尖贯入阻力 q_c/MPa	1.486 ~ 12.344	7.288
⑨粉质黏土	侧摩阻力 f_s/kPa	33.315 ~ 179.414	94.315
	锥尖贯入阻力 q_c/MPa	1.086 ~ 7.586	3.756

表 14.1-9 实测标准贯入试验锤击数 *N* 值

地层	统计值		
	频数	范围值	平均值
① -1 尾粉土	68	3 ~ 14	8.3
① -2 尾粉砂	35	4 ~ 16	7.7
② -1 尾粉土	67	10 ~ 29	19.5
② -2 尾粉砂	32	11 ~ 31	18.2
③ -1 尾粉土	69	18 ~ 76	44.1
③ -2 尾粉砂	8	15 ~ 59	30.0

表 14.1–10　室内渗透系数 k

地层	统计值		
	频数	范围值 / (cm/s)	平均值 / (cm/s)
① –1 尾粉土	9	1.50×10^{-5} ～ 7.06×10^{-4}	3.13×10^{-4}
① –2 尾粉砂	3	1.42×10^{-4} ～ 7.93×10^{-4}	5.43×10^{-4}
② –1 尾粉土	13	1.68×10^{-6} ～ 1.14×10^{-3}	2.86×10^{-4}
② –2 尾粉砂	2	1.75×10^{-5} ～ 1.58×10^{-4}	8.78×10^{-5}
③ –1 尾粉土	3	3.66×10^{-6} ～ 2.46×10^{-5}	1.35×10^{-5}

表 14.1–11　现场单环注水试验渗透系数 k

地层	统计值		
	频数	范围值 / (cm/s)	平均值 / (cm/s)
① –1 尾粉土	4	1.33×10^{-4} ～ 1.08×10^{-3}	7.49×10^{-4}
① –2 尾粉砂	6	9.33×10^{-5} ～ 1.53×10^{-3}	8.03×10^{-4}

表 14.1–12　尾矿土的黏粒含量及特殊粒径

地层	<0.005mm 范围值 /%	<0.005mm 平均值 /%	特征粒径 /mm		
			d_{30}	d_{50}	d_{60}
① –1 尾粉土	1 ～ 41	7.30	0.093	0.126	0.158
① –2 尾粉砂	1 ～ 4	1.89	0.126	0.195	0.239
② –1 尾粉土	1 ～ 37	7.66	—	—	—
② –2 尾粉砂	0 ～ 4	1.60	—	—	—
③ –1 尾粉土	1 ～ 49	11.03	—	—	—
③ –2 尾粉砂	1 ～ 3	1.75	—	—	—

（2）地下水渗流场模拟的原理和方法。

1）地下水渗流场模拟的原理。

a. 连续介质中地下水流动的数学模型。

当不考虑水的密度变化时，孔隙介质中地下水在三维空间的流动可用以下偏微分方程（14.1–3）来表示：

$$\frac{\partial}{\partial x}\left(K_{xx}\frac{\partial h}{\partial x}\right)+\frac{\partial}{\partial y}\left(K_{yy}\frac{\partial h}{\partial y}\right)+\frac{\partial}{\partial z}\left(K_{zz}\frac{\partial h}{\partial z}\right)-W=S_s\frac{\partial h}{\partial t} \tag{14.1-3}$$

式中　K_{xx}、K_{yy} 和 K_{zz}——分别为渗透系数在 x、y 和 z 方向的分量，分析时假定渗透系数主轴与坐标轴方向一致；

h——水头；

W——单位体积流量，代表流进源或流出汇的水量；

S_s——孔隙介质的贮水率或给水率；

t——时间。

上述方程加上相应的边界和初始条件，就构成了实际问题中地下水流动的定解问题，可采用数值计算方法进行求解，本文采用有限差分法。求解结果即为研究区域地下水水头的分布值。

b. 有限差分求解的原理。

地下水流动的连续性方程表示流入与流出某个计算单元的水量之差应等于该单元贮水量的变化，即：

$$\sum Q_i=SS\cdot\Delta h\cdot\Delta v \tag{14.1-4}$$

式中 Q_i——单位时间内流进或流出该计算单元的水量；

SS——含水层的贮水率，表示水头变化一个单位时，含水层单位体积中吸收或释放的水量；

Δv——计算单元的体积；

Δh——单位时间内水头的变化。

图 14.1-15 表示计算单元（i，j，k）和相邻的六个计算单元（i-1，j，k），（i+1，j，k），（i，j-1，k），（i，j+1，k），（i，j，k-1），（i，j，k+1）。用正号表示流入（i，j，k）的流量，负号则表示流出量。单元（i，j-1，k）流入（i，j，k）的流量见图 14.1-16，并由达西公式得：

$$q_{i,\,j-1/2,\,k}=KR_{i,\,j-1/2,\,k}\Delta c_i\Delta v_k\frac{h_{i,\,j-1,\,k}-h_{i,\,j,\,k}}{\Delta r_{j-1/2}} \tag{14.1-5}$$

式中 $h_{i,\,j,\,k}$、$h_{i,\,j-1,\,k}$——分别为格点（i，j，k）和（i，j-1，k）处的水头；

$q_{i,\,j-1/2,\,k}$——通过格点（i，j，k）和格点（i，j-1，k）之间界面的流量（下标中 j-1/2 并不表示几何坐标，而表示该变量是在两格点之间的相当值）；

$KR_{i,\,j-1/2,\,k}$——格点（i，j，k）和格点（i，j-1，k）之间的渗透系数；

$\Delta c_i\Delta v_k$——横断面面积；

$\Delta r_{j-1/2}$——格点（i，j，k）和格点（i，j-1，k）之间的距离。

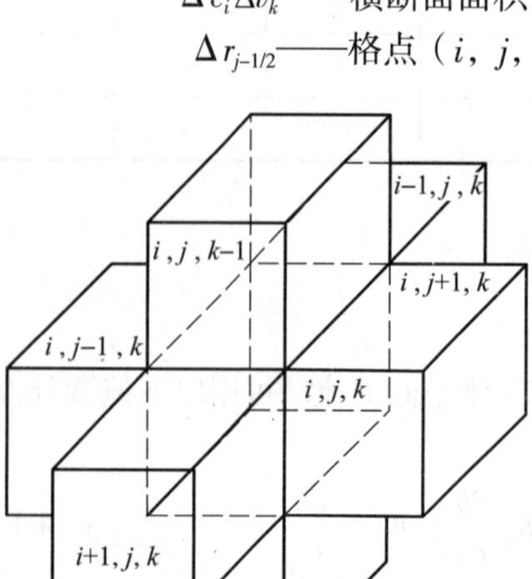

图 14.1-15 计算（i，j，k）和其他六个相邻的计算单元

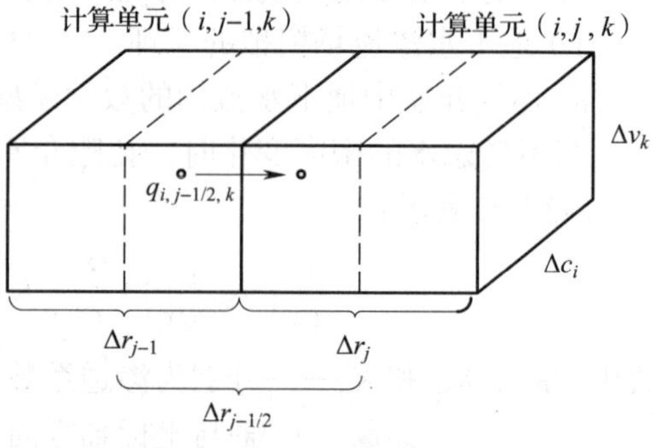

图 14.1-16 从计算单元（i，j-1，k）至单元（i，j，k）的流量

令 $CR_{i,\ j-1/2,\ k}=KR_{i,\ j-1/2,\ k}\Delta c_i\Delta v_k/\Delta r_{j-1/2}$，即 k 层中 i 行中格点（i，j–1，k）和格点（i，j，k）之间的水力传导系数，它等于渗透系数和横断面面积的乘积除以格点间距。此时，$q_{i,\ j-1/2,\ k}=CR_{i,\ j-1/2,\ k}(h_{i,\ j-1,\ k}-h_{i,\ j,\ k})$。

同理，通过其余五个断面的地下水流量分别为 $q_{i,\ j+1/2,\ k}=CR_{i,\ j+1/2,\ k}(h_{i,\ j+1,\ k}-h_{i,\ j,\ k})$、$q_{i-1/2,\ j,\ k}=CC_{i-1/2,\ j,\ k}(h_{i-1,\ j,\ k}-h_{i,\ j,\ k})$、$q_{i+1/2,\ j,\ k}=CC_{i+1/2,\ j,\ k}(h_{i+1,\ j,\ k}-h_{i,\ j,\ k})$、$q_{i,\ j,\ k-1/2}=CV_{i,\ j,\ k-1/2}(h_{i,\ j,\ k-1}-h_{i,\ j,\ k})$、$q_{i,\ j,\ k+1/2}=CV_{i,\ j,\ k+1/2}(h_{i,\ j,\ k+1}-h_{i,\ j,\ k})$。

另外，须考虑外部源与汇对计算单元（i，j，k）的影响。例如河流、沟渠、生产井、注水井、蒸发蒸腾等。这些外部源与汇流入计算单元（i，j，k）的流量可用式（14.1–6）表示：

$$a_{i,\ j,\ k,\ n}=p_{i,\ j,\ k,\ n}h_{i,\ j,\ k}+q_{i,\ j,\ k,\ n} \tag{14.1–6}$$

式中　$a_{i,\ j,\ k,\ n}$——第 n 项外部源或汇对计算单元（i，j，k）的补给量；

$q_{i,\ j,\ k,\ n}$、$p_{i,\ j,\ k,\ n}$——常数。

一般，如果一个计算单元受到 n 种外部源与汇的影响，则这些影响可归纳为式（14.1–7）：

$$QS_{i,\ j,\ k}=P_{i,\ j,\ k}h_{i,\ j,\ k}+Q_{i,\ j,\ k} \tag{14.1–7}$$

其中，$P_{i,\ j,\ k}=\sum_{n=1}^{N}p_{i,\ j,\ k,\ n}$，$Q_{i,\ j,\ k}=\sum_{n=1}^{N}q_{i,\ j,\ k,\ n}$。

综上所述，考虑某计算单元六个相邻格点以及该单元中包含的所有源与汇，连续性方程可表示为：

$$q_{i,\ j-1/2,\ k}-q_{i,\ j+1/2,\ k}+q_{i-1/2,\ j,\ k}+q_{i+1/2,\ j,\ k}+q_{i,\ j,\ k-1/2}+q_{i,\ j,\ k+1/2}+QS_{i,\ j,\ k}=$$
$$SS_{i,\ j,\ k}\frac{\Delta h_{i,\ j,\ k}}{\Delta t}\Delta r_j\Delta c_j\Delta v_k \tag{14.1–8}$$

式中　$\frac{\Delta h_{i,\ j,\ k}}{\Delta t}$——水头对时间的偏导数的差分近似表达式；

$SS_{i,\ j,\ k}$——该计算单元的贮水率；

$\Delta r_j\Delta c_j\Delta v_k$——该计算单元的体积。

将水头对时间的偏导数用差商近似表示：

$$\frac{\Delta h_{i,\ j,\ k}}{\Delta t}\approx\frac{h^m_{i,\ j,\ k}-h^{m-1}_{i,\ j,\ k}}{t_m-t_{m-1}} \tag{14.1–9}$$

则式（14.1–8）可表示为：

$$CR_{i,\ j-1/2,\ k}(h^m_{i,\ j-1,\ k}-h^m_{i,\ j,\ k})+CR_{i,\ j+1/2,\ k}(h^m_{i,\ j+1,\ k}-h^m_{i,\ j,\ k})+CC_{i-1/2,\ j,\ k}(h^m_{i-1,\ j,\ k}-h^m_{i,\ j,\ k})+$$
$$CC_{i+1/2,\ j,\ k}(h^m_{i+1,\ j,\ k}-h^m_{i,\ j,\ k})+CV_{i,\ j,\ k-1/2}(h^m_{i,\ j,\ k-1}-h^m_{i,\ j,\ k})+CV_{i,\ j,\ k+1/2}(h^m_{i,\ j,\ k+1}-h^m_{i,\ j,\ k})+$$
$$P_{i,\ j,\ k}h^m_{i,\ j,\ k}+Q_{i,\ j,\ k}=SS_{i,\ j,\ k}(\Delta r_j\Delta c_j\Delta v_k)\frac{h^m_{i,\ j,\ k}-h^{m-1}_{i,\ j,\ k}}{t_m-t_{m-1}} \tag{14.1–10}$$

将所有未知项移至方程左侧，已知项移至方程右侧，有：

$$CR_{i,\ j-1/2,\ k}h^m_{i,\ j-1,\ k}+CC_{i-1/2,\ j,\ k}h^m_{i,\ j-1,\ k}+CV_{i,\ j,\ k-1/2}h^m_{i,\ j,\ k-1}+(-CV_{i,\ j,\ k-1/2}-$$
$$CC_{i-1/2,\ j,\ k}-CR_{i,\ j-1/2,\ k}-CR_{i,\ j+1/2,\ k}-CC_{i+1/2,\ j,\ k}-CV_{i,\ j,\ k+1/2}+HCOF_{i,\ j,\ k})h^m_{i,\ j,\ k}+ \tag{14.1–11}$$
$$CR_{i,\ j+1/2,\ k}h^m_{i,\ j+1,\ k}+CC_{i+1/2,\ j,\ k}h^m_{i+1,\ j,\ k}+CV_{i,\ j,\ k+1/2}h^m_{i,\ j,\ k+1}=RHS_{i,\ j,\ k}$$

其中：

$$\begin{cases} HCOF_{i,\ j,\ k}=P_{i,\ j,\ k}-SC1_{i,\ j,\ k}/\left(t_m-t_{m-1}\right) \\ RHS_{i,\ j,\ k}=-Q_{i,\ j,\ k}-SC1_{i,\ j,\ k}h_{i,\ j,\ k}^{m-1}/\left(t_m-t_{m-1}\right) \\ SC1_{i,\ j,\ k}=SS_{i,\ j,\ k}\Delta r_j\Delta c_j\Delta v_k \end{cases} \tag{14.1-12}$$

式（14.1–12）中 $Q_{i,\ j,\ k}$ 与初始水头均应预先输入。对模型中 n 个计算单元，类似上式共可写出 n 个方程，联立方程得到方程组，形如 $[A]\{h\}=\{q\}$，迭代求解得到水头 $\{h\}$。

2）应用 3D–Modflow 软件求解斜坡地下水渗流场。

Modflow 是英文 Modular Three–dimensional Finite–difference Ground–water Flow Model（模块化三维有限差分地下水流动模型）的简称。该计算软件由美国地质调查局（U.S.Geological Survey）于 20 世纪 80 年代开发出来，用于孔隙介质中地下水流动数值模拟，在全世界范围内的科研、生产、工业、司法、环境保护、城乡发展规划、水资源利用等许多行业和部门得到了广泛的应用，已经成为最为普及的地下水运动数值模拟的计算机程序。

a. 三维含水系统的离散化。

将三维含水层先划分为 n（lay）层，每一层又分为 n（row）行和 n（col）列。这样，含水层就由许多剖分成的小长方体所表示。这些小长方体称为格点，它的位置用所在的行号（i）、列号（j）和层号（k）表示，其中 i=1，2，…，n_{row}，j=1，2，…，n_{col}，k=1，2，…，n_{lay}。在 Modflow 中，第一层（k=1）规定为顶层，k 值随高程的降低而增加；并规定行与 x 轴平行，列与 y 轴平行，而且行与列正交。某列 j 中一个格点沿行方向上的宽度为 Δr_j，某行 i 中一格点沿列方向上的宽度为 Δc_i，层 k 中格点的厚度为 Δv_k，格点（i，j，k）的体积即为 $\Delta c_i\Delta r_j\Delta v_k$。格点的中心位置称为节点，节点的水头代表该格点的水头。Modflow 中采用格点中心法，即渗透边界总是位于计算单元的边线上。由于所计算的水头值是空间和时间的函数，故计算非稳定流时，在对含水层进行空间离散的同时，见图 14.1–17，也要对时间进行离散。

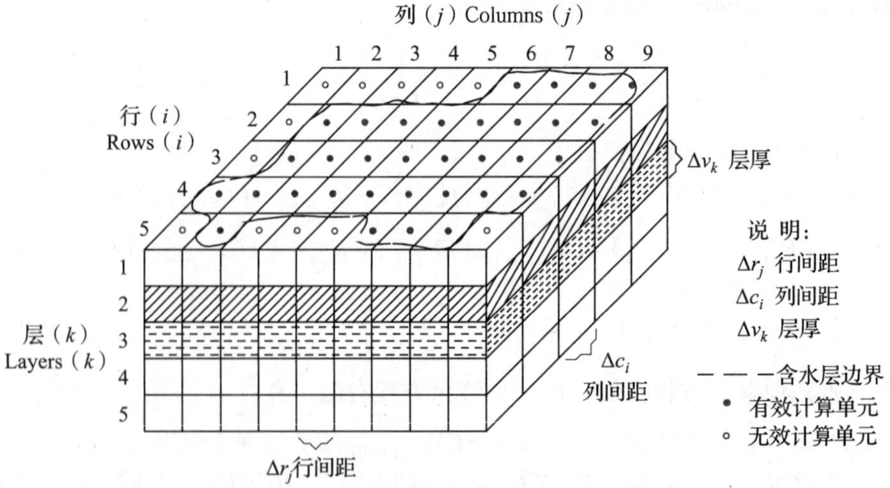

图 14.1–17 含水层的空间离散

b. 计算单元的类型及边界条件的处理。

由于实际工作中，有些单元的水头值已知，而有些单元可能位于所研究问题的边界之外，为此，Modflow 将单元分成了三大类：定水头计算单元、无渗流计算单元、变水头计算单元。定水头计算单元的水头值已知，在计算中保持不变；无渗流计算单元相当于该单元的渗透系数为 0，不允许地下水通过；除此之外其他的计算单元为变水头计算单元，它们的水头随时间和空间变化，通过计算得到。

（3）模型离散及边界条件。

岩土体中的水体渗流特点是由渗透介质空间的结构特征来描述的，表征这种特性的概念模型，是建立岩土体渗流数学模型的基础。

本分析对象在空间上的离散包括平面上的网格划分和垂向上的分层。平面上共剖分单元网格 200×200 个，垂向上共划分了 4 层，每层单元格 40 000 个，共剖分了 160 000 个单元。

模型的水文地质边界条件是确定模型中各单元水头性质的条件，用以判定是定水头计算单元、变水头计算单元或是无渗流计算单元。对于十八河尾矿库分析模型而言，尾矿水是主要的源。可认为库水位在一段时间内是不变化的，故定水头计算单元较符合实际情况。

由于计算模型是三维的，须事先确定每一层的顶面高程及底面高程，这可结合众多的剖面图及平面图进行读取或插值得到，也可利用趋势面分析得到，本次采用的是前一种方法。

（4）地下水流模拟研究。

计算时，通过室内土工试验及现场注水试验，综合确定各地层渗透系数，并通过在适当范围内反复调整参数进行试算，直至模型中流场水位与现场实测水位水头高度基本吻合，最终确定的尾矿水平渗透系数为 1.0m/d，垂直渗透系数为 0.7m/d。

为模拟堆积坝在加高到 585m 后正常工况及洪水工况下的地下水渗流场分布，并为后续稳定性计算提供浸润线参数，分别针对两种工况下的地下水流场进行计算。7—7 剖面计算结果见图 14.1–18。

从图 14.1–18 可以看出，各种工况下，水位均自库区向坝前逐渐降低。在正常工况下，等势线分布无明显突变与集中；在洪水工况下，坝前部位地下水位的抬升已接近坝坡表面，局部有逸出趋势。其中初期坝以上部位浸润线较高，出逸点接近初期坝顶。故坝前部位应加强排渗管理。

6. 尾矿库动静力稳定性数值计算及分析

（1）计算方案的选择。

对于复杂岩土体的动力稳定性问题，往往采取有限元方法进行分析，针对堆积坝建立三维有限元模型，通过模拟计算的方法，论证其现状标高及加高后的静、动力稳定性问题。

动力稳定性分析，进行 7 度地震条件的动力反应分析。计算时，岩土材料的本构模型采用弹塑性模型，通过三维静力计算和动力反应分析，结合 Bishop 圆弧法稳定性计算模型进行堆积坝的稳定性分析评价。

（2）模型概况及参数选取。

模型计算分为两部分，分别为静力计算和动力计算。两者选用相同模型分别加载不同工况进行模拟计算。本构模型采用弹塑性模型，对堆积坝部位建立三维模型，其材料分层及网格分别如图 14.1–19 所示。

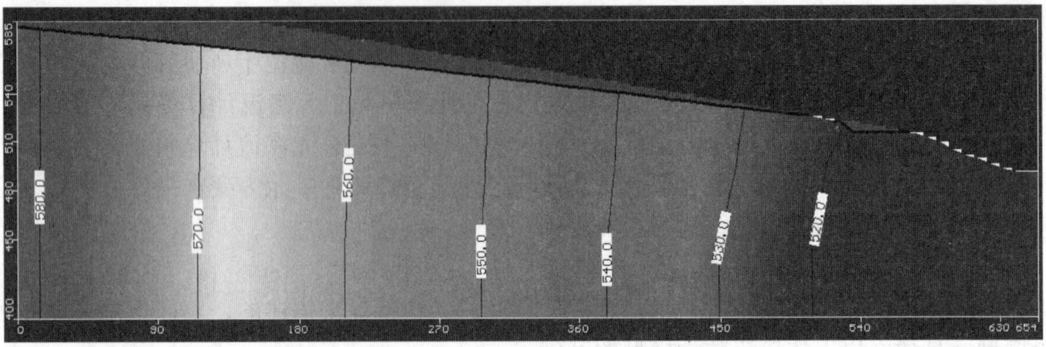

（a）7—7剖面正常工况渗流场

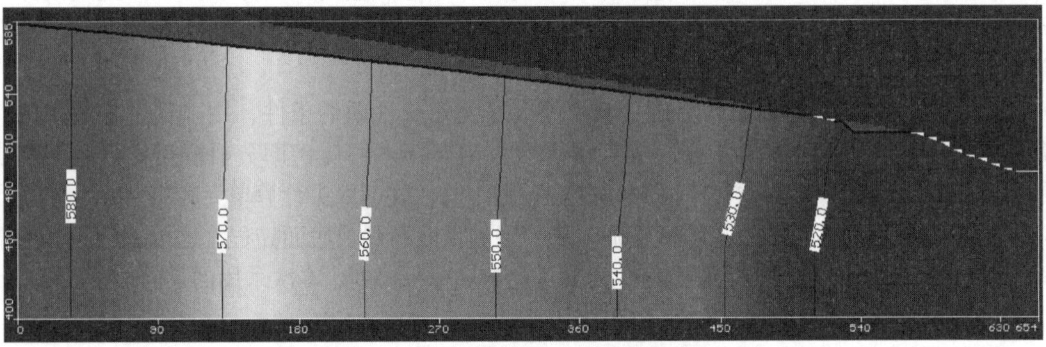

（b）7—7剖面洪水工况渗流场

图 14.1-18　585m 高程堆积坝地下水流场云图

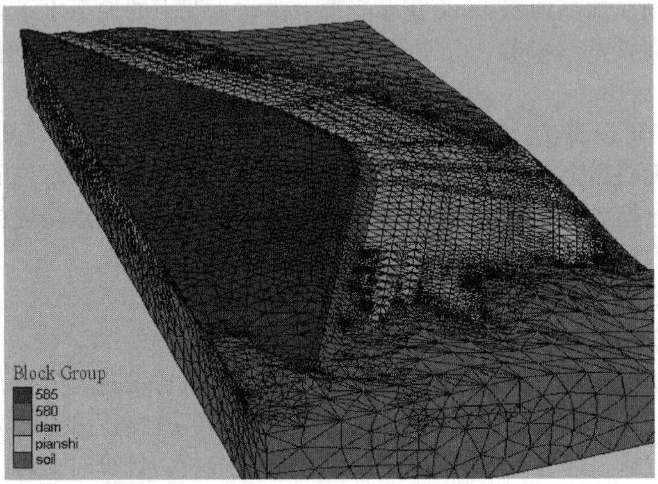

图 14.1-19　三维动静力数值计算模型

模型相关尺寸方位及网格划分：①共 28 676 节点，146 997 单元，尺寸为 750m × 1 600m；②计算工况：现坝高条件和堆积坝加高至 585m 高程；③方位：水平位移指向坝前。

尾矿库现状高程约在 564m，为了对现库水条件下岸坡渗流场有一个较全面的了解，本模拟考虑了极端的情况，以洪水期水位作为输入水位进行模拟计算，即假定边界水位是不变的，水位为 563m 高程。

上述模型计算中，均将当前水位线转化为孔隙水压力分布，即作为静水压力作用于模型。计算过程中，静水压力将作为附加应力叠加入模型应力场中，动力计算中模型做不排水处理，即默认水体封闭于土颗粒骨架中，动力计算过程中无孔压的扩散。计算模型见图 14.1–19。

根据室内土工实验成果及由西安理工大学完成的“十八河尾矿库技改工程渗流控制及稳定性分析评价动力特性试验报告”，结合本场地已有资料，综合确定计算参数，见表 14.1–13、表 14.1–14。

表 14.1–13　静力条件下各地层计算参数

地层	密度 ρ/（g/cm^3）	弹性模量 E/MPa	泊松比 μ	黏聚力 C/kPa	内摩擦角 φ/（°）
松散 ~ 稍密尾矿	1.83	50	0.42	13	32.0
中密尾矿	1.84	130	0.37	14	34.0
密实尾矿	1.86	190	0.37	20	32.0
初期坝黏性土	1.92	60	0.40	40	18.0
坝基黏性土	1.91	220	0.40	15	30.0

表 14.1–14　动力条件下各地层计算参数

地层	动弹性模量 E_d/MPa	动泊松比 μ_d	黏聚力 C/kPa	内摩擦角 φ/（°）
松散 ~ 稍密尾矿	63	0.48	10	20.0
中密尾矿	152	0.38	10	20.0
密实尾矿	220	0.38	15	20.0
初期坝黏性土	71	0.45	10	18.0
坝基黏性土	260	0.45	10	20.0

（3）动力计算基本方程及动力边界条件。

在极短期的迅速变化的动力作用下，岩土体可近似认为是弹性的，因此可以在小变形弹性理论的框架内观察波动方程。建立弹性体的运动微分方程时，除考虑应力外，还需考虑因弹性体质量及运动而引起的惯性力。在弹性波的传播中，可以忽略体力。根据图 14.1–20，并运用牛顿第二定律可以导出如下运动方程（动力平衡方程）：

$$\begin{cases} \rho \dfrac{\partial^2 u}{\partial t^2} = \dfrac{\partial \sigma_x}{\partial x} + \dfrac{\partial \tau_{xy}}{\partial y} + \dfrac{\partial \tau_{xz}}{\partial z} \\ \rho \dfrac{\partial^2 v}{\partial t^2} = \dfrac{\partial \tau_{yx}}{\partial x} + \dfrac{\partial \sigma_y}{\partial y} + \dfrac{\partial \tau_{yz}}{\partial z} \\ \rho \dfrac{\partial^2 w}{\partial t^2} = \dfrac{\partial \tau_{zx}}{\partial x} + \dfrac{\partial \tau_{zy}}{\partial y} + \dfrac{\partial \sigma_z}{\partial z} \end{cases} \tag{14.1–13}$$

式中 ρ——地层的质量密度（即密度除以重力加速度）；

u、v、w——分别为沿 x、y、z 三个方向的位移。

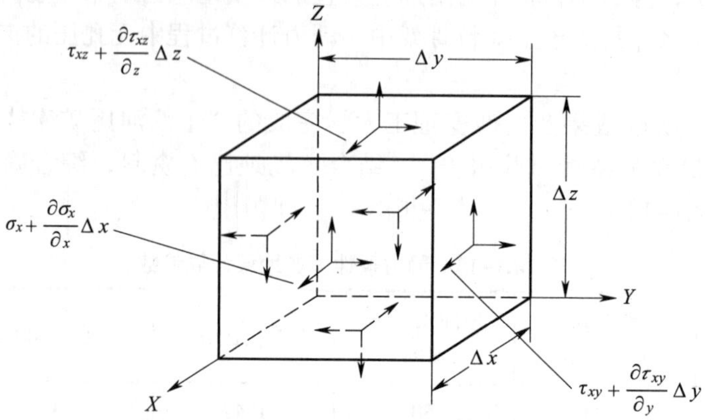

图 14.1–20　弹性连续介质单元体的应力

弹性体的基本应力与应变关系（物理关系）为：

$$\begin{cases}\sigma_x=\lambda\bar{\varepsilon}+2G\varepsilon_x\\ \sigma_y=\lambda\bar{\varepsilon}+2G\varepsilon_y\\ \sigma_z=\lambda\bar{\varepsilon}+2G\varepsilon_z\end{cases}\tag{14.1–14}$$

$$\begin{cases}\tau_{xy}=\tau_{yx}=G\gamma_{xy}\\ \tau_{yz}=\tau_{zy}=G\gamma_{yz}\\ \tau_{zx}=\tau_{zx}=G\gamma_{zx}\end{cases}\tag{14.1–15}$$

$$\begin{cases}\lambda=\dfrac{\mu E}{(1+\mu)(1-2\mu)}\\ G=\dfrac{E}{2(1+\mu)}\end{cases}\tag{14.1–16}$$

$$\bar{\varepsilon}=\varepsilon_x+\varepsilon_y+\varepsilon_z\tag{14.1–17}$$

式中 λ——拉梅常数；

μ——泊松比；

E——弹性模量；

G——剪切模量；

$\bar{\varepsilon}$——体积应变。

应变分量与位移分量的关系（几何关系）如下：

$$\begin{cases}\varepsilon_x=\dfrac{\partial u}{\partial x}\\ \varepsilon_y=\dfrac{\partial v}{\partial y}\\ \varepsilon_z=\dfrac{\partial w}{\partial z}\end{cases}$$

$$\begin{cases}\gamma_{xy}=\dfrac{\partial v}{\partial x}+\dfrac{\partial u}{\partial y}\\ \gamma_{yz}=\dfrac{\partial w}{\partial y}+\dfrac{\partial v}{\partial z}\\ \gamma_{zx}=\dfrac{\partial u}{\partial z}+\dfrac{\partial w}{\partial x}\end{cases} \tag{14.1–18}$$

$$\begin{cases}\omega_x=\dfrac{1}{2}\left(\dfrac{\partial w}{\partial y}-\dfrac{\partial v}{\partial z}\right)\\ \omega_y=\dfrac{1}{2}\left(\dfrac{\partial u}{\partial z}-\dfrac{\partial w}{\partial x}\right)\\ \omega_z=\dfrac{1}{2}\left(\dfrac{\partial v}{\partial x}-\dfrac{\partial u}{\partial y}\right)\end{cases} \tag{14.1–19}$$

式中　ω_x、ω_y、ω_z——绕 x、y、z 轴的转动。

将式（14.1–14）~式（14.1–19）代入式（14.1–13）即得各向同性弹性介质波动方程的基本形式：

$$\begin{cases}\rho\dfrac{\partial^2 u}{\partial t^2}=(\lambda+G)\dfrac{\partial\bar{\varepsilon}}{\partial x}+G\nabla^2 u\\ \rho\dfrac{\partial^2 v}{\partial t^2}=(\lambda+G)\dfrac{\partial\bar{\varepsilon}}{\partial y}+G\nabla^2 v\\ \rho\dfrac{\partial^2 w}{\partial t^2}=(\lambda+G)\dfrac{\partial\bar{\varepsilon}}{\partial z}+G\nabla^2 w\\ \nabla^2=\dfrac{\partial^2}{\partial x^2}+\dfrac{\partial^2}{\partial y^2}+\dfrac{\partial^2}{\partial z^2}\end{cases} \tag{14.1–20}$$

式中　∇^2——拉普拉斯算子。

上述波动方程又可进一步演化为分别描述纵波与横波的波动方程。

根据定义，纵波只产生压张性的位移而不产生旋转位移，即 $\omega_x=\omega_y=\omega_z=0$，根据这一条件，可以分别取：

$$\begin{cases}u=\dfrac{\partial\psi}{\partial x}\\ v=\dfrac{\partial\psi}{\partial y}\\ w=\dfrac{\partial\psi}{\partial z}\end{cases} \tag{14.1–21}$$

其中，$\psi=\psi(x, y, z, t)$，是位移的势函数。将式（14.1–21）代入式（14.1–19），即满足旋转位移为零的条件。将式（14.1–21）代入式（14.1–17），并注意其与式（14.1–18）的关系，可知：

$$\bar{\varepsilon}=\nabla^2\psi \tag{14.1–23}$$

则：

$$\begin{cases}\dfrac{\partial\bar{\varepsilon}}{\partial x}=\dfrac{\partial}{\partial x}\nabla^2\psi=\nabla^2\dfrac{\partial\psi}{\partial x}=\nabla^2 u\\ \dfrac{\partial\bar{\varepsilon}}{\partial y}=\nabla^2 v\\ \dfrac{\partial\bar{\varepsilon}}{\partial z}=\nabla^2 w\end{cases}\tag{14.1–23}$$

将式（14.1–23）代入式（14.1–20），即得到纵波波动方程（三维形式）：

$$\begin{cases}\dfrac{\partial^2 u}{\partial t^2}=c_1^2\nabla^2 u\\ \dfrac{\partial^2 v}{\partial t^2}=c_1^2\nabla^2 v\\ \dfrac{\partial^2 w}{\partial t^2}=c_1^2\nabla^2 w\end{cases}\tag{14.1–24}$$

其中：

$$c_1=\sqrt{\frac{\lambda+2G}{\rho}}\tag{14.1–25}$$

弹性波发生纯剪切变形时，体积应变为零，即 $\bar{\varepsilon}=0$。根据这一条件，可直接由式（14.1–20）得出横波（剪切波）波动方程（三维形式）：

$$\frac{\partial^2 u}{\partial t^2}=c_2^2\nabla^2 u\quad\frac{\partial^2 v}{\partial t^2}=c_2^2\nabla^2 v\quad\frac{\partial^2 w}{\partial t^2}=c_2^2\nabla^2 w\tag{14.1–26}$$

其中：

$$c_2=\sqrt{\frac{G}{\rho}}\tag{14.1–27}$$

由式（14.1–24）和式（14.1–26）可见，纵波与横波的波动方程具有同样的形式，唯一的差别是系数不同。这一相似关系为研究波动规律提供了便利和简化依据。

（4）地震波的选取与输入。

为了分析岩土体在地震动力响应情况下的应力及变形，需要将地震波加入静力有限元或离散元模型中，并针对地震波和模型的实际情况对两者进行相应调整。在实际工程计算中，通常选用相同地震烈度区域地段实测地震波作为输入条件进行分析计算。在该工程计算中，针对工程所处地段，选取经典的 El–Centro 波模拟研究对象地震烈度为 7 度工况下的动力反应特征。对该地震波进行滤波和基线矫正处理，截取其动力反应最剧烈的 10s 作为输入地震波，处理前后的波形见图 14.1–21。

上述地震波在输入过程中均采用叠加模型最不利方位，对于堆积坝模型来说，加载方向指向坝前。

（5）堆积坝动静力稳定性数值计算。

对于尾矿坝来说，其地震工况下的内部应力、应变特征与其应力历史有着密切的关系，因此，计算中分步计算了筑坝前的应力状态、筑坝至当前高程和筑坝至 585m 高程的应力和应变状态，并针对 585m 的最终筑坝高程进行三维动力分析计算。本次计算主要是分析坝体稳定性，因此在成果图中的剖面图中消隐掉了坝基岩土体的相关信息。堆积坝的动静力稳定性计算成果见图 14.1–22 ~ 图 14.1–29。

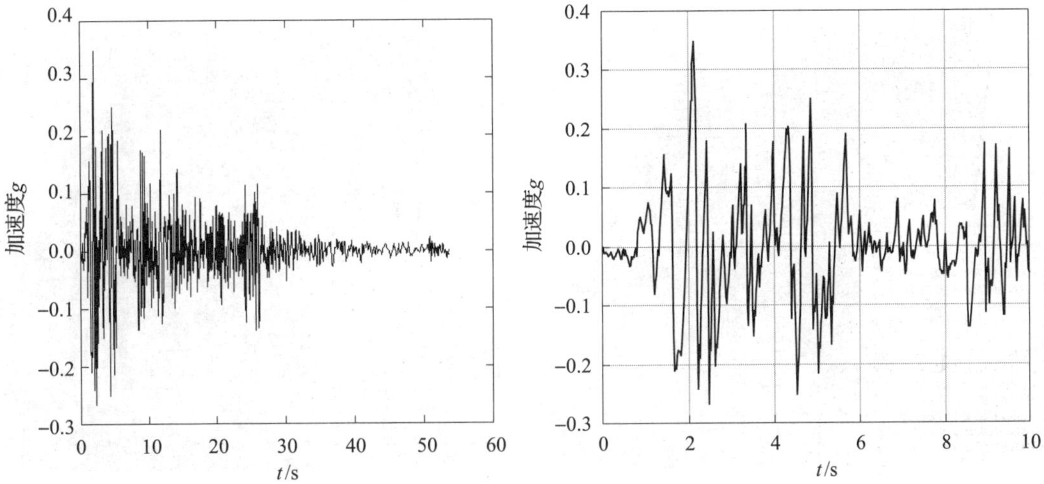

（a）El-Centro原始波形记录　　（b）截取峰值区段并校正后的波形记录

图 14.1–21　处理前后的波形

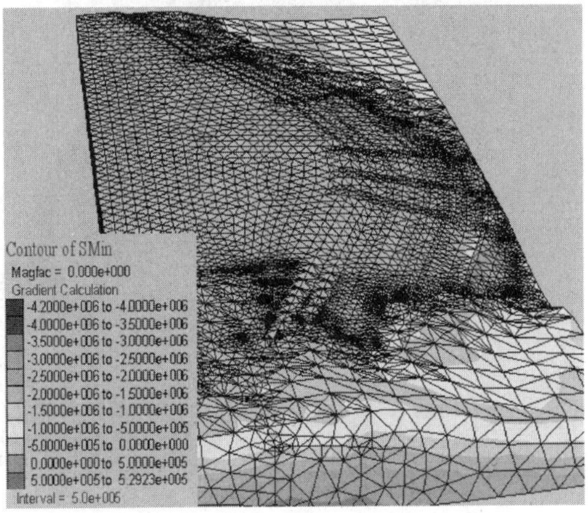

图 14.1–22　现坝高最大主应力云图

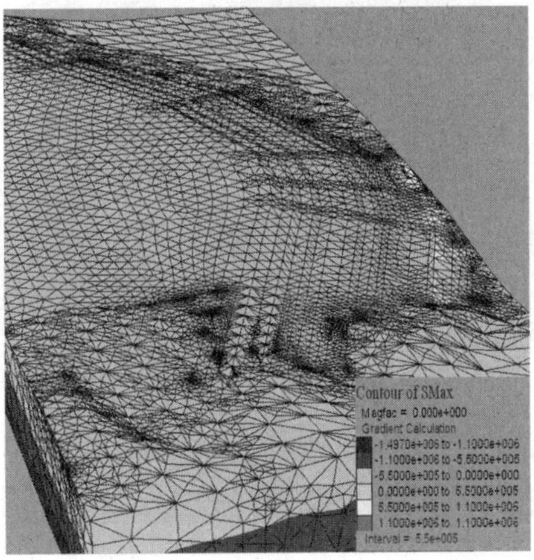

图 14.1–23　现坝高最小主应力云图

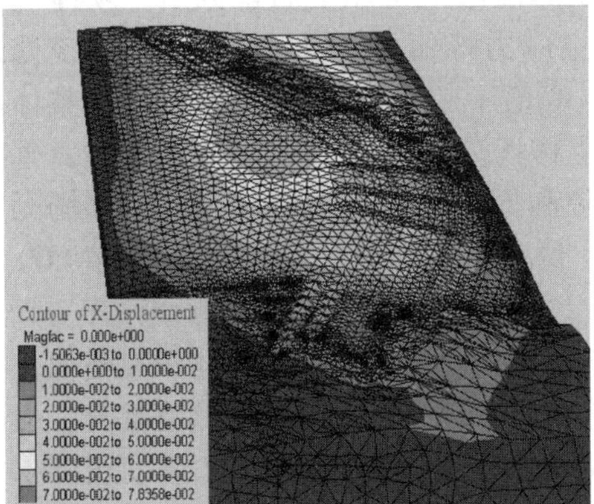

图 14.1–24　现坝高水平位移云图

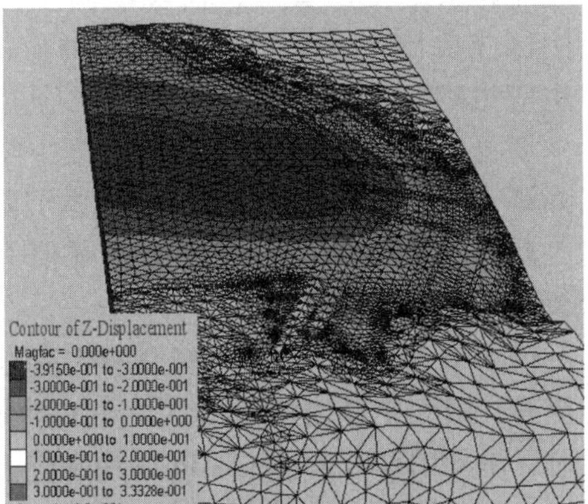

图 14.1–25　现坝高垂直位移云图

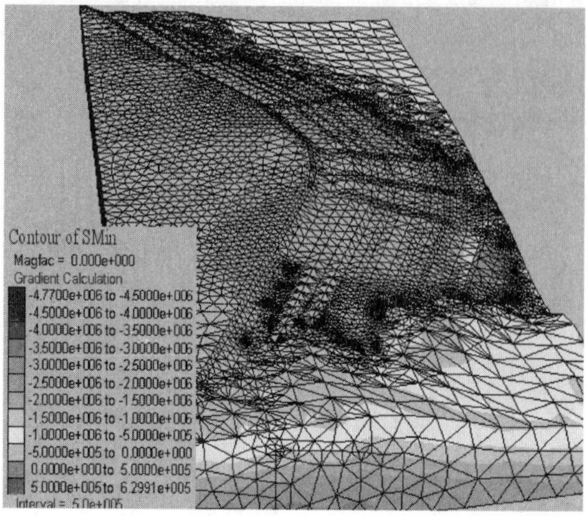

图 14.1–26　585m 坝高最大主应力云图

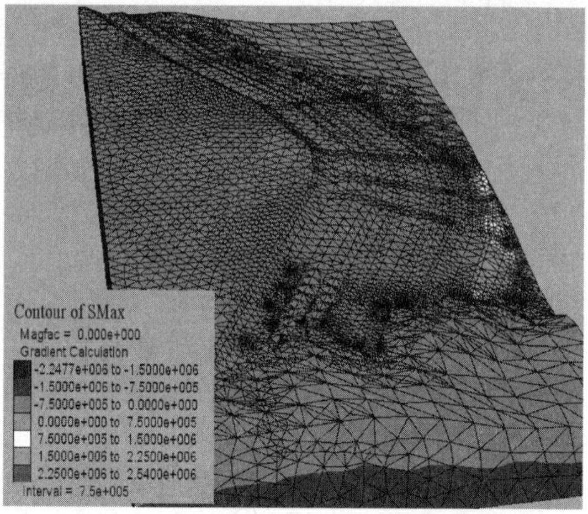

图 14.1–27　585m 坝高最小主应力云图

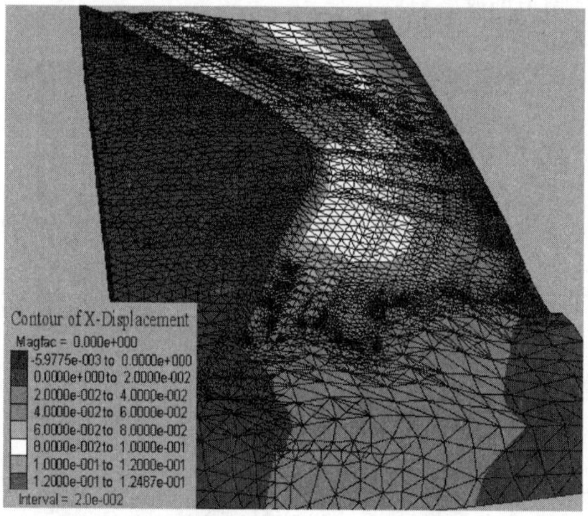

图 14.1–28　585m 坝高水平位移云图

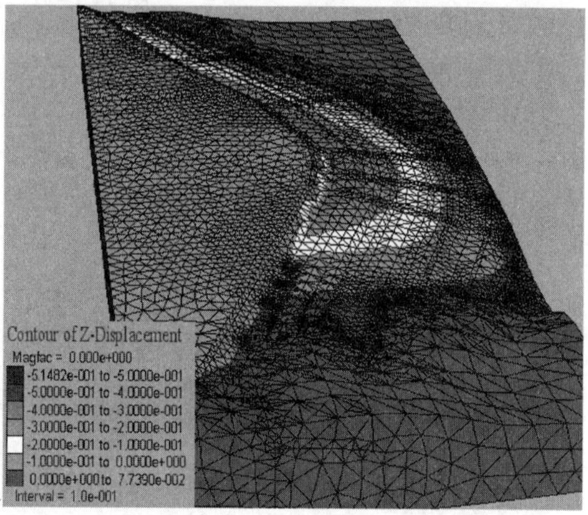

图 14.1–29　585m 坝高垂直位移云图

计算结果可以看出，在现坝高条件下初期坝部位修筑反压毛石加固后，坝体应力集中区主要出现于毛石反压工程部位，其最大主应力峰值可达 2.0 ~ 4.2MPa；该处最小主应力略高，且存在一定的张拉应力分布，但峰值不超过 1MPa。对于堆积坝整体而言，坝身其余部位无明显的应力集中与分异。位移场分布以垂直沉降变形为主，垂直沉降峰值约 39cm，位于坝顶，总体沉降较大部位和原有河谷形态相吻合，位移场无突变，属正常沉降变形。水平位移峰值为 7.83cm，位于坝前东部，坝前整体位移 4.00 ~ 7.83cm。

筑坝至 585m 高程后，模型中主应力场分布未出现明显变化，各部位均只是量值上有所提升，最大主应力峰值依然位于初期坝前，峰值 4.53MPa。最小主应力略有提升，但不明显，平均增加 0.2 ~ 0.5MPa，坝身仍未有明显应力突变。位移场分布上，垂直沉降累加至 51cm，云图分布均匀，层次分明，水平位移增加至 12.4cm，位移云图分布较现坝高条件下模型无明显改变，模型中未出现局部位移及应力突变。

地震工况下，由于选取模型最不利方向叠加地震波，计算后模型位移场改变主要表现为水平位移的增加，坝前位移增加部位与前述计算的位移集中部位基本相同，但略有向东西两侧扩张的趋势，这种趋势主要是由于坝体形态的影响。该工况下水平位移最大值为 11cm，初期坝上方也存在 4 ~ 6cm 的位移，垂直位移集中于坝顶，量值为 15 ~ 34cm。动力条件、585m 坝高情况下堆积坝位移云图见图 14.1–30 和图 14.1–31。

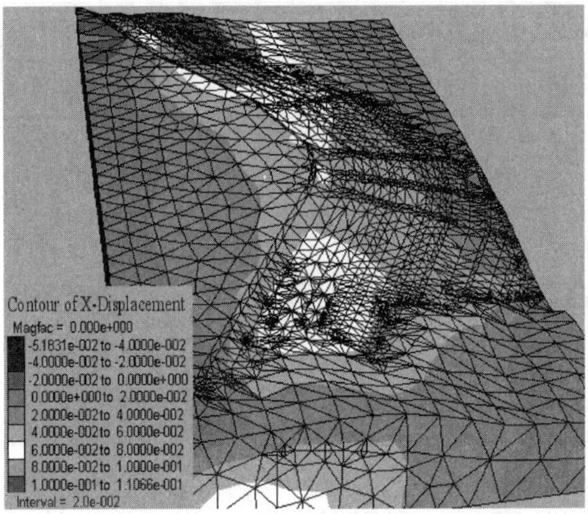

图 14.1–30　地震波加载后水平位移云图

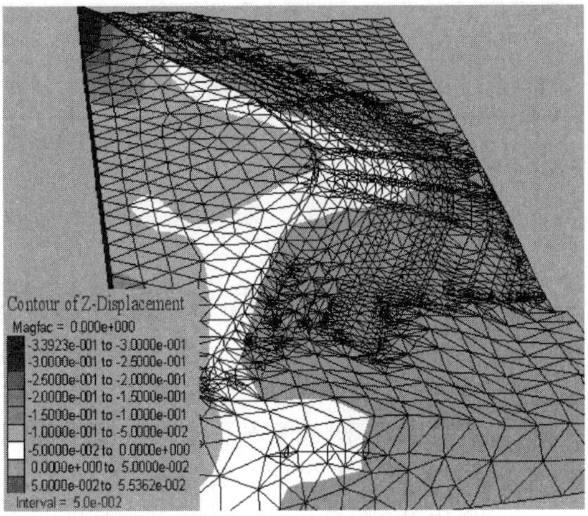

图 14.1–31　地震波加载后垂直位移云图

7. Bishop 圆弧法稳定性验算

根据前述计算成果，以各勘察剖面作为稳定性计算剖面，验算坝体加至 585m 高程情况下堆积坝及东梁的稳定性。

稳定性计算采用简化 Bishop 圆弧法，计算公式见式（14.1–2）。

计算采用总应力法，并考虑了地下水的渗透力作用。计算时尾矿库运行按照正常运行、洪水运行及特殊运行 3 种工况考虑，计算参数见表 14.1–13，稳定性计算典型剖面见图 14.1–32，稳定性计算结果见表 14.1–15。

表 14.1–15 计算结果表明，在尾矿堆积坝堆积至 585m 高程时，各剖面在尾矿库正常运行、洪水运行及特殊运行工况条件下最小安全系数均满足规范要求，但初期坝必须进行反压处理，且反压厚度不小于 10m。

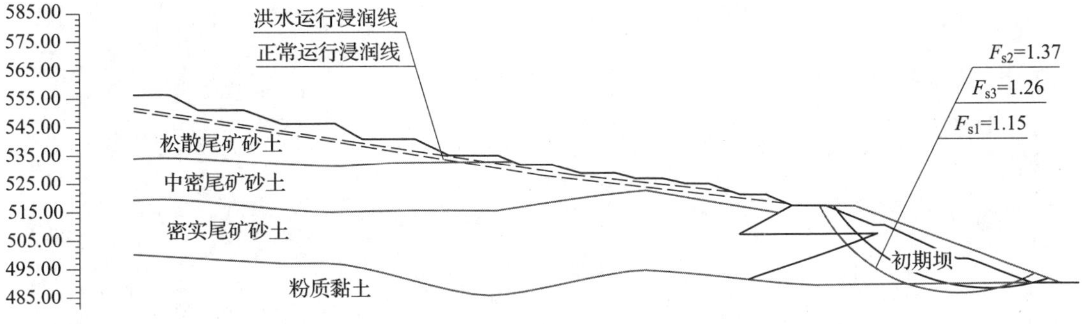

图 14.1–32　稳定性计算典型剖面

表 14.1–15 稳定性计算结果

尾矿库运行工况	4—4 剖面		5—5 剖面		6—6 剖面		7—7 剖面	
	稳定安全系数 F_s	稳定性评价	稳定安全系数 F_s	稳定性评价	稳定安全系数 F_s	稳定性评价	稳定安全系数 F_s	稳定性评价
正常运行	3.33	满足	3.23	满足	3.24	满足	1.37	满足
洪水运行	3.04	满足	3.11	满足	2.99	满足	1.26	满足
特殊运行	2.71	满足	2.76	满足	2.69	满足	1.15	满足

注：表中“满足”“不满足”依据国家标准《尾矿堆积坝岩土工程技术规范》GB 50547—2010 表 6.0.11-1 进行判别。

14.2 某尾矿库第 3 道子坝塌陷治理专项勘察

1. *尾矿库概况*

某尾矿库位于陕西省渭南市，地貌属于秦岭中山沟谷，设计总坝高 194.5m，总库容 $2.5\times10^9\text{m}^3$，属于沟谷型二等尾矿库。

初期坝为透水干砌石坝，坝高 40.5m，坝顶宽 4m，底宽 157.50m，坝体上游坡比 1∶1.7，下游坡比 1∶2.0。坝上游坡面铺设 0.7 ~ 1.0m 厚的反滤层，并采用块石干砌进行护坡处理。

堆积坝坝高 153.5m，采用上游式筑坝，每级子坝高度约 3.5m，坝外坡总坡比为 1∶5.0，坝面护坡采用山坡坡积土或碎石覆盖，并设排水截水沟。坝面无浸润线逸出、流土、管涌、沼泽化等病害。尾矿库全貌见图 14.2–1。

图 14.2–1 尾矿库全貌

2. 第 3 道子坝塌陷坑

运行期间发现第 3 道子坝坝面出现局部沉陷形成塌陷坑，坝面最大下沉量达 1.50m。沉陷导致坝面混凝土排水沟出现裂缝、排水管支墩与管道脱离、第 4 道子坝外边缘出现裂缝等，见图 14.2–2、图 14.2–3。

图 14.2–2　第 3 道子坝沉陷区

图 14.2–3　排水沟裂缝

在初期坝坡脚的沉淀池内分布了大小不等的 4 个涌水点，并伴有尾矿渗出。现场实测沉淀池有效容积为 436.3m^3，库内所沉积的尾矿量约为 270m^3。根据历年清理沉淀池中尾矿数据，估算渗漏的尾矿量约为 200m^3/a，重量约 300t/a。在沉淀池出口通过流速法测得渗水量为 621m^3/h。

3. 勘察方法

该尾矿库自投产运营以来一直存在尾矿渗漏现象，放矿初期库内沉积滩曾出现陷坑，在形成堆积坝后第 3 道子坝局部沉陷并伴有陷坑出现。为详细查明第 3 道子坝沉陷区平面分布范围、深部空间分布范围及沉陷原因，第 3 道子坝尾矿的颗粒组成、回填碎石土的厚度、埋藏条件及物理力学性质指标等，提供治理设计所需相关参数和治理尾矿渗漏的措施方案建议，在认真分析研究了收集的各种管理资料及工程技术资料的基础上，进行现场调查确定第 3 道子坝沉陷的平面位置和采用工程物探的方法初步查明渗漏的深部空间分布范围后，再针对性地布置一定数量的钻孔、原位测试、试坑单环注水试验、流速试验、室内土工试验等来准确查明渗漏位置，分析产生渗漏的原因，并通过工程物探、钻探岩芯特征、原位测试数据、物理力学性质指标、尾矿的各粒组含量及颗粒级配曲线等做出综合判定。

为了分析评价渗漏产生的原因，把场地分为 A 区和 B 区两个区域，A 区是指第 5 道子坝到库区未产生沉陷的区域，B 区是指产生陷坑的第 3 道子坝和受沉陷影响的第 2 道子坝、第 4 道子坝和初期坝的区域。

A 区在第 42 道子坝和第 24 道子坝分别布置一个钻孔，并进行了波速测试、微动勘探、流速试验等。微动勘探采用北京市水电物探研究所 WD200 型无线智能微动勘探仪，布置 1 条垂直于尾矿堆积坝轴线的测线，共 5 个测点，其中 BS1、BS2 测点位置分别与第 42 道子坝和第 24 道子坝钻孔位置相对应，另外在尾矿库内布置 BD1、BD2 及 BD3 共 3 个测点，微动测点布置示意图见图 14.2–4。

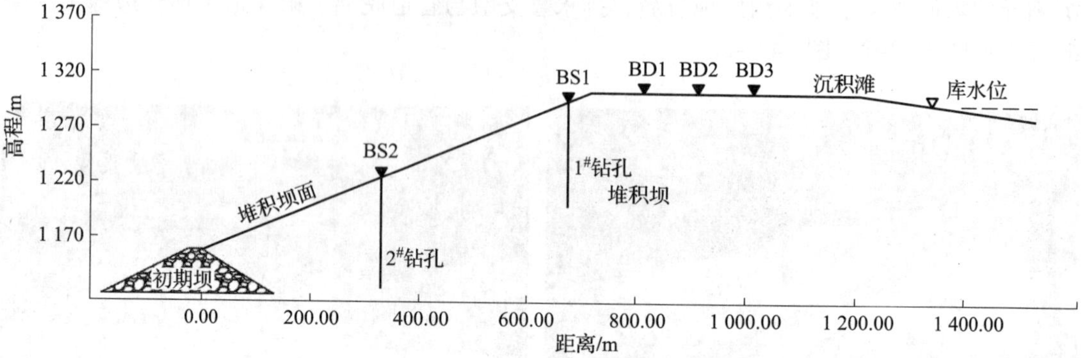

图 14.2–4　微动测点布置示意图

B 区布置钻孔 5 个，每个钻孔均为取样和原位测试孔，取样和原位测试间距根据钻探揭露地层的具体情况而定，间距为 1.0 ~ 5.0m；采用瞬态瑞雷面波法对塌陷区地层密度进行划分，以圈定塌陷区范围，分别在第 2、第 3、第 4 子坝布设 3 条横测线及 3 条纵测线。B 区勘探点平面位置见图 14.2–5，现场钻探施工见图 14.2–6。

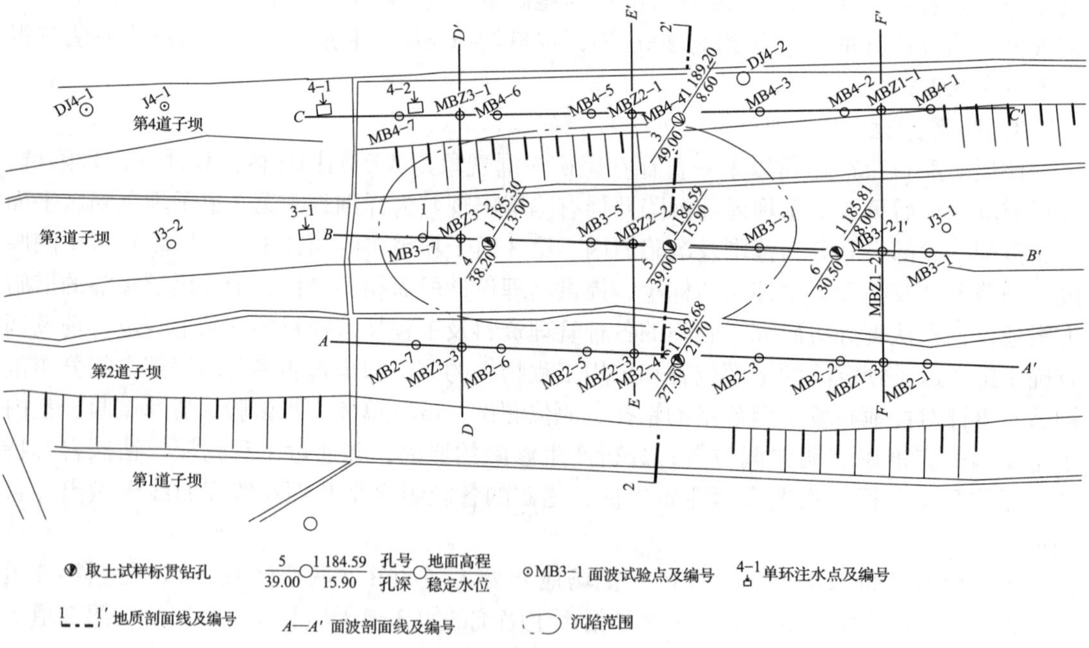

图 14.2–5　B 区勘探点平面位置图

4. 工程地质条件

（1）地层。

根据现场调查及钻探所揭露的主要岩土类型有：筑坝用含碎石粉质黏土（Q^{ml}）、尾矿土（Q^{ml}）、碎石（Q^{ml}）、粉质黏土（Q^{dl+pl}）及震旦系（Z）硅质灰岩等。

图 14.2-6　现场钻探施工

1）A 区。

A-①层含碎石粉质黏土：褐黄色，为尾矿堆积坝表层覆土，由人工铺设，含有大量的碎石，粒径 20 ~ 60mm，最大可达 200mm，疏密不均。层厚 0.5m，层底深度 0.5m。

A-②层尾粉砂：浅灰色 ~ 黑灰色，稍湿，松散 ~ 稍密状态，以稍密状态为主，沉积韵律不明显，上部为筑坝过程中人工堆积而成，局部夹有薄层尾中砂、尾细砂及尾粉土等。层厚 5.5m，层底深度 6.0m。

A-③层尾粉砂：黑灰色，稍湿 ~ 湿，中密状态，沉积韵律明显，局部夹有薄层尾中砂、尾细砂及尾粉土。层厚 12.0m，层底深度 18.0m。

A-④层尾粉砂：黑灰色，湿 ~ 饱和，密实状态，沉积韵律明显，局部夹有薄层尾中砂、尾细砂及尾粉土。层厚 37.0m，层底深度 55.0m。

A-⑤层尾粉砂：黑灰色，饱和，密实状态，岩芯呈短柱状、半胶结状态，经过淋雨及阳光暴晒胶结程度未见弱化，沉积韵律明显，局部夹有薄层尾粉土。层厚 45.0 ~ 49.80m，层底深度 100.0 ~ 104.8m。

微动勘探反演的尾矿库内横波速度剖面图见图 14.2-7。从图 14.2-7 中可以看出，横波速度不是单纯的随深度增加而增加，而是呈现出高速中夹带相对低速的条带，这一特征反映出堆积过程中粗细尾矿分层规律和密实程度，在横波速度达到 500m/s 及以上尾矿应解译为坚硬土，这也反映出了早期排放的尾矿在巨大的自重应力及较长的固结时间联合作用下，已经产生了一定的胶结，工程性能趋好，钻探揭露结果与之一致，也符合水力输送尾矿沉积规律。而在深度约 200m 以下，局部横波速度出现向低速变化的异常现象，解译为分布有工程性能相对较差的粉质黏土层，这也较为准确地反映出坝底原始地层的分布特征，其解译结果与收集到的尾矿库勘察资料是一致的。

微动勘探频散曲线分层与相对应的钻孔分层有较好的对应性，见表 14.2-1。

A 区坝面各尾矿层的层位组合关系见图 14.2-8。

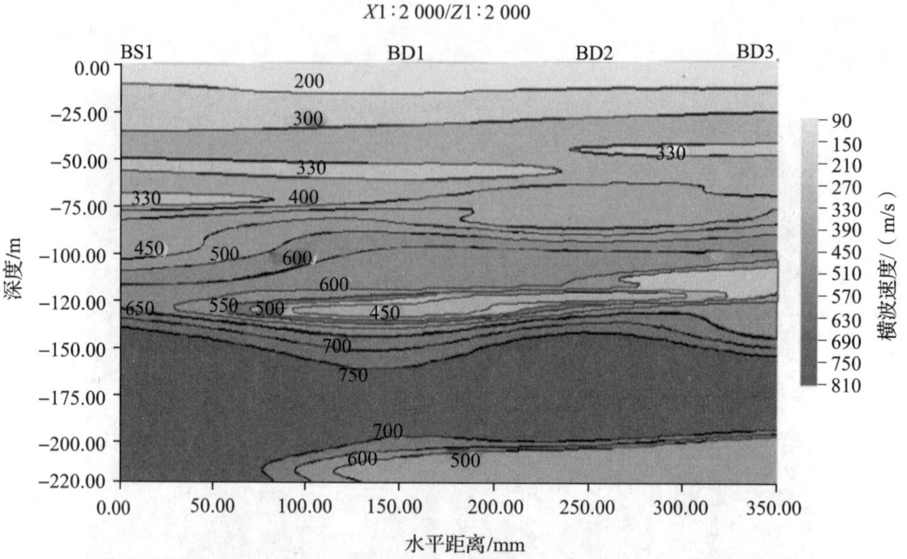

图 14.2–7　尾矿库内横波速度剖面图

表 14.2–1　尾矿堆积层划分对比

层号	1# 钻孔确定层底深度 /m	BS1 测点确定层底深度 /m	差值 /m	2# 钻孔确定层底深度 /m	BS2 测点确定层底深度 /m	差值 /m
A- ②	6.5	8.3	−1.8	6.0	4.7	1.3
A- ③	19.0	20.3	−1.3	18.0	17.6	0.4
A- ④	54.2	53.5	0.7	55.0	54.8	0.2

注：此处的“差值”是微动勘探反演的层底深度与钻孔层底深度的差值。

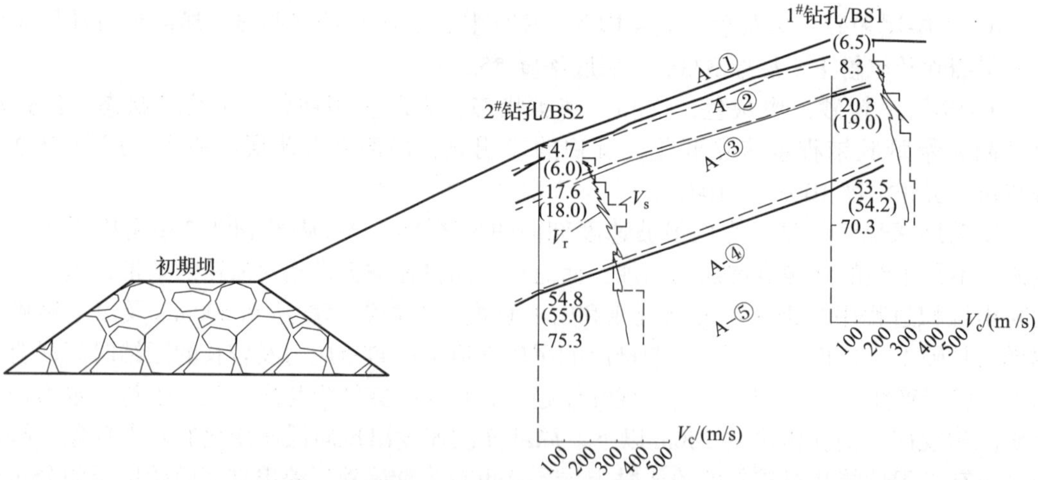

V_r—微动勘探面波速度；　V_s—反演分层横波速度；V_c—介质速度。

图 14.2–8　A 区工程地质纵剖面图

注：- - -表示微动测试地质分层层位线，——表示钻探地质分层层位线。

2）B 区。

B- ①层含碎石粉质黏土：褐黄色 ~ 浅灰色，为尾矿堆积坝的表层覆土，由人工铺设，含有大量的碎石，粒径 20 ~ 80mm，最大粒径可达 200mm，疏密不均。层厚 0.5 ~ 1.9m，层底深度 0.5 ~ 1.9m。

B- ②层尾粉砂：褐黄色 ~ 灰黑色，稍湿，松散 ~ 稍密状态，沉积韵律不明显，局部夹有薄层尾细砂、尾粉土。层厚 2.1 ~ 7.5m，层底深度 4.0 ~ 9.0m。

B- ③层尾粉砂：灰黑色，湿 ~ 饱和，中密状态，沉积韵律不明显，局部夹有薄层尾细砂、尾粉土和碎石透镜体。层厚 4.0 ~ 15.0m，层底深度 12.5 ~ 22.5m。

B- ③ -1 层碎石：浅灰色，湿，稍密状态，主要由石灰岩碎块组成，呈棱角状，一般粒径为 20 ~ 30mm，最大粒径约 40mm，充填物为黏性土、尾矿砂。层厚 1.0m，层底深度 13.5m。该层为 B- ③层中透镜体，仅在 4# 钻孔中揭露，是在尾矿排放过程中由于局部出现陷坑，采用库岸两边的碎石土回填而成。

B- ④层尾粉砂：黑灰色，湿 ~ 饱和，该层在非沉陷区呈密实状态，沉陷区呈松散 ~ 稍密状态。沉积韵律不明显，局部夹有薄层尾细砂、尾粉土。层厚 5.5 ~ 22.8m，层底深度 23.0 ~ 45.3m。在该层沉陷区的 4#、5# 钻孔中钻进时，进尺较快，并出现严重的塌孔、漏浆现象，制备的泥浆倒入孔内瞬间消失，采用套管护壁跟管钻进。

B- ④ -1 层碎石：浅灰色，湿，松散状态，有臭味，主要由石灰岩碎块组成，呈棱角状，一般粒径为 10 ~ 40mm，最大粒径约 110mm，充填物很少，基本为粗粒骨架。层厚 2.2 ~ 6.7m，层底深度 25.2 ~ 29.7m。该层为 B- ④层中透镜体，在 4#、5#、7# 钻孔中揭露，是在尾矿排放过程中采用碎石土回填局部陷坑形成的。

B- ⑤层粉质黏土：红褐色，湿，硬塑 ~ 坚硬状态，含有大量的碎石，为石灰岩碎块，呈棱角状，局部夹有黑色腐殖质。该层在 3#、6# 钻孔揭露，属坡积洪积和施工过程中人工堆积物，上部与尾矿接触部位由于尾矿浸染呈浅灰色，下部为红褐色，在上覆尾矿的自重压力下，固结良好，钻进进尺缓慢。该层位于库底，覆盖于库底基岩之上，为相对隔水层。

B- ⑥层硅质灰岩：红褐色 ~ 浅灰色，强风化，岩芯呈碎块，在 3#、6# 钻孔底揭露。

B 区各层土的层位组合关系见图 14.2–9、图 14.2–10。

（2）尾矿基本物理力学性质指标。

1）根据现场密度试验及室内土工试验成果，各层尾矿的物理力学性质指标见表 14.2–2、表 14.2–3。

2）根据现场密度试验结果，在室内制备相同含水率及密度的试样进行直接剪切（快剪）试验，抗剪强度指标见表 14.2–4。

3）标准贯入试验锤击数 N 值见表 14.2–5。

4）为评价碎石土的密实度，在 B- ④ -1 层进行了重型圆锥动力触探试验 $N_{63.5}$ 值见表 14.2–6。

5）剪切波速见表 14.2–7。

（3）浸润线。

在尾矿库修筑后，尾矿浆液由输送管道排放至库内，在尾矿库内形成了较高的潜水位，即浸润线。坝体浸润线历史高度及现状如下：

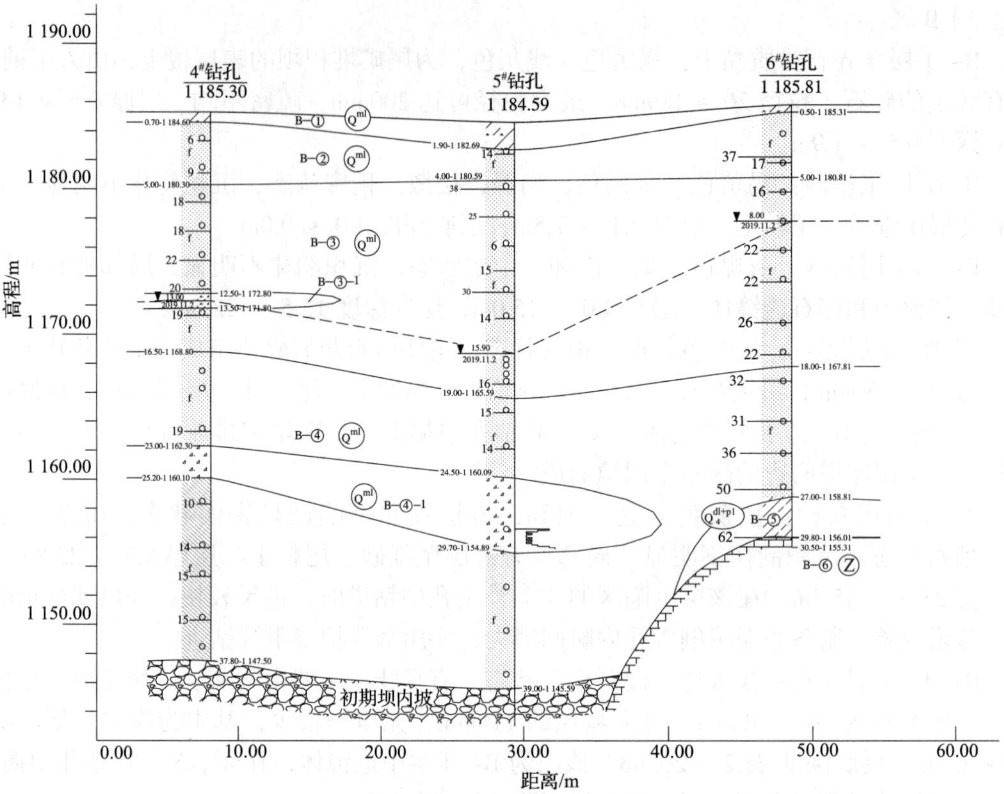

图 14.2–9 B 区典型工程地质横剖面图（1—1′）

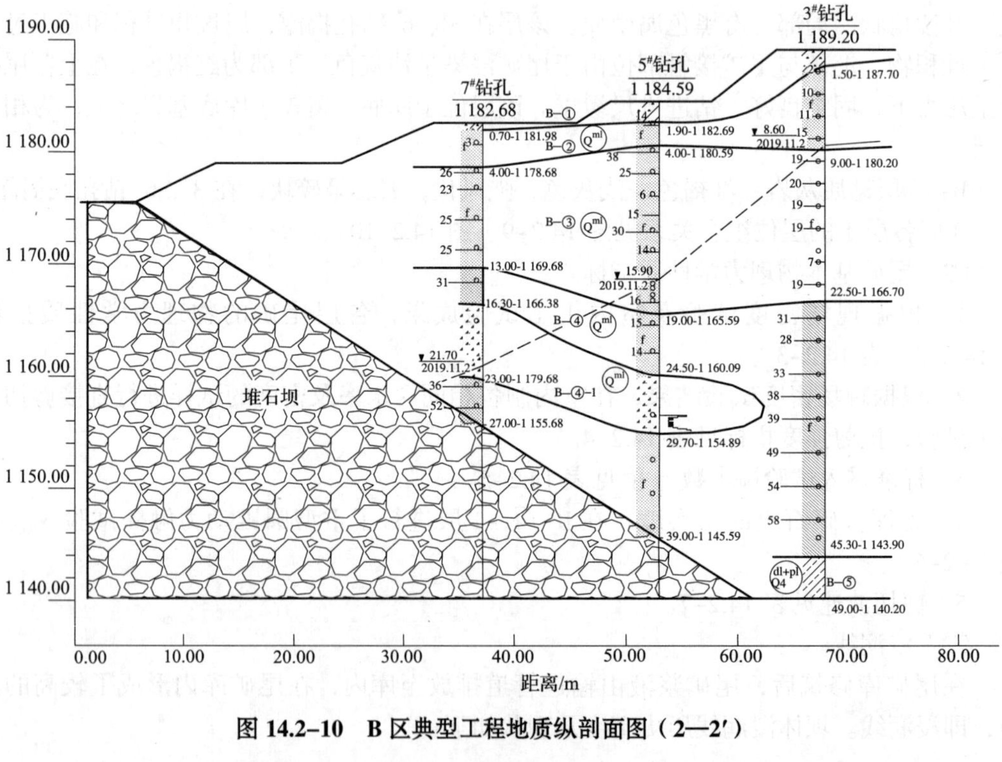

图 14.2–10 B 区典型工程地质纵剖面图（2—2′）

表 14.2–2　现场密度试验结果

地层	统计指标	频数	范围值	平均值
A-② 尾粉砂	含水率 /%	4	10.5 ~ 6.70	8.2
	天然密度 / (g/cm^3)	4	1.56 ~ 1.71	1.61
	干密度 / (g/cm^3)	4	1.43 ~ 1.55	1.49
A-③ 尾粉砂	含水率 /%	10	6.8 ~ 19.7	13.20
	天然密度 / (g/cm^3)	10	1.71 ~ 2.14	1.92
	干密度 / (g/cm^3)	10	1.59 ~ 1.86	1.71
A-④ 尾粉砂	含水率 /%	13	16.3 ~ 24.9	21.2
	天然密度 / (g/cm^3)	13	1.89 ~ 2.08	2.0
	干密度 / (g/cm^3)	13	1.58 ~ 1.70	1.6
A-⑤ 尾粉砂	含水率 /%	20	14.3 ~ 27.40	21.5
	天然密度 / (g/cm^3)	20	1.98 ~ 2.22	2.07
	干燥密度 / (g/cm^3)	20	1.59 ~ 1.83	1.71
B-④ 尾粉砂 （非沉陷区）	含水率 /%	9	13.0 ~ 29.1	19.6
	天然密度 / (g/cm^3)	9	2.0 ~ 2.3	2.2
	干燥密度 / (g/cm^3)	9	1.58 ~ 2.0	1.8

表 14.2–3　室内土工试验

统计指标	地　层					
	A-④尾粉砂			A-⑤尾粉砂		
	频数	范围值	平均值	频数	范围值	平均值
天然含水率 w/%	5	18.9 ~ 25.1	21.5	14	14.7 ~ 23.5	18.9
天然重度 γ/ (kN/m^3)	5	20.4 ~ 21.0	20.8	14	19.9 ~ 22.4	20.7
干燥重度 γ_d/ (kN/m^3)	5	16.6 ~ 17.7	17.1	14	16.1 ~ 19.2	17.4
孔隙比 e	5	0.606 ~ 0.702	0.649	14	0.463 ~ 0.746	0.623
饱和度 S_r/%	5	88.8 ~ 102.6	94.9	14	71.4 ~ 100.4	87.8
压缩系数 a_{1-2}/MPa^{-1}	5	0.12 ~ 0.20	0.16	14	0.13 ~ 0.19	0.16
压缩模量 E_{s1-2}/MPa	5	8.5 ~ 13.4	10.8	14	7.9 ~ 13.1	10.4
压缩模量 E_{s2-3}/MPa	5	11.3 ~ 16.1	13.7	14	11.5 ~ 16.8	14.5
压缩模量 E_{s3-4}/MPa	5	13.1 ~ 17.9	16.1	14	13.6 ~ 18.9	17.3
压缩模量 E_{s4-5}/MPa	5	15.5 ~ 20.1	18.2	14	16.7 ~ 23.9	20.1
压缩模量 E_{s5-6}/MPa	5	17.0 ~ 23.0	19.4	14	18.8 ~ 24.4	22.2
压缩模量 E_{s6-7}/MPa	5	20.7 ~ 23.9	22.4	14	21.4 ~ 29.3	23.8
压缩模量 E_{s7-8}/MPa	5	22.9 ~ 24.3	23.6	14	21.4 ~ 29.3	26.0

表 14.2–4 抗剪强度指标

地层	指标	频数	范围值	平均值
A- ②尾粉砂	黏聚力 C/kPa	5	12 ~ 19	15.2
	内摩擦角 φ/（°）	5	36.8 ~ 44.3	40.7
A- ③尾粉砂	黏聚力 C/kPa	6	33 ~ 45	38.6
	内摩擦角 φ/（°）	6	37.8 ~ 43.4	40.5
A- ④尾粉砂	黏聚力 C/kPa	6	25 ~ 40	35.7
	内摩擦角 φ/（°）	6	41.8 ~ 44.5	43.3
A- ⑤尾粉砂	黏聚力 C/kPa	5	42 ~ 50	45
	内摩擦角 φ/（°）	5	42 ~ 45	43.9

表 14.2–5 标准贯入试验锤击数 N 值

地层		频数	范围值	平均值
A- ②尾粉砂		3	10 ~ 14	11.3
A- ③尾粉砂		11	16 ~ 31	23.2
A- ④尾粉砂		17	32 ~ 65	43.1
B- ②尾粉砂		11	2 ~ 17	10.6
B- ③尾粉砂		21	16 ~ 38	21.2
B- ④尾粉砂	非沉陷区	15	28 ~ 58	41.2
	沉陷区	12	6 ~ 19	13.9

表 14.2–6 重型圆锥动力触探试验 $N_{63.5}$

地层	频数	范围值	平均值
B- ④ -1 碎石	17	2 ~ 9	4.3

表 14.2–7 各层土剪切波速

地层	剪切波速 V_s/（m/s）	
	范围值	平均值
A- ②尾粉砂	126.8 ~ 194.6	153.2
A- ③尾粉砂	202.5 ~ 274.5	250.1
A- ④尾粉砂	261.1 ~ 328.1	288.9
A- ⑤尾粉砂	293.3 ~ 344.0	317.9
B- ②尾粉砂	113.4 ~ 236.0	164.7
B- ③尾粉砂	176.0 ~ 281.7	240.1
B- ④尾粉砂（未沉陷区）	251.4 ~ 296.6	273.1

1）1998—2008 年，由于堆积坝内浸润线过高，甚至在第 2 ~ 12 道子坝、第 17 ~ 19 道子坝的坡脚处渗水并呈沼泽化，为降低浸润线，先后在主坝不同位置设置辐射井 16 座，有效降低了浸润线高度。

2）据尾矿车间提供的 2019 年 10 月 14 日人工实测各观测孔的浸润线数据，其范围值介于 8.85 ~ 21.75m，水位整体沿坝面从低往高依次加深。

3）勘察期间各钻孔均测得稳定水位，测量水位采用电测水位计，测量精度高。各钻孔稳定水位见表 14.2–8。

表 14.2–8　钻孔测量水位

钻孔编号	孔口高程 /m	稳定水位 /m	钻孔编号	孔口高程 /m	稳定水位 /m
1	1 316.61	28.00	5	1 184.59	15.90
2	1 249.03	28.30	6	1 185.81	8.00
3	1 189.20	8.60	7	1 182.68	21.70
4	1 185.30	13.00			

根据钻孔测量水位，沿堆积坝纵向绘制的浸润线示意图见图 14.2–11，沿第 3 道子坝横向绘制的浸润线示意图见图 14.2–12。

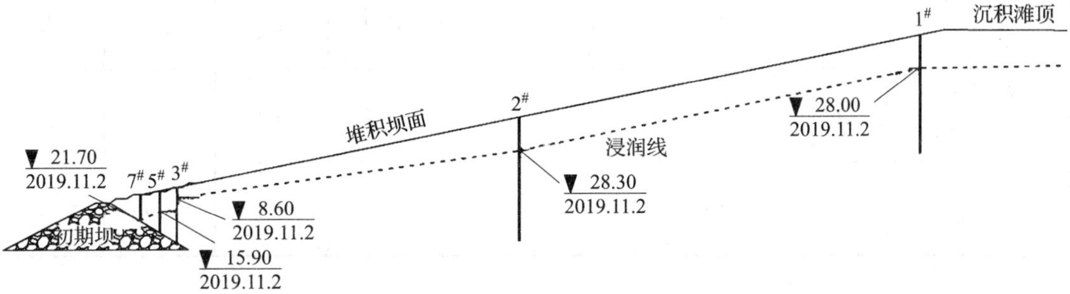

图 14.2–11　堆积坝浸润线示意图

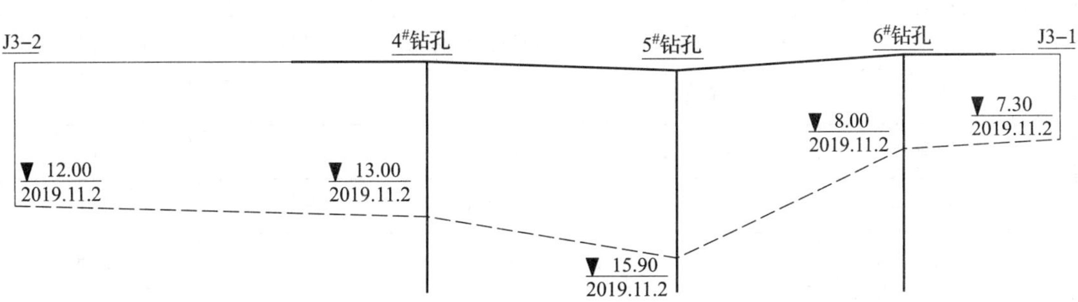

图 14.2–12　第 3 道子坝横向浸润线示意图

分析图 14.2–11、图 14.2–12 可知，第 4 ~ 24 道子坝浸润线倾角为 9.1°、第 24 ~ 42 道子坝浸润线倾角为 10.8°，相对平缓；而在初期坝内坡位置出现陡降，在水平距离 30.0m 长度范围内，水头差达到 19.2m，且该区域水位变幅相对较大；第 3 道子坝横向浸润线在渗漏区域也出现陡降，主要原因为初期坝内及松散区域的地层内水流速度快，而正常沉积的坝体内渗流速度较慢。

5. 尾矿土渗透特性

（1）颗粒组成及渗透变形类型。

为查明尾矿的颗粒组成，对钻孔采取的尾矿试样、沉积滩所采取 4 件试样（从坝顶向库内的距离依次为 10.0m、100.0m、200.0m、300.0m）、沉淀池内所采取 11 件试样，进行了颗粒分析及黏粒含量试验，各部位试样粒组质量百分数统计结果列于表 14.2–9。

平均粒径 d_{50}、有效粒径 d_{10}、不均匀系数 C_u 及曲率系数 C_c 见表 14.2–10。

表 14.2–9 颗粒分析结果（平均值） 单位：%

取样位置	颗粒组成 /mm							
	2.0 ~ 0.5	0.5 ~ 0.25	0.25 ~ 0.075	0.075 ~ 0.05	0.05 ~ 0.01	0.01 ~ 0.005	0.005 ~ 0.002	<0.002
A 区	5.8	23.3	39.6	10.1	13.9	2.9	2.1	3.0
沉积滩	9.3	20.3	32.2	22.2	13.0	1.2	1.9	
沉淀池	2.8	28.4	46.3	11.5	7.9	1.7	0.8	1.6
B- ②、B- ③层	7.6	23.5	37.1	10.9	13.9	2.9	2.2	14.0
B- ④层（非沉陷区）	2.5	16.2	46.8	10.0	14.7	3.8	2.3	4.2
B- ④层（沉陷区）	5.7	24.8	40.3	23.6	11.4	2.8	1.9	3.0

表 14.2–10 特征参数

取样位置	特征参数			
	平均粒径 d_{50}/mm	有效粒径 d_{10}/mm	不均匀系数 C_u	曲率系数 C_c
A 区	0.154	0.024	13.16	1.97
沉积滩	0.151	0.037	4.939	1.454
沉淀池	0.180	0.056	6.077	1.405
B- ②、B- ③层	0.16	0.02	15.88	2.58
B- ④层（非沉陷区）	0.127	0.011	20.59	3.00
B- ④层（沉陷区）	0.177	0.026	12.73	1.87

根据颗粒分析试验结果绘制尾矿自坝顶沿水平方向平均粒径 d_{50} 的分布曲线及颗粒大小分布曲线图分别见图 14.2–13、图 14.2–14。

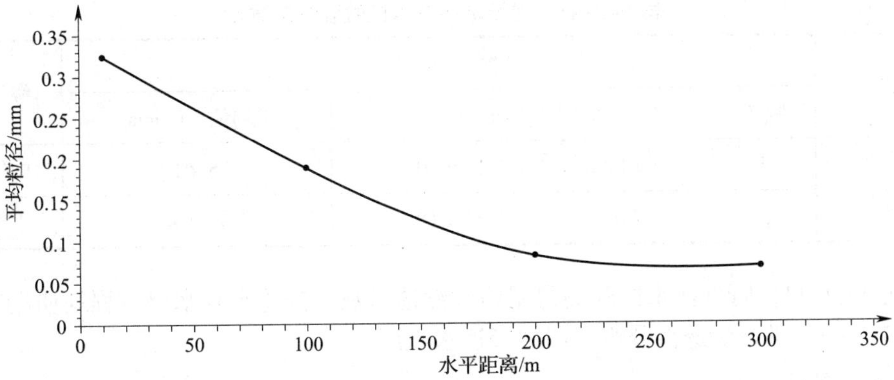

图 14.2–13　尾矿平均粒径水平方向的分布

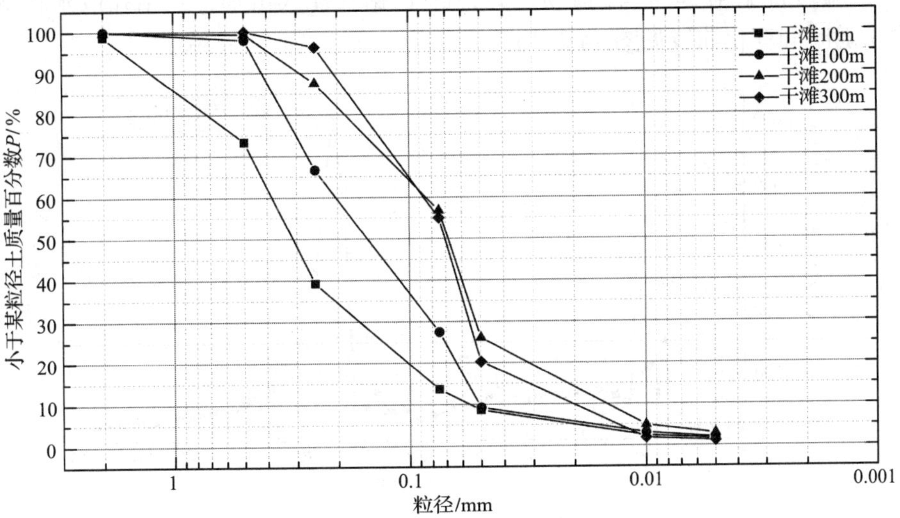

图 14.2–14　沉积滩不同位置颗粒分析曲线

根据钻孔、沉积滩、沉淀池试样的颗粒分析试验及统计结果可以得出如下结论：

1）尾矿土同时满足：不均匀系数 C_u>5，且曲率系数 1<C_c<3 两个条件，属于良好级配。

2）根据《水利水电工程地质勘察规范》GB 50487—2008 附录 G 进行判别，不均匀系数 C_u>5，计算得 d=0.088mm，从统计后的颗粒分析曲线查得 $P \geqslant 35\%$（P 为细颗粒含量，对级配连续的土，粗细颗粒的区分粒径为 $d=\sqrt{d_{70} \cdot d_{10}}$），从而判定该库尾矿土的渗透变形破坏类型属于流土型。

3）图 14.2–14 表明，从沉积滩顶至库尾尾矿总体的沉积规律是：颗粒由粗到细依次沉积。

（2）渗透性指标及渗流速度。

1）渗透系数。

根据现场试坑单环注水试验结果，堆积坝及干滩水位以上尾矿土的渗透系数 k 值统计结果见表 14.2–11。

表 14.2-11 现场单环注水试验渗透系数 *k*

位置	统计值			渗透等级
	频数	范围值 / (cm/s)	平均值 / (cm/s)	
堆积子坝	3	$1.82 \times 10^{-3} \sim 5.13 \times 10^{-3}$	3.15×10^{-3}	中等透水
干滩	3	$7.07 \times 10^{-3} \sim 7.73 \times 10^{-3}$	7.36×10^{-3}	中等透水

据表 14.2-11，野外注水试验测得尾粉砂渗透系数，按《水利水电工程地质勘察规范》GB 50487—2008 进行渗透性分级，属中等透水土层。

2）渗流速度。

为测定坝体内尾矿水的渗流速度，分段进行流速试验，试验结果如下：

第一试验段位于第 24 ~ 42 道坝之间，即 1# 钻孔注入试剂，2# 钻孔取水检测，取水点 Cl^- 含量随时间变化曲线见图 14.2-15。

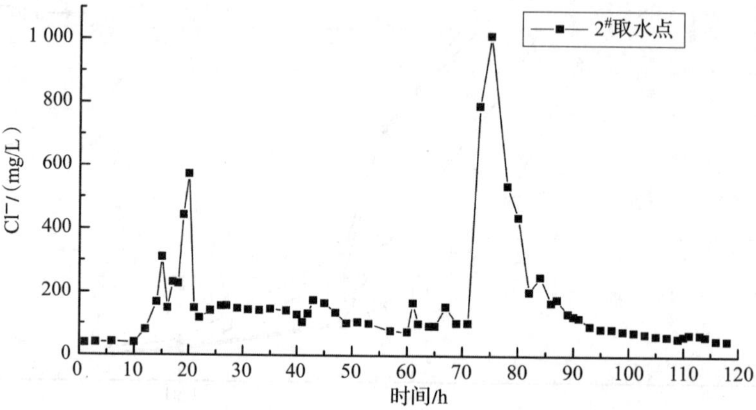

图 14.2-15 第一试验段 Cl^- 含量随时间变化曲线图

根据测试结果，结合图 14.2-15，经汇总得到第一试验段数据，见表 14.2-12。

表 14.2-12 第一段流速试验数据

取水点	距投放点距离 /m	投放试剂持续时间 /h	试剂初始到达时间 /h	峰值时间 /h	回归背景值时间 /h	试剂历经总时间 /h
2#	341.21	14.00	12.00	75.00	116.00	104

根据表 14.2-12 的数据计算得尾矿水在该段堆积坝体内渗流速度为 12.6m/h。

第二试验段位于第 3 ~ 24 道坝之间，即 2# 钻孔注入试剂，5# 钻孔取水检测，取水点 Cl^- 含量随时间变化曲线见图 14.2-16。

根据测试结果，结合图 14.2-16，经汇总得到第二试验段数据，见表 14.2-13。

根据上表的数据计算得尾矿水在该段堆积坝体内渗流速度为 8.34m/h。

第三试验段位于第 3 道坝和沉淀池之间，即 5# 钻孔注入试剂，在沉淀池各取水点取样，各取水点 Cl^- 含量随时间变化曲线见图 14.2-17。

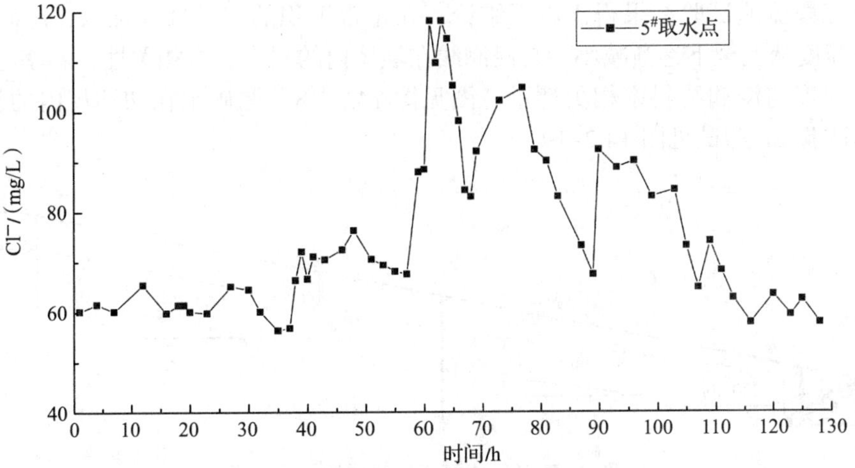

图 14.2-16　第二试验段 Cl^- 含量随时间变化曲线图

表 14.2-13　第二段流速试验数据汇总

取水点	距投放点距离 /m	投放试剂持续时间 /h	试剂初始到达时间 /h	峰值时间 /h	回归背景值时间 /h	试剂历经总时间 /h
5#	316.80	18.88	38	61	113	75

分析曲线变化图 14.2-17，1# 取水点变化幅度不大，该处流水主要为辐射井内导水管所汇集水，水位均高于投放试剂 5# 钻孔的水位，故试剂没有进入辐射井内。其他各取水点距投放点距离约为 140m，在投入试剂 20min 后均检测到了试剂，表明 5# 钻孔投放的试剂随尾矿水从交通洞和初期坝其他部位流出，计算得该段尾矿水在坝体内的流速为 420m/h。

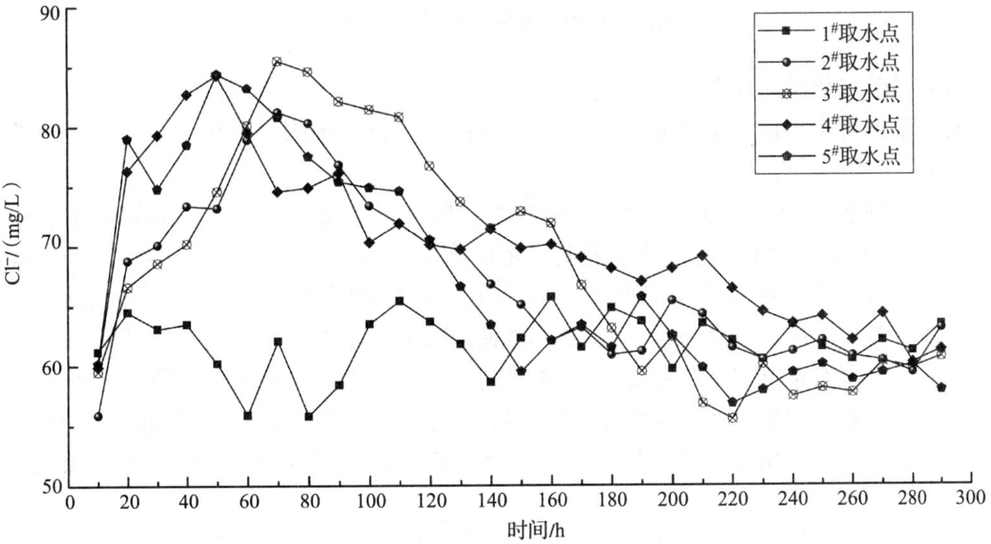

图 14.2-17　第三试验段 Cl^- 含量随时间变化曲线图

分析三段流速试验结果得出以下结论：在正常沉积的尾矿堆积坝内，尾矿水在坝体内的渗流速度从上至下逐渐减小，与浸润线在坝体内的斜率具有相关性，斜率越大流速越快，渗流速度与浸润线斜率相关性示意图见图 14.2–18；尾矿水在初期坝内的流速较大。现场流速试验 Cl^- 测试见图 14.2–19。

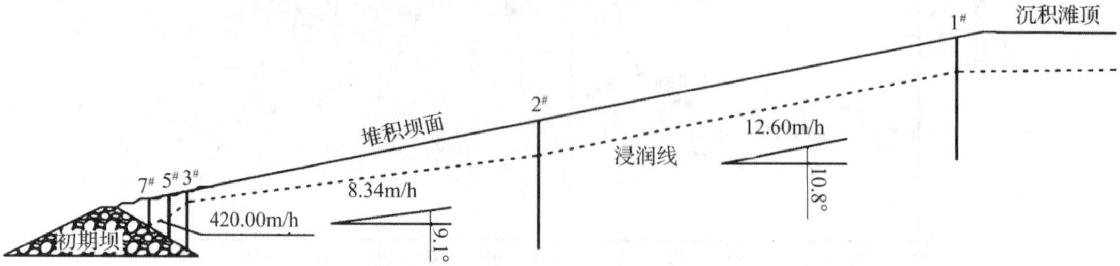

图 14.2–18　渗流速度与浸润线示意图

图 14.2–19　现场流速试验 Cl^- 测试

（3）尾矿水化学淤堵分析。

尾矿库下游渗出的尾矿水遇空气会生成黄褐色的物质吸附在管壁、出水口等位置，易造成排水管、排渗管淤堵。

黄褐色物质成分为 Fe_2O_3。为测定尾矿水中铁离子含量，分别取库内尾矿水、施工交通洞出水口的水样进行检验。结果表明，尾矿库内所取水样中铁离子含量小于 0.08mg/L，施工交通洞所取水样中铁离子含量为 2.31mg/L，是库内尾矿水铁离子含量的 29 倍，表明库内尾矿水渗入尾矿坝内从下游流出后，淋滤并携带了尾矿中大量的铁离子。

原矿石中含有黄铁矿和磁铁矿两种含铁矿物，而早期的选矿没有选铁，因此在早期堆积的尾矿中含有大量的 Fe^{2+}，Fe^{2+} 在空气中极易氧化，生成红棕色 Fe_2O_3 粉末，难溶于水，析出后吸附于管壁、出水口等。因此在初期坝渗漏治理的设计方案中应考虑这种化学淤堵问题。

6. 第 3 道子坝沉陷原因分析

（1）历次渗漏及沉陷治理情况。

1983 年 9 月，交通洞封堵完成后，虽未投产但蓄水后渗水严重，在坝的上游坡面铺设草袋，并在草袋下面铺塑料布进行防渗处理。

1984 年 1 月 23 日，库内沉积滩出现第一次陷坑，尾矿从坝体泄漏，陷坑位于初期坝内中部，形状为月牙形；1 月 27 日左坝肩内侧又出现一圆形陷坑，呈漏斗形。对上述两个陷坑，采用两岸坡积碎石土进行回填处理。

1984 年 5 月尾矿泄漏导致沉积滩出现大的塌陷，陷坑位于堆积坝内侧沉积滩中部。采取在坝外用预制透水混凝土砌块和铅丝笼护脚；初期坝内坡，坝顶以下 7m 宽范围做了 150mm 的混凝土护坡，7m 以下用双层草袋对坝面进行护坡，并用两岸坡积碎石土铺盖上游坝坡。

1998 年在第 2 ~ 12 道子坝坝脚出现渗水，其中第 3 ~ 8 道子坝左岸渗漏及沼泽化现象严重，坝下交通洞漏砂。针对浸润线在坝面逸出情况在堆积坝第 4、7、9 道子坝实施三座辐射井。

2000 年第 17 ~ 19 道子坝在坝坡脚东端 30m 范围有渗水，第 5 ~ 9 道子坝在坝坡脚西端约 50m 范围有渗水，排水沟沟壁呈小股射流状，局部泛碱沼泽化。坝面排水沟均出现不同程度的沉陷，在第 3 ~ 5 道子坝出现大面积陷坑，局部陷坑直径 2m 多，深度近 2m，采用碎石回填处理。并分别在第 10、12、13 道子坝实施三座辐射井，以降低浸润线。

2000 年 8 月 13 日，实施初期坝漏砂治理工程，在交通洞洞口进洞 12m 左右位置用土工布沙袋围堰，围堰内布置 FRP/PVC 复合管，管间填充卵石、砾石、砂等材料，并设置了 6 排 150 根滤管。竣工当日滤砂排渗效果十分明显，至 23 日渗水漫过滤体顶部逸出，大部分滤管出水量不足原来的 1/3，排渗效果骤减，主要是由土工布化学淤堵造成，后又采取清洗和隔氧处理，效果明显。

2003 年针对交通洞排渗管道化学淤堵进行清理工作。

2005 年，由于辐射井导水管淤堵，排水能力下降，致使辐射井水位上升，第 2 ~ 12 道子坝局部地段出现沼泽化、管涌现象。采用机械除垢方法，对辐射井导水管进行疏通。疏通后，根据坝体浸润线变化情况和大口井的水流量及其多年运行情况，对 1、2、3、4、5、6 号辐射井分别增设一根导水管，以增强其排渗能力。

2008 年在第 4 道子坝西段出现局部沼泽化后，增设一座辐射井。并针对交通洞漏砂淤堵情况进行了反滤料、滤水管更换。

2017 上半年检查交通洞时发现淤堵严重，实施了反滤料及滤水管更换。

2017 年 11 月 20 日，第 3 道子坝出现两个陷坑，采用碎石回填处理。

2018 年 7 月 22 日，第 3 道子坝出现 1 个陷坑，采用碎石回填处理。

2019 年 9 月，对第 3 道子坝进行勘察前，第 4 道子坝坡脚处先后出现两个陷坑，采用碎石回填处理后用块石砌坡处理。

栗西沟尾矿库初期坝的尾矿渗漏问题经过多次治理后，虽然起到了一定的缓解作用，但仍未从根本上得以解决。

（2）沉陷范围。

通过收集资料和现场调查可知，2019 年 9 月第 4 道子坝坡脚处曾出现两个陷坑，直径约 1.5m，深度约 2.0m，采用碎石回填处理，并用块石砌坡；第 4 道子坝顶面外边缘因沉陷出现裂缝；第3道子坝中部出现明显整体下沉，导致排水沟因沉陷东西两端均出现裂缝，排水管支墩因沉陷而与管道脱离，经测量最大下沉量可达1.50m。从现场调查情况判断沉陷范围有向上游逐渐发展的趋势。

为准确查明沉陷的平面范围及空间分布，在现场调查的基础上，采用工程物探、钻探和原位测试的方法进行分析确定。

1）前已述及，采用瞬态瑞雷面波法分别在第2、3、4道子坝布设3条横测线及3条纵测线。根据测点的纵向波速变化，通过面波测线的反演频散曲线生成反演面波等值线图，并利用反演的面波值对第3道子坝坝体尾矿的松散程度进行解释，其中横测线2-2'和纵测线5-5'测点的典型频散曲线和测线面波波速剖面，见图14.2-20～图14.2-23。

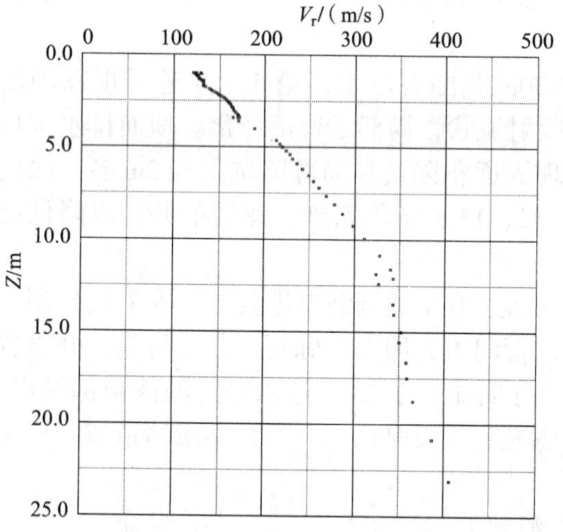

（a）MB3-5测点

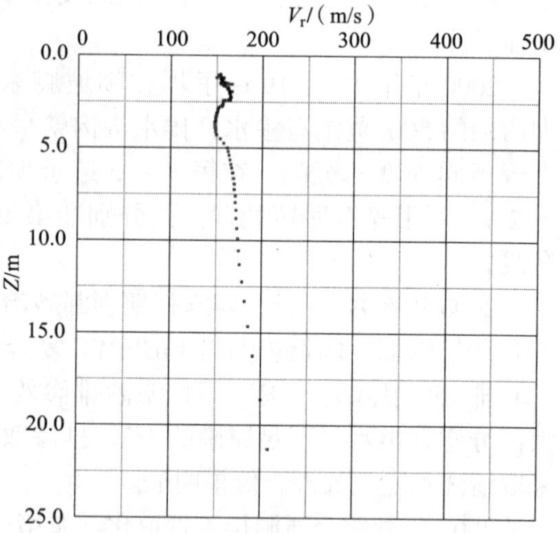

（b）MB3-6测点

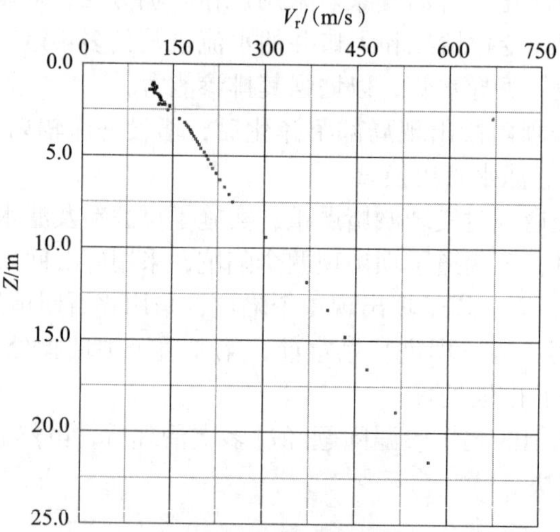

（c）MB3-7测点

图14.2-20 横测线2-2'测点频散曲线图

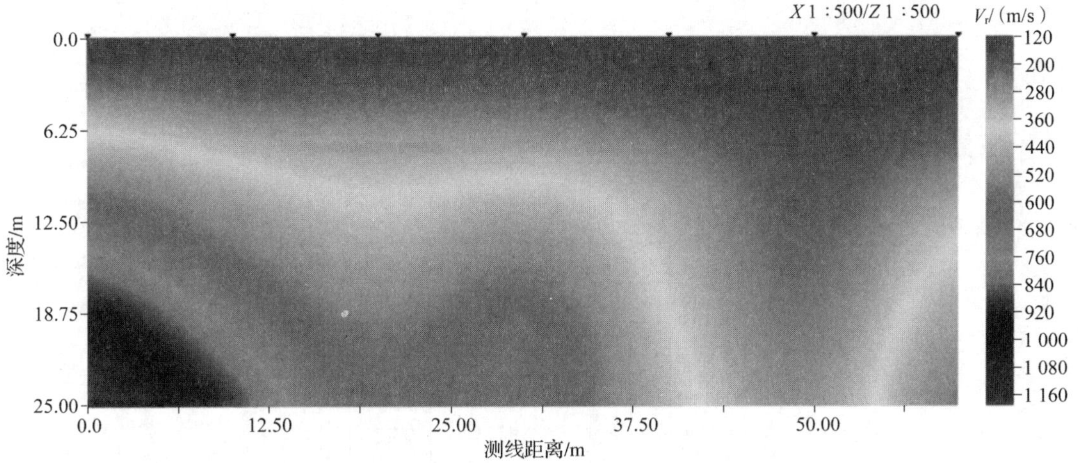

图 14.2–21　横测线 2–2′ 面波波速剖面图

从图 14.2–20 和图 14.2–21 可以看出，测线剖面表层速度较为连续，在面波点 MB3–6 处，反演面波波速为 200 ~ 280m/s，速度明显降低，与周围临近面波点相比，出现低速异常现象，推测该处尾矿相对两侧明显松散。

从图 14.2–22 和图 14.2–23 可以看出，在 MBZ2–1 和 MBZ2–2 测点 7.0m 深度范围内波速值介于 140 ~ 290m/s，推测该深度范围内尾矿比较松散，其中在 3.0 ~ 4.8m 深度范围内波速值为 260m/s 左右，推测为历次回填碎石所致，与钻探揭露的第 3 道子坝塌陷回填区基本一致。

2）现场钻孔地层描述和标准贯入试验结果表明，4# 钻孔在 13.5 ~ 38.2m 勘探范围内、5# 钻孔在 7.0 ~ 39.0m 勘探范围内的尾矿呈松散 ~ 稍密状态，钻进时进尺较快，出现严重漏浆、塌孔等现象，与周边其他钻孔同一深度地层的密实度相差较大。

根据现场调查、工程物探、钻探、原位测试和收集 ZK217、ZK417 钻孔资料等综合手段，从平面位置、深部空间分布上确定第 3 道子坝沉陷范围，其在平面上呈东西长约 52m，南北宽约 20m 的椭圆形分布，见图 14.2–24；空间上呈椭圆柱体分布，见图 14.2–25。

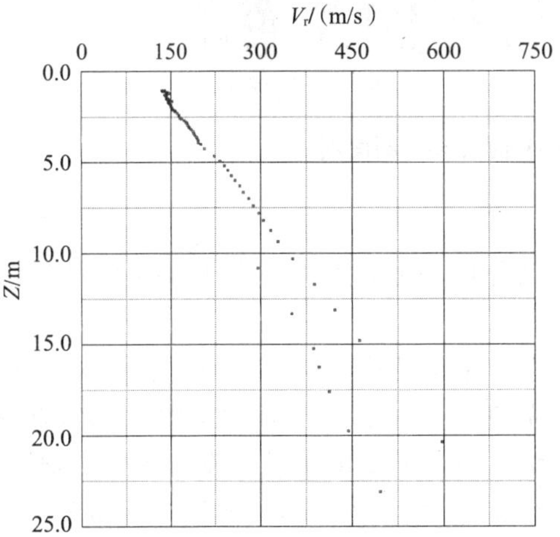

（a）MBZ2-1测点

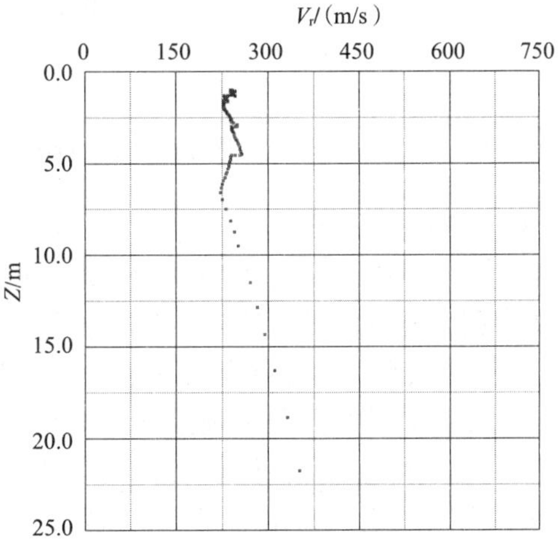

（b）MBZ2-2测点

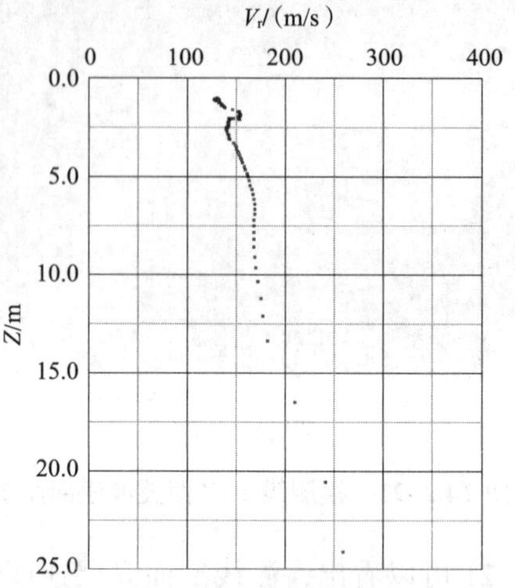

（c）MBZ2-3测点

图 14.2–22 纵测线 5–5′ 测点频散曲线图

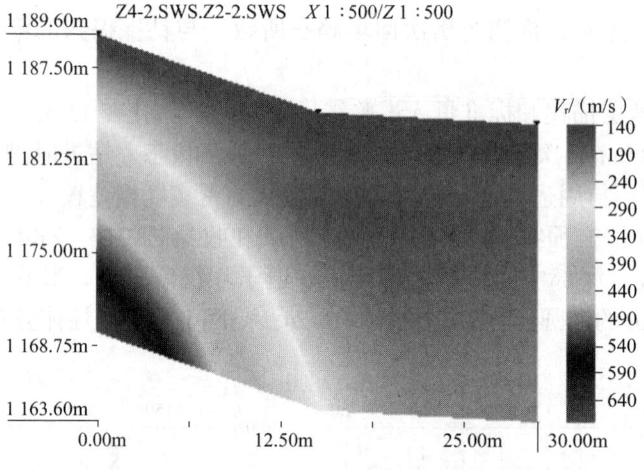

图 14.2–23 纵测线 5–5′ 面波波速剖面图

（3）塌陷原因分析。

根据现场调查资料、现场试验结果分析，综合判定尾矿库第 3 道子坝发生塌陷的原因是坝体渗漏发生管涌破坏所致，分析如下：

1）初期坝底沉淀池底部存在多处泉眼，明显看到尾矿颗粒向上悬浮，并在四周形成砂环，沉淀池有效容积几乎被渗漏的尾矿砂所充填，见图 14.2–26。工程物探及钻探表明，沉陷区水位以下地层呈松散状态，钻探进尺很快，出现严重的塌孔、漏浆现象，制备的泥浆倒入孔内瞬间消失，由于尾矿长期渗漏、土颗粒流失严重，导致渗漏区周围地层松散、局部形成空洞。

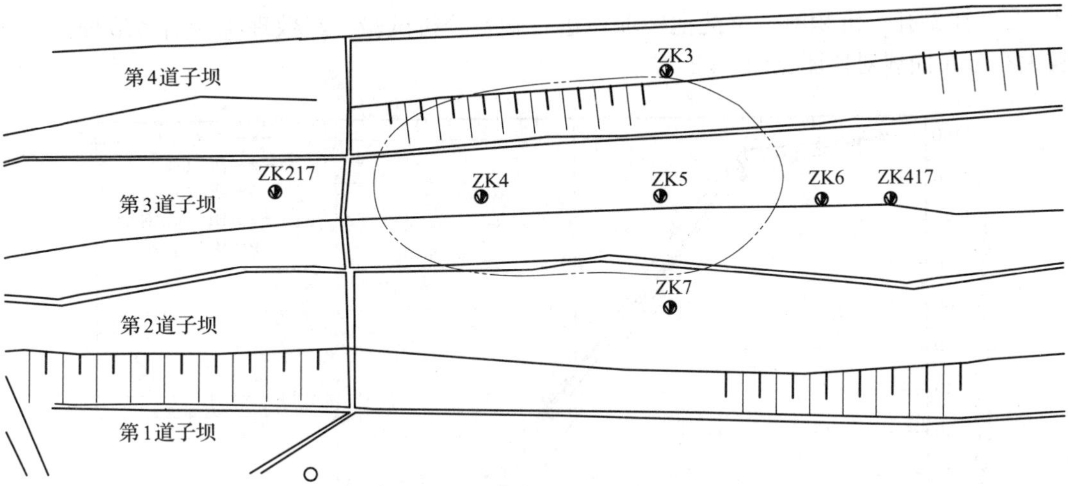

图 14.2–24　第 3 道子坝沉陷范围平面图

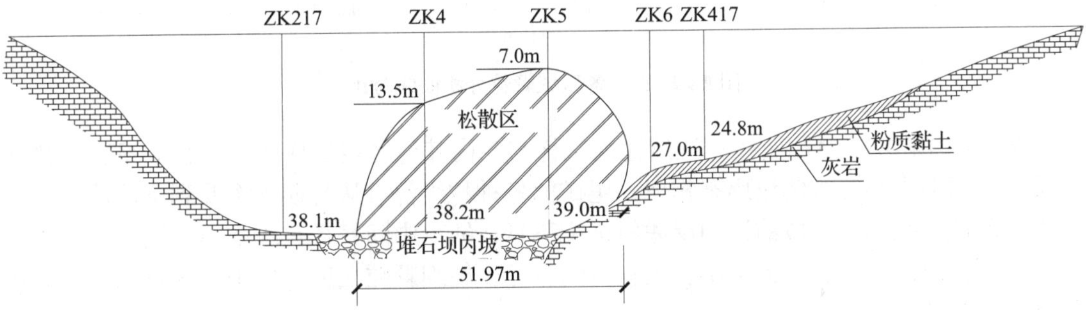

图 14.2–25　第 3 道子坝松散区横剖面示意图

图 14.2–26　沉淀池中形成砂环

2）在钻孔、沉积滩、沉淀池中取样进行颗粒分析试验，经数理统计后各取样区的颗粒大小分布曲线对比图见图 14.2–27。

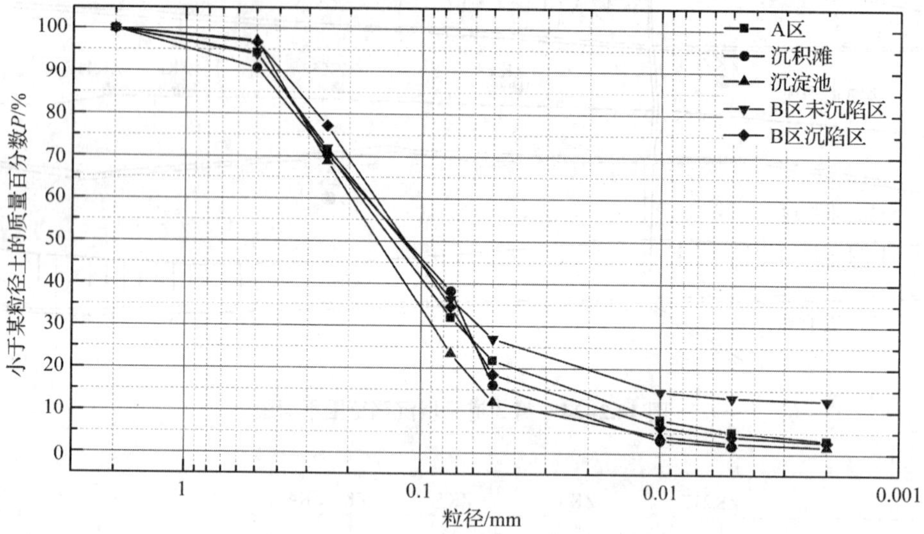

图 14.2–27 各区域颗粒分析曲线对比

分析图 14.2–27 对比曲线，沉淀池内试样与库内其他区域试样的各粒组质量百分数基本接近、颗粒大小分布曲线形态相似，尾矿的各种粒组都可从初期坝渗漏到沉淀池，从另一面也印证了初期坝内坡铺设的反滤料级配不良，缺少中间粒径，级配不连续，使反滤层土颗粒所构成的孔隙直径大于尾矿土颗粒的直径，使细颗粒在反滤层中发生移动，反滤功能减弱或失效。

3）管涌造成第 3 道子坝沉陷的机理：初期坝反滤层存在一定缺陷，在渗漏初期，细颗粒在反滤层失效的前提下被带出，使得尾矿堆积坝第 3 道子坝浸润线附近某粒组缺失，导致其抵抗渗流压力的能力减弱，随后水流速度进一步加快，渗流压力也随之增大，形成渗漏通道，发生管涌现象。管涌发生后，坝体中被带走颗粒的部位渗透系数逐渐增大，形成主渗漏带，渗流范围内坝体空隙中的大部分尾矿颗粒不断被渗透水流带出，在坝体内形成集中渗流通道，堆积坝内的尾矿在水力作用下不断流向已经形成的渗流通道，见示意图 14.2–28。

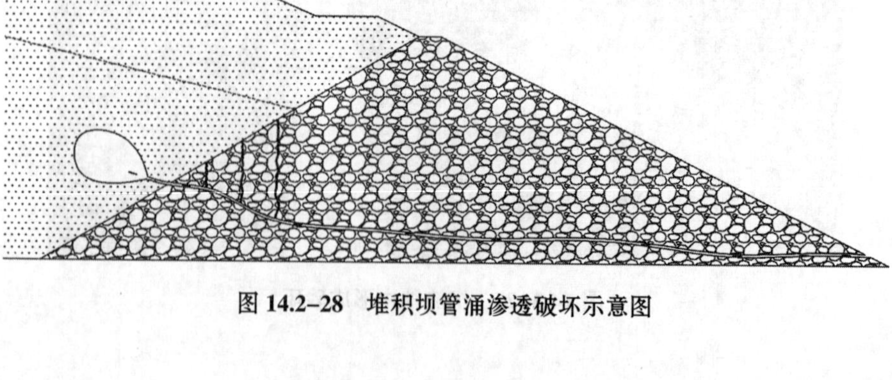

图 14.2–28 堆积坝管涌渗透破坏示意图

主渗漏带渗透系数的增大引起渗流水量的增加，造成管涌口水头上升；而且主渗漏带地层中的不均匀系数增大会导致其临界水力梯度值减少，更加剧了渗透水流的冲刷破坏。管涌开始时，紧靠管涌临界面附近地层中细颗粒的移动速度很低，当管涌发生后，虽然管涌口水头逐渐上升，但由于主渗流区域内渗透系数的增大，临界面附近地层中的水力梯度反而有所下降，从而造成临界面附近的水力梯度已经达不到产生管涌所必需的临界水力梯度。此时颗粒移动的临界面开始向里收缩，最终收缩到中间一条渗透系数很大的带状区域。在工程中，最终形成的管涌集中渗流通道一般会比开始的出砂范围小很多，就是这种原因造成的。

当主渗漏通道上的细颗粒基本被带走后，在较强的水流冲刷作用下主通道两侧的细颗粒进入主通道，使主通道逐渐变宽，管涌持续的时间越长，通道的宽度越宽，最终表现为坝内土体近似形成一个拱。当这个拱不足以承受上覆土体的压力时，就会形成空洞，松散地层在上覆尾矿有效自重应力的作用下逐渐下沉，使第 3 道子坝出现整体沉陷；当空洞上方形成拱效应的应力拱圈不足以支撑上部土体的自重时，就会发生塌坑沉陷。

除第 3 道子坝坝下尾矿流失外，其周围的尾矿也会因失去支撑而逐渐流失，因此沉陷范围有逐渐扩大和向上游发展的趋势。

上述理论结合工程实际得出了管涌是导致塌陷发生的主因，但尾矿坝的初期坝是透水坝，水可以从初期坝透过，为了防止尾矿砂随水流透过尾矿初期坝，在坝内做反滤层，如果反滤措施得当，尾矿颗粒在堆积坝内部随水流运移，但移动至初期坝处，在反滤层的作用下会停止移动，这样不会造成堆积坝内尾矿颗粒流失，形成渗漏带，甚至形成渗漏通道，导致子坝出现塌陷。所以从根本上讲，导致子坝塌陷的直接原因是初期坝的反滤层达不到反滤效果。

7. 治理方案建议

尾矿渗漏除了导致第 3 道子坝内尾矿变得松散、出现空洞、坝面形成陷坑外，还有继续向上游发展的趋势，是威胁尾矿坝稳定性的不利因素之一，因此应采取措施进行治理，建议采取以下三种治理方案：

（1）加强日常巡查工作，当出现沉陷坑时应及时采用级配良好的砂石夯实回填处理，处理深度应至下部松散地层（松散地层横剖面范围示意图见图 14.2–25）。通过对陷坑深部夯实回填处理一方面加固了松散区域，另一方面由于滤料逐渐下沉，会在初期坝内坡形成反滤层，起到有效过滤尾矿的作用。同时还应加强监测工作，监测项目包括：表面位移、浸润线、沉陷区深部地层异常情况（可采用工程物探方法）、初期坝趾处的涌砂量等，并对监测结果定期进行综合分析判断，预测沉陷的发展趋势。

（2）首先对沉陷区下部已形成的松散地层及空洞充填级配良好砂石夯实处理，处理时建议采用机械成孔，在孔内回填级配良好的砂石料，边填料边夯实处理至坝面，所要处理的松散区域范围见图 14.2–24。然后再加强监测，监测项目包括：表面位移、浸润线、沉陷区深部地层异常情况、初期坝趾处的涌砂量等，并对监测结果定期进行综合分析判断，预测沉陷的发展趋势。

（3）尾矿渗漏的主要原因为初期坝内坡反滤料级配不良或失效，因此建议在第 3 道子坝设置一道垂直连续反滤墙。渗漏区主要位于初期坝内坡一定范围内，反滤墙的长度在第

3 道子坝东西方向沉陷区边界外扩长度不应小于 10.0m，即处理总长度不小于 72m；处理深度 25.0 ~ 39.0m，宽度 1.0m，坝顶以下 10.0m 深度范围内可不处理。墙体充填材料为级配良好的砂石，反滤墙施工可采用砂石桩施工工艺形成连续墙体。垂直连续反滤墙的处理范围示意图见图 14.2–29。

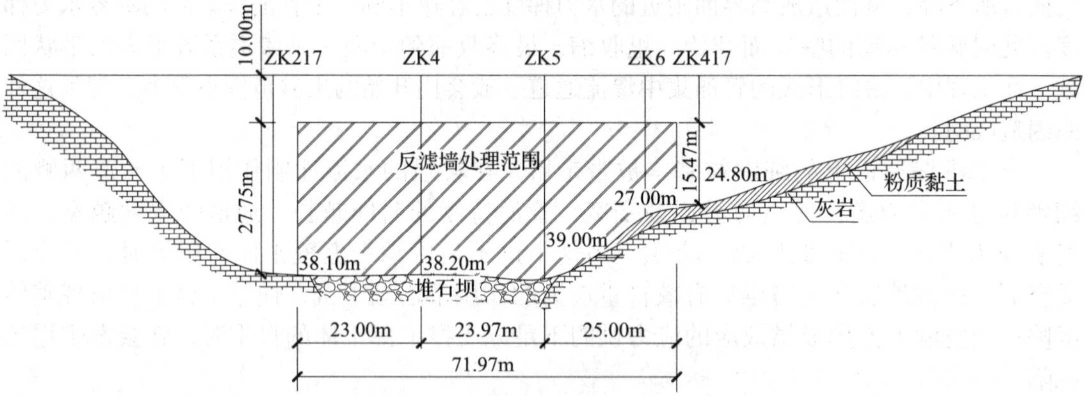

图 14.2–29 垂直连续反滤墙处理范围示意图

上述三种治理方案所用级配砂石应进行室内试验，确定其配合比。具体采用何种治理方案应由建设单位、设计单位共同定夺，并应进行专项设计和专家论证。

8. 结论与建议

（1）初期坝坝趾处有尾矿渗漏，渗漏尾矿除在施工交通洞随水流出外，还在沉淀池北侧多处大小不等形同泉眼的渗漏点处有渗漏，渗漏尾矿最终沉积于沉淀池内。

（2）渗漏导致第 3 道子坝出现沉陷，沉陷区平面上呈东西长约 52.0m、南北宽约 20.0m 的椭圆形分布；空间上呈椭圆柱体分布。

（3）第 3 道子坝地层主要由尾粉砂、碎石组成，无明显沉积韵律。沉陷区范围外钻孔所揭露地层从上自下呈松散、稍密、中密、密实状态的沉积固结规律；沉陷区范围内钻孔所揭露地层自地面 7.0 ~ 14.5m 深度以下由于尾矿渗漏呈松散、稍密状态，局部出现空洞。

（4）尾矿渗漏的主要原因为初期坝的反滤料级配不良、反滤功能减弱或部分失效，导致各种粒组的尾矿均可从坝体渗漏。

（5）勘察期间测量各钻孔内坝体浸润线埋深为 8.0 ~ 28.3m，自下而上浸润线由浅变深，其中第 4 ~ 24 道子坝浸润线倾角为 9.1°、第 24 ~ 42 道子坝浸润线倾角为 10.8°；在第 2 ~ 4 道子坝水平距离 30.0m 长度范围内，水头差达到 19.2m，且该区域水位变幅较大；第 3 道子坝横剖面上浸润线在渗漏区域也出现陡降。

（6）尾矿渗漏导致第 3 道子坝沉陷，并出现陷坑，而且有向上游逐渐发展的趋势，是威胁坝体稳定的安全隐患之一。

（7）尾矿渗漏治理建议方案分三种：①加强日常巡查，对出现的陷坑进行深部夯实回填处理，同时加强相关监测项目的综合治理措施；②对深部松散层充填级配良好的砂石夯实处理后，再加强相关监测的综合治理措施；③在第 3 道子坝沉陷区设置一道垂直连续反滤墙。

上述三种治理方案所用级配砂石应进行室内试验，确定其配合比。具体采用何种治理方案，由建设单位、设计单位共同定夺，并应进行专项设计和专家论证。

（8）尾矿库下游排出的尾矿水中含有丰富的 Fe^{2+}，Fe^{2+} 在空气中极易氧化，生成红棕色 Fe_2O_3 粉末，难溶于水，析出后易吸附于管壁、出水口等，造成淤堵。在治理初期坝尾矿渗漏的设计方案中应考虑这种化学淤堵问题。

（9）建议加强整个坝体的浸润线观测，对已失效的观测孔应予以恢复；对施工交通洞内的反滤设施应定期检查，发现透水和反滤功能降低时应及时进行更换处理；定期检查辐射井的排渗管和导水管的出水情况，发现出水量和导水能力不足时，应及时予以疏通，以便尽可能地降低浸润线。

9. 依托本项目完成的科研成果

（1）陕西省重点研发计划——尾矿库坝体渗漏涌砂病害机理及防治措施研究（收录证书号：SNSTR-2020-002380）。

本研究依托于某尾矿库坝体渗漏试验研究项目，试验研究主要采用钻探、标准贯入试验、动力触探试验、瞬态瑞雷面波法和微动勘探法试验、试坑单环注水试验、流速试验、示踪试验、微观结构扫描及室内土工试验等方法。系统地分析总结了尾矿物理力学性质，尾矿的结构特征、沉积规律、颗粒组成、渗透变形特性，坝体渗漏机理和防治措施，主要得到以下几点结论：

1）微动勘探技术首次应用于尾矿库勘察，取得显著成果，尤其在判断地层密实度、划分地层、查明尾矿渗漏点的位置等方面科学精准。

2）尾矿土沉积规律。

自滩顶向库内尾矿土由粗到细，依次为尾中砂→尾细砂→尾粉砂→尾粉土→尾粉质黏土。但矿浆在滩面局部经常形成弯曲的小渠，渠中水流、水深较其他地段大，所携带的粗粒尾矿流得更远。

垂直方向尾矿沉积规律表现为粗细颗粒的尾矿互层，很难形成均匀单一的沉积层，主要以砂层中夹有粉土、粉质黏土为主。由于尾矿在流动中的重力分选作用和排矿过程的“漫流”“弯曲主流”现象，流速各异，冲淤不定，粗化、细化、挟砂各种运动交替发生，在滩面上很难形成均匀单一的沉积层，即使在同一位置尾矿的粒度组成也不尽相同，况且排矿的流量、浓度也非恒定不变。但在尾矿库坝体稳定性分析计算时，应根据钻探和工程物探结果对剖面进行概化，简化为中粗砂、粉细砂、粉土、粉质黏土若干个区。

3）尾矿颗粒组成及其对尾矿坝坝脚渗漏涌砂的影响。

通过尾矿库不同位置处尾矿的颗粒组成，根据试验结果及颗粒大小分布曲线图，结合统计分布曲线特征参数（平均粒径 d_{50}、有效粒径 d_{10}、不均匀系数 C_u 及曲率系数 C_c）和三段流速试验可以得出如下结论：

a. 尾矿土同时满足不均匀系数 $C_u>5$ 和曲率系数 $1<C_c<3$ 这两个条件，属于良好级配，平均粒径 $d_{50}=0.154$。从渗流基本理论分析，该颗粒组成更容易发生接触流失、流土和管涌，栗西沟尾矿库就是从这三个方面逐渐形成渗漏带。

b. 在正常沉积的尾矿堆积坝内，尾矿水在坝体内的渗流速度从上至下逐渐减小，与浸润线在坝体内的斜率具有相关性，斜率越大流速越快，尾矿水在初期坝内的流速较大，形成渗流通道。

4）尾矿坝渗漏涌砂的渗透变形破坏类型。

渗透变形破坏类型主要有流土、管涌、接触流失和接触冲刷四种。本研究对象主要表现为管涌破坏：尾矿堆积坝内尾矿砂在水力作用下细颗粒被带走，逐渐形成渗漏通道，发展成为管涌渗漏，管涌进一步发展，在坝面形成陷坑。

5）尾矿坝渗漏涌砂的机理。

a. 尾矿土为无黏性土，属于级配良好土。根据导致流土破坏的作用力方向，尾矿库流土最有可能发生的部位是堆积坝坝面有水逸出处。栗西沟尾矿库坝面位置无浸润线出逸点，故不会产生流土破坏。另外，土体发生流土破坏时满足 $i>i_{cr}$，根据计算得 i_{cr}=1.04，大于尾矿土的水力梯度，故不会发生流土破坏。

b. 根据现场调查资料、分析现场试验结果，综合判定栗西尾库坝体渗漏机理属于管涌破坏。随着管涌的进一步发展，逐渐形成主渗漏带，主渗漏带渗透系数的增加又引起渗流水量的增加，造成管涌口水头上升，主渗漏通道上的细颗粒被带走后，在较强的水流冲刷作用下主通道两侧的细颗粒进入主通道，使主通道逐渐变宽，管涌持续的时间越长，通道的宽度越宽，最终表现为坝内土体近似形成一个拱。当这个拱不足以承受上覆土体的自重时，就会发生塌坑沉陷，破坏了坝体结构。

6）尾矿坝渗漏涌砂的防治措施。

a. 在尾矿堆积体内设置水平排渗、垂直排渗或水平与垂直联合排渗、弧形排渗、辐射井排渗系统等措施，有效降低浸润线。

b. 对已建成使用的尾矿库初期渗漏的防治措施，如栗西沟尾矿库，主要采取以加强坝面观测和对塌陷区进行级配砂石回填处理为主的综合治理措施，或在初期坝内坡坝底部以上设置一道垂直连续反滤墙。根据现场回填施工的碎石级配及新建尾矿初期坝反滤结构层设计及实际运行效果，建议 0.2 ~ 2mm、2 ~ 5mm、5 ~ 20mm 粒径的砂砾石按 1∶2∶2 比例混合均匀后进行加固处理。

c. 改进后的反滤结构设计在新建尾矿库初期坝运营初期效果良好，应重点做好尾矿堆积过程中的反滤效果监测分析。

d. 理论结合工程实际得出了管涌是导致塌陷发生的主因，为了防止尾矿砂随水流透过尾矿初期坝，在坝内做反滤层，如果反滤措施得当，尾矿颗粒在堆积坝内部随水流运移，但移动至初期坝处，在反滤层的作用下会停止移动，这样不会造成堆积坝内尾矿颗粒流失，形成渗漏带，甚至形成渗漏通道，导致子坝出现塌陷。

（2）发明专利——尾矿库坝体中尾矿砂渗漏的防治方法（专利号：ZL202011170265.8）。

发明内容：

为了达到上述目的，本发明提供一种尾矿库坝体中尾矿砂渗漏的防治方法，有效解决了尾矿砂泄漏问题，并增强了坝体的稳固性，解决了现有技术中存在的坝体尾矿砂泄漏的问题以及因此带来的坝体不稳固的安全隐患问题。

本发明所采用的技术方案是，尾矿库坝体中尾矿砂渗漏的防治方法，包括以下步骤：

步骤 100：采集尾矿库初期坝内坡或尾矿渗漏处上游的数据信息；

步骤 200：基于采集的数据信息，在尾矿库初期坝内坡或尾矿渗漏处上游设置反滤墙；

步骤 300：通过重型动力触探试验和面波测试技术联合检测反滤墙的密实度；

步骤 400：监测尾矿库出水口下游渗透水体的数据信息以及反滤墙所在坝体的空洞信息；并根据这些信息及时调整反滤墙的设置信息，形成尾矿库坝体中防止尾矿砂渗漏的防治系统。

进一步地，步骤 100 中，数据信息包括：坝体的地形地貌、地层结构、水位埋藏深度以及坝体高度。

进一步地，步骤 200 中，反滤墙的设置方法，包括以下步骤：

步骤 210：通过常水头渗透试验获得级配良好的砂石，砂石的粒径分布同时满足：0.1mm $\leqslant D_{15} \leqslant$ 1.4 ~ 1.75mm，D_{10}<0.5mm，D_{90}=20mm；所述级配良好满足下述条件：$C_u \geqslant 5$，C_c=1 ~ 3；其中，C_u 为不均匀系数，C_c 为曲率系数；

步骤 220：基于步骤 100 采集的数据信息，建立反滤墙的设置信息，包括：反滤墙的选址、处理长度、处理深度、处理宽度，以及各砂石桩之间的桩距和砂石桩内砂石的压实度；

步骤 230：基于步骤 220 的反滤墙的设置信息，在尾矿库初期坝内坡或尾矿渗漏处上游，采用砂石桩施工工艺形成连续反滤墙，反滤墙垂直设置于尾矿库内原始地面，砂石桩内级配良好的砂石均匀分布。

更进一步地，步骤 220 中，反滤墙的处理深度为 25.0 ~ 39.0m，处理宽度为 1.0m。

更进一步地，步骤 220 中，压实度≥ 0.9。

更进一步地，步骤 230 中，砂石桩施工工艺，采用振动成桩法施工，具体包括以下步骤：

步骤 231：施工前，进行成桩挤密试验；

步骤 232：根据成桩挤密试验结果，绘制砂石桩布桩图，标注桩位编号及施工数据，进行现场桩位放样，做好标志桩；

步骤 233：按照跳打形式的施工顺序，从外缘到中心进行；施工时，采用振动沉桩机将与砂石桩同直径的桩管沉下，往桩管内灌级配良好的砂石，边以 30 ~ 70kN 的振动力振动，边以 1.0 ~ 1.5m/min 的速度拔出桩管；或在以 30 ~ 70kN 的振动力振动拔管过程中，每拔 0.5m 高而停拔进行振动 20 ~ 30s，振幅 A 大于或等于 N/12.5+3，N 为标贯值。

进一步地，步骤 300 中，重型动力触探试验具体为：采用自动落锤装置，锤击速率每分钟为 15 ~ 30 击，记录贯入 10cm 的读数 $N_{63.5}$，每贯入 1m，将探杆转动一圈半。

进一步地，步骤 300 中，面波测试技术具体为：敲击反滤墙激发振动脉冲，同时布置检波器进行面波信号采集，通过面波与密度的拟合关系，计算得到检测区域的干密度值。

进一步地，步骤 400 中，尾矿库出水口下游渗透水体的数据信息包括：含砂量、表面位移、深部位移、浸润线。

进一步地，步骤 400 中，反滤墙所在坝体的空洞信息的监测方法，具体为：

步骤 410：用微动勘探手段测得反滤墙所在坝体各测点的频散能量图，确定地层的面波速度 V_r；

步骤 420：由 $V_s=V_r/\eta_s$ 反演得到地层剪切波速度 V_s，其中，面波和剪切波速度换算系数 $\eta_s=\dfrac{0.87+1.12\mu_d}{1+\mu_d}$，$\mu_d$ 为泊松比；

步骤430：将频散能量图转换为速度深度域频散曲线，绘制面波彩色剖面图，根据面波彩色剖面图分析坝体内有无空洞。

本发明的有益效果是：本发明结合试验以及实际工程实例，提出了一种尾矿库坝体中尾矿砂渗漏的防治方法，其根据尾矿库坝体的数据信息，因地制宜、合理设置反滤墙等硬件设施，提高坝体的反滤能力，并揭示其设置参数，一方面有效提高坝体的透水能力，另一方面通过反滤功能，将尾矿砂截留在坝体中，有效提高了坝体的尾矿砂泄漏问题，又不至于因透水性差而造成坝体浸润线过高；同时，提供一种动态监测方法，用于动态监控尾矿库坝体的数据信息，及时调整针对尾矿库渗漏等危机的应对手段和时机；最终形成尾矿库坝体中防止尾矿砂渗漏的防治系统；并且本发明的防治方法还具有施工简单、安全环保等优点。

14.3 利明尾矿库闭库勘察

1. 工程概况

利明尾矿库位于山西省襄汾县陶寺某黄土冲沟内，距新塔矿区980平硐尾矿库约1km，地形为山前坡地。利明尾矿库建于2004年6月，尾矿库形式为沟谷－傍山型尾矿库，库容约$4.0\times10^5m^3$，坝高约34.0m；初期坝坝高约7.0m，底宽15.0m，外坡比1∶1，采用黄土筑坝；堆积坝为上游式水力筑坝，坝外坡比1∶0.8～1∶2.2，尾矿库为四等尾矿库。尾矿库排洪形式为明渠排洪，排水方式为坝面集水抽排，并返回选矿厂再利用。

2. 勘察目的及方法

2008年9月8日襄汾新塔矿区980平硐尾矿库发生溃坝事故后，国家安监总局在尾矿库排查中将其列为险库，随即进行了排险处理，并责令其闭库。为评价排险处理后尾矿库的稳定性，为尾矿库的安全评价和闭库设计提供依据，对该尾矿库进行了闭库勘察，闭库勘察的目的：

（1）查明目前现状标高下尾矿坝及尾矿土的物理力学性质及分布规律，并查明相应的裂缝、渗漏情况，调查分析其产生的原因，提出合理的整治措施建议。

（2）查明尾矿堆积体的颗粒组成、密实程度、堆积规律。

（3）查明尾矿堆积体内浸润线位置及其变化规律。

（4）查明尾矿堆积材料的工程特性和对建材的腐蚀性。

（5）评价尾矿库所在地区的地震效应和尾矿在地震条件下产生液化的可能性。

（6）在定性评价尾矿库稳定性的基础上，定量评价现状尾矿库在正常运行、洪水运行和特殊运行情况下的稳定性。

（7）提出尾矿库闭库方案的合理化建议。

闭库勘察采用工程地质测绘与调查、钻探、原位测试和室内土工试验相结合的方法进行。尾矿堆积坝级别为Ⅳ级，按《岩土工程勘察规范》GB 50021—2001划分，岩土工程勘察等级为乙级。

勘察时垂直于坝轴线布置勘探线5条，每条勘探线上布置6～7个勘探点，共24个勘探点。勘探点间距14.0～38.0m，钻探的目的是查明尾矿库内尾矿的沉积规律及其物理力学性质指标，查明坝体内浸润线位置，采取土试样和进行原位测试，获得尾矿库稳定性分析剖面，勘探点深度均进入尾矿库原始地面标高下 5.0 ~ 15.0m。钻孔深 16.0 ~ 35.7m，总进尺 575.9m。为取得尾矿及库区原始地层的物理力学性质指标，在控制性钻孔中进行了岩土取样，共采取不扰动试样 186 件，扰动试样 96 件，取样间距为 1.50 ~ 2.00m。详见勘探点平面布置图，见图 14.3–1。

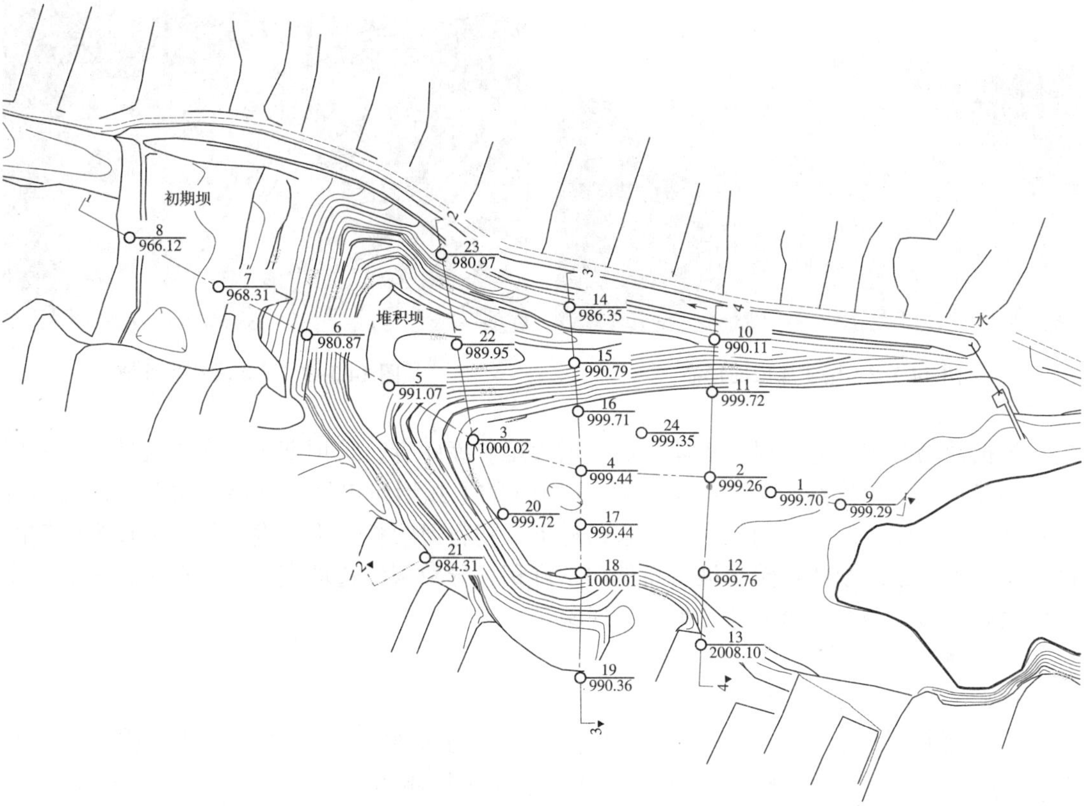

图 14.3–1　勘探点平面布置图

为准确查明尾矿土渗透性，在库内选择代表性较好的地段进行单环注水试验，共 10 处。测定尾矿的物理力学性质指标时，应减少尾矿样在运输过程中的扰动，故在现场进行尾矿重度等测试，采用室内制备样重现尾矿现场含水率和重度。

3. 工程地质条件

（1）地形及地貌。

利明尾矿库原为山前坡地黄土冲沟，沟谷走向近东西，沟宽 60.0 ~ 103.0m，沟长约 2.3km，沟谷两岸高度 7.0 ~ 13.0m，整体呈条带状，东高西低，沟底为梯田，多为耕地，部分地段种植高大乔木；现尾矿库已堆高至沟谷两岸地面以上，最大高度约 25.0m。地貌上属临汾盆地的东部边缘山前黄土冲沟地貌。

尾矿库沟底整体西低东高，高程介于 966.05 ~ 999.27m。已筑尾矿坝位于冲沟中东部，坝面高程介于 998.06 ~ 1 000.02m，分两个高度，整体呈“舌”形。尾矿库库面形态见图 14.3–2。

尾矿库横断面呈梯形，整体呈不规则“舌”字形。尾矿库坝顶宽度 9.0 ~ 12.0m，坝体坡度实测为 1∶0.5 ~ 1∶1 左右。现坝顶高程为 998.06 ~ 1 000.02m。尾矿堆积坝堆积形态见图 14.3–3。

图 14.3–2 尾矿库库面形态

图 14.3–3 尾矿堆积坝外坡

根据现场调查，为了保护坝体边坡、增大尾矿库库容，筑坝期间，在坝坡外边缘采用塑料薄膜进行了厚度约为 0.6m、长度约为 2.0m 的上弧形包裹施工，该方法在短期内具有稳定坝坡的作用，但在长期风化、降解条件下，塑料薄膜将发生强度失效，由较为松散的砂性尾矿土组成的坝体自然边坡将自然向下堆积，导致坝体边坡变缓。现场调查表明，坝体坡底较早形成的坝体边坡已发生变缓现象。

（2）地层。

尾矿堆积坝主要地层如下：

①层尾粉砂（Q_4^{ml}）：浅灰 ~ 黄灰色，水平层理发育，夹薄层粉土和粉质黏土，呈“千层饼”状，松散 ~ 稍密，湿 ~ 很湿。主要分布于坝体四周，层厚 2.0 ~ 14.5m，层底高程 967.67 ~ 997.76m。

②层尾粉土（Q_4^{ml}）：浅灰 ~ 黄灰色，水平层理发育，与尾粉砂呈“千层饼”状互层，松散，湿 ~ 很湿，松散 ~ 稍密。遍布库区，层厚 1.7 ~ 13.0m，层底高程 965.87 ~ 993.44m。

② –1 层尾粉质黏土（Q_4^{ml}）：浅灰色，水平层理发育，夹尾粉砂薄层。以透镜体形式赋存于②层中，软塑 ~ 可塑。层厚 2.0m，层底高程 993.1m。

② –2 层尾粉砂（Q_4^{ml}）：浅灰色，水平层理发育，夹尾粉土薄层。以透镜体形式赋存于②层中，湿 ~ 很湿，松散 ~ 稍密，层厚 2.0 ~ 7.0m，层底高程 975.07 ~ 996.80m。

③层尾粉质黏土（Q_4^{ml}）：浅灰色，半胶结，胶结强度较低，水平层理发育，夹尾粉土薄层，局部表现为淤泥质粉质黏土。软塑 ~ 可塑，该层遍布整个库区，层厚 2.5 ~ 14.5m，层底标高 963.07 ~ 993.29m。

③ –1 层尾粉砂（Q_4^{ml}）：浅灰色，水平层理发育，层间夹尾粉土薄层。湿 ~ 很湿，松散 ~ 稍密。以透镜体形式赋存于③层中，层厚 4.3m，层底高程 989.20m。

④层尾黏土（Q_4^{ml}）：浅灰色，水平层理发育，层间夹尾粉砂薄层。岩芯较完整，局

部表现为淤泥质黏土。可塑，该层遍布整个库区，层厚 2.0 ~ 12.5m，层底高程 967.42 ~ 980.79m。

⑤层素填土（Q_4^{ml}）：浅褐 ~ 褐红色，土质不均匀，可塑，该层分布于尾矿库初期坝，密实度较差，层厚 2.0m，层底高程 966.31m。

⑥层黄土状土（Q_3^{pl+dl}）：浅褐 ~ 褐红色，可见大孔隙，可塑 ~ 硬塑。该层遍布整个尾矿库，未穿透，最大揭露厚度 19.0m。

⑥ -1 层块石（Q_3^{pl+dl}）：浅灰色，主要成分为花岗岩碎块，棱角状，一般粒径 200 ~ 300mm，最大粒径 550mm。含少量碎石，充填黏性土，以透镜体形式赋存于⑥层中，中密，层厚 4.8m，层底高程 981.55m。

地层埋藏条件及层位组合关系见图 14.3-4 和图 14.3-5。

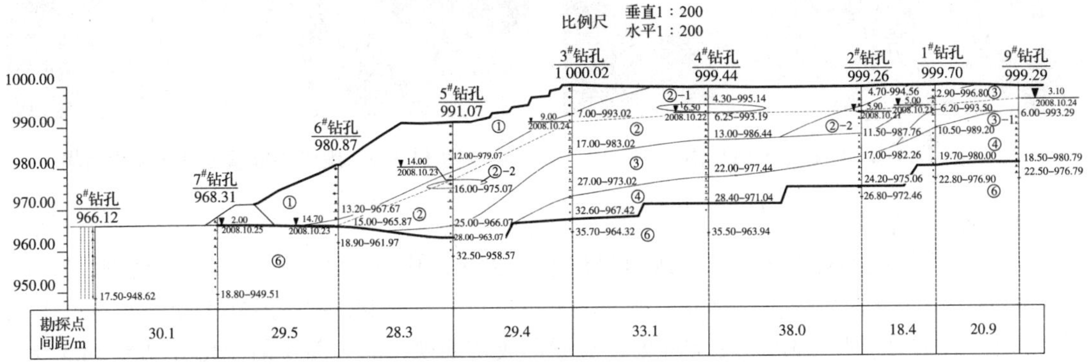

图 14.3-4　工程地质纵剖面图

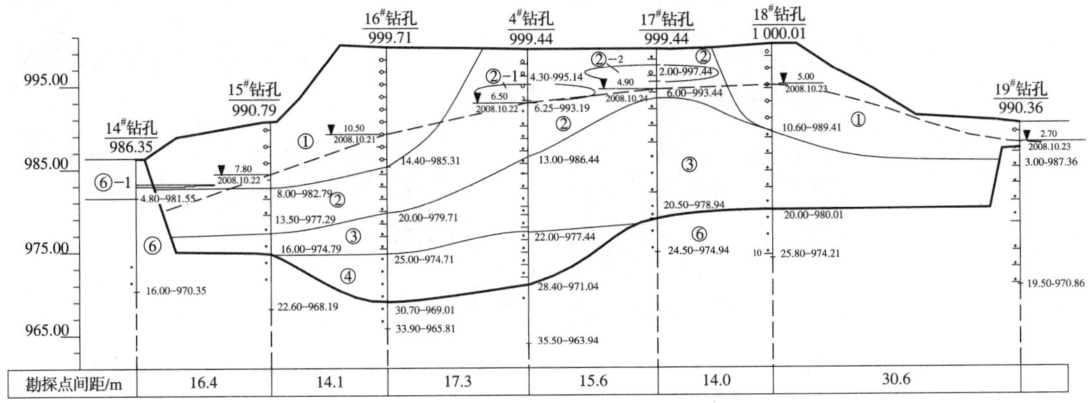

图 14.3-5　工程地质横剖面图（3—3▾）

（3）不良地质作用。

1）坝面滑塌及拉沟。

据现场调查，自 2004 年 6 月建库以来，尾矿库坝体出现过 2 次局部滑塌和 1 次尾矿水漫坝溢出形成拉沟，滑塌分别出现在坝体北侧、坝体西北侧，滑塌高度 3.0 ~ 6.0m，滑塌宽度 4.0 ~ 6.0m，为尾矿堆存时库面水位较高所致，属小型滑塌；拉沟出现在坝体西侧，拉沟深度 3.0 ~ 4.5m，拉沟长度 8.0 ~ 9.5m，拉沟宽度 3.0 ~ 6.0m，为尾矿堆存时尾矿水漫坝溢出形成的，见图 14.3–6。从现场可以看出，坝面滑塌后采用编织袋装尾砂进行堆填的处理方法，见图 14.3–7。

图 14.3–6 尾矿库坝面拉沟

图 14.3–7 编织袋堆填处理尾矿库滑塌

2）坝体渗漏及沼泽化。

初期坝坝体底部和南部坝体发现可见渗漏点 2 处，其中 1 处渗漏点位于初期坝坝脚处，长期渗漏，呈线状流出，水质清澈，水量 600mL/min，见图 14.3–8；另外 1 处渗漏点位于尾矿库坝体南侧初期坝坝顶以上 1.50m 处，渗漏形成初期坝顶面大面积沼泽化，见图 14.3–9。

图 14.3–8 初期坝坝脚处渗漏

图 14.3–9 坝体南侧初期坝顶面沼泽化

4. 地下水及浸润线形态

勘察期间尾矿堆积坝上的钻孔在勘察深度内均遇见地下水，地下水位总体趋势为库区内水位较高，坝体周围水位较低，实测浸润线埋深见图 14.3–4 和图 14.3–5。

尾矿水主要为生产排放尾矿水及大气降水，尾矿库内水的排泄方式主要为排水渠和排渗井排泄，另外渗漏点的渗漏也是尾矿水排泄的主要渠道之一。

5. 尾矿的物理力学性质指标

（1）尾矿的物理力学性质指标见表 14.3–1。

表 14.3–1　尾矿的物理力学性质指标

统计指标		地层											
		①尾粉砂			②尾粉土			②–1 尾粉质黏土			②–2 尾粉砂		
		n	范围值	ϕ_m	n	范围值	ϕ_m	n	范围值	ϕ_m	n	范围值	ϕ_m
天然含水率 w/%		45	6.0 ~ 33.6	17.7	37	16.1 ~ 45.4	28.6	2	36.2 ~ 47.4	41.8	10	6.2 ~ 32.8	20.2
天然重度 γ/（kN/m^3）		44	15.3 ~ 20.2	17.7	37	17.4 ~ 20.6	18.9	2	17.8 ~ 18.3	18.0	10	15.4 ~ 21.7	19.0
干燥重度 γ_d/（kN/m^3）		44	12.9 ~ 16.7	15.0	37	12.6 ~ 16.6	14.7	2	12.4 ~ 13.1	12.7	10	14.5 ~ 18.3	15.8
孔隙比 e		44	0.566 ~ 1.023	0.752	37	0.596 ~ 1.142	0.810	2	1.032 ~ 1.148	1.090	10	0.419 ~ 0.799	0.660
饱和度 S_r/%		44	20.1 ~ 100.0	63.9	37	72.4 ~ 100.0	93.4	2	94.7 ~ 100.0	97.4	10	20.6 ~ 100.0	78.2
液限 w_L/%		6	22.6 ~ 29.9	26.9	35	23.1 ~ 45.5	30.1	2	26.6 ~ 28.3	27.5	—	—	—
塑限 w_P/%		6	16.9 ~ 20.0	17.9	35	15.6 ~ 26.5	20.4	2	16.2 ~ 17.1	16.7	—	—	—
液性指数 I_L		6	0.40 ~ 1.81	0.84	35	0.00 ~ 2.05	0.91	2	1.92 ~ 2.71	2.32	—	—	—
液限 / 孔隙比 w_L/e		—	—	—	—	—	—	—	—	—	—	—	—
天然含水率 / 液限 w/w_L		—	—	—	—	—	—	—	—	—	—	—	—
压缩系数 a_{1-2}/MPa^{-1}		44	0.21 ~ 0.64	0.40	37	0.17 ~ 0.74	0.39	2	0.58 ~ 0.71	0.65	10	0.11 ~ 0.52	0.31
压缩模量 /MPa	E_{s1-2}	44	3.0 ~ 7.5	4.8	37	2.9 ~ 10.0	5.2	2	3.0 ~ 3.5	3.3	10	3.1 ~ 13.3	7.1
	E_{s2-3}	7	6.2 ~ 11.2	7.4	18	4.5 ~ 14.0	8.6	—	—	—	4	6.7 ~ 12.9	10.5
	E_{s3-4}	—	—	—	2	7.5 ~ 8.0	7.8	—	—	—	—	—	—
	E_{s4-5}	—	—	—	—	—	—	—	—	—	—	—	—
	E_{s5-6}	—	—	—	—	—	—	—	—	—	—	—	—

续表 14.3–1

统计指标		地层											
		③尾粉质黏土			③ –1 尾粉砂			④尾黏土			⑥黄土状土		
		n	范围值	ϕ_m	n	范围值	ϕ_m	n	范围值	ϕ_m	n	范围值	ϕ_m
天然含水率 w/%		56	14.7 ~ 51.8	34.5	2	19.8 ~ 21.1	20.5	36	29.8 ~ 44.6	38.0	76	18.8 ~ 30.2	23.6
天然重度 γ/（kN/m^3）		55	16.9 ~ 20.9	18.7	2	18.5 ~ 19.3	18.9	37	17.1 ~ 20.0	18.2	82	16.5 ~ 20.4	18.7
干燥重度 γ_d/（kN/m^3）		55	11.1 ~ 17.8	13.9	2	15.3 ~ 16.1	15.7	36	11.8 ~ 14.9	13.2	83	13.0 ~ 17.2	15.0
孔隙比 e		55	0.492 ~ 1.418	0.939	2	0.618 ~ 0.704	0.661	37	0.638 ~ 1.277	1.033	83	0.548 ~ 1.053	0.775
饱和度 S_r/%		47	97.1 ~ 100.0	99.5	2	79.7 ~ 85.2	82.5	35	95.7 ~ 100.0	99.0	83	62.7 ~ 100.0	86.1
液限 w_L/%		54	22.4 ~ 50.3	34.8	—	—	—	37	26.6 ~ 30.7	42.2	75	25.9 ~ 32.3	28.5
塑限 w_P/%		54	13.9 ~ 29.1	21.1	—	—	—	37	16.2 ~ 29.4	24.9	74	15.8 ~ 19.3	17.2
液性指数 I_L		54	0.00 ~ 2.26	1.03	—	—	—	35	0.39 ~ 1.15	0.75	80	0.08 ~ 1.26	0.59
液限 / 孔隙比 w_L/e		—	—	—	—	—	—	—	—	—	81	27.5 ~ 49.8	38.2
天然含水率 / 液限 w/w_L		—	—	—	—	—	—	—	—	—	80	0.63 ~ 1.10	0.84
压缩系数 a_{1-2}/MPa^{-1}		55	0.13 ~ 1.09	0.56	2	0.32 ~ 0.49	0.41	37	0.35 ~ 0.91	0.65	83	0.20 ~ 0.69	0.40
压缩模量 /MPa	E_{s1-2}	51	2.1 ~ 7.2	3.8	2	3.5 ~ 5.0	4.3	37	2.5 ~ 5.1	3.3	82	2.8 ~ 7.1	4.6
	E_{s2-3}	46	3.8 ~ 12.5	6.5	—	—	—	33	3.9 ~ 6.6	5.0	55	4.9 ~ 11.8	7.6
	E_{s3-4}	13	6.4 ~ 11.8	8.5	—	—	—	18	5.5 ~ 11.0	7.5	24	6.4 ~ 13.3	10.6
	E_{s4-5}	—	—	—	—	—	—	1	13.0	—	6	12.2 ~ 15.3	13.5
	E_{s5-6}	—	—	—	—	—	—	1	15.8	—	6	14.5 ~ 18.0	15.7

（2）尾矿抗剪强度见表 14.3–2。
（3）现场实测天然重度见表 14.3–3。
（4）标准贯入试验锤击数 *N* 值见表 14.3–4。
（5）尾矿土渗透系数见表 14.3–5。
（6）波速测试见表 14.3–6。

表 14.3–2　尾矿抗剪强度指标

地层	快剪		饱和快剪		固结快剪		三轴固结不排水剪			
	C/kPa	φ/（°）	C/kPa	φ/（°）	C/kPa	φ/（°）	C_{cu}/kPa	φ_{cu}/（°）	C'/kPa	φ'/（°）
②尾粉土	20.0	17.3	26.0	18.2	27.5	25.5	45.5	20.0	23.0	26.1
③尾粉质黏土	19.6	15.8	20.9	13.6	22.9	17.8	37.9	17.8	27.5	23.7
④尾黏土	21.2	12.3	16.9	11.4	23.3	19.9	37.0	16.0	25.0	21.7
⑥黄土状土	—	—	19.0	11.9	24.4	20.4	24.0	16.9	17.0	21.0

表 14.3–3　现场实测天然重度　　单位：kN/m³

地层	频数	范围值	平均值
①尾粉砂	12	17.1 ~ 19.0	17.9
②尾粉土	15	15.4 ~ 18.9	17.6
③尾粉质黏土	27	14.4 ~ 20.0	18.11
④尾黏土	2	18.7 ~ 19.3	19.0

表 14.3–4　实测标准贯入试验锤击数 *N*

地层	频数	范围值	平均值
①尾粉砂	31	2 ~ 8	5.1
②尾粉土	35	3 ~ 10	7.1
② –1 尾粉质黏土	7	4 ~ 8	6.1
③尾粉质黏土	32	3 ~ 9	6.2
③ –1 尾粉砂	3	5 ~ 7	5.7
④尾黏土	49	3 ~ 9	6.4
⑥黄土状土	20	4 ~ 9	6.5

表 14.3–5 尾矿土渗透系数 k

地层		室内渗透试验 k_{20}/（cm/s）		单环注水试验 k/（cm/s）	
		范围值	平均值	范围值	平均值
①尾粉砂	—	—	—	2.70×10^{-3} ~ 7.31×10^{-3}	5.14×10^{-3}
②尾粉土	垂直	2.16×10^{-5} ~ 3.18×10^{-5}	2.50×10^{-5}	—	—
	水平	1.72×10^{-5} ~ 7.64×10^{-5}	4.68×10^{-5}	—	—
③尾粉质黏土	垂直	1.06×10^{-5} ~ 2.37×10^{-5}	1.96×10^{-5}	6.73×10^{-5} ~ 8.83×10^{-5}	7.73×10^{-5}
	水平	1.45×10^{-6} ~ 3.00×10^{-6}	2.26×10^{-6}		
④尾黏土	垂直	3.88×10^{-6} ~ 1.11×10^{-5}	8.40×10^{-6}	—	—
	水平	8.50×10^{-7} ~ 1.44×10^{-6}	1.00×10^{-6}	—	—
⑥黄土状土	垂直	1.52×10^{-6} ~ 2.65×10^{-6}	2.10×10^{-6}	—	—
	水平	1.53×10^{-6} ~ 2.80×10^{-6}	2.21×10^{-6}	—	—

表 14.3–6 尾矿土动剪切模量、动泊松比和动弹性模量

地层	纵波速度 V_p/（m/s）	横波速度 V_s/（m/s）	动剪切模量 G_d/MPa	动弹性模量 E_d/MPa	动泊松比 μ_d
①尾粉砂	438.8	163.2	79.5	221.7	0.395
②尾粉土	597.3	224.9	91.6	259.3	0.416
② –2 尾粉砂	321.9	163.2	14.8	225.4	0.418
③尾粉质黏土	557.1	223.3	111.4	311.8	0.399
④尾黏土	557.3	224.9	98.9	277.2	0.402
⑤素填土	335.8	96.8	16.4	47.6	0.454
⑥黄土状土	612.7	281.12	80.0	222.5	0.393

表 14.3–1 ~ 表 14.3–6 表明，尾矿土是特殊类土，与一般土的物理力学性质明显不同，主要表现在：土质均匀性差，物理力学性质离散性较大，在平面和剖面上分布规律较差，但具有从坝前向库内颗粒逐渐变细的趋势。

6. 尾矿库地震效应

按《构筑物抗震设计规范》GB 50191—93 附录 F 确定的尾矿坝抗震等级为四级，该尾矿库属抗震危险地段。按《中国地震动参数区划图》GB 18306—2001 附录 A、附录 B，尾矿库所在地区地震动峰值加速度为 0.20g，相应地震基本烈度为 8 度，实测场地等效剪切波速 V_{se}=176.5 ~ 222.4m/s。

根据室内土工试验成果，构成坝体的尾矿主要由尾粉土及尾粉砂组成，尾矿土黏粒含量及特征粒径见表 14.3–7。

表 14.3–7　尾粉土的黏粒含量及特征粒径

地层	<0.005mm 平均值 /%	<0.005mm 范围值 /%	d_{50} /mm
①尾粉砂	7.10	4 ~ 13	0.192
②尾粉土	9.00	4 ~ 14.6	0.102
② –2 尾粉砂	6.43	4.7 ~ 9.1	0.209
③尾粉质黏土	13.80	4.5 ~ 20.3	0.148
④尾黏土	15.25	13 ~ 17.5	0.134

7. 尾矿堆积坝稳定性分析与评价

利明尾矿库为沟谷 – 傍山型尾矿库，在坝体底部发现 2 处渗漏点、2 处小型滑塌和 1 处拉沟；坡比介于 1∶0.8 ~ 1∶2.2，坡角为 25° ~ 51°，后期堆坝坡度较陡。尾矿库运行期间，库内干滩长度不足 20m，且坝体平面和断面上出现不规则形态；无完整的排水和回水设施，在抢险期间设置了临时排洪渠和降水井；目前坝体最大高度约 34.0m。另据调查，尾矿库在运行期间和抢险期间，库区范围内浸润线较高，在初期坝坝脚和坝体南侧初期坝坝顶以上 1.50m 处均有尾矿水逸出，初期坝顶面沼泽化严重，见图 14.3–8 和图 14.3–9。按《尾矿库安全技术规程》AQ 2006—2005 的有关规定，综合分析认为尾矿库在运行期间属于险库。

稳定性计算采用简化 Bishop 法，按式（14.1–2）计算：

计算剖面上验算时各尾矿土的天然重度 γ、饱和重度 γ_{sat}、黏聚力 C 和内摩擦角 φ 列于表 14.3–8。

表 14.3–8　尾矿堆积坝稳定性计算指标

地层	天然重度 γ/（kN/m^3）	饱和重度 γ_{sat}/（kN/m^3）	黏聚力 C/kPa	内摩擦角 φ/（°）
①尾粉砂	17.7	19.4	10（10）	31.0（22.5）
②尾粉土	18.0	18.7	27（20）	25.0（20.0）
② –1 尾粉质黏土	18.0	18.0	23（21）	22.0（17.8）

续表 14.3–8

地层	天然重度 γ/（kN/m³）	饱和重度 γ_{sat}/（kN/m³）	黏聚力 C/kPa	内摩擦角 φ/（°）
②-2 尾粉砂	19.0	19.0	10（10）	31.0（22.5）
③尾粉质黏土	18.4	18.4	23（21）	22.0（20.0）
③-1 尾粉砂	18.9	19.6	10（10）	31.0（22.5）
④尾黏土	18.0	18.0	23（21）	19.9（16.0）
⑤素填土	19.8	19.8	24（20）	20.0（18.0）
⑥黄土状土	18.7	19.9	24（23）	20.4（19.6）
⑥-1 块石	22.5	22.5	50（50）	50.0（45.0）

注：括号内数据为浸润线以下尾矿土的抗剪强度指标值。

现堆积状态下按现状、洪水和特殊三种工况考虑，并按总应力法进行验算。现状工况条件按勘察期间的边坡条件考虑，浸润线按勘察时实测水位标高考虑；洪水工况取排洪井进口标高（999.50m）为洪水标高，浸润线出口位置位于初期坝外坡脚；特殊工况按 8 度抗震设防烈度时的地震力和洪水作用考虑。验算时均考虑了地下水的渗透力，现标高条件下稳定性计算典型剖面见图 14.3–10 ~ 图 14.3–12，计算结果见表 14.3–9。

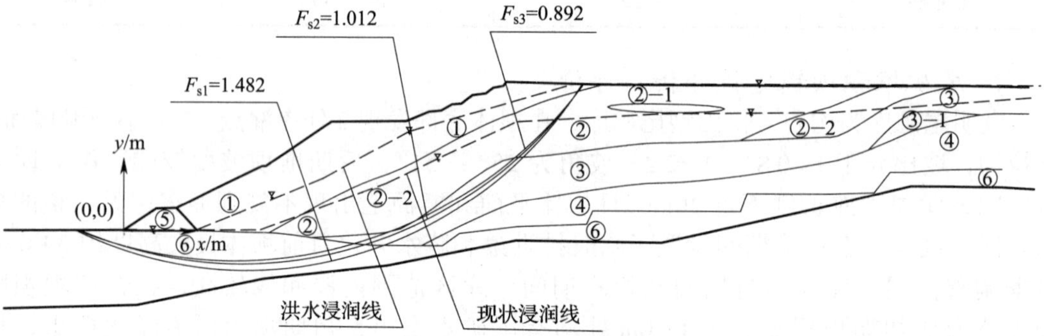

图 14.3–10　1—1 剖面稳定性计算图

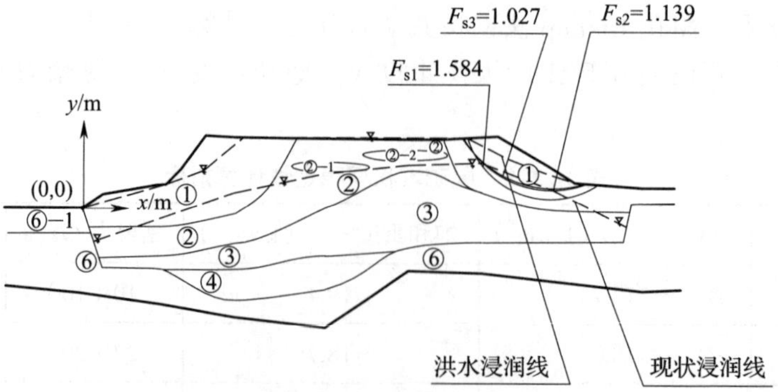

图 14.3–11　3—3 剖面南侧稳定性计算图

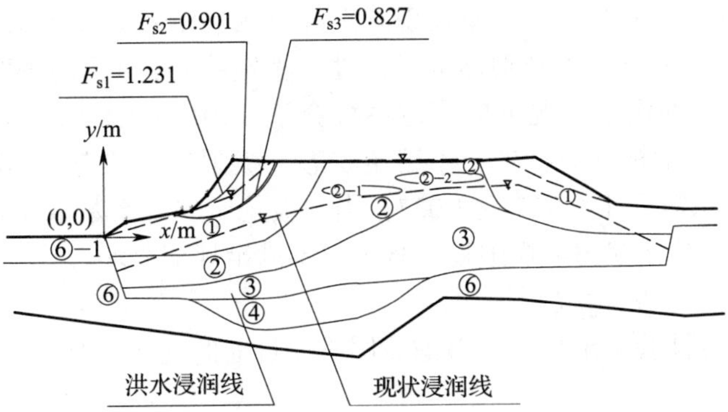

图 14.3-12　3—3 剖面北侧稳定性计算图

表 14.3-9　稳定性验算结果

计算断面	计算条件	圆心坐标		最危险半径 r/m	计算稳定系数 F_s	稳定性评价
		X/m	Y/m			
1—1	现状工况	28.24	81.98	90.947	1.482	满足
	洪水工况	27.04	87.92	95.444	1.012	不满足
	特殊工况	25.44	92.96	99.795	0.892	不满足
2—2	现状工况	32.00	30.50	21.327	1.633	满足
	洪水工况	36.72	25.63	17.979	1.103	不满足
	特殊工况	36.63	27.28	19.594	0.998	不满足
3—3 北	现状工况	13.20	18.00	13.664	1.231	不满足
	洪水工况	17.06	18.88	15.603	0.901	不满足
	特殊工况	17.42	18.80	15.630	0.827	不满足
3—3 南	现状工况	89.34	18.51	16.596	1.584	满足
	洪水工况	89.58	22.91	19.298	1.139	不满足
	特殊工况	89.94	24.67	20.719	1.027	不满足
4—4	现状工况	−1.23	18.14	18.182	1.552	满足
	洪水工况	2.31	19.92	20.053	0.942	不满足
	特殊工况	2.31	20.00	20.133	0.854	不满足
5—5	现状工况	8.13	20.00	23.114	1.320	满足
	洪水工况	9.08	29.60	30.722	1.012	不满足
	特殊工况	8.36	31.28	32.199	0.913	不满足

注：表中“满足”“不满足”依据国家标准《尾矿堆积坝岩土工程技术规范》GB 50547—2010 表 6.0.11-1 进行判别。

表 14.3–9 计算结果表明，尾矿库在现状工况下的稳定系数介于 1.231 ~ 1.633，当稳定安全系数取 1.25 作为稳定性判别标准时，处于稳定状态，但尾矿库边坡较陡地段稳定性不满足规范要求；在洪水工况下的稳定系数介于 0.901 ~ 1.139，当边坡稳定安全系数取 1.15 作为稳定性判别标准时，处于不稳定状态 ~ 极限稳定状态，不满足规范要求；在特殊工况下的稳定系数介于 0.827 ~ 1.027，当边坡稳定安全系数取 1.10 作为稳定性判别标准时，边坡处于不稳定状态 ~ 极限稳定状态，不满足规范要求。

8. *尾矿库闭库方案建议*

根据勘察和稳定性验算结果，并考虑该尾矿库目前的现状，对尾矿库闭库方案提出如下建议：

（1）初期坝整修方案建议。

该尾矿库初期坝为黄土筑坝，尾矿库运行期间，初期坝被冲开一个 V 形缺口，建议采用渗透性较好的砂石料进行围挡整修，保证尾矿库初期坝具有较好的渗透性和完整性。另外，应在坝前修筑必要的排水设施，并对库前渗流形成的软弱土层进行加固，以保证坝体地基土不因坝内渗流水饱和而降低强度，确保尾矿库闭库后坝体的稳定性。

（2）防洪方案建议。

该尾矿库在洪水和特殊工况下，稳定性差，闭库前应进行防洪设计，根据现场和稳定性分析结果，建议对抢险期间修筑的排洪系统进行改造，使其满足库内洪水的排洪要求。库区上游的汇水面积较大，当洪水设计按 100 年一遇考虑时，建议在库区上游选择合理位置，修筑拦洪坝等防洪设施，阻止上游洪水进入库区，防止尾矿库安全事故发生。

（3）坝体放坡建议。

目前，现状工况下坝体整体上处于稳定状态，但局部较陡的边坡地段稳定系数不满足国家标准规范要求，闭库前应进行放坡设计。考虑边坡较陡，建议采用台阶放坡方案，放坡后坝体边坡应满足现行国家有关标准和坝坡稳定性计算的要求。

（4）坝基加固与排渗处理建议。

勘察期间，在尾矿库坝体坡脚处由较为松散的砂性尾矿土组成的坝体自然边坡自然向下堆积，导致坝体边坡变缓。为防止闭库后坝体坡脚受自然流水和雨水的冲刷，建议在坝体坡脚处修筑一定高度的护坡，护坡可采用毛石砌筑。

抢险期间的排渗井需进行长期人工管理，考虑停用时，应补做必要的自然排渗设施，如水平排渗系统等，以降低坝体内砂性尾矿土和粉性尾矿土液化的可能性，防止坝体内部地下水上升、坝内浸润线升高，导致坝体稳定性降低或发生溃坝的可能性。

（5）坝体和坝面复垦建议。

根据国家尾矿库闭库的相关标准规范和文件要求，尾矿库闭库前应进行复垦工作，同时为了避免尾矿土在长期裸露、失水条件下，在大风干燥季节对环境造成污染，建议对尾矿库坝体和坝面采用黄土覆盖进行复垦，复垦工作应结合当地的水文气象条件和植被情况进行设计。

襄汾地处半干旱、半湿润季风气候区，属温带大陆性季风气候，四季分明，温差大，气温的特点是冬寒夏热，冬季寒冷，最低气温在零下 20℃左右，夏季炎热，最高气温 35℃以上。该县年均气温 11.5℃，一月 –4.5℃，七月 26℃。气候的主要特征是：冬季寒冷干燥，春季干旱多风，秋季阴雨连绵，夏季酷热多暴雨，伏天旱雨交错，年降雨量在 550mm 以上，并多集中在 7—9 月。暴雨季节沟谷可形成暂时性洪水，数小时即过。无霜期 185 天。年平均蒸发量为年降雨量的 3 倍左右，冰冻期在每年 11 月下旬至翌年 2 月，季节性冻土标准冻深为 0.4m。

根据上述水文气象条件，复垦设计选用在库内坝面种植农作物，如小麦、玉米等，对坝坡采用种植苜蓿草和栽种紫穗槐等低矮的植物复垦，复垦方案应进行专门设计。

9. 结论与建议

（1）根据实地调查，在坝体底部发现 2 处渗漏点、2 处小型滑塌和 1 处拉沟，后期堆坝坡度较陡，正常运行时干滩长度不足 20m；目前坝高约 34.0m，坡角为 25° ~ 51°，库区范围内浸润线较高，库内无地下水回水设施。按《尾矿库安全技术规程》AQ 2006—2005 的有关规定，综合分析认为尾矿库在运行期间属于险库。

（2）该尾矿库在现状工况下，整体处于稳定状态，但局部边坡较陡地段稳定性不满足规范要求；洪水工况和特殊工况下坝体稳定性也不满足规范要求。

（3）根据尾矿库稳定性分析结果，建议闭库工作尽快实施，在明年汛期到来之前完成闭库工作，以保证尾矿库闭库后的安全稳定。

（4）建议筑坝时严格执行国家闭库后的管理及设计要求，避免尾矿库闭库后管理工作失效，保证尾矿库闭库后的安全和稳定，并加强尾矿库的变形观测和日常巡查工作。

10. 尾矿库复垦效果

2020 年 10 月在对该尾矿库回访中发现，该尾矿库已完成了闭库复垦工作，尾矿库坝面已覆盖黄土作为农田由当地农民种植农作物，坝坡排洪设施修筑完好，坡面冲沟已治理，坡面绿化较好，栽植有紫穗槐、刺槐等植物，见图 14.3–13 和图 14.3–14。

图 14.3–13　坝面农作物种植

图 14.3–14　坝坡坡面排洪渠及植被修复

参 考 文 献

［1］周汉民 . 偏细粒尾矿堆坝中的新技术及其发展方向［J］. 有色金属（矿山部分），2011，63（5）：1–3.

［2］柴建设，王姝，门永生 . 尾矿库事故案例分析与事故预测［M］. 北京：化学工业出版社，2011.

［3］石明，金钟集 . 现代尾矿设施设计与管理维护技术及尾矿资源综合利用实用手册［M］. 徐州：中国矿业大学出版社，2005.

［4］王福平，李刚 . 钻探设备［M］. 2 版 . 北京：地质出版社，2016.

［5］卢春华，肖冬顺，曾立新，等 . 工程钻探与取样技术［M］. 武汉：中国地质大学出版社，2018.

［6］彭振斌，孙平贺，曹函，等 . 复杂地层钻探技术［M］. 长沙：中南大学出版社，2015.

［7］陆基孟，王永刚 . 地震勘探原理［M］. 3 版 . 青岛：中国石油大学出版社，2009.

［8］张宏兵，蒋甫玉，黄国娇 . 工程地球物理勘探［M］. 北京：中国水利水电出版社，2019.

［9］赵怡晴，李仲学，覃璇，等 . 尾矿库隐患与风险的表征理论及模型［M］. 北京：冶金工业出版社，2016.

［10］郝喆，陈殿强，侯永莉 . 尾矿库加高增容稳定性及监测技术研究［M］. 沈阳：东北大学出版社，2018.

［11］环境保护部科技标准司 . 水污染连续自动监测系统运行管理（试用）［M］. 北京：化学工业出版社，2008.